随机信号与系统习题解答及仿真程序集

潘仲明　编著

国防工业出版社
·北京·

内 容 简 介

本书是研究生教材《随机信号与系统》的配套参考书,由概率与随机过程导论、多维高斯过程、参数估计理论、数学模型辨识、谱估计与小波分析、最优滤波与状态估计等六章组成。每章由三部分组成:第一部分列出了教材《随机信号与系统》的主要知识点,这部分内容可作为工具书或课堂笔记使用;第二部分给出了习题解答和 MATLAB /Simulink 算法实现与系统仿真程序;第三部分补充了部分基本概念习题和相关数学公式证明。在培养初学者习惯性地应用正确的数学方法去分析和解决工程实际问题方面,本书必将起到抛砖引玉的作用。

本书作为国防科技大学的研究生 MOOC 课程(Massive Open Online Courses)和国际一流研究生课程体系建设教材,可供从事工程测试、目标探测、无损检测、系统辨识、装备故障诊断、过程控制和随机信号处理等技术专题研究的研究生、教师和科技人员进修参考。

图书在版编目(CIP)数据

随机信号与系统习题解答及仿真程序集/潘仲明编
著.—北京:国防工业出版社,2014.5
ISBN 978-7-118-09453-4

Ⅰ.①随... Ⅱ.①潘... Ⅲ.①随机信号 – 信号理
论②随机信号 – 信号分析 Ⅳ.①TN911.6

中国版本图书馆 CIP 数据核字(2014)第 082665 号

※

国 防 工 业 出 版 社 出版发行

(北京市海淀区紫竹院南路 23 号 邮政编码 100048)
北京嘉恒彩色印刷有限责任公司
新华书店经售

*

开本 710×1000 1/16 印张 16 字数 332 千字
2014 年 5 月第 1 版第 1 次印刷 印数 1—2500 册 定价 40.00 元

(本书如有印装错误,我社负责调换)

国防书店:(010)88540777   发行邮购:(010)88540776
发行传真:(010)88540755   发行业务:(010)88540717

前　言

目前，国内许多高校都为工科专业研究生开设了“随机信号与系统”这一数学技术课程。作为本科生课程“信号、系统与控制基础”的后续课程，“随机信号与系统”这门课程的定位有两个方面：其一，定位为应用概率与随机过程理论及其他常用数学工具来解决工程测试、微弱信号检测和系统辨识问题的方法论课程。通过课程学习，使学员熟练掌握信号检测与参数估计、时间序列建模、谱估计与小波分析、自适应滤波与状态估计理论等专题所涉及的数学知识、数学方法和数学工具，培养学员的科学思维能力和对数学的持续兴趣。其二，定位为培养工科研究生创新能力的专业技术理论课程。通过课程学习，使学员粗略了解与本课程相关的技术理论的发展动态，透彻理解“随机信号与系统”的基本概念和基本理论方法，熟练应用 MATLAB/ Simulink 软件工具来编写各种算法程序和系统仿真程序。本课程的总要求是：通过课堂讲授和课外作业，使学员初步具备应用正确的数学方法从实际问题中凝炼并解决科学问题的能力。为此，作者在《随机信号与系统》教材中，不仅编配了演绎计算和公式证明方面的习题，同时也编配了大量的算法实现与系统仿真习题，以进一步激发学员的创新思维、创新意识和创新观念。

十来年的教学实践表明，一些基础好的研究生基本上能够独立完成本教材编配的课外作业，但也有部分研究生面对一些习题总感到无从下手，或者即便完成了这些习题，也不知道答案是否正确，因此，历届研究生都希望有一本习题解答与仿真程序集以供学习参考。考虑到作者所在单位每学期选修本课程的研究生仅有二三十人，任课教师完全可以通过课外答疑或课堂讲评作业的方式来解决这一问题，故而一直未着手进行这项工作。2013 年初，本课程被列入国防科技大学第一批研究生 MOOC 课程（Massive Open Oline Courses）建设计划；原教材《随机信号分析与参数估计理论》的修订版——《随机信号与系统》作为国防科技大学的国际一流研究生课程体系建设教材，被推荐为“庆祝国防科技大学六十周年华诞系列专著”，由国防工业出版社出版。这样一来，使用本教材的学员就不仅仅局限于作者所在单位，选修本课程的人数也必然随之大幅度增加，原先的教学模式将不再适合于这种可能出现的情况。为了帮助初学者系统地掌握随机信号与系统学科的基本理论方法与技术手段，帮助任课教师克服教学过程中可能遇到的困难，作者编写了《随机信号与系统习题解答及仿真程序集》，作为研究生教材《随机信号与系统》的配套参考书。

本书由概率与随机过程导论、多维高斯过程、参数估计理论、数学模型辨识、谱估计与小波分析、最优滤波与状态估计等六章组成。每章包含三部分内容:第一部分是知识要点;第二部分是习题解答和基于 MATLAB /Simulink 的算法实现与系统仿真程序;第三部分是补充习题。在第一部分中,列出了《随机信号与系统》各章的主要知识点,对书中存在的疏漏或笔误之处,在此均一一予以补充或更正,故这部分内容既可视为本课程的课堂笔记,又可视为教材的注释与校勘;在第二部分中,尽量采用 MATLAB /Simulink 中的基本语句而不是功能函数来编写算法实现与系统仿真程序,同时这些程序都是未经优化的原始程序,以便于初学者能够直观地了解基于 MATLAB/Simulink 软件工具的各种算法和系统仿真程序的实现步骤,进而更快地掌握 MATLAB/Simulink 的编程方法;在第三部分中,补充了教材《随机信号与系统》各章所涉及的基本概念、演绎计算和数学公式证明。补充这部分习题的主要目的是:引导初学者复习相关的数学基础知识,积极主动地思考教材中各种理论方法的具体含义,同时也为授课教师出期末试题提供更多的选择。

作者建议,将学生在课外时间完成的 MATLAB/Simulink 算法实现和系统仿真程序计入期末考试成绩,占总成绩 40%;期末卷面(基本概念、演绎计算和公式证明)成绩占总成绩 60%。不言而喻,在《随机信号与系统习题解答及仿真程序集》出版之后,必将影响任课教师评定学生学习成绩的客观性。然而,倘若任课教师在批改计算机仿真作业时,不仅考查算法实现与系统仿真程序的正确性,同时也考查这些程序是否符合通用的软件规范,是否结合具体问题对程序的运行条件和运行结果进行必要的讨论,是否指出原算法的优缺点和进一步研究的路径等,那么公正地给出各个学生的学习成绩并非一件难事。

在近十年来国内高校的硕博士毕业论文中,数学公式与实验验证环节完全脱节已经成为一种普遍存在的奇特现象。作者希望,在训练初学者习惯性地应用正确的数学方法去分析和解决工程实际问题方面,本书的习题解答、算法实现与系统仿真程序能够起到抛砖引玉的作用;在数学与工程技术之间,本套教材能够架设起一条坚固的“桥梁”而不是虚幻的“彩虹”。最后,引用《随机信号与系统》前言来表达作者编著本书的初衷:

使初学者初步具备从自然科学和工程技术描述的复杂系统中,提炼出简练而又符合现实的随机信号模型或随机系统模型的能力,进而选用恰当的信号分析与最优估计算法,来更好地解决工程测试、信号检测和系统辨识等实际问题。

作 者

2014 年 3 月 10 日

于国防科技大学

目　录

第一章 概率与随机过程导论

本章复习概率与随机过程的基本理论，重点复习随机变量及其函数的概率密度、随机变量矩和特征函数的计算方法、随机变量不相关、正交与独立性的基本概念、随机信号相关函数和功率谱密度的估计、线性系统对随机信号的响应等内容。

1.1 基本知识点

概率论的基本内容包括：随机事件和随机变量的基本概念、随机变量及其函数的概率分布、随机变量的数学期望、矩和特征函数；随机过程理论的基本内容包括：平稳随机过程、各态历经过程、总体相关函数、样本相关函数、功率谱密度。

1.1.1 概率论

概率论是分析随机现象统计规律性的一门应用数学学科。从概率的观点出发，可把工程上存在的各种现象分为两类：一类称作确定性现象，它是指在一定条件下必然发生或必然不发生的现象；另一类称为随机现象，它指的是在一定条件下可能发生、也可能不发生的现象。尽管应用概率论来分析工程问题所得到的结果是否与物理现实相吻合，是无法被“证明”的，但却是可以接受的。

一、随机事件的概率

概率论与随机实验密切相关，每个实验都可由一至三个元素组成的集合 $\{\Omega,\Sigma,P\}$ (Probability space) 来定义。其中：

第一个子集 Ω 表示基本事件的集合(Sample description space)，子集中的元素是每次实验中可能发生的某一结果；

第二个子集 Σ 表示复合事件的集合(σ - field of events)，每个事件在实验中是否发生依赖于实验的执行情况，带有随机性；

第三个元素 P 是定义事件 $A\in\Sigma$ 上的一个实值函数 $P(A)$，它给集合 Σ 中的每一个随机事件都指定了一个概率，用于表示可能发生该随机事件的测度(Probability measure)。

随机事件(Random events)：在随机实验中，每一个可能出现的结果，称为随机事件。

定理 1-1(概率论公理，Axiomatic definition of probability)：设随机实验的样本空间为 Ω，且赋予 $A\in\Sigma$ 一个实数值 $P(A)$。$\forall k,m\in Z$(整数域)，若该实数满足

下式：

$$\begin{cases} P(\Omega) = 1; \quad P(A) \geqslant 0; & A \in \Sigma \\ P(\cup A_k) = \sum P(A_k), A_k \in \Sigma \text{ 且 } A_k A_l = \Phi, & (k \neq l) \end{cases} \tag{A1-1}$$

则称 $P(A)$ 为事件 A 的概率。

条件概率(Conditional probability)：设两个事件 $A,B \in \Sigma$，且 $P(A) > 0$，则在事件 A 发生的条件下，事件 B 发生的条件概率为

$$P(B \mid A) = \frac{P(AB)}{P(A)} \tag{A1-2}$$

条件概率与前面定义的基本概率具有相同的性质：

$$\begin{cases} P(\Omega \mid A) = 1; \quad P(B \mid A) \geqslant 0; & A,B \in \Sigma \\ P(\cup B_k \mid A) = \sum P(B_k \mid A), B_k \in \Sigma \text{ 且 } B_k B_m = \Phi, & (k \neq m) \end{cases} \tag{A1-3}$$

其中 $k,m \in Z$。

独立事件(Independence events)：在随机实验 $\{\Omega,\Sigma,P\}$ 中，$\forall A,B \in \Sigma$，若有

$$P(AB) = P(A)P(B) \tag{A1-4}$$

则称这两个事件互相独立（或统计独立）。

定义：在随机实验 $\{\Omega, \Sigma, P\}$ 中，对于一组事件 $A_k(k=1,2,\cdots,n) \in \Sigma$，如果满足

$$\bigcup_{k=1}^{n} A_k = \Omega \quad \text{且} \quad A_k \cap A_m = \Phi, \quad (k \neq m; k,m \leqslant n)$$

则称 $A_k(k=1,2,\cdots,n)$ 为 Ω 的一个划分。

定理 1-2（全概率公式，Total probability theorem)：在随机实验 $\{\Omega,\Sigma,P\}$ 中，设一组事件 $A_k(k=1,2,\cdots,n)$ 为 Ω 的一个划分，则 $\forall B \in \Sigma$，都有

$$B = \Omega \cup B = \bigcup_{k=1}^{n} A_k B; \quad A_k B \cap A_l B = \Phi \quad (k \neq l) \tag{A1-5}$$

如果进一步假设 $P(A_k) > 0$，就有

$$P(B) = \sum_{k=1}^{n} P(A_k B) = \sum_{k=1}^{n} P(A_k) P(B \mid A_k) \tag{A1-6}$$

并称之为全概率公式。

定理 1-3（贝叶斯公式，Bayes' theorem)：在随机实验 $\{\Omega,\Sigma,P\}$ 中，设一组事件 $A_k(k=1,2,\cdots,n)$ 为 Ω 的一个划分，且 $P(A_k) > 0$。若已知 $P(A_k)$ 和 $P(B|A_k)$，且 $\forall B \in \Sigma$，都有 $P(B) > 0$，则下式成立：

$$P(A_k \mid B) = \frac{P(A_k B)}{P(B)} = \frac{P(A_k) P(B \mid A_k)}{\sum_{k=1}^{n} P(A_k) P(B \mid A_k)} \tag{A1-7}$$

二、概率分布函数与概率密度函数

随机变量(Random variables):设随机实验的样本空间为 $\Omega=\{\zeta\}$,如果对于每一个样本点 ζ 都有一个实数 X_ζ 与之对应,则称 $X(\zeta)$ 为随机变量。

概率分布函数(Probability distribution function,PDF):设 $X(\zeta)$ 是随机变量,x 为任意实数,则称函数 $P_X(x)$ 是 X 的一元(概率)分布函数,记为

$$P_X(x) = P\{\xi:X \leqslant x\} = P(X \leqslant x), \quad -\infty < x < \infty \qquad (A1-8)$$

式中,X 表示基本事件 $\zeta\in\Omega$ 的实值函数 $X(\zeta)$;$X\leqslant x$ 表示事件 $A=\{\zeta:X(\zeta)\leqslant x\}\in\Sigma$;数值 $P_X(x)$ 表示赋予事件 A 的概率,即 $P_X(x)=P(A)$。

由于概率分布函数的值就是对应事件的概率,根据定理 1-1,必有

$$\begin{cases} P_X(-\infty) = P(\{\zeta:X \leqslant -\infty\}) = P(\Phi) = 0 \\ P_X(+\infty) = P(\{\zeta:X \leqslant +\infty\}) = P(\Omega) = 1 \\ P_X(x+\mathrm{d}x) = P(\{\zeta:X \leqslant x\} \cup \{\zeta:x < X \leqslant x+\mathrm{d}x\}) \\ \qquad = P(\{\zeta:X \leqslant x\}) + P(\{\zeta:x < X \leqslant x+\mathrm{d}x\}) \geqslant P_X(x) \end{cases} \qquad (A1-9)$$

由式(A1-9)可见,分布函数是单调不减的函数,且有 $0\leqslant P_X(x)\leqslant 1$。随机变量取某一数值的概率,或在某个区间上取值的概率,都可以用分布函数来表示。例如

$$\begin{cases} P(\{\zeta:X = x\}) = P_X(x) - P_X(x^-) \\ P(\{\zeta:X > x\}) = 1 - P_X(x) \\ P(\{\zeta:x_0 \leqslant X \leqslant x_1\}) = P_X(x_1) - P_X(x_0^-) \\ P(\{\zeta:x_0 < X < x_1\}) = P_X(x_1^-) - P_X(x_0) \end{cases}$$

式中,上标“-”表示从数轴的左边趋于某一数值。

概率密度函数(Probability density function,pdf):设 $P_X(x)$ 是连续随机变量 X 的分布函数,若存在非负可积的函数 $p_X(x)$,使得

$$P_X(x) = P(X \leqslant x) = \int_{-\infty}^{x} p_X(u)\,\mathrm{d}u \qquad (A1-10)$$

则称 $p_X(x)$ 为 X 的一元概率密度函数,简称密度函数。

显然,密度函数 $p_X(x)$ 满足下列条件:

$$p_X(x) \geqslant 0, \quad \int_{-\infty}^{\infty} p_X(x)\,\mathrm{d}x = 1$$

且可导出如下关系:

$$P(a < X \leqslant b) = P_X(b) - P_X(a) = \int_a^b p_X(x)\,\mathrm{d}x \qquad (A1-11)$$

式中,a 和 b 为任意常数。

联合概率分布函数(Joint distribution function):设 $X(\zeta)$ 和 $Y(\zeta)$ 是两个随机变量,x 和 y 为任意实数,如果

$$P_{XY}(x,-\infty)=P_{XY}(-\infty,y)=0;\quad P_{XY}(+\infty,+\infty)=1$$

则称函数 $P_{XY}(x,y)$ 为二元联合概率分布函数,简称二元分布函数,记为

$$\begin{aligned}P_{XY}(x,y)&=P(\{\zeta:X\leqslant x\},\{\zeta:Y\leqslant y\})\\&=P(X\leqslant x,Y\leqslant y)\end{aligned}\tag{A1-12}$$

联合概率密度函数(Joint probabilisty density function):设 $P_{XY}(x,y)$ 是连续随机变量 X 和 Y 的分布函数,x 和 y 为任意实数,如果存在非负可积函数 $p_{XY}(x,y)$,使得

$$p_{XY}(x,y)=\frac{\partial^2 P_{XY}(x,y)}{\partial x\partial y}\tag{A1-13}$$

或者,对于任意常数 a,b,c 和 d,下式成立:

$$P(a<X\leqslant b,c<Y\leqslant d)=\int_a^b\int_c^d p_{XY}(x,y)\,\mathrm{d}y\mathrm{d}x$$

则称 $p_{XY}(x,y)$ 为二元联合概率密度函数,简称二元密度函数。

边缘分布函数(Marginal distribution function)**与密度函数**:连续随机变量 X 和 Y 的边缘分布函数规定为

$$\begin{cases}P_X(x)=P_{XY}(x,+\infty)=\int_{-\infty}^{x}\int_{-\infty}^{\infty}p_{XY}(u,v)\,\mathrm{d}v\mathrm{d}u\\[2ex]P_Y(y)=P_{XY}(+\infty,y)=\int_{-\infty}^{y}\int_{-\infty}^{\infty}p_{XY}(u,v)\,\mathrm{d}u\mathrm{d}v\end{cases}\tag{A1-14}$$

由此可得到一元边缘密度函数的计算公式,即

$$\begin{cases}p_X(x)=\dfrac{\mathrm{d}P_X(x)}{\mathrm{d}x}=\int_{-\infty}^{\infty}p_{XY}(x,v)\,\mathrm{d}v\\[2ex]p_Y(y)=\dfrac{\mathrm{d}P_Y(y)}{\mathrm{d}y}=\int_{-\infty}^{\infty}p_{XY}(u,y)\,\mathrm{d}u\end{cases}\tag{A1-15}$$

随机变量的条件概率(Marginal density function):设连续随机变量 X 和 Y 的二元密度函数为 $p(x,y)$,当 $X=x$ 时,$Y\leqslant y$ 的条件概率密度函数可表示为

$$p(y\mid x)=\frac{p(x,y)}{p(x)}\tag{A1-16}$$

注意,这里用同一个符号 $p(\cdot)$ 表示了三个不同随机变量的函数。只要不会发生混淆,可采用这种省略下标的符号来表示概率密度函数或概率分布函数。

分布律(Distribution rule):设随机变量 X 取各个可能值 $x_k(k=1,2,\cdots)$ 的概率为

$$P(X=x_k)=p_k,\qquad (k=1,2,\cdots)\tag{A1-17}$$

根据概率论公理，p_k 满足下列两个条件：

$$p_k \geqslant 0; \quad \sum_{k=1}^{\infty} p_k = 1$$

通常将式(A1－17)称为随机变量 X 的分布律。分布律还可用下式表示：

$$X \sim \begin{pmatrix} x_1 & x_2 & \cdots & x_k & \cdots \\ p_1 & p_2 & \cdots & p_k & \cdots \end{pmatrix} \quad \text{(A1－18)}$$

二项式分布(Binomial distribution)：若随机变量 X 的分布函数为

$$P(X = k) = C_n^k p^k (1-p)^{n-k} \quad (k = 0,1,\cdots,n) \quad \text{(A1－19)}$$

其中 p 为事件 $A=\{\zeta : X=k\}$ 出现的概率，则称 X 服从参数为 n,p 的二项式分布，记为 $X \sim B(n,p)$。二项式分布的系数由下式给出：

$$C_n^k = \frac{n!}{k!(n-k)!} \overset{\text{def}}{=} \begin{pmatrix} n \\ k \end{pmatrix} \quad (0! = 1)$$

在独立实验序列中，事件 A 在每次实验中出现的概率为 p，不出现的概率为 $q = 1-p$，则在 n 次实验中事件 A 恰好出现 k 次的概率可用式(A1－19)来表示。特别的，当 $n=1$ 时，二项式分布变为(0－1)分布，即

$$P(X = k) = p^k (1-p)^{n-k} \quad (k = 0,1) \quad \text{(A1－20)}$$

定理1－4(泊松定理，Poisson Law)：设参数 $\lambda > 0$，当正整数 n 很大时，令 $np = \lambda$，就有

$$\lim_{n\to\infty} C_n^k p^k (1-p)^{n-k} = \frac{\lambda^k e^{-\lambda}}{k!} \quad (k = 1,2,\cdots,n)$$

从泊松定理可以引出一个近似式，当 n 很大、p 很小，且 $np=\lambda$ 大小适中时，可得到一个很有用的近似公式：

$$C_n^k p^k (1-p)^{n-k} \approx \frac{\lambda^k e^{-\lambda}}{k!} \quad (k = 1,2,\cdots) \quad \text{(A1－21)}$$

当 $n \geqslant 100$，$np \leqslant 10$ 时，近似效果很好；当 $n \geqslant 20$，$np \leqslant 5$ 时，近似效果也是可以接受的。

泊松分布(Poisson distribution)：对于任意的参数 $\lambda > 0$，如果随机变量 X 的分布律为

$$P(X = k) = \frac{\lambda^k e^{-\lambda}}{k!} \quad (k = 0,1,\cdots) \quad \text{(A1－22)}$$

则称 X 服从参数为 λ 的泊松分布，记为 $X \sim P(\lambda)$。

标准正态(高斯)分布(Standard normal distribution)：若随机变量 X 的密度函数为

$$p(x) = \frac{1}{\sqrt{2\pi}} \exp\left(-\frac{x^2}{2}\right) \quad \text{(A1－23)}$$

则称 X 服从标准正态分布，或称标准高斯（Gaussian）分布，记为 $X \sim N(0,1)$。

正态（高斯）分布（Normal distribution）：若随机变量 X 的密度函数为

$$p(x) \overset{\text{def}}{=} \frac{1}{\sqrt{2\pi}\sigma_x}\exp\left[-\frac{(x-\mu_x)^2}{2\sigma_x^2}\right] \tag{A1-24}$$

则称 X 服从正态分布，或高斯分布，记为 $X \sim N(\mu_x, \sigma_x)$。

均匀分布（Uniform distribution）：若随机变量 X 的密度函数为

$$p(x) = \begin{cases} 1/(b-a), & a \leqslant x \leqslant b \\ 0, & \text{其他} \end{cases} \tag{A1-25}$$

则称 X 服从均匀分布，记为 $X \sim U(a,b)$。

指数分布（Exponential distribution）：对于任意的参数 $\lambda > 0$，若随机变量 X 的密度函数为

$$p(x) = \begin{cases} \lambda e^{-\lambda x}, & x \geqslant 0 \\ 0, & x < 0 \end{cases} \tag{A1-26}$$

则称 X 服从指数分布，记为 $X \sim E(\lambda)$。

威布尔分布（Weibull distribution）：若随机变量 X 的密度函数为

$$p(x) = \begin{cases} \dfrac{n}{t_0}(x-r)^{n-1}\exp\left[-\dfrac{(x-r)^n}{t_0}\right], & x \geqslant r \\ 0, & x < r \end{cases} \tag{A1-27}$$

式中，$n>0$，$t_0>0$，r 为任意实数，则称 X 服从威布尔分布，记为 $X \sim W(n,r,t_0)$。

当 $n=1$，$r=0$ 时，威布尔分布变成参数为 $\lambda = 1/t_0$ 的指数分布。威布尔分布在工程实践中有广泛的应用，例如，在分析系统可靠性时，它是最常用的分布函数之一。

三、随机变量的独立性

独立变量（Independent random variables）：设二元连续随机变量为 X 和 Y，若对于任意的 x 和 y，都有

$$P(x,y) = P(X \leqslant x, Y \leqslant y) = P(X \leqslant x) \cdot P(Y \leqslant y) \tag{A1-28}$$

则称随机变量 X 和 Y 相互独立。

定理 1-5 设两个连续随机变量 X 和 Y 的联合概率密度为 $p(x,y)$，若事件 $\{\xi: x < X \leqslant x + dx\}$ 和 $\{\xi: y < Y \leqslant y + dy\}$ 相互独立，则有

$$p(x,y) = p(x) \cdot p(y) \tag{A1-29}$$

式中，$p(x)$ 和 $p(y)$ 分别为连续随机变量 X 和 Y 的概率密度函数。

推论：设事件 $\{\xi: x < X \leqslant x + dx\}$ 和 $\{\xi: y < Y \leqslant y + dy\}$ 相互独立，则有

$$p(y \mid x) = p(y) \tag{A1-30}$$

对于多维随机变量，常用随机变量 $Z_i\ (i=1,2,\cdots,n)$ 组成的列向量 z 来表示，

相应的 n 维概率分布函数定义为

$$P(\boldsymbol{z}) = P(Z_1 \leqslant z_1, Z_2 \leqslant z_2, \cdots, Z_n \leqslant z_n)$$

式中，$P(\boldsymbol{z})$是实数。n 维列向量 $\boldsymbol{z}$ 的概率密度函数定义为

$$p(\boldsymbol{z}) = \frac{\partial^n P(\boldsymbol{z})}{\partial z_1, \cdots, \partial z_n}$$

在此，$p(\boldsymbol{z})$是标量，它与由 n 个一阶偏微分$\partial P(\boldsymbol{z})/\partial z_i$ 所构成的行向量是不同的。

若将随机列向量 $\boldsymbol{Z}$ 分为两组 $\boldsymbol{X}$ 和 $\boldsymbol{Y}$，则有

$$p(\boldsymbol{x}) = \int_{-\infty}^{+\infty} p(\boldsymbol{x},\boldsymbol{y})\mathrm{d}\boldsymbol{y}; \quad p(\boldsymbol{y}) = \int_{-\infty}^{+\infty} p(\boldsymbol{x},\boldsymbol{y})\mathrm{d}\boldsymbol{x}$$

这里的积分是多重积分。如果进一步将条件概率密度定义为

$$p(\boldsymbol{y} \mid \boldsymbol{x}) = p(\boldsymbol{x},\boldsymbol{y})/p(\boldsymbol{x}) \tag{A1-31}$$

那么，当随机向量 $\boldsymbol{X}$ 和 $\boldsymbol{Y}$ 互相独立时，就有

$$p(\boldsymbol{y} \mid \boldsymbol{x}) = p(\boldsymbol{y}) \tag{A1-32}$$

注意，这并不意味着随机向量 $\boldsymbol{X}$ 和 $\boldsymbol{Y}$ 中的各个分量之间是相互独立的。

四、随机变量函数的概率密度函数

随机变量函数(Functions of random variable)：在随机实验$\{\Omega,\Sigma,P\}$中，设函数

$$Y = h(X)$$

如果 $\forall \zeta \in \Omega, X(\zeta) \in \Sigma$ 的值域是实数集合 R，$\forall x \in$ R，实函数 $h(x)$均为有限值，则 $h[X(\zeta)]$是由 $X(\zeta)$和 $h(x)$共同规定的实数。这个数

$$Y(\zeta) = h[X(\zeta)] \tag{A1-33}$$

就是随机变量 Y 的值，并称 Y 为随机变量 X 的函数。因此，$h(X)$的定义域是所有实验结果的集合 Ω，而 $h(x)$的定义域是一实数集合 R。

与随机变量的定义一样，对于给定的实数 y，通常用$\{\zeta: Y(\zeta) \leqslant y\}$表示 $Y(\zeta) \leqslant y$ 的所有事件的集合，其概率就是随机变量 Y 的分布函数：

$$P_Y(y) = P(\{\zeta: Y \leqslant y\}) = P(\{\zeta: h[X(\zeta)] \leqslant y\}) \tag{A1-34}$$

其概率密度函数可表示为

$$p_Y(\{h[X(\xi)] \leqslant y\}) = \frac{\mathrm{d}P_Y(y)}{\mathrm{d}y}$$

定理 1-6 设一维随机变量 X 的密度函数为 $p_X(x)$，如果随机变量 Y 的取值由单调函数 $h(x)$确定，即 $y = h(x)$，那么随机变量 Y 的密度函数可表示为

$$p_Y(y) = p_X[h^{-1}(y)] \cdot \left|\frac{\mathrm{d}x(y)}{\mathrm{d}y}\right| = \frac{1}{|\mathrm{d}y/\mathrm{d}x|} \cdot p_X[x(y)] \tag{A1-35}$$

推论：如果函数 $y = h(x)$不是严格单调的，只要分别考虑 $h(x)$在 x 区间上的

取值,使得在每个子区间 I_m 上 $h(x)$ 都是严格单调的,则可根据式(A1-35)分别计算各个单调子区间 $I_m(m=1,2,\cdots)$ 上的密度函数 $p^{(m)}(y)$,然后对这些密度函数 $p^{(m)}(y)$ 进行求和,就可得到随机变量 Y 的密度函数:

$$p_Y(y) = \sum_m p^{(m)}(y) = \sum_m \frac{1}{|\mathrm{d}y/\mathrm{d}x|_m} \cdot p_X[x_m(y)] \qquad \text{(A1-36)}$$

定理1-7 假设 $\boldsymbol{x}$ 和 $\boldsymbol{y}$ 均是 n 维随机向量,且二者的取值存在唯一的逆变换 $\boldsymbol{x}=h^{-1}(\boldsymbol{y})$,则有

$$p_Y(\boldsymbol{y}) = \left|\det\left(\frac{\partial \boldsymbol{x}}{\partial \boldsymbol{y}}\right)\right| \cdot p_X[\boldsymbol{x}(\boldsymbol{y})] \qquad \text{(A1-37a)}$$

或者

$$p_Y(\boldsymbol{y}) = \frac{1}{|\det(\partial \boldsymbol{y}/\partial \boldsymbol{x})|} \cdot p_X[\boldsymbol{x}(\boldsymbol{y})] \qquad \text{(A1-37b)}$$

其中 $\det(\partial \boldsymbol{x}/\partial \boldsymbol{y})$[或 $\det(\partial \boldsymbol{y}/\partial \boldsymbol{x})$]称为变换 $\boldsymbol{y}=h(\boldsymbol{x})$ 的雅可比行列式:

$$\det\left(\frac{\partial \boldsymbol{x}}{\partial \boldsymbol{y}}\right) = \begin{vmatrix} \dfrac{\partial x_1}{\partial y_1} & \dfrac{\partial x_1}{\partial y_2} & \cdots & \dfrac{\partial x_1}{\partial y_n} \\ \dfrac{\partial x_2}{\partial y_1} & \dfrac{\partial x_2}{\partial y_2} & \cdots & \dfrac{\partial x_2}{\partial y_n} \\ \vdots & \vdots & \vdots & \vdots \\ \dfrac{\partial x_n}{\partial y_1} & \dfrac{\partial x_n}{\partial y_2} & \cdots & \dfrac{\partial x_n}{\partial y_n} \end{vmatrix}$$

$$\text{或 } \det\left(\frac{\partial \boldsymbol{y}}{\partial \boldsymbol{x}}\right) = \begin{vmatrix} \dfrac{\partial y_1}{\partial x_1} & \dfrac{\partial y_1}{\partial x_2} & \cdots & \dfrac{\partial y_1}{\partial x_n} \\ \dfrac{\partial y_2}{\partial x_1} & \dfrac{\partial y_2}{\partial x_2} & \cdots & \dfrac{\partial y_2}{\partial x_n} \\ \vdots & \vdots & \vdots & \vdots \\ \dfrac{\partial y_n}{\partial x_1} & \dfrac{\partial y_n}{\partial x_2} & \cdots & \dfrac{\partial y_n}{\partial x_n} \end{vmatrix}$$

推论:假设某些或全部的 $\boldsymbol{y}_0$ 值,方程 $\boldsymbol{y}=h(\boldsymbol{x})$ 有多个解 $x_m(m=1,2,\cdots)$,而 $\boldsymbol{x}_0=\{x_m\}$ 是该方程的解集,则包含 $\boldsymbol{x}_0$ 的区域 $\mathrm{d}V_x$ 是由 $\boldsymbol{y}_0$ 处的一个微分增量诱导产生的多个单调子区域所构成的。因此,可先算出方程 $\boldsymbol{y}=h(\boldsymbol{x})$ 对应于某个解 x_m 的各个单调子区域的概率密度 $p^{(m)}[\boldsymbol{x}(\boldsymbol{y})]$,再计算各个单调子区域的概率密度 $p^{(m)}[\boldsymbol{x}(\boldsymbol{y})]$ 之和,即可导出类似于式(A1-36)的结果:

$$p(\boldsymbol{y}) = \sum_m p^{(m)}[\boldsymbol{x}(\boldsymbol{y})] = \sum_m \frac{p[\boldsymbol{x}(\boldsymbol{y})]_m}{|\det[(\partial \boldsymbol{y}/\partial \boldsymbol{x})]_m|} \qquad \text{(A1-38)}$$

式中,下标“m”表示当给定 $\boldsymbol{y}$ 值时,方程 $\boldsymbol{y}=h(\boldsymbol{x})$ 的所有解 $x_m(m=1,2,\cdots)$。

在变换 $\boldsymbol{y}=h(\boldsymbol{x})$ 中，可能会出现 $\boldsymbol{y}$ 的维数小于 $\boldsymbol{x}$ 的维数的情况。这时应当选择附加变量 $\boldsymbol{z}$ 补充到 $\boldsymbol{y}$ 中，使 $(\boldsymbol{y},\boldsymbol{z})$ 的维数与 $\boldsymbol{x}$ 的维数相同，然后，根据边缘函数计算公式求出变量 $\boldsymbol{y}$ 的密度函数，即

$$p(\boldsymbol{y}) = \int_{-\infty}^{+\infty} p(\boldsymbol{y},\boldsymbol{z})\mathrm{d}\boldsymbol{z} \qquad (\text{A1}-39)$$

其中，积分是多重的（等于 $\boldsymbol{z}$ 的维数）。

五、数学期望、矩和特征函数

数学期望（Expected value）：随机变量 X 的数学期望规定为

$$E[X] = \int_{-\infty}^{+\infty} xp(x)\mathrm{d}x \qquad (\text{A1}-40)$$

式中，$p(x)$ 是 X 的概率密度。

式（A1－40）的具体含义是：将落在区间 $(x,x+\mathrm{d}x]$ 中的 $X(\xi)$ 值进行加权求和，权重为

$$P(\{\zeta: x < X \leqslant x+\mathrm{d}x\}) = p(x)\mathrm{d}x$$

表示 $X(\zeta)$ 值落在区间 $(x,x+\mathrm{d}x]$ 中的概率。

当 X 是离散或混合型随机变量时，分布函数不连续。在 $P(x)$ 不连续点 x_i 上的概率密度可表示为

$$p(x_i) = P_i \cdot \delta(x-x_i)$$

故有

$$E[X] = \int_{-\infty}^{+\infty} xp^C(x)\mathrm{d}x + \sum_i x_i P_i \qquad (\text{A1}-41)$$

式中

$$p^C(x) = \frac{\mathrm{d}P^C(x)}{\mathrm{d}x}$$

表示分布函数 $P(x)$ 中连续部分的导数。对于离散随机变量的情况，只要令式（A1－41）右边的第一项为零即可。

随机变量 X 的函数 $Y=h(X)$ 的数学期望可表示为

$$E[Y] = \int_{-\infty}^{+\infty} yp(y)\mathrm{d}y$$

倘若仅仅对数学期望 $E(Y)$ 感兴趣，还可按下式计算随机变量 Y 期望值，即

$$E[Y] = E[h(X)] = \int_{-\infty}^{+\infty} h(x)p(x)\mathrm{d}x \qquad (\text{A1}-42)$$

原点矩（Moments）：设实随机变量 X 的概率密度为 $p(x)$，其 n 阶原点矩（nth moment of X）规定为

$$\mu_n = E[X^n] = \int_{-\infty}^{+\infty} x^n p(x)\mathrm{d}x \qquad (\text{A1}-43)$$

一阶矩(First order moment)μ_1 就是随机变量 X 的数学期望,记为 $\mu(X)$;二阶矩(Second order moment)μ_2 称为随机变量 X 的均方值(Mean square value),记为 $\psi^2(X)$,它可视为随机变量 X 的平均功率。

中心矩(Central moments):设实随机变量 X 的分布密度为 $p(x)$,其 n 阶中心矩(n th central moment of X)规定为

$$\gamma_n = E\{[X-\mu(X)]^n\} = \int_{-\infty}^{+\infty}[x-\mu(X)]^n p(x)\mathrm{d}x \tag{A1-44}$$

特别地,将二阶中心矩(Second order central moment)

$$\begin{aligned}\mathrm{var}(X) = \gamma_2 &= E\{[X-\mu(X)]^2\} \\ &= E(X^2)-\mu^2(X) \\ &= \psi^2(X)-\mu^2(X) \overset{\mathrm{def}}{=} \sigma^2(X)\end{aligned} \tag{A1-45}$$

称为随机变量 X 的方差(Variance)。通常,将方差的正平方根 $\sigma(X)$ 称为随机变量 X 的标准差(或均方差,Standard deviation)。

$\sigma(X)$ 作为随机变量 X 偏离其数学期望 $\mu(X)$ 的测度,广泛应用于误差分析理论。

混合矩(Joint moment):设两个实随机变量 X 和 Y 的联合密度为 $p(x,y)$,X 和 Y 的 k 阶混合矩(k th joint moment of X and Y)规定为

$$\mu_{mn} = E[X^m Y^n] = \int_{-\infty}^{\infty}\int_{-\infty}^{\infty} x^m y^n p(x,y)\mathrm{d}x\mathrm{d}y \tag{A1-46}$$

其中 m 和 n 皆为正整数,且有 $m+n=k$。如果 $\mu(X)$ 和 $\mu(Y)$ 分别是 X 和 Y 的期望值,则相应的 k 阶混合中心矩规定为

$$\gamma_{mn} = E\{[X-\mu(X)]^m[Y-\mu(Y)]^n\} \tag{A1-47}$$

(互)协方差(Cross - covariance):设实随机变量 X 和 Y 的期望值分别为 $\mu(X)$ 和 $\mu(Y)$,其二阶混合中心矩(Second order joint central moment)

$$\gamma_{11} = \mathrm{cov}(X,Y) = E\{[X-\mu(X)][Y-\mu(Y)]\} \tag{A1-48}$$

称为 X 和 Y 的(互)协方差函数(Cross - covariance of X and Y),简称协方差。

协方差矩阵(Autocovariance matrices):设 n 维随机实向量 $\boldsymbol{X}=[X_1,\cdots,X_n]^{\mathrm{T}}$ 的数学期望为 $\boldsymbol{\mu}$,则它的二阶中心矩(Second order central moment)

$$\mathrm{cov}(\boldsymbol{X}) = E[(\boldsymbol{X}-\boldsymbol{\mu})(\boldsymbol{X}-\boldsymbol{\mu})^{\mathrm{T}}] \overset{\mathrm{def}}{=} \boldsymbol{C}_x \tag{A1-49}$$

称为随机向量 $\boldsymbol{X}$ 的(自)协方差矩阵(Autocovariance matrix of X)。

n 阶矩阵 $\boldsymbol{C}_x$ 可以写成

$$\boldsymbol{C}_x = \begin{bmatrix} c_{11} & c_{12} & \cdots & c_{1n} \\ c_{21} & c_{22} & \cdots & c_{2n} \\ \vdots & \vdots & \vdots & \vdots \\ c_{n1} & c_{n2} & \cdots & c_{nn} \end{bmatrix}$$

式中

$$c_{ij}=\operatorname{cov}(X_i,X_j)=E[(X_i-\mu_i)(X_j-\mu_j)],\quad (1\leqslant i,j\leqslant n)$$

显然,矩阵 $\boldsymbol{C}_x$ 的对角线元素 c_{ii} 恰好是各随机分量 X_i 的方差 σ_i^2。

协方差矩阵 $\boldsymbol{C}_x$ 既反映了每个随机分量取值偏离其期望值的分散程度,又体现了各个随机分量之间的相互关系。它具有如下两个重要的性质:

(1) 对称性(Real symmetric,r. s.):从协方差的定义可知,对于任意的 i 和 j,都有 $c_{ij}=c_{ji}$。

(2) 非负定性(Positive semidefinite,p. s. d):对于任意的实数 $a_1,\cdots,a_n$,都有

$$\sum_{i=1}^{n}\sum_{j=1}^{n}c_{ij}a_ia_j\geqslant 0$$

即协方差矩阵 $\boldsymbol{C}_x$ 的主子行列式均大于或等于0。

(互)协方差矩阵(Cross - covariance matrices):设两个实随机向量 $\boldsymbol{X}$ 和 $\boldsymbol{Y}$ 的数学期望分别为 $\boldsymbol{\mu}(\boldsymbol{X})$ 和 $\boldsymbol{\mu}(\boldsymbol{Y})$,其二阶混合中心矩

$$\operatorname{cov}(\boldsymbol{X},\boldsymbol{Y})=E\{[\boldsymbol{X}-\boldsymbol{\mu}(\boldsymbol{X})][\boldsymbol{Y}-\boldsymbol{\mu}(\boldsymbol{Y})]^{\mathrm{T}}\}\stackrel{\text{def}}{=}\boldsymbol{C}_{xy}\qquad(\text{A1}-50)$$

称为 $\boldsymbol{X}$ 和 $\boldsymbol{Y}$ 的(互)协方差矩阵(Cross - covariance matrix of X and Y)。

特征函数(Characteristic functions):设随机变量 X 的密度函数为 $p(x)$,其傅里叶变换的复共轭

$$\Phi(\mathrm{j}\omega)=[F\{p(x)\}]^*=\int_{-\infty}^{+\infty}p(x)\mathrm{e}^{\mathrm{j}\omega x}\mathrm{d}x\qquad(\text{A1}-51)$$

称为特征函数。其中 ω 为实的参变量,上标"$*$"表示取共轭复数。由于傅里叶变换是可逆的,因此特征函数 $\Phi(\mathrm{j}\omega)$ 的逆变换可表示为

$$p(x)=\frac{1}{2\pi}\int_{-\infty}^{+\infty}\Phi(\mathrm{j}\omega)\mathrm{e}^{-\mathrm{j}\omega x}\mathrm{d}\omega\qquad(\text{A1}-52)$$

特征函数具有如下的性质:

(1) $|\Phi(0)|=1$;

(2) $\Phi^*(-\mathrm{j}\omega)=\Phi(\mathrm{j}\omega)$;

(3) $|\Phi(\mathrm{j}\omega)|\leqslant|\Phi(0)|=1$。

对于 n 维随机变量的联合密度函数 $p(\boldsymbol{x})$,其特征函数为

$$\Phi(\mathrm{j}\omega)=\int_{-\infty}^{+\infty}p(\boldsymbol{x})\exp(\mathrm{j}\boldsymbol{\omega}^{\mathrm{T}}\boldsymbol{x})\mathrm{d}\boldsymbol{x}$$

相应的逆变换为

$$p(\boldsymbol{x})=\frac{1}{2\pi}\int_{-\infty}^{+\infty}\boldsymbol{\Phi}(\mathrm{j}\boldsymbol{\omega})\exp(-\mathrm{j}\boldsymbol{\omega}^{\mathrm{T}}x)\mathrm{d}\boldsymbol{\omega}$$

式中,积分是 n 重的。

定理1-8 随机变量 X 的特征函数 $\Phi(\mathrm{j}\omega)$ 与其 n 阶原点矩 μ_n 的关系为

$$\Phi(\mathrm{j}\omega) = \sum_{n=0}^{\infty} \frac{(\mathrm{j}\omega)^n}{n!} \cdot \mu_n, \quad (\omega \neq 0, 0! = 1) \tag{A1-53}$$

定理1-9 任意多个独立的随机变量之和的特征函数,等于各个随机变量的特征函数的乘积。

复随机变量(Complex random variables):取值为复数的随机变量 $Z(\xi)$ 称为复随机变量,即

$$Z(\zeta) = X(\zeta) + \mathrm{j}Y(\zeta) \tag{A1-54}$$

其中,实部 X 和虚部 Y 都是实随机变量。

概密度函数(复随机变量):复随机变量 Z 的实部 X 和虚部 Y 的联合概率密度,称为复随机变量 Z 的密度函数,即

$$p(z) = p(x, y) \tag{A1-55}$$

式中,$p(z)$ 是一个实数。

若将实随机变量的期望值、方差和协方差推广至复随机变量时,则要求:

(1) 当实随机变量 $Y=0$(或 $X=0$)时,复随机变量 Z 的矩应当等于实随机变量 X(或 Y)的矩;

(2) 必须保持随机变量的矩的特性(例如,方差应为非负实数)。

数学期望(复随机变量):复随机变量 Z 的期望值规定为

$$\mu(Z) = \mu(X) + \mathrm{j}\mu(Y) \tag{A1-56}$$

当 $Y=0$ 时,$\mu(Z)=\mu(X)$,符合前述要求。

方差(复随机变量):复随机变量 Z 的方差规定为

$$\begin{aligned} \sigma^2(Z) &= E\{[Z-\mu(Z)][Z-\mu(Z)]^*\} \\ &= E[X-\mu(X)]^2 + E[Y-\mu(Y)]^2 \\ &= \sigma^2(X) + \sigma^2(Y) \end{aligned} \tag{A1-57}$$

若 $Y=0$,则 $\sigma^2(Z)=\sigma^2(X)$,符合要求。

协方差(复随机变量):两个复随机变量 Z_1 和 Z_2 之间的协方差规定为

$$\begin{aligned} \mathrm{cov}(Z_1, Z_2) &= E\{[Z_1-\mu(Z_1)][Z_2-\mu(Z_2)]^*\} \\ &= \mathrm{cov}(X_1, X_2) + \mathrm{cov}(Y_1, Y_2) + \\ &\quad \mathrm{j}[\mathrm{cov}(Y_1, X_2) - \mathrm{cov}(X_1, Y_2)] \end{aligned} \tag{A1-58}$$

如果 $Y_1=Y_2=0$,则有 $\mathrm{cov}(Z_1,Z_2)=\mathrm{cov}(X_1,X_2)$,符合要求。

对于随机复向量 $\boldsymbol{X}$ 和 $\boldsymbol{Y}$,可推广上述定义。其中,协方差矩阵表示成

$$\begin{cases} \boldsymbol{C}_x = E\{[\boldsymbol{X}-\boldsymbol{\mu}(\boldsymbol{X})][\boldsymbol{X}-\boldsymbol{\mu}(\boldsymbol{X})]^{\mathrm{H}}\} \\ \boldsymbol{C}_{xy} = E\{[\boldsymbol{X}-\boldsymbol{\mu}(\boldsymbol{X})][\boldsymbol{Y}-\boldsymbol{\mu}(\boldsymbol{Y})]^{\mathrm{H}}\} \end{cases} \tag{A1-59}$$

式中,上标"H"表示取共轭转置。

不相关(Uncorrelated):若复随机变量 Z_1 和 Z_2 的协方差为零,即

$$\mathrm{cov}(Z_1,Z_2) = E\{[Z_1-\mu(Z_1)][Z_2-\mu(Z_2)]^*\} = 0 \quad (A1-60)$$

则称复变量 Z_1 与 Z_2 不相关。

正交(Orthogonal):若复随机变量 Z_1 和 Z_2 的二阶混合矩为零,即

$$\mu_{11} = E(Z_1 \cdot Z_2^*) = 0 \quad (A1-61)$$

则称复变量 Z_1 与 Z_2 正交。

独立性(Independent):若复随机变量 Z_1 和 Z_2 的密度函数满足

$$p(z_1,z_2) = p(z_1)\cdot p(z_2) \quad (A1-62)$$

则称复变量 Z_1 与 Z_2 独立。

1.1.2 随机过程理论

考虑某一$\{\Omega,F,P\}$概率空间,设 X 是从样本空间 Ω 到连续时间函数空间 F 的映射,则称 F 空间中的每一个元素为样本函数(Sample funtion)。如果任一样本函数在指定时刻 t 均为随机变量 $X(t,\zeta)$ ($\zeta\in\Omega, X\in F, -\infty<t<\infty$),则称这种映射的集合 $X(t,\Omega)$ 为随机过程(Random process)。其中,$X\in F$ 的确切含义是 $\{\zeta:X(\zeta)\leqslant x\}\subset F, \forall x\in R$。

对于任一已经发生的随机现象 ζ,$X(t,\zeta)$ 是时间函数,记为 $x(t)$,并称之为随机信号(Random signals);而对于任一固定的时刻 t,$X(t,\zeta)$ 是随机变量,记为 $X(\zeta)$。

一、随机过程的基本概念

样本函数(Sample functions):在随机实验中,可能出现的任一随机现象 ζ 的单个时间历程 $X(t,\zeta)$,称作样本函数。

样本记录(Sample log):在有限时间区间内观测到的样本函数,称为样本函数的记录,简称样本(Samples)。

在实际的随机实验中,只能对有限长的波形进行时间抽样,故所得到的观测数据总是离散的样本记录。

随机过程:对于给定的随机实验,全体样本函数的集合 $X(t,\Omega)$,称为随机过程 $\{x(t)\}$,简记为 $x(t)$。

与概率论中的随机变量分析法相类似,随机过程 $x(t)$ 的数学期望可表示为

$$\mu_x(t) = E[x(t)] = \int_{-\infty}^{\infty} x(t)p(x_t;t)\,\mathrm{d}x(t) \quad (A2-1)$$

式中,$p(x_t;t)$ 表示随机过程 $x_t=x(t)$ 的一阶概率密度函数,简记为 $p(x,t)$。

连续随机过程的 n 个时间样本 $x_k=x(t_k)$ $(k=1,2,\cdots,n)$ n 维概率密度函数满足下式:

$$\begin{cases}\int_{-\infty}^{\infty}\cdots\int_{-\infty}^{\infty} p(x_1,\cdots,x_n)\,\mathrm{d}x_1\cdots\mathrm{d}x_n = 1\\ \int_{-\infty}^{\infty}\cdots\int_{-\infty}^{\infty} p(x_1,\cdots,x_k,x_{k+1},\cdots x_n)\,\mathrm{d}x_{k+1}\cdots\mathrm{d}x_n = p(x_1,\cdots,x_k)\\ p(x_1,\cdots,x_k \mid x_{k+1},\cdots x_n) = p(x_1,\cdots,x_n)/p(x_{k+1},\cdots,x_n)\end{cases} \quad (A2-2)$$

在此，省略了概率密度函数中的时间参数 t_k。

类似地，若两个样本集合 $\{x_1,\cdots,x_k\}$ 和 $\{x_{k+1},\cdots,x_n\}$ 相互独立，则有

$$p(x_1,\cdots,x_n) = p(x_1,\cdots,x_k)p(x_{k+1},\cdots,x_n) \tag{A2-3}$$

上式等价于

$$p(x_1,\cdots,x_k \mid x_{k+1},\cdots x_n) = p(x_1,\cdots,x_k) \tag{A2-4}$$

对于两个随机过程 $x(t)$ 和 $y(t)$，在每个特定的时间集合 $\{t_k, k=1,2,\cdots\}$ 上，也可按同样的方式和条件，给出两个样本集合 $\{x_k=x(t_k)\}$ 和 $\{y_k=y(t_k)\}$ 相互独立的定义。

独立过程(Independent process)：考虑两个随机过程 $x(t)$ 和 $y(t)$。如果对于任意的实数 m 和 n，以及任意的 $x_i=x(t_i)(i=1,\cdots,m)$ 和 $y_j=y(t_j)(j=1,\cdots,n)$，下式都成立：

$$p(x_1,\cdots,x_m,y_1,\cdots,y_n) = p(x_1,\cdots,x_m)p(y_1,\cdots,y_n) \tag{A2-5}$$

则称随机过程 $x(t)$ 和 $y(t)$ 是相互独立的。

类似于复随机变量，由两个实随机过程 $x(t)$ 和 $y(t)$ 构成的复随机过程

$$z(t) = x(t) + \mathrm{j}y(t) \tag{A2-6}$$

的密度函数可表示为

$$p(z;t) = p(x,y;t) \tag{A2-7}$$

数学期望(复随机过程)：复随机过程 $z(t)$ 的数学期望规定为

$$\begin{aligned}\mu_z(t) = E[z(t)] &= \int_{-\infty}^{\infty} [x(t) + \mathrm{j}y(t)]p(x,y;t)\mathrm{d}x\mathrm{d}y \\ &= \mu_x(t) + \mathrm{j}\mu_y(t)\end{aligned} \tag{A2-8}$$

式中，积分符号是多重积分。

自相关函数(复随机过程)：在任意两个时刻 t_1 和 t_2，复随机过程 $z(t)$ 的二阶原点矩

$$R_z(t_1,t_2) = E[z(t_1)z^*(t_2)] \tag{A2-9}$$

称为自相关函数(Autocorrelation function)。

协方差函数(复随机过程)：在任意两个时刻 t_1 和 t_2，复随机过程 $z(t)$ 的二阶中心矩

$$\begin{aligned}C_z(t_1,t_2) &= E\{[z(t_1) - \mu_z(t_1)][z(t_2) - \mu_z(t_2)]^*\} \\ &= R_z(t_1,t_2) - \mu_z(t_1)\mu_z^*(t_2)\end{aligned} \tag{A2-10}$$

称为协方差函数(Autocovariance function)。

方差(复随机过程)：复随机过程 $z(t)$ 的方差规定为

$$\sigma_z^2(t) = C_z(t,t) = E[|z(t) - \mu_z(t)|^2] = \sigma_x^2(t) + \sigma_y^2(t) \tag{A2-11}$$

式中，$\sigma_x(t)$ 和 $\sigma_y(t)$ 分别表示实随机过程 $x(t)$ 和 $y(t)$ 的方差。

二、平稳随机过程

在时域上观察随机过程时，考虑不同时刻随机过程的概率分布关系是非常重要的。为此，有必要区分两类随机过程：一类是其统计特性不依赖于时间轴原点的随机过程；另一类是其统计特性依赖于绝对时间的随机过程。用系统论的观点来看，前者来源于时不变系统，后者来源于时变系统。

狭义平稳过程(Strict stationarity)：如果对于时间 t 的任意 n 个值 $t_k(k=1,\cdots,n)$ 和任意时移 τ，当随机过程 $x_k=x(t_k)$ 的 n 维概率密度函数满足下式时，即

$$p(x_1,\cdots,x_n;t_1,\cdots,t_n) = p(x_{1-\tau},x_{2-\tau},\cdots,x_{n-\tau};t_1-\tau,\cdots,t_n-\tau) \tag{A2-12}$$

则称随机过程 $x(t)$ 是强平稳(或严格平稳)的。

根据式(A2-12)可推知，一元强平稳随机过程 $x_t=x(t)$ 的概率密度与时间 t 无关，即

$$p(x_t;t) = p(x_{t-\tau};t-\tau) \overset{t=\tau}{=} p(x_0;0) \overset{\text{def}}{=} p(x_0)$$

其数学期望为常数，即

$$\mu_x(t) = E[x_t] = \int_{-\infty}^{\infty} x_t p(x_0)\mathrm{d}x_t = \mu_x \tag{A2-13}$$

一元强平稳过程 $x_t=x(t)$ 的任意两个样本 $x_1=x(t_1)$ 和 $x_2=x(t_2)$ 的密度函数仅仅是 $\tau=t_1-t_2(t_1=2\tau,t_2=\tau)$ 的函数，即

$$p(x_1,x_2;t_1,t_2) = p(x_{1-\tau},x_{2-\tau};t_1-\tau,t_2-\tau) \overset{\text{def}}{=} p(x_\tau,x_0;\tau) \tag{A2-14}$$

因此，一元强平稳过程 $x(t)$ 的任意两个样本 $x_1=x(t_1)$ 和 $x_2=x(t_2)$ 的自相关函数同样是 $\tau=t_1-t_2$ 的函数，即

$$R_x(t_1,t_2) = E[x(t_1)x^*(t_2)] = R_x(\tau) \tag{A2-15}$$

二元强平稳过程(Strict joint stationarity)：对于任意的时延 τ，如果二元随机过程 $x(t)$ 和 $y(t)$ 与 $x(t-\tau)$ 和 $y(t-\tau)$ 具有相同的二元密度函数，则称该二元随机过程是强联合平稳的。

二元强平稳过程的任意两个样本 $x(t_1)$ 和 $y(t_2)$ 的二阶原点混合矩(称为互相关函数，Cross-correlation function)是时延 $\tau=t_1-t_2$ 的函数，即

$$R_{xy}(t_1,t_2) = E[x(t_1)y^*(t_1-\tau)] = R_{xy}(\tau) \tag{A2-16}$$

广义平稳过程(Wide-sense stationary)：若随机过程 $x(t)$ 的期望值是常量，且其样本的自相关函数仅仅依赖于时延 τ，即

$$\begin{cases} E[x(t)] = \mu_x \\ E[x(t)x^*(t-\tau)] = R_x(\tau) \end{cases} \tag{A2-17}$$

则称随机过程 $x(t)$ 是弱平稳的，简称平稳过程。

如果随机过程 $x(t)$ 是强平稳的，那么它必然是弱平稳的；反之不然，这是因为弱平稳的定义只涉及到样本函数的一阶矩和二阶矩。但也有特殊情况，若高斯随机过程 $x(t)$ 是弱平稳的，则它一定是强平稳的。

如果两个实随机过程 $u(t)$ 和 $v(t)$ 是强（弱）联合平稳的，则复随机过程

$$z(t) = u(t) + jv(t)$$

也是强（弱）平稳的。

三、各态历经过程

在许多实际应用场合，时间历程足够长的单个样本 $x(t)$ 的时间平均，往往可用于替代平稳过程的总体平均（即数学期望），即

$$E[x(t)] = \lim_{T\to\infty}\frac{1}{T}\int_{-T/2}^{T/2} x(t)\,dt \tag{A2-18}$$

式中，T 是样本记录 $x(t)$ 的截取长度。

均值各态历经过程（Ergodic in the mean）：若某一随机过程 $x(t)$ 的样本的时间平均的极限依概率 1 等于数学期望，则称该随机过程是均值遍历的（或各态历经的）。

考虑随机过程样本函数 $x(t)$ 的任何函数 $h(x)$，除非样本函数出现的概率为 0，都有

$$E[h(x)] = \lim_{T\to\infty}\frac{1}{T}\int_{-T/2}^{T/2} h[x(t)]\,dt \tag{A2-19}$$

则称随机过程 $x(t)$ 是均值遍历的。

确定某个随机过程是否具有遍历性是比较困难的，但通过观察实际过程的特征，往往可以判断遍历性的假设是否合理。例如，如果一个过程的各个时间段相互独立，且每个时间段与绝对时间的原点无关，那么该过程就很有可能是遍历的；而对于特殊而又普遍存在的高斯随机过程，则存在判定遍历性的简单准则。

定理 1-10 如果平稳高斯随机过程 $x(t)$ 的自相关函数在整个时轴上的积分是有限的，即

$$\int_{-\infty}^{\infty} R_x(\tau)\,d\tau < \infty$$

则该平稳高斯随机过程 $x(t)$ 一定是均值遍历的。

时间相关函数（Correlation functions of sample）：考虑一元平稳随机过程的某个样本 $x(t)$，其时间自相关函数规定为

$$\mathscr{R}_x(\tau) = \lim_{T\to\infty}\frac{1}{T}\int_{-T/2}^{T/2} x(t)x^*(t-\tau)\,dt \tag{A2-20}$$

二元平稳随机过程的两个样本 $x(t)$ 和 $y(t)$ 的时间互相关函数规定为

$$\mathscr{R}_{xy}(\tau) = \lim_{T\to\infty}\frac{1}{T}\int_{-T/2}^{T/2} x(t)y^*(t-\tau)\,dt \tag{A2-21}$$

式中，T 是样本记录 $x(t)$ 和 $y(t)$ 的截取长度；τ 为任意时延。

相关遍历过程(Ergodic in correlation)，如果式(A2－20)或式(A2－21)依概率1分别等于总体自相关函数 $R_x(\tau)$ 或总体互相关函数 $R_{xy}(\tau)$，则称为相关或互相关遍历过程。

在工程上，只要验证随机过程是否具有弱平稳性就足够了，这是因为验证随机过程的强平稳性是不容易的，实际上也没有这个必要。考虑到随机实验的便捷性，往往更关心的是平稳随机过程是否具有均值和相关遍历性。

1.1.3 相关函数与谱密度

平稳过程的相关分析与功率谱估计是随机信号与系统科学中的最重要内容之一。相关函数不仅揭示了随机信号在任意两个时刻上取值的内在联系，而且还隐含了随机信号的波动性；功率谱则反映了随机信号的频谱结构。

一、相关函数及其性质

(自)相关函数(Autocorrelation functions)：平稳过程 $x(t)$ 的总体(自)相关函数规定为

$$R_x(\tau) = E[x(t)x^*(t-\tau)] \overset{t=\tau}{=} \int_{-\infty}^{\infty}\int_{-\infty}^{\infty} x_\tau x_0^* p(x_\tau, x_0;\tau)\mathrm{d}x_\tau \mathrm{d}x_0 \tag{A3－1}$$

(自)协方差函数(Autocovariance functions)：假设该平稳过程 $x(t)$ 的数学期望为 μ_x，则它的总体(自)协方差函数规定为

$$C_x(\tau) = E\{[x(t)-\mu_x][x(t-\tau)-\mu_x]^*\} = R_x(\tau) - \mu_x^2 \tag{A3－2}$$

平稳随机过程 $x(t)$ 的方差是常数，即

$$\sigma_x^2 = C_x(0) = R_x(0) - \mu_x^2 \tag{A3－3}$$

(互)相关函数(Cross－correlation functions)：两个平稳过程 $x(t)$ 和 $y(t)$ 的总体(互)相关函数规定为

$$R_{xy}(\tau) = E[x(t)y^*(t-\tau)] \overset{t=\tau}{=} \int_{-\infty}^{\infty}\int_{-\infty}^{\infty} x_\tau y_0^* p(x_\tau, y_0;\tau)\mathrm{d}x_\tau \mathrm{d}y_0 \tag{A3－4}$$

(互)协方差函数(Cross－covariance functions)：若平稳过程 $x(t)$ 和 $y(t)$ 的数学期望分别是 μ_x 和 μ_y，则二者的(互)协方差函数规定为

$$C_{xy}(\tau) = E\{[x(t)-\mu_x][y(t-\tau)-\mu_y]^*\} = R_{xy}(\tau) - \mu_x\mu_y^* \tag{A3－5}$$

一元平稳过程的相关函数和二元平稳过程的互相关函数具有如下性质：

性质1：平稳随机过程 $x(t)$ 和 $y(t)$ 的相关函数满足

$$R_{xy}(\tau) = R_{yx}^*(-\tau) \tag{A3-6}$$

$$R_x(\tau) = R_x^*(-\tau);R_y(\tau) = R_y^*(-\tau) \tag{A3-7}$$

由于实平稳过程的相关函数是实函数,故实平稳过程的相关函数是时延 τ 的偶函数。

性质2:对于平稳过程 $x(t)$,由相关函数的定义式(A3-1),可知

$$R_x(0) = E[|x(t)|^2] = \psi_x^2 \geqslant 0 \tag{A3-8}$$

上式可解释为平稳过程 $x(t)$ 的总平均功率。注意,当且仅当 $x(t)$ 所有取值均以概率1等于0时,才有 $R_x(0)=0$。

性质3:平稳过程 $x(t)$ 和 $y(t)$ 的相关函数和协方差函数满足下列不等式:

$$|R_{xy}(\tau)| \leqslant [R_x(0)R_y(0)]^{1/2} \tag{A3-9}$$

$$|C_{xy}(\tau)| \leqslant [C_x(0)\cdot C_y(0)]^{1/2} = \sigma_x \cdot \sigma_y \tag{A3-10}$$

$$|R_x(\tau)| \leqslant R_x(0) \tag{A3-11}$$

上式表明自相关函数在 $\tau=0$ 处取最大值。

性质4:如果平稳过程 $x(t)$ 与 $y(t)$ 正交,即 $R_{xy}(\tau)=0$,则有

$$R_{x+y}(\tau) = R_x(\tau) + R_y(\tau) \tag{A3-12}$$

(自)相关系数(Autocorrelation coefficient):平稳过程 $x(t)$ 的(自)相关系数(或归一化协方差函数)定义为

$$\rho_x(\tau) = \frac{C_x(\tau)}{C_x(0)} = \frac{R_x(\tau)-\mu_x^2}{\sigma_x^2}; \quad |\rho_x(\tau)| \leqslant 1 \tag{A3-13}$$

自相关系数描述了平稳过程 $x(t)$ 在两个不同时刻上的样本 $x(t)$ 与 $x(t-\tau)$ 之间的内在关系。当 $\tau=\infty$ 时,通常有 $\rho_x(\tau)=0$,这意味着 $x(t)$ 和 $x(t-\infty)$ 之间的关联性几乎为零。在工程应用中,当 τ 大到一定的程度时,若 $\rho_x(\tau) \ll 1$,则可认为 $x(t)$ 和 $x(t-\tau)$ 之间已经不存在任何关联性。为此,引进相关时间 τ_0 这一概念,当 $\tau>\tau_0$ 时,即可认为 $x(t)$ 和 $x(t-\tau)$ 不相关。一般把相关系数降至5%的时间间隔 τ_0,定义为平稳过程的相关时间(Time of correlation),即

$$|\rho_x(\tau_0)| \leqslant 0.05 \tag{A3-14}$$

相关时间 τ_0 直接反映了平稳过程的波动性。τ_0 越大,说明 $x(t)$ 和 $x(t-\tau_0)$ 之间的关联性越大,过程的变化也就越缓慢;反之亦然。

(互)相关系数(Cross-correlation coefficient):两个平稳过程 $x(t)$ 和 $y(t)$ 之间的(互)相关系数规定为

$$\rho_{xy}(\tau) = \frac{C_{xy}(\tau)}{\sqrt{C_x(0)C_y(0)}} = \frac{C_{xy}(\tau)}{\sigma_x\sigma_y}; \quad |\rho_{xy}(\tau)| \leqslant 1 \tag{A3-15}$$

互相关系数反映了两个平稳过程 $x(t)$ 和 $y(t)$ 相差时刻 τ 的相似程度。$\rho_{xy}(\tau)$ 越大,二者(波形)越相似;反之,$\rho_{xy}(\tau)$ 越小,二者的关联性越小。如果 $\rho_{xy}(\tau)=0$,

则 $x(t)$ 与 $y(t-\tau)$ 的关联性几乎为零,即二者是不相关的。

独立:若平稳过程 $x(t)$ 和 $y(t)$ 的联合密度函数满足

$$p(x,y;t) = p(x;t)p(y;t) \tag{A3-16}$$

则称 $x(t)$ 和 $y(t)$ 是统计独立的。

不相关:在任意两个时刻 t_1 和 t_2 上,若二元平稳过程 $x(t)$ 和 $y(t)$ 满足如下条件:

$$C_{xy}(t_1,t_2) = C_{xy}(\tau) = 0, \qquad (\tau = t_1 - t_2) \tag{A3-17}$$

则称平稳过程 $x(t)$ 和 $y(t)$ 互不相关。

正交:在任意两个时刻 t_1 和 t_2 上,如果平稳过程 $x(t)$ 和 $y(t)$ 满足以下条件:

$$R_{xy}(t_1,t_2) = R_{xy}(\tau) = 0, \quad (\tau = t_1 - t_2) \tag{A3-18}$$

则称平稳过程 $x(t)$ 和 $y(t)$ 是正交的。

对于零均值平稳过程 $x(t)$ 或 $y(t)$,不相关性与正交性是等价的。

定理 1-11 若平稳过程 $x(t)$ 和 $y(t)$ 统计独立,则二者互不相关。

注意,平稳过程 $x(t)$ 和 $y(t)$ 互不相关,并不意味着它们是独立的。但也有例外,对于高斯过程(见第二章)而言,不相关性与独立性是等价的。

由两个独立的平稳过程的乘积所构成的新的平稳过程 $z(t)=x(t)y(t)$,其自相关函数之间存在如下关系:

$$\begin{aligned}R_z(t,t-\tau) &= E[z(t)z^*(t-\tau)] \\ &= E\{[x(t)y(t)]\cdot[x(t-\tau)y(t-\tau)]^*\} \\ &= E[x(t)x(t-\tau)]\cdot E[y(t)y^*(t-\tau)] = R_x(\tau)\cdot R_y(\tau)\end{aligned}$$

在研究幅度调制信号的相关性及其功率谱时,经常用到这一关系式。

二、确定性信号的功率谱密度

通过傅里叶变换,可将非周期信号 $x(t)$ 与其频谱 $X(\omega)$ 联系起来,即

$$\begin{cases}X(\omega) = \int_{-\infty}^{\infty} x(t)\mathrm{e}^{-\mathrm{j}\omega t}\mathrm{d}t \overset{\mathrm{def}}{=} X(f) \\ x(t) = \dfrac{1}{2\pi}\int_{-\infty}^{\infty} X(\omega)\mathrm{e}^{\mathrm{j}\omega t}\mathrm{d}\omega\end{cases} \tag{A3-19}$$

式中,$X(\omega)$[或写成 $X(\mathrm{j}\omega)$]是 $x(t)$ 的傅里叶变换,$x(t)$ 是 $X(\omega)$ 的傅里叶逆变换;$\omega=2\pi f$。

若 $x(t)$ 是实信号,则有

$$X(\omega) = X^*(-\omega) \quad 或 \quad X^*(\omega) = X(-\omega) \tag{A3-20}$$

信号周期一般可展开成傅里叶级数。例如,可将周期为 T 的信号 $x(t)=x(t\pm kT)$,$\forall k\in Z$,分解为许多谐波分量之和,即

$$x(t) = a_0 + 2\sum_{n=1}^{\infty}[a_n\cos(\omega_n t) + b_n\sin(\omega_n t)]$$

$$= X_0 + 2\sum_{n=1}^{\infty} X(\omega_n)\cos[\omega_n t + \theta(\omega_n)] \quad \text{(A3-21)}$$

式中，$\omega_n = 2\pi n/T$；且有

$$\begin{cases} a_n = \dfrac{1}{T}\displaystyle\int_0^T x(t)\cos(\omega_n t)\,\mathrm{d}t \\ b_n = -\dfrac{1}{T}\displaystyle\int_0^T x(t)\sin(\omega_n t)\,\mathrm{d}t \end{cases} \quad (n = 1,2,\cdots)$$

和

$$\begin{cases} X(0) = a_0, X(\omega_n) = \sqrt{a_n^2 + b_n^2} \\ \theta(\omega_n) = \arctan\left(\dfrac{b_n}{a_n}\right) \end{cases} \quad (n = 1,2,\cdots)$$

非周期信号的谱密度（Power spetral density of aperiodic signals）：设持续时间为 $T(T\to\infty)$ 的确定性实信号 $x(t)$ 的傅里叶变换为 $X(\omega)$，令

$$\begin{cases} S_x(\omega,T) \overset{\text{def}}{=} \dfrac{|X(\omega)|^2}{T} \quad \text{或} \quad S_x(f,T) = \dfrac{|X(f)|^2}{T} \\ S_x(\omega) \overset{\text{def}}{=} \lim\limits_{T\to\infty} S_x(\omega,T) \quad \text{或} \quad S_x(f) \overset{\text{def}}{=} \lim\limits_{T\to\infty} S_x(f,T) \end{cases} \quad \text{(A3-22)}$$

则称 $S_x(\omega)$ 为实信号 $x(t)$ 的功率谱密度函数，简称功率谱（或谱密度）。

定理 1-12（非周期信号的帕塞瓦尔公式， Parseval's theorem）：设实信号 $x(t)$ $(0\leqslant t<T, T\to\infty)$ 的傅里叶变换为 $X(\omega)$，则有

$$E_x = \int_0^{\infty} x^2(t)\,\mathrm{d}t = \frac{1}{2\pi}\int_{-\infty}^{\infty} |X(\omega)|^2\,\mathrm{d}\omega \quad \text{(A3-23)}$$

上式等号左边表示 $x(t)$ 在时域上的总能量，右边则表示 $x(t)$ 在频域上的总能量。通常，将 $|X(\omega)|^2$ 称为 $x(t)$ 的能谱密度（Energy spetral density），因此帕塞瓦尔公式又可视为信号总能量的能谱表达形式。

如果非周期信号 $x(t)$ $(0\leqslant t< T)$ 的功率 P_x 是非零的有限值，则有

$$P_x = \frac{1}{2\pi}\int_{-\infty}^{\infty} S_x(\omega)\,\mathrm{d}\omega = \int_{-\infty}^{\infty} S_x(f)\,\mathrm{d}f \quad \text{(A3-24)}$$

限时限带信号（Time-limited & band-limited signals）：设限时实信号 $x(t)$ $(0\leqslant t\leqslant T)$ 的傅里叶系数为 $X(\omega_n)$，对于任意的正常数 B，当 $\omega_n = 2\pi n/T$ 满足

$$-2\pi B \leqslant \omega_n \leqslant 2\pi B \quad \text{或} \quad -TB \leqslant n \leqslant TB$$

时，$X(\omega_n)$ 才有非零值，则称 $x(t)$ 为限时（持续时间为 T）限带（频带宽度为 B）实信号。

在时间轴上，以周期 T 对限时限带实信号 $x(t)$ $(0\leqslant t\leqslant T)$ 进行周期延拓，仍记周期延拓信号为 $x(t)$，根据周期信号的指数傅里叶级数展开式，可得

$$x(t)=\sum_{n=-[TB]}^{[TB]}X(\omega_n)\mathrm{e}^{\mathrm{j}\omega_n t},\quad \omega_n=\frac{2\pi n}{T} \tag{A3-25}$$

其中，$[TB]$表示不超过 TB 的最大整数；且有

$$X(\omega_n)=\frac{1}{T}\int_0^{\mathrm{T}}x(t)\mathrm{e}^{-\mathrm{j}\omega_n t}\mathrm{d}t \tag{A3-26}$$

定理 1－13（周期信号的帕塞瓦尔公式）若限时限带实信号 $x(t)$ 的傅里叶系数为 $X(\omega_n)$，则其功率可表示为

$$P_x=\frac{1}{T}\int_0^{\mathrm{T}}x^2(t)\mathrm{d}t=\sum_{n=-[TB]}^{[TB]}|X(\omega_n)|^2 \tag{A3-27}$$

对于零均值限时限带实信号 $x(t)$，上式变为

$$E_x=\int_0^{\mathrm{T}}x^2(t)\mathrm{d}t=2T\cdot\sum_{n=1}^{[TB]}|X(\omega_n)|^2 \tag{A3-28}$$

周期信号的谱密度（Power spetral density of periodic signals）：设周期为 T 的实信号 $x(t)$ 的傅里叶变换为 $X(\omega_n)$，则其功率谱密度可表示为

$$S_x(\omega_n)=\frac{|X(\omega_n)|^2}{\Delta f}=T|X(\omega_n)|^2 \tag{A3-29a}$$

或者

$$S_x(f_n)=\frac{|X(f_n)|^2}{\Delta f}=T|X(f_n)|^2 \tag{A3-29b}$$

式中，$\Delta f=1/T, f_n=n/T, \omega_n=2\pi f_n$。

三、平稳过程的功率谱估计

对于非周期或周期信号平稳过程 $x(t)$，其功率的期望值可分别表示为

$$P_x=\lim_{T\to\infty}\int_{-\infty}^{\infty}\frac{E[|X(\omega)|^2]}{T}\mathrm{d}\omega\quad 或\quad P_x=\sum_{n=-[TB]}^{[TB]}E[|X(\omega_n)|^2] \tag{A3-30}$$

由此可给出平稳过程 $x(t)$ 平均谱密度的定义。

非周期随机信号的谱密度（Power spetral density of aperiodic random signals）：设平稳过程 $x(t)$ 的持续时间为 T，傅里叶变换为 $X(\omega)$。根据式（A3－30）的第一式，其谱密度的期望值可表示为

$$S_x(\omega)=\lim_{T\to\infty}\frac{E[|X(\omega)|^2]}{T}\quad 或\quad S_x(f)=\lim_{T\to\infty}\frac{E[|X(f)|^2]}{T} \tag{A3-31}$$

周期随机信号的谱密度（Power spetral density of periodic random signals）：设平稳过程 $x(t)$ 的周期为 T，傅里叶系数为 $X(\omega_n)$。根据式（A3－30）的第二式和式（A3－29），其谱密度的期望值可表示为

$$S_x(\omega_n) = T \cdot E[|X(\omega_n)|^2] \quad 或 \quad S_x(f_n) = T \cdot E[|X(f_n)|^2] \tag{A3-32}$$

定理 1-14 平稳过程 $x(t)$ 的自相关函数与功率谱密度是一傅里叶变换对，即

$$\begin{cases} R_x(\tau) = \dfrac{1}{2\pi}\displaystyle\int_{-\infty}^{\infty} S_x(\omega)\mathrm{e}^{\mathrm{j}\omega\tau}\mathrm{d}\omega \\ S_x(\omega) = \displaystyle\int_{-\infty}^{\infty} R_x(\tau)\mathrm{e}^{-\mathrm{j}\omega\tau}\mathrm{d}\tau \end{cases} \tag{A3-33}$$

这正是著名的维纳—辛钦(Wiener - Khintchin)公式。

功率谱密度具有以下性质：

性质 1：随机过程的功率谱密度是频率的非负实函数。

性质 2：实平稳过程的功率谱是频率的偶函数，即 $S_x(\omega) = S_x(-\omega)$，且有

$$\begin{cases} S_x(\omega) = \displaystyle\int_{-\infty}^{\infty} R_x(\tau)\cos(\omega\tau)\mathrm{d}\tau \\ R_x(\tau) = \dfrac{1}{2\pi}\displaystyle\int_{-\infty}^{\infty} S_x(\omega)\cos(\omega\tau)\mathrm{d}\omega \end{cases} \tag{A3-34}$$

单边谱密度(Unilateral power spetral density)：角频率 ω 在 $(0,\infty)$ 上的功率谱密度 $G_x(\omega)$

$$G_x(\omega) = \begin{cases} 2S_x(\omega), & \omega > 0 \\ 0, & \omega < 0 \end{cases} \tag{A3-35}$$

称为单边谱密度；当 $\omega = 0$ 时，$G_x(0) = S_x(0)$ 称为直流分量的谱密度。

白噪声与有色噪声(White Noises & Colored noises)：如果零均值平稳随机过程 $x(t)$ 的功率谱等于正常数，即

$$S_x(\omega) = N_0, \quad -\infty < \omega < \infty \quad (N_0 > 0) \tag{A3-36}$$

则称此过程为白噪声过程，而功率谱不等于常数的噪声则称为有色噪声。

白噪声过程具有与白色光相同的分布性质，其相关函数为一脉冲函数，即

$$R_x(\tau) = \frac{1}{2\pi}\int_{-\infty}^{\infty} N_0\mathrm{e}^{\mathrm{j}\omega\tau}\mathrm{d}\omega = N_0\delta(\tau) \tag{A3-37}$$

高斯白噪声序列(Gaussian white noise sequences)：高斯白噪声序列满足如下三个条件，即

(1) 如果实平稳序列 x_k 的期望值为 0，即

$$E[x_k] = 0 \tag{A3-38}$$

则称 x_k 为零均值序列(Sequence with mean - zeros)；

(2) 如果零均值实平稳序列 x_k 的相关函数等于 0，即

$$R_x[m-n] = E[x_{k+m}x_{k+n}] = 0, \quad \forall m \neq n \tag{A3-39}$$

则称 x_k 为白噪声序列(White noise sequence);

(3) 如果白噪声序列 x_k 的多维联合分布是正态的,则称 x_k 为高斯白噪声序列。

二进制伪随机序列(Pseudo - noise sequence):二进制伪随机序列(PN 序列)是由 1 和 0 组成的序列,其相关函数与白噪声序列很相似,但有一个重复周期 T。

非周期随机信号的互谱密度(Cross - power spetral density of aperiodic random signals):设平稳过程样本 $x(t)$ 和 $y(t)$ 的持续时间为 T,其同频率分量分别为 $X(\omega)$ 和 $Y(\omega)$,则二者的互谱密度的期望值可表示为

$$S_{xy}(\omega) = E[X(\omega)Y^*(\omega)]/T \tag{A3 - 40}$$

式中,T 为样本 $x(t)$ 和 $y(t)$ 的持续时间。

周期随机信号的互谱密度(Cross - power spetral density of periodic random signals):设平稳过程样本 $x(t)$ 和 $y(t)$ 的周期为 T,其同频率分量分别为 $X(\omega_n)$ 和 $Y(\omega_n)$,则其互谱密度的期望值可表示为

$$S_{xy}(\omega_n) = T \cdot E[X(\omega_n) \cdot Y^*(\omega_n)] \tag{A3 - 41}$$

定理 1 - 15 设两个平稳过程 $x(t)$ 和 $y(t)$ 的互相关函数和互谱密度分别为 $R_{xy}(\tau)$ 和 $S_{xy}(\omega)$,则有

$$\begin{cases} S_{xy}(\omega) = \int_{-\infty}^{\infty} R_{xy}(\tau)\mathrm{e}^{-j\omega\tau}\mathrm{d}\tau \\ R_{xy}(\tau) = \dfrac{1}{2\pi}\int_{-\infty}^{\infty} S_{xy}(\omega)\mathrm{e}^{j\omega\tau}\mathrm{d}\omega \end{cases} \tag{A3 - 42}$$

当 $\tau = 0$ 时,就有

$$R_{xy}(0) = E[x(t)y^*(t)] = \frac{1}{2\pi}\int_{-\infty}^{\infty} S_{xy}(\omega)\mathrm{d}\omega \tag{A3 - 43}$$

它表示二元平稳过程的总体平均功率。

互谱密度具有下列性质:

性质 1:对于复平稳过程 $x(t)$ 和 $y(t)$,则有

$$S_{xy}^*(\omega) = S_{yx}(\omega) \tag{A3 - 44}$$

对于实平稳过程 $x(t)$ 和 $y(t)$,则有

$$S_{xy}^*(\omega) = S_{xy}(-\omega) = S_{yx}(\omega) \tag{A3 - 45}$$

性质 2:如果随机过程 $x(t)$ 与 $y(t)$ 正交,即 $R_{xy}(\tau) = 0$,则有

$$S_{xy}(\omega) = 0 \tag{A3 - 46}$$

和

$$S_{x+y}(\omega) = S_x(\omega) + S_y(\omega) \tag{A3 - 47}$$

四、线性系统对随机信号的响应

如果一个线性定常系统是因果稳定的,则此系统的动态特性可用频率响应函

数 $H(\omega)$ 来描述，即

$$H(\mathrm{j}\omega) = \int_0^{\infty} h(t)\mathrm{e}^{-\mathrm{j}\omega t}\mathrm{d}t \overset{\mathrm{def}}{=} H(\omega) \tag{A3-48}$$

式中，$h(t)$ 是线性系统的单位脉冲响应函数。

假设施加于线性定常系统 $h(t)$ 的输入信号为 $x(t)$，则系统产生的输出 $y(t)$ 为

$$y(t) = \int_{-\infty}^{\infty} h(\lambda)x(t-\lambda)\mathrm{d}\lambda = h(t) * x(t) \tag{A3-49}$$

对于因果稳定系统，其脉冲响应函数 $h(t)$ 是实数，且有 $h(t)=0(t<0)$。

如果线性定常系统 $h(t)$ 的输入信号 $x(t)$ 是平稳过程的某一样本函数，那么，系统输出 $y(t)$ 的期望值可表示为

$$E[y(t)] = H(0)\cdot\mu_x = \mu_y \tag{A3-50}$$

其中，μ_x 和 μ_y 分别是 $x(t)$ 和 $y(t)$ 的期望值；输出 $y(t)$ 与输入 $x(t)$ 的互相关函数可表示为

$$R_{yx}(\tau) = R_x(\tau) * h(\tau) \tag{A3-51}$$

输出 $y(t)$ 的自相关函数可表示为

$$R_y(\tau) = R_{yx}(\tau) * h^*(-\tau) = R_x(\tau) * h^*(-\tau) * h(\tau) \tag{A3-52}$$

功率传递函数(Power transform functions)：设线性定常系统 $h(t)$ 的输入信号 $x(t)$ 的功率谱为 $S_x(\omega)$，输出信号 $y(t)$ 的功率谱为 $S_y(\omega)$，则有

$$S_{xy}(\omega) = S_x(\omega)H^*(\omega),\quad S_y(\omega) = S_{xy}(\omega)H(\omega) \tag{A3-53}$$

以及

$$S_y(\omega) = S_x(\omega)H(\omega)H^*(\omega) = S_x(\omega)|H(\omega)|^2 \tag{A3-54}$$

式中，$S_{xy}(\omega)$ 为系统输入—输出的互谱密度；$|H(\omega)|^2$ 称为系统的功率传递函数。

频率特性(Frequency response functions)：线性定常系统 $h(t)$ 的幅频特性(Magnitude)可表示为

$$|H(\omega)| = \frac{|S_{xy}(\omega)|}{S_x(\omega)} \tag{A3-55}$$

相频特性(Phase)可表示为

$$\theta(\omega) = -\arctan\frac{\mathrm{lm}[S_{xy}(\omega)]}{\mathrm{Re}[S_{xy}(\omega)]} \tag{A3-56}$$

相干函数(Coherent functions)：两个平稳过程 $x(t)$ 和 $y(t)$ 的相干函数规定为

$$\gamma_{xy}^2(\omega) = \frac{|S_{xy}(\omega)|^2}{S_x(\omega)S_y(\omega)},\quad 0 \leqslant \gamma_{xy}^2(\omega) \leqslant 1 \tag{A3-57}$$

它表示二者在频域上的“互相关”程度，因此，称之为谱相关函数。

若在某些频率点上 ${\gamma_{xy}}^2(\omega)=1$，则表示 $y(t)$ 和 $x(t)$ 是完全相干的；若在某些

频率点上 $\gamma_{xy}{}^2(\omega)=0$，则表示 $y(t)$ 和 $x(t)$ 在这些频率点上不相干（不凝聚），这是时域上 $y(t)$ 与 $x(t)$ 不相关的另一种提法。如果 $x(t)$ 和 $y(t)$ 是统计独立的，则恒有 $\gamma_{xy}{}^2(\omega)=0$。

分离系统（Separated systems）：当两个系统 $h_1(t)$ 和 $h_2(t)$ 的幅频特性（或频带）不重叠时，则有

$$|H_1(\omega)|\cdot|H_2(\omega)|=0 \tag{A3-58}$$

则称这两个系统为分离系统。在任意信号 $x_1(t)$ 和 $x_2(t)$ 激励下，分离系统的响应 $y_1(t)$ 和 $y_2(t)$ 是正交的，即

$$S_{y_1y_2}(\omega)=0 \tag{A3-59}$$

利用该结论，只需把单一输入信号 $x(t)$ 作为分离系统的公共输入，就可以产生一对正交的输出信号。

五、线性系统辨识

设线性系统的脉冲响应函数为 $h(t)$，且系统的输入信号 $x(t)$ 为白噪声，即 $R_x(\tau)=\delta(\tau)$。则系统输出 $y(t)$ 与输入 $x(t)$ 之间的互相关函数为

$$R_{yx}(\tau)=R_x(\tau)*h(\tau)=\int_0^\infty h(\lambda)\delta(\tau-\lambda)\mathrm{d}\lambda=h(\tau) \tag{A3-60}$$

因此，只要计算出互相关函数 $R_{yx}(\tau)(\tau-0)$，就能辨识出系统的脉冲响应函数。

基于白噪声的系统辨识方法具有如下优点：其一，在多数情况下，可以把变化幅值很小的白噪声叠加在正常的输入信号上，对线性系统进行在线辨识；其二，白噪声的自相关函数是脉冲函数，它几乎与所有的其他噪声皆不相关，因此，用白噪声作为输入信号能够排除其他干扰的影响。不过，这种系统辨识也有不足之处：为了取得精确的估计值，必须延长积分时间 T（即输入信号的持续时间），这对系统辨识的实时性将产生不利的影响。

为了既能保留白噪声作为输入信号的优点，又能克服其缺点，可采用基于双极性 PN 序列 c_n，它是幅值为 $\{-a,a\}$ 的二进制序列。当 $n\to\infty$ 时，其相关函数近似为脉冲函数，与白噪声信号极为相似，但它有一个重复周期 T。如果序列的长度 N 足够大，那么该序列的自相关函数 $R_x(\tau)$ 就是一个周期为 T 的脉冲序列，即

$$R_x(\tau)=\sum_{n=-N}^{N}a^2\delta(\tau+nT) \tag{A3-61}$$

因此，可将序列 c_n 视为出现在每一周期内 T 的白噪声信号。

1.2 习题解答与 MATLAB/Simulink 程序

1-1 对某一目标进行射击，直到击中为止。如果每次射击命中率为 p，试求

(1) 射击次数的概率分布表；

(2) 射击次数的概率分布函数。

解:(1) 以 X 表示射击次数,则

$X=1$,表示射击 1 次即命中,概率为 p,即 $P(X=1)=p$;

$X=2$,表示射击 2 次,第 1 次未命中,概率为 $q=1-p$;第 2 次命中,概率为 p,因此,第 1 次未命中、第 2 次命中的概率为 pq,即 $P(X=2)=pq$;

$X=3$,表示射击 3 次,第 1、2 次未命中、第 3 次命中的概率为$P(X=3)=pq^2$;

……

$X=n$,表示射击 n 次,第 1 次至第 $n-1$ 次均未命中、第 n 次未命中的概率为 $P(X=n)=pq^{n-1}$;

根据归纳法,射击次数 X 的概率可表示为

$$P(X=k)=pq^{k-1},\quad k=1,2,\cdots,n,\cdots;\quad p+q=1$$

或列成概率分布表

$$X\sim\begin{pmatrix}1 & 2 & \cdots & k & \cdots\\ p & pq & \cdots & pq^{k-1} & \cdots\end{pmatrix}$$

(2) 射击次数的概率分布函数。根据公式(A1-8),离散型随机变量 X 的分布函数可表示为

$$P(x)=P(X\leqslant x)=\sum_{k\leqslant x}P(X=k)$$

当$0<x\leqslant 1$时,有

$$P(x)=P(X\leqslant 1)=p=1-(1-p)$$

当$1<x\leqslant 2$时,有

$$P(x)=P(X\leqslant 2)=p+pq=1-(1-p)^2$$

……

当$k-1<x\leqslant k$时,有

$$P(x)=P(X\leqslant k+1)=p+pq+pq^2+\cdots+pq^{k-1}=1-(1-p)^k$$

上述式子可归纳为

$$P(x)=\begin{cases}0, & (x<1)\\ 1-(1-p)^{[x]}, & (x\geqslant 1)\end{cases}$$

式中,$[x]$表示小于或等于 x 的最大整数。

1-2 假设测量某一目标的距离时,随机偏差 X(单位 m)的分布密度为

$$p(x)=\frac{1}{40\sqrt{2\pi}}\exp\left[-\frac{(x-200)^2}{3200}\right]$$

试求在三次测量中,至少有一次测量偏差的绝对值不超过 30m 的概率。

解:依题意,x 服从 $\mu_x=200$,$\sigma_x=40$ 的正态分布 $N(\mu_x,\sigma_x)$。计算随机偏差 X 的概率时,可作变量置换$(x-\mu_x)/\sigma_x=t$ 将正态分布化为标准正态分布,进而得到

$$P(x_1 < x < x_2) = \mathrm{erf}\left(\frac{x_2 - \mu_x}{\sigma_x}\right) - \mathrm{erf}\left(\frac{x_1 - \mu_x}{\sigma_x}\right)$$

式中

$$\mathrm{erf}(t) = \frac{1}{\sqrt{2\pi}}\int_0^x \mathrm{e}^{-t^2/2}\mathrm{d}t$$

称为拉普拉斯函数,可通过查表计算。于是,一次测量偏差的绝对值不超过30m的概率为

$$\begin{aligned} P(|x| < 30) &= P(-30 < x < 30) \\ &= \mathrm{erf}\left(\frac{30-200}{40}\right) - \mathrm{erf}\left(\frac{-30-200}{40}\right) \\ &= \mathrm{erf}\left(\frac{17}{4}\right) - \mathrm{erf}\left(\frac{-23}{4}\right) \\ &\approx 0.5 + 0.5 = 1 \end{aligned}$$

在三次测量中,至少有一次测量偏差的绝对值不超过30m的对立事件是三次测量偏差的绝对值都超过30m,故所求的概率为

$$P = 1 - P^3(|x| > 30) = 1 - [1 - P(|x| < 30)]^3 \approx 1$$

1-3 对某一目标进行射击,直到击中为止。如果每次射击命中率为 p,试求射击次数的数学期望和方差。

解:由习题1-1求得射击次数 X 的概率为

$$P(X = k) = pq^{k-1}, \quad k = 1,2,\cdots,n,\cdots; \quad p + q = 1$$

根据数学期望的定义

$$E[X] = \sum_{k=1}^{\infty} kP(X = k) = p\sum_{k=1}^{\infty} kq^{k-1} \overset{\mathrm{def}}{=} pS \tag{1-3-1}$$

式中

$$S = \sum_{k=1}^{\infty} kq^{k-1} = 1 + 2q + 3q^2 + \cdots + kq^{k-1} + \cdots \tag{1-3-2}$$

上式两边同乘以 q,得

$$qS = q + 2q^2 + 3q^3 + \cdots + (k-1)q^{k-1} + \cdots \tag{1-3-3}$$

式(1-3-2)减式(1-3-3)得到

$$(1-q)S = 1 + q + q^2 + \cdots + q^{k-1} + \cdots = \frac{1}{1-q}$$

即

$$S = \frac{1}{(1-q)^2} = \frac{1}{p^2}$$

将上式代入式(1-3-1),就有

$$E[X] = pS = 1/p$$

根据方差的定义

$$\mathrm{var}(X) = E[X^2] - E^2[X] \tag{1-3-4}$$

其中

$$E[X^2] = \sum_{k=1}^{\infty} k^2 P(X = k) = p\sum_{k=1}^{\infty} k^2 q^{k-1} \overset{\mathrm{def}}{=} pS_1 \tag{1-3-5}$$

$$S_1 = \sum_{k=1}^{\infty} k^2 q^{k-1} = 1^2 + 2^2 q + 3^2 q^2 + \cdots + k^2 q^{k-1} + \cdots \tag{1-3-6}$$

上式两边同乘以 q,得

$$qS_1 = 1^2 q + 2^2 q^2 + 3^2 q3 + \cdots + k^2 q^k + \cdots \tag{1-3-7}$$

式(1-3-6)减式(1-3-7)得到

$$(1-q)S_1 = 1 + 3q + 5q^2 + 7q^3 + \cdots + (2n-1)q^{n-1} + \cdots$$

上式乘以 q,得

$$(1-q)qS_1 = q + 3q^2 + 5q^3 + \cdots + (2n-3)q^{n-1} + \cdots$$

以上二式相减,可得

$$\begin{aligned}(1-q)(1-q)S_1 = (1-q)^2 S &= 1 + 2q + 2q^2 + 2q^3 + \cdots + 2q^{n-1} + \cdots \\ &= 1 + 2q(1 + q + q^2 + \cdots + q^{n-2} + \cdots) \\ &= 1 + 2q/(1-q)\end{aligned}$$

故有

$$S_1 = \frac{1}{(1-q)^2} + \frac{2q}{(1-q)^3} = \frac{2-p}{p^3}$$

代入式(1-3-5),可得

$$E[X^2] = pS_1 = \frac{2-p}{p^2}$$

于是,就有

$$\mathrm{var}(X) = E[X^2] - E^2[X] = \frac{2-p}{p^2} - \frac{1}{p^2} = \frac{1-p}{p^2}$$

1-4 对圆的直径作近似测量,设其值均匀分布在区间$[a,b]$内,求圆面积的分布密度和数学期望。

解:设圆的直径为随机变量 x,面积为随机变量 y,则有

$$y = f(x) = \frac{\pi}{4}x^2$$

其中,x 的分布密度为

$$p(x)=\begin{cases}\dfrac{1}{b-a}, & a\leqslant x\leqslant b\\ 0, & x<a,x>b\end{cases}$$

根据式(A1－42),面积 y 的数学期望为

$$E[y]=\int_{-\infty}^{\infty}f(x)p(x)\mathrm{d}x=\int_{a}^{b}\frac{\pi}{4}x^2\cdot\frac{1}{b-a}\mathrm{d}x=\frac{\pi}{12}(b^2+ab+a^2)$$

根据公式(A1－35),面积 y 的分布密度可表示为

$$p(y)=\frac{1}{|\mathrm{d}y/\mathrm{d}x|}p[x(y)]=\begin{cases}\dfrac{1}{(b-a)\sqrt{\pi y}}, & \left(\dfrac{\pi}{4}a^2\leqslant y\leqslant\dfrac{\pi}{4}b^2\right)\\ 0, & \left(y<\dfrac{\pi}{4}a^2,y>\dfrac{\pi}{4}b^2\right)\end{cases}$$

利用式(A1－40),同样可求得面积 y 的数学期望,即

$$E[y]=\int_{-\infty}^{\infty}yp(y)\mathrm{d}y=\int_{\pi a^2/4}^{\pi b^2/4}y\cdot\frac{1}{(b-a)\sqrt{\pi y}}\mathrm{d}y$$

$$=\frac{\pi}{12}(b^2+ab+a^2)$$

1－5 设随机变量 X 和 Y 互相独立,且服从正态分布。试证明随机变量 $Z_1=X^2+Y^2$ 与随机变量 $Z_2=X/Y$ 也是独立的。

证明:不妨假设随机变量 X 和 Y 均服从标准高斯分布 $N(0,1)$,依题意,则有

$$p(x,y)=p(x)p(y)=\frac{1}{2\pi}\exp\left(-\frac{x^2+y^2}{2}\right)$$

变换 $Z_1=X^2+Y^2$ 和 $Z_2=X/Y$ 所对应的雅可比行列式为

$$\det\left[\frac{\partial(z_1,z_2)}{\partial(x,y)}\right]=\begin{vmatrix}\partial z_1/\partial x & \partial z_1/\partial y\\ \partial z_2/\partial x & \partial z_2/\partial y\end{vmatrix}=\begin{vmatrix}2x & 2y\\ 1/y & -x/y^2\end{vmatrix}=\frac{-2(x^2+y^2)}{y^2}$$

逆变换为

$$x^2=\frac{z_1z_2^2}{z_2^2+1},\quad y^2=\frac{z_1}{z_2^2+1}$$

即

$$x=\pm z_2\sqrt{\frac{z_1}{1+z_2^2}},\quad y=\pm\sqrt{\frac{z_1}{1+z_2^2}}$$

根据式(A1－37b),可得

$$p(z_1,z_2)=\frac{1}{\left|\det\left[\dfrac{\partial(z_1,z_2)}{\partial(x,y)}\right]\right|}\cdot p[x(z_1,z_2),y(z_1,z_2)]$$

$$= \frac{1}{2(z_2^2+1)} \cdot \frac{1}{\pi} \cdot \exp\left(-\frac{z_1}{2}\right)$$

$$= \frac{1}{2}\exp\left(-\frac{z_1}{2}\right) \cdot \frac{1}{\pi(1+z_2^2)} = p(z_1) \cdot p(z_2)$$

其中

$$p(z_1) = \frac{1}{2}\exp\left(-\frac{z_1}{2}\right), (0 \leqslant z_1); \quad p(z_2) = \frac{1}{\pi(1+z_2^2)}$$

这说明随机变量 Z_1 和 Z_2 是相互独立的,且 Z_1 服从指数分布,Z_2 服从柯西分布。

1-6 设随机变量 X 和 Y 是独立的,且分别服从参数为 a 和 b 的泊松分布。试证明随机变量 $Z=X+Y$ 服从参数为 $a+b$ 的泊松分布。

证明: 当 X 和 Y 都是离散型随机变量,$Z=X+Y$ 也是离散型随机变量。设 (X, Y) 的联合概率密度为 $p(x_i, y_j)$,则 $Z=X+Y$ 的分布是

$$p_Z(z_k) = \sum_i p(x_i, z_k - x_i) \tag{1-6-1}$$

求和范围是所有的 i 值。当对应的 $z_k - x_i$ 不是 Y 的可能值时,则可规定这一项概率等于0。当 X 和 Y 独立时,上式可简化为

$$p_Z(z_k) = \sum_i p(x_i)p(z_k - x_i) \tag{1-6-2}$$

依题意,随机变量 X 和 Y 的分布为

$$p_X(m) = \frac{a^m e^{-a}}{m!}, \quad p_Y(m) = \frac{b^m e^{-b}}{m!} \qquad (m = 0,1,\cdots,n)$$

根据式(1-6-2),Z 的分布可写成

$$p_Z(m) = P(Z = m) = \sum_{k=0}^{m} P(X = k)P(Y = m - k)$$

$$= \sum_{k=0}^{m} \frac{a^k e^{-a}}{k!} \cdot \frac{b^{m-k} e^{-b}}{(m-k)!}$$

$$= \sum_{k=0}^{m} \frac{a^k b^{m-k}}{k!(m-k)!} \cdot e^{-(a+b)}$$

已知

$$(b+a)^m = b^m + C_m^1 b^{m-1} a + C_m^2 b^{m-2} a^2 + \cdots + a^m = \sum_{k=0}^{m} \frac{m! a^k b^{m-k}}{k!(m-k)!}$$

故有

$$p_Z(m) = P(Z = m) = \frac{(a+b)^m e^{-(a+b)}}{m!}, \quad (m = 0,1,\cdots,n)$$

这说明随机变量 $Z=X+Y$ 服从参数为 $a+b$ 的泊松分布。

1－7 设泊松分布为

$$P(X=k)=\frac{\lambda^k e^{-\lambda}}{k!}\qquad(k=0,1,\cdots)$$

试证明:(1)均值和方差皆为 λ;(2)特征函数为 $\exp[\lambda(e^{j\omega}-1)]$。

证明:(1) 根据数学期望的定义,可得

$$E[X]=\sum_{k=0}^{\infty}k\cdot\frac{\lambda^k e^{-\lambda}}{k!}=\lambda\sum_{m=0}^{\infty}\frac{\lambda^m e^{-\lambda}}{m!}=\lambda\qquad(1-7-1)$$

根据方差的定义

$$\operatorname{var}(X)=E[X^2]-E^2[X]\qquad(1-7-2)$$

其中

$$\begin{aligned}E[X^2]&=\sum_{k=0}^{\infty}k^2\cdot\frac{\lambda^k e^{-\lambda}}{k!}=\lambda\sum_{k=1}^{\infty}k\cdot\frac{\lambda^{k-1}e^{-\lambda}}{(k-1)!}\\&=\lambda\sum_{m=0}^{\infty}(m+1)\cdot\frac{\lambda^m e^{-\lambda}}{m!}=\lambda+\lambda\sum_{m=0}^{\infty}m\cdot\frac{\lambda^m e^{-\lambda}}{m!}\\&=\lambda+\lambda^2\sum_{m=1}^{\infty}\frac{\lambda^{m-1}e^{-\lambda}}{(m-1)!}=\lambda+\lambda^2\sum_{n=0}^{\infty}\frac{\lambda^n e^{-\lambda}}{n!}\\&=\lambda+\lambda^2\end{aligned}$$

将上式代入式(1－7－2),并利用式(1－7－1),就有

$$\operatorname{var}(X)=E[X^2]-E^2[X]=\lambda$$

(2) 根据特征函数的定义

$$\Phi(j\omega)=\sum_k e^{j\omega k}P(X=k)=e^{-\lambda}\sum_{k=0}^{\infty}\frac{(\lambda e^{j\omega})^k}{k!}$$

已知

$$e^x=1+x+\frac{x^2}{2!}+\frac{x^3}{3!}+\cdots=\sum_{k=0}^{\infty}\frac{x^k}{k!}$$

令 $x=\lambda e^{j\omega}$,就有

$$\Phi(j\omega)=e^{-\lambda}\sum_{k=0}^{\infty}\frac{(\lambda e^{j\omega})^k}{k!}=\exp[\lambda(e^{j\omega}-1)]$$

1－8 均值和方差分别为 μ 和 σ^2 的高斯密度函数为

$$p(x)=\frac{1}{\sqrt{2\pi}\sigma}\exp\left[-\frac{(x-\mu)^2}{2\sigma^2}\right]$$

试证明:

(1) 特征函数为

$$\Phi(j\omega)=\exp\left(j\mu\omega-\frac{\omega^2\sigma^2}{2}\right)$$

(2) 高斯变量的中心矩为

$$E[(X-\mu)^m]=\begin{cases}0, & (m\ 为奇数)\\ 1\cdot3\cdot5\cdots(m-1)\sigma^m, & (m\ 为偶数)\end{cases}$$

证明:(1) 根据公式(A1-51),得

$$\Phi(\mathrm{j}\omega)=\int_{-\infty}^{\infty}p(x)\mathrm{e}^{\mathrm{j}\omega x}\mathrm{d}x=\frac{1}{\sqrt{2\pi}\sigma}\int_{-\infty}^{\infty}\exp\left[-\frac{(x-\mu)^2}{2\sigma^2}\right]\mathrm{e}^{\mathrm{j}\omega x}\mathrm{d}x$$

$$\overset{(x-\mu)/\sigma=t}{=}\mathrm{e}^{\mathrm{j}\omega\mu}\left[\frac{1}{\sqrt{2\pi}}\int_{-\infty}^{\infty}\mathrm{e}^{-t^2/2}\mathrm{e}^{\mathrm{j}(\omega\sigma)t}\mathrm{d}t\right]$$

$$=\mathrm{e}^{\mathrm{j}\omega\mu}\frac{1}{\sqrt{2\pi}}\int_{-\infty}^{\infty}\mathrm{e}^{-\frac{1}{2}[t^2-2\mathrm{j}\omega\sigma t+(\mathrm{j}\omega\sigma)^2-(\mathrm{j}\omega\sigma)^2]}\mathrm{d}t$$

$$=\mathrm{e}^{\mathrm{j}\omega\mu-\frac{(\omega\sigma)^2}{2}}\frac{1}{\sqrt{2\pi}}\int_{-\infty}^{\infty}\mathrm{e}^{-\frac{1}{2}(t-\mathrm{j}\omega\sigma)^2}\mathrm{d}t$$

$$=\exp\left[\mathrm{j}\omega\mu-\frac{(\omega\sigma)^2}{2}\right] \qquad (1-8-1)$$

(2) 由式(1-8-1)可得

$$\exp\left[-\frac{(\omega\sigma)^2}{2}\right]=\int_{-\infty}^{\infty}p(x)\mathrm{e}^{\mathrm{j}\omega(x-\mu)}\mathrm{d}x$$

上式对 ω 求 m 次导数,得到

$$\left[\frac{d^m\mathrm{e}^{-(\sigma\omega)^2/2}}{\mathrm{d}\omega^m}\right]_{\omega=0}=\mathrm{j}^m\int_{-\infty}^{\infty}(x-\mu)^m p(x)\mathrm{d}x=\mathrm{j}^m E[(X-\mu)^m]$$

已知 $p(x)$ 是偶函数,故当 m 为奇数时,$E[(X-\mu)^m]=0$。于是,就有

$$E[(X-\mu)^m]=\begin{cases}\mathrm{j}^m\left[\dfrac{d^m\mathrm{e}^{-(\sigma\omega)^2/2}}{d\omega^m}\right]_{\omega=0}=1\cdot3\cdot5\cdots(m-1)\sigma^m, & m\ 为偶数\\ 0, & m\ 为奇数\end{cases}$$

1-9 已知随机变量 x_1 和 x_2 相互独立,且 $x_1,x_2\sim N(\mu,\sigma^2)$。试求 $y=2x_1+3x_2$ 的概率密度函数。

解:依题意,可知

$$E[2X_1]=2\mu,\qquad \mathrm{var}[2X_1]=4\sigma^2$$
$$E[3X_2]=3\mu,\qquad \mathrm{var}[3X_2]=9\sigma^2$$

故有

$$E[Y]=5\mu,\qquad \mathrm{var}[Y]=13\sigma^2$$

于是,随机变量 Y 的概率密度函数可表示为

$$p(y)=\frac{1}{\sqrt{26\pi}\sigma}\exp\left[-\frac{(y-5\mu)^2}{26\sigma^2}\right]$$

1-10 考虑 p 阶子回归序列模型

$$x_k = a_1x_{k-1} + a_2x_{k-2} + \cdots + a_px_{k-p} + e_k$$

式中,$a_i(i=1,2,\cdots,p)$称为自回归系数;$e_k \sim N(0,\sigma_e{}^2)$,且 $E[x_{k-m}e_k]=0,\forall 0<m\leqslant p$。令 $k=p,p+1,\cdots,N-1$,得到 $N-p$ 个观测序列$\{x_p,x_{p+1},\cdots,x_{N-1}\}$,且有

$$\begin{cases} x_p - a_1x_{p-1} - a_2x_{p-2} - \cdots - a_px_0 = e_p \\ x_{p+1} - a_1x_p - a_2x_{p-1} - \cdots - a_px_1 = e_{p+1} \\ \vdots \\ x_{2p} - a_1x_{2p-1} - a_2x_{2p-2} - \cdots - a_px_p = e_{2p} \\ \vdots \\ x_{N-1} - a_1x_{N-2} - a_2x_{N-2} - \cdots - a_px_{N-1-p} = e_{N-1} \end{cases}$$

上式表示,在给定 $\boldsymbol{x}_1=[x_0,x_1,\cdots,x_{p-1}]^{\mathrm{T}}$、$\boldsymbol{a}=[a_1,a_2,\cdots,a_p]$和 $e_k \sim N(0,\sigma_e{}^2)$的条件下,观测序列 $\boldsymbol{x}_2=[x_p,x_{p+1},\cdots,x_{N-1}]^{\mathrm{T}}$ 是由白噪声序列 $e_p,e_{p+1},\cdots,e_{N-1}$的线性变换而得到的。试求到 $\boldsymbol{x}_2$ 的概率密度 $p(\boldsymbol{x}_2|\boldsymbol{x}_1,\boldsymbol{a},\sigma_e^2)$。

解:该线性变换的雅可比行列式为

$$\det\left(\frac{\partial \mathbf{e}}{\partial \boldsymbol{x}_2}\right) = \begin{bmatrix} 1 & & & & & & 0 \\ -a_1 & 1 & & & & & \\ \vdots & \ddots & \ddots & & & & \\ -a_p & \ddots & \ddots & 1 & & & \\ 0 & -a_p & \ddots & \ddots & 1 & & \\ \vdots & \ddots & \ddots & \ddots & \ddots & \ddots & \\ 0 & \cdots & 0 & -a_p & \cdots & -a_1 & 1 \end{bmatrix} = 1$$

由 $E[x_{k-m}e_k]=0$,可推知 $E[e_{k-m}\quad e_k]=0(m\neq0)$,即 e_k 是独立的随机序列。因为 $e_k \sim N(0,\sigma_e{}^2)$,所以 $\boldsymbol{e}=[e_p,e_{p+1},\cdots,e_{N-1}]^{\mathrm{T}}$ 的联合概率密度可表示为

$$p(e_p,\cdots,e_{N-1}) = (2\pi\sigma_e^2)^{-\frac{N-p}{2}}\exp\left(-\frac{1}{2\sigma_e^2}\sum_{k=p}^{N-1}\mathrm{e}_k^2\right)$$

由式(A1-37a)可知,观测序列 $\boldsymbol{x}_2$ 的联合概率密度可写成

$$\begin{aligned} p(\boldsymbol{x}_2 \mid \boldsymbol{x}_1,\boldsymbol{a},\sigma_e^2) &= \left|\det\left(\frac{\partial \boldsymbol{e}}{\partial \boldsymbol{x}_2}\right)\right| p[\boldsymbol{x}_2(\boldsymbol{e})] \\ &= \frac{1}{(2\pi\sigma_e^2)^{\frac{N-p}{2}}}\exp\left(-\frac{N-p}{2\sigma_e^2}\cdot s_{N-p}^2\right) \end{aligned}$$

式中

$$s_{N-P}^2 = \frac{1}{N-p}\sum_{k=p}^{N-1}e_k^2 = \frac{1}{N-p}\sum_{k=p}^{N-1}(x_k - a_1x_{k-1} - \cdots - a_px_{k-p})^2$$

1-11 假设 x 和 y 是独立的随机变量，且 $x_1, x_2 \sim N(0, \sigma^2)$。考虑变换

$$r = (x^2 + y^2)^{1/2} > 0, \quad \varphi = \arctan(y/x) \qquad (-\pi < \varphi < \pi)$$

试求随机变量 r 和 φ 的联合密度函数，并证明二者是相互独立的。

解：该变换所对应的雅可比行列式为

$$\det\left[\frac{\partial(r,\varphi)}{\partial(x,y)}\right] = \begin{vmatrix} \dfrac{\partial r}{\partial x} & \dfrac{\partial r}{\partial y} \\ \dfrac{\partial \varphi}{\partial x} & \dfrac{\partial \varphi}{\partial y} \end{vmatrix} = \begin{vmatrix} \dfrac{x}{r} & \dfrac{y}{r} \\ -\dfrac{y}{r^2} & \dfrac{x}{r^2} \end{vmatrix} = \frac{1}{r}$$

将逆变换 $x = r\cos\varphi$ 和 $y = r\sin\varphi$ 代入式(A1-37b)，得

$$p(r,\varphi) = \frac{p[x(r,\varphi)] \cdot p[y(r,\varphi)]}{1/r} = \frac{r}{2\pi\sigma^2} \cdot \exp\left(-\frac{r^2}{2\sigma^2}\right)$$

其边缘密度分别是

$$p(r) = \int_{-\pi}^{\pi} p(r,\varphi)\mathrm{d}\varphi = \int_{-\pi}^{\pi} \frac{r}{2\pi\sigma^2} \cdot \exp\left(-\frac{r^2}{2\sigma^2}\right)\mathrm{d}\varphi$$
$$= \frac{r}{\sigma^2}\exp\left(-\frac{r^2}{2\sigma^2}\right)$$

和

$$p(\varphi) = \int_0^{\infty} p(r,\varphi)\mathrm{d}r$$
$$= \int_0^{\infty} \frac{r}{2\pi\sigma^2} \cdot \exp\left(-\frac{r^2}{2\sigma^2}\right)\mathrm{d}r$$
$$= -\frac{1}{2\pi}\int_0^{\infty} \exp\left(-\frac{r^2}{2\sigma^2}\right)\mathrm{d}\left(-\frac{r^2}{2\sigma^2}\right) = \frac{1}{2\pi}$$

这表明 r 服从瑞利(Rayleigh)分布(当 $\sigma = 1$)，φ 服从均匀分布。不难验证

$$p(r,\varphi) = p(r)p(\varphi)$$

由此可知，随机变量 r 和 φ 是相互独立的。

1-12 设 x_1 和 x_2 是独立的随机变量，且 $x_1, x_2 \sim N(0, \sigma^2)$。试求随机变量 $y = x_1 + x_2$ 的密度函数。

解：参见习题 1-9。

1-13 试利用相关函数的定义和限时限带过程的平均谱密度表达式(A3-32)，证明维纳-辛钦公式(A3-33)。

证明：仅证明维纳-辛钦公式(A3-33)的第一式。将限时限带过程拓展成周期为 T 的过程，且假设其傅里叶系数为 $X(\omega_n)$，由式(A3-32)可知，其功率谱可表示为

$$S_x(\omega_n) = T \cdot E[|X(\omega_n)|^2] \quad 或 \quad S_x(f_n) = T \cdot E[|X(f_n)|^2]$$

由相关函数的定义和傅里叶变换式(A3-25),可得

$$R_x(\tau) = E[x(t)x^*(t-\tau)]$$

$$= E\left[\sum_{n=-[TB]}^{[TB]} X(\omega_n)e^{j\omega_n t}\sum_{m=-[TB]}^{[TB]} X^*(\omega_m)e^{-j\omega_m(t-\tau)}\right]$$

$$= E\left[\sum_{n=-[TB]}^{[TB]}\sum_{m=-[TB]}^{[TB]} X\left(\frac{n}{T}\right)X^*\left(\frac{m}{T}\right)|^2 e^{j\frac{2\pi m}{T}\tau}e^{-j\frac{2\pi(m-n)}{T}t}\right]$$

$$= \sum_{n=-[TB]}^{[TB]}\sum_{m=-[TB]}^{[TB]} E\left[\left|X\left(\frac{n}{T}\right)\right|^2\right]\delta(m-n)e^{j2\pi\frac{m}{T}\tau}e^{-j\frac{2\pi}{T}(m-n)t} \quad (1-13-1)$$

在上式中,利用了各个不重叠频率分量之间不相关的性质,即

$$E\left[X\left(\frac{n}{T}\right)\cdot X^*\left(\frac{m}{T}\right)\right] = E\left[\left|X\left(\frac{n}{T}\right)\right|^2\right]\delta(m-n)$$

利用 δ 函数的性质,式(1-13-1)可简化为

$$R_x(\tau) = \sum_{n=-[TB]}^{[TB]} E\left[\left|X\left(\frac{n}{T}\right)\right|^2\right]\cdot e^{j2\pi\frac{n}{T}\tau}$$

$$= \sum_{n=-[TB]}^{[TB]} T\cdot E\left[\left|X\left(\frac{n}{T}\right)\right|^2\right]\cdot e^{j2\pi\frac{n}{T}\tau}\cdot\frac{1}{T}$$

$$= \frac{1}{T}\sum_{n=-[TB]}^{[TB]} S(f_n)\cdot e^{j2\pi f_n\tau}$$

$$= \frac{\omega_0}{2\pi}\sum_{n=-[TB]}^{[TB]} S(\omega_n)\cdot e^{j\omega_n\tau}, \quad \left(\omega_0 = \frac{2\pi}{T}\right)$$

此即维纳-辛钦式(A3-33)的离散表达形式。如果令 $T\to\infty$,则可得

$$R_x(\tau) = \frac{1}{2\pi}\int_{-\infty}^{\infty} S(\omega)\cdot e^{j\omega\tau}d\omega$$

式中

$$\omega = \lim_{T\to\infty} = \omega_n = \lim_{T\to\infty}\frac{2\pi n}{T}, d\omega = \lim_{T\to\infty}\frac{2\pi}{T}$$

1-14 如果随机过程 $x(t)$ 与 $y(t)$ 正交,即 $R_{xy}(\tau)=0$,试证明:

$$S_{x+y}(\omega) = S_x(\omega) + S_y(\omega)$$

证明:根据相关函数的定义和正交过程的性质,可得

$$R_{x+y}(\tau) = E\{[x(t)+y(t)]\cdot[x^*(t-\tau)+y^*(t-\tau)]\}$$

$$= E[x(t)x^*(t-\tau)] + E[y(t)x^*(t-\tau)] + E[x(t)y^*(t-\tau)] + E[y(t)y^*(t-\tau)]$$

$$= R_x(\tau) + R_y(\tau)$$

利用维纳 - 辛钦公式(A3 - 33),则有

$$S_{x+y}(\omega) = S_x(\omega) + S_y(\omega)$$

1 - 15　设线性定常系统的频率传递函数为

$$H(\omega) = \mathrm{sgn}(\omega) \cdot \left(\frac{\omega}{2\pi}\right)^2 \cdot \exp\left(-\mathrm{j}\frac{8\omega}{\pi}\right) \cdot W(\omega)$$

式中,$\mathrm{sgn}(\omega)$为符号函数;$W(\omega)$为窗函数,即

$$W(\omega) = \begin{cases} 1, & \omega \leqslant 40\pi \\ 0, & \text{其他} \end{cases}$$

假设输入信号 $x(t)$是一平稳过程,其自相关函数为

$$R_x(\tau) = \frac{5}{2}\delta(\tau) + 2$$

试计算在频带 0 ~ 1Hz($-2\pi \sim 2\pi$)内系统输出 $y(t)$的平均功率。

解:根据维纳—辛钦公式(A3 - 33),输入信号 $x(t)$的功率谱为

$$S_x(\omega) = \int_{-\infty}^{\infty} R_x(\tau)\mathrm{e}^{-\mathrm{j}\omega\tau} d\tau = \frac{5}{2} + 2\pi\delta(\omega)$$

根据式(A3 - 54),系统输出 $y(t)$的功率谱可表示为

$$\begin{aligned} S_y(\omega) &= |H(\omega)|^2 S_x(\omega) \\ &= \left(\frac{\omega}{2\pi}\right)^4 \cdot W(\omega)\left[\frac{5}{2} + 2\pi\delta(\omega)\right] \\ &= \left(\frac{\omega}{2\pi}\right)^4 \cdot W(\omega) \cdot \frac{5}{2} \end{aligned}$$

于是,在频带 0 ~ 1Hz($-2\pi \sim 2\pi$)内系统输出 $y(t)$的平均功率为

$$\begin{aligned} E[y(t)^2] &= \frac{1}{2\pi}\int_{-2\pi}^{2\pi} S_y(\omega)\mathrm{d}\omega \\ &= \frac{5}{2\pi}\int_{0}^{2\pi}\left(\frac{\omega}{2\pi}\right)^4 \mathrm{d}\omega = 1 \end{aligned}$$

1 - 16　考虑图 P1 - 1 所示 RC 电路,假定该系统的输入过程 $x(t)$是白噪声,$S_x(\omega) = N_0/2$,N_0 为常数,试求:

(1) 输入样本 $x(t)$的平均功率;

(2) 该系统输出样本 $y(t)$的功率谱密度 $S_y(\omega)$和自相关函数 $R_y(\tau)$。

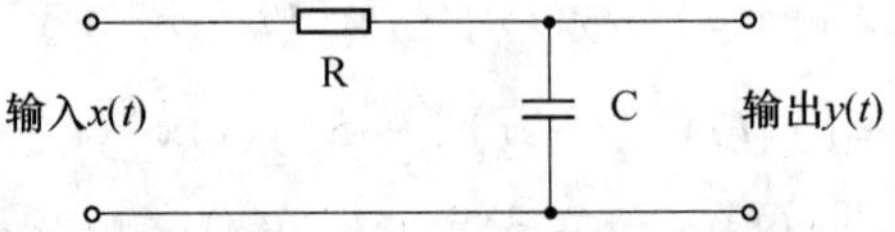

图 P1 - 1　习题 1 - 16

解:输入样本 $x(t)$ 的总体平均功率为

$$E[x(t)^2] = \frac{1}{2\pi}\int_{-\infty}^{\infty} S_y(\omega)\mathrm{d}\omega$$

$$= \frac{1}{2\pi}\int_{-\infty}^{\infty} \frac{N_0}{2}\mathrm{d}\omega = \infty$$

RC 电路的频率传递函数为

$$H(\omega) = \frac{1}{1 + \mathrm{j}\omega RC}$$

于是,该系统输出样本 $y(t)$ 的功率谱密度 $S_y(\omega)$ 为

$$S_y(\omega) = | H(\omega) |^2 S_x(\omega) = \frac{N_0}{2[1 + (\omega RC)^2]}$$

输出样本 $y(t)$ 的自相关函数为

$$R_y(\tau) = \frac{1}{2\pi}\int_{-\infty}^{\infty} S_y(\omega)\mathrm{e}^{\mathrm{j}\omega\tau}\mathrm{d}\omega$$

$$= \frac{1}{2\pi}\int_{-\infty}^{\infty} \frac{N_0}{2[1 + (\omega RC)^2]}\mathrm{e}^{\mathrm{j}\omega\tau}\mathrm{d}\omega$$

$$= \frac{N_0}{4RC}\mathrm{e}^{-|\tau|/RC}$$

上式利用了傅里叶积分定理,即

当 $f(\tau)$ 是偶函数时,则有

$$f(\tau) = \frac{2}{\pi}\int_0^{\infty} [\cos(\omega\tau) \int_0^{\infty} f(t)\cos(\omega t)\mathrm{d}t]\mathrm{d}\omega \qquad (1-16-1)$$

当 $f(\tau)$ 是奇函数时,则有

$$f(\tau) = \frac{2}{\pi}\int_0^{\infty} \left[\sin(\omega\tau) \int_0^{\infty} f(t)\sin(\omega t)\mathrm{d}t\right]\mathrm{d}\omega \qquad (1-16-2)$$

因为 $S_y(\omega)$ 是偶函数,故有

$$R_y(\tau) = \frac{1}{2\pi}\int_0^{\infty} \frac{N_0\cos\omega\tau}{1 + (\omega RC)^2}\mathrm{d}\omega = \frac{1}{2\pi RC}\int_0^{\infty} \frac{N_0\cos(\omega\tau/RC)}{1 + \omega^2}\mathrm{d}\omega$$

$$(1-16-3)$$

在式(1-16-1)中,令 $f(\tau) = \mathrm{e}^{-\tau}(\tau > 0)$,则有

$$\mathrm{e}^{-\tau} = \frac{2}{\pi}\int_0^{\infty} \left[\cos(\omega\tau) \cdot \int_0^{\infty} \mathrm{e}^{-t}\cos(\omega t)\mathrm{d}t\right]\mathrm{d}\omega$$

$$= \frac{2}{\pi}\int_0^{\infty} \left[\cos(\omega\tau) \cdot \frac{1}{1 + \omega^2}\right]\mathrm{d}\omega$$

亦即

$$\int_0^\infty \frac{\cos(\omega\tau)}{1+\omega^2}\mathrm{d}\omega = \frac{\pi}{2}\mathrm{e}^{-\tau}, \quad (\tau > 0) \qquad (1-16-4)$$

利用这一结果,式(1－16－3)可进一步简化为

$$R_y(\tau) = \frac{1}{2\pi RC}\int_0^\infty \frac{N_0\cos(\omega\tau/RC)}{1+\omega^2}\mathrm{d}\omega = \frac{N_0}{4RC}\mathrm{e}^{-\tau/RC}$$

由于 $S_y(\omega)$是偶函数,所以 $R_y(\tau)=R_y(-\tau)$,故有

$$R_y(\tau) = \frac{N_0}{4RC}\mathrm{e}^{-|\tau|/RC}$$

1－17 在 MATLAB/Simulink 平台上构造图 P1－2a 所示的仿真系统,其中,线性系统用某一低通滤波器来仿真。试分别用正弦信号、白噪声和伪随机序列作为系统的输入信号,从“示波器”观察输出波形;并说明如何选取恰当的输入信号,才能获得正确的系统辨识结果。

解:(1) 正弦信号作为系统的输入信号,仿真系统的框图如图 P1－2a 所示。在此,假定仿真时间 $T=10\mathrm{s}$,采样时间 $T_s=0.1\mathrm{s}$,延时时间 tao＝0：0.1：9.9。具体参数设置如下:

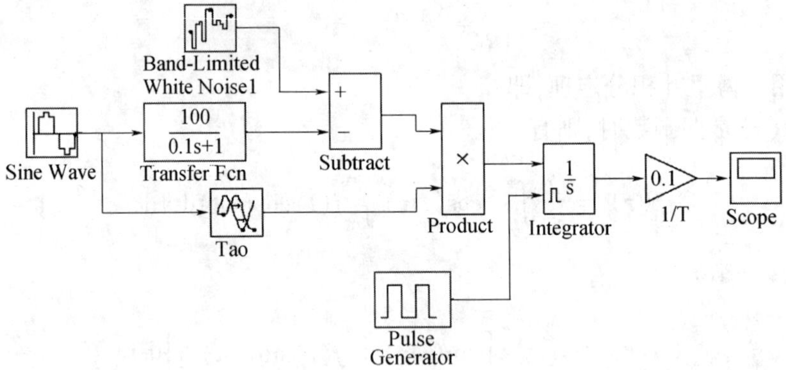

图 P1－2a　习题 1－17

① 双击示波器 Scope 方块图,计算机屏幕上将弹出 Scope 的属性对话框,具体参数设置如图 P1－2b 所示。

② 积分器 Integrator 的属性参数设置如下:External reset ~ level;Initial condition source ~ internal; Initial condition ~ 0。

③ 脉冲发生器 Pulse Generator 的属性参数设置如下:Pulse type ~ Time based; Time(t) ~ Use simulation time; Amplitude ~ 1;Period(secs) ~ 100;Pulse Wide(% of period) ~ 1;Phase delay(secs) ~ 0。

④ 延时器 Tao 的属性设置如图 P1－2c 所示。

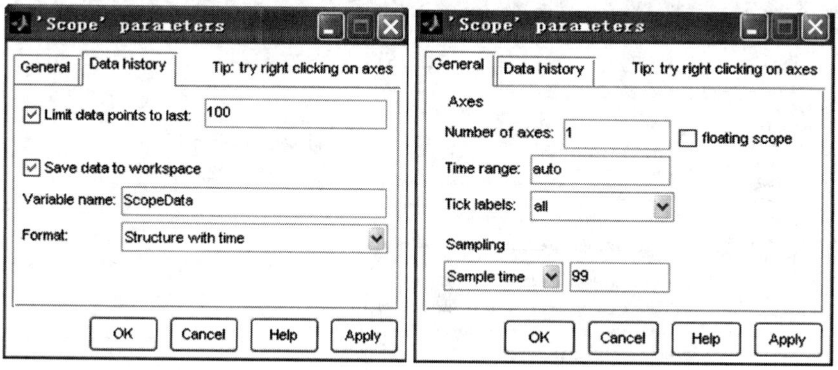

图 P1－2b　习题 1－17

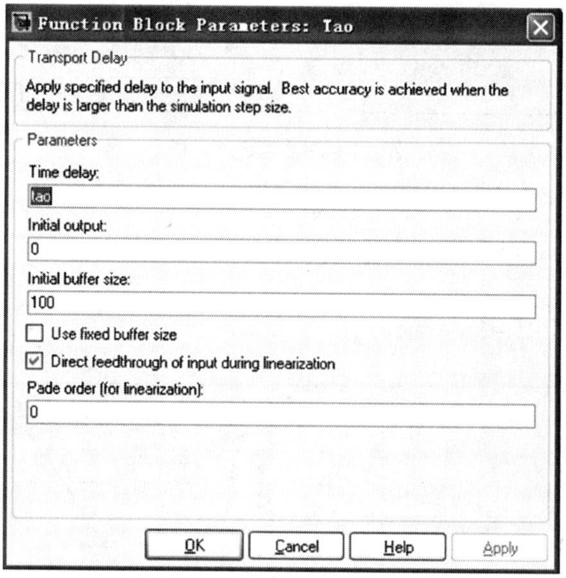

图 P1－2c　习题 1－17

⑤ 正弦信号发生器 Sine Wave 的属性设置为：Sine type ~ Time based；Amplitude ~ 1；Bias ~ 0；Frequency(rad/sec) ~ 0.2 * pi；Phase(rad) ~ 0；Sample time ~ 0.1。

⑥ 限带白噪声 Band－Limited White Noise1 的属性设置如下：Noise Power ~ [0.01]；Sample time ~ 0.1；Seed ~ [2 1 6 4 1]。

⑦ 仿真过程 Simulation 的参数设置如图 P1－2d 所示。

在 MATLAB 平台上，输入如下指令：

```
>> tao = 0 :0.1 :9.9;
```

运行 Simulink 仿真程序后，在 MATLAB 平台上，输入下列指令，以读取示波器数据。

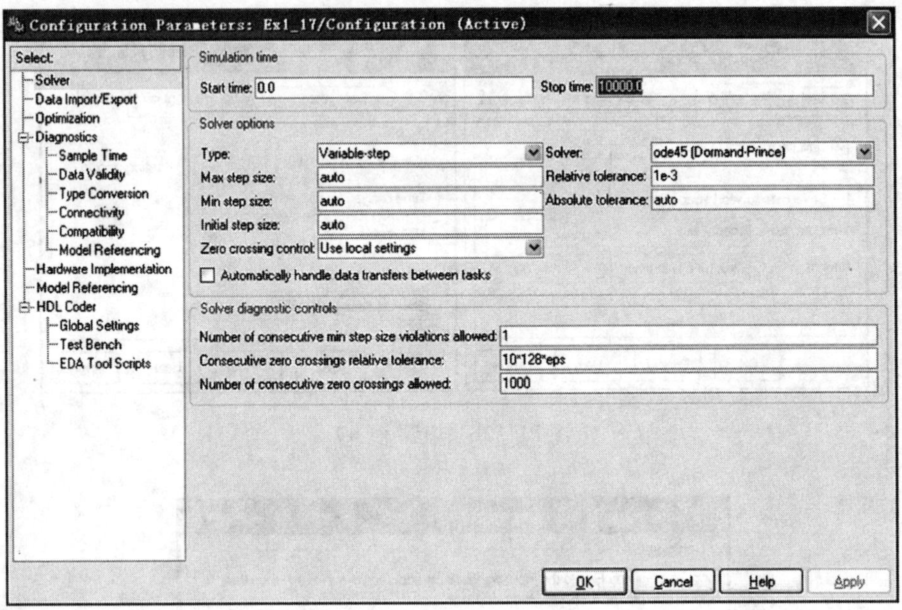

图 P1－2d　习题 1－17

```
>> Ryx = ScopeData.signals.values;
>> hs = Ryx(1:100:10000);
>> plot(tao,hs)
```

运行结果如图 P1－3a 所示。

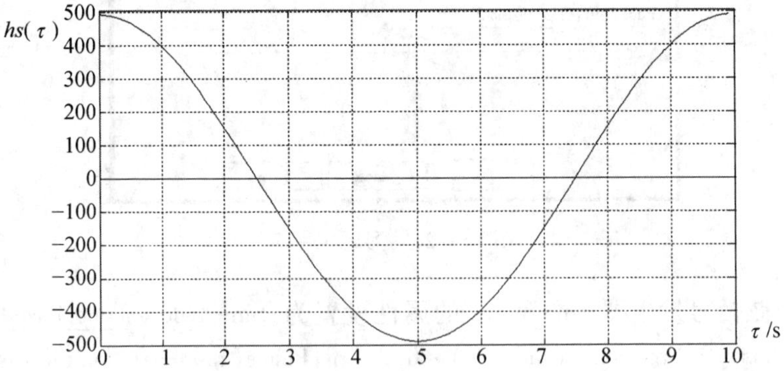

图 P1－3a　习题 1－17

由此可见，用正弦信号作为系统的输入，不能得到期望的结果。这是因为正弦信号是单频信号，它不可能覆盖线性系统的频带，因而不能得到正确的辨识结果。

(2) 用限带白噪声作为系统 Transfer Fcn 的输入信号，仿真系统的框图如图 P1－3b所示。注意，其中两个限带白噪声源的 Seed 的设置是不同的。在此，仍然假定仿真时间 $T = 10s$，采样时间 $T_s = 0.1s$，延时时间 tao = 0 : 0.1 : 9.9。

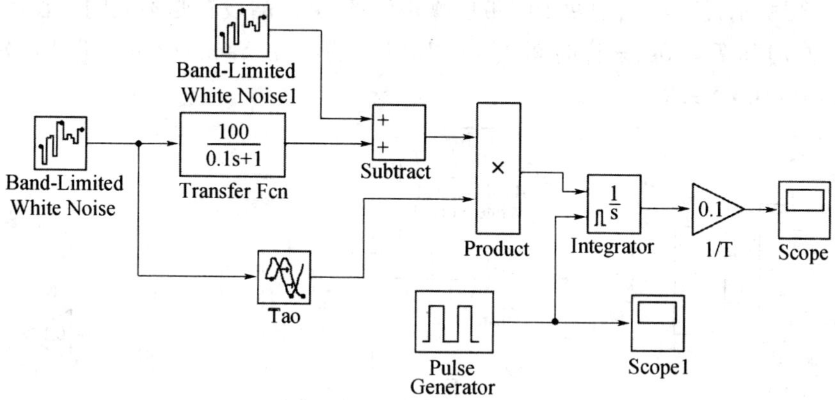

图 P1－3b　习题 1－17

在 MATLAB 平台上,输入如下指令:

```
>> tao=0:0.1:9.9;
```

运行 Simulink 仿真程序后,在 MATLAB 平台上,输入下列指令,以读取示波器数据。

```
>> Ryx=ScopeData.signals.values;
>> hw=Ryx(1:100:10000);
>> plot(tao,hw)
% -----------------------------------------------------------------------------------------
```

运行结果如图 P1－3c 所示(系统 Transfer Fcn 的时间常数改为 $\tau=0.1s$)。

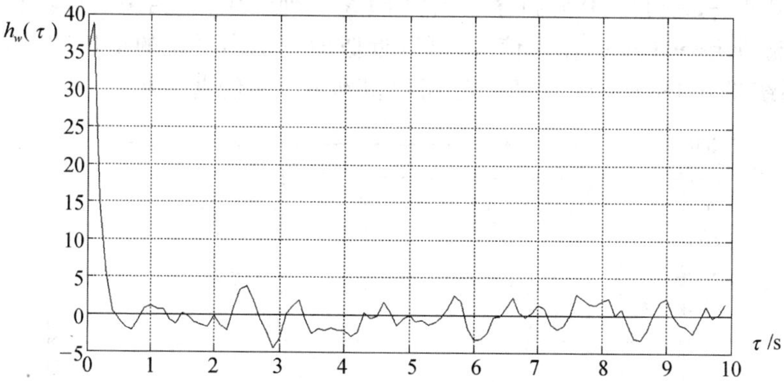

图 P1－3c　习题 1－17

由上图可见,用限带白噪声作为系统 Transfer Fcn 的输入信号(其相关函数近似为脉冲函数),可以近似地辨别出系统的单位脉冲响应函数。

(3) 用伪随机序列作为系统 Transfer Fcn 的输入信号,仿真系统的框图如图 P1－3d所示，注意，图中两个限带白噪声源的 Seed 的设置是不同的。在此，仍然假定仿真时间 $T=10s$，采样时间 $T_s=0.1s$（PN 的属性：Sample time ~ 0.1），延时时间 tao =0：0.1：9.9。

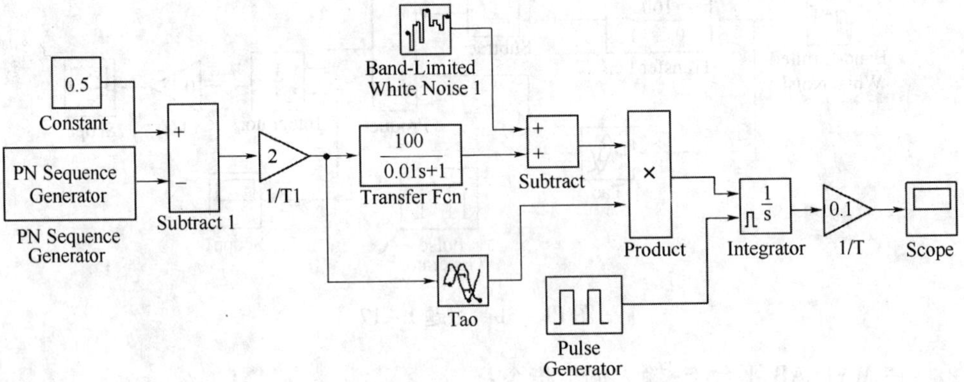

图 P1－3d　习题 1－17

在 MATLAB 平台上，输入如下指令：

```
>> tao =0 :0.1 :9.9;
```

运行 Simulink 仿真程序后，在 MATLAB 平台上，输入下列指令，以读取示波器数据。

```
>> Ryx = ScopeData.signals.values;
>> hp =Ryx(1 :100 :10000); plot(tao,hp)
% ------------------------------------------
```

运行结果如图 P1－3e 所示（系统 Transfer Fcn 的时间常数为 $\tau=0.1s$）。

由图 P1－3e 可见，伪随机序列 c_n（由 PN 序列产生，其相关函数具有周期性）作为系统 Transfer Fcn 的输入信号，可以近似地辨别出系统的单位脉冲响应函数（改变系统 Transfer Fcn 的时间常数，可以得到不同的仿真结果）。

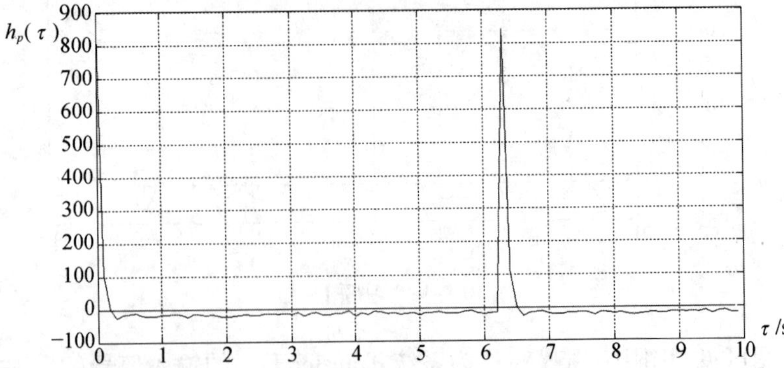

图 P1－3e　习题 1－17

注意，在选择伪随机序列 c_n 的周期 T 时，必须事先估计出系统的调整时间 t_s（在单位阶跃信号激励下，系统瞬态响应趋于稳态值所经历的时间），并使 $T > t_s$，从而保证经过时间 T 之后，系统的单位脉冲响应 $h(t)$ 几乎衰减至 0。此外，还要适当选取序列 c_n 的时钟周期 Δt 时，以确保伪随机序列 c_n 的谱宽大于线性系统的谱宽。由于伪随机信号是物理可实现的，而白噪声是理想化的数学模型，因此伪随机序列的应用范围更为广泛。

1－18　试利用分离系统的概念，构造一对互为正交的平稳随机信号。

解：当这两个系统 $H_1(\omega)$ 和 $H_2(\omega)$ 的幅频特性（或频带）不重叠时，则有

$$|H_1(\omega)|\cdot|H_2(\omega)| = 0$$

并称 $H_1(\omega)$ 和 $H_2(\omega)$ 为分离系统。构造图 P1－4 所示分离系统，其中，输入信号 $x_1(t)$ 是白噪声。

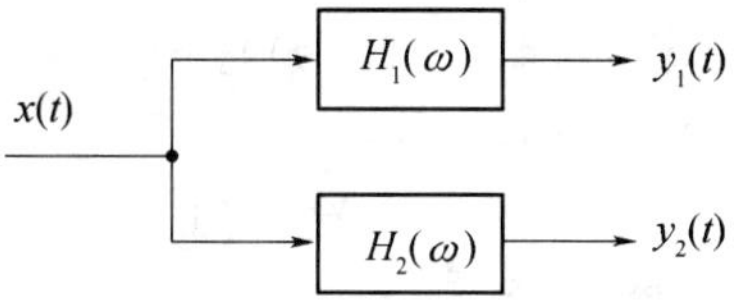

图 P1－4　习题 1－18

由式（A3－59）可知，在任意信号 $x_1(t)$ 和 $x_2(t)$ 激励下，分离系统的响应 $y_1(t)$ 和 $y_2(t)$ 是正交的，即

$$S_{y_1y_2}(\omega) = 0$$

1－19　设随机序列为

$$x_k = \sin(2\pi f_1 k) + 2\cos(2\pi f_2 k) + e_k,\quad (k = 0,1,\cdots,1023)$$

式中，$f_1 = 0.05$，$f_2 = 0.12$；e_k 为标准高斯白噪声。要求编写 MATLAB 程序，计算：

（1）随机序列 x_k 的均值、均方值和均方差；

（2）随机序列 x_k 的功率谱。

解：（1）随机序列 x_k 的均值、均方值和均方差。

```
% Example 1_19_1
  clc;
  f1 =0.05; f2 =0.12;
  fs =5 * max(f1,f2); Ts =1/fs;                    % 序列频率、采样频率、采样周期
  N =1024;
  t =0 :Ts :(N -1) * Ts;
  s =sin(2 * pi * f1 * t) +2 * cos(2 * pi * f2 * t); % 采样序列
  w =randn(size(s));                               % 标准高斯白噪声
  x =s +w;
  Exk =mean(x)                                     % 期望值
  Square_xk =mean(x.* x)                           % 均方值
  Sigma_xk =std(x)                                 % 均方差
% ----------------------------------------------------
```

运行结果为：

$$E[x] = 0.0294; E[x^2] = 3.4939; \sigma_x = 1.8699$$

（2）随机序列 x_k 的功率谱。

```
% Example 1_19_2
  clc;
  f1 =0.05; f2 =0.12;
  fs =5 * max(f1,f2); Ts =1 /fs;
  N =1024;
  t =0:Ts:(N -1) * Ts;
  s =sin(2 * pi * f1 * t) +2 * cos(2 * pi * f2 * t);
  w =randn(size(s));
  x =s +w;
  h = spectrum.welch;              % Create a Welch spectral estimator.
  psd(h,x,'Fs',fs);                % Calculate and plot the one -sided PSD.
% -----------------------------------------------------------------
```

运行结果如图 P1 -5 所示。

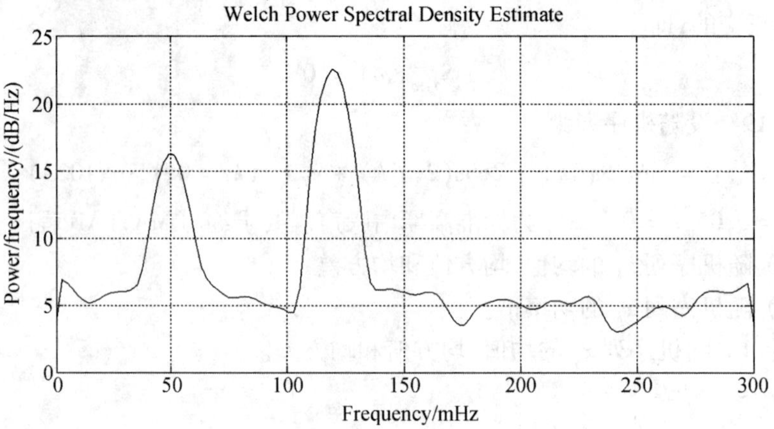

图 P1 -5　习题 1 -19

1 -20　请编写 MATLAB 语言程序,分别计算样本函数

$$x(t) = \cos(20\pi t) + e(t)$$

和高斯白噪声 $e(t)$ 的自相关函数。

解:样本 $x(t)$ 的自相关函数记为 $R_x(\tau)$,高斯白噪声 $e(t)$ 的自相关函数记为 $R_w(\tau)$。

```
% Example 1_20
  clc;
  f =10; fs =5 * f; Ts =1 /fs; N =128;       % 信号频率,采样速率,采样周期,长度
  t =0:Ts:(N -1) * Ts;
  s =cos(2 * pi * f * t);
  w =randn(size(s));                         % 高斯白噪声 e(t)
```

```
  x = s + w;
  Rx = xcorr(x);                        % Rx(τ),τ∈[ -N,N]
  Rw = xcorr(w);
  tao = 0:Ts:(N - 1) * Ts;              % Rw(τ),τ∈[ -N,N]
  subplot(211),
  plot(tao,Rx(N:2 * N - 1)),grid        % Rx(τ),τ∈[0,N-1]
  subplot(212),
  plot(tao,Rw(N:2 * N - 1)),grid        % Rx(τ),τ∈([0,N-1]
% -----------------------------------------
```

运行结果如图 P1 -6 所示。

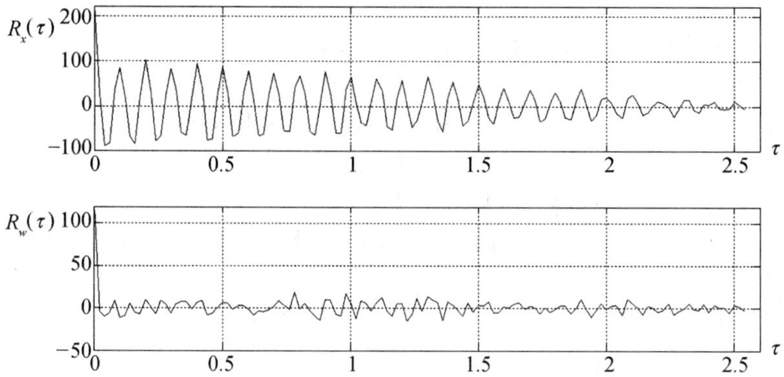

图 P1 -6　习题 1 -20

从图 P1 -6 中可见，被白噪声污染的正弦型信号的自相关函数是波浪形的，而高斯白噪声的自相关函数则近似于冲激函数（δ 函数）。

1 -21　请编写 MATLAB 程序，分别计算以下两个平稳随机序列

$$\begin{cases} x_k = \sin\left(\frac{k\pi}{10} + \frac{\pi}{3}\right) \\ y_k = x_{k-2} + e_k \end{cases} \qquad (k = 0,1,\cdots,49)$$

的自相关函数及其互谱密度。式中，e_k 是均值为零、方差为 1 的白噪声。

解：序列 x_k 的自相关函数记为 $R_x[m]$，序列 y_k 的自相关函数记为 $R_y[m]$；二者的互谱密度记为 $S_{xy}[f]$。

```
% Example 1_20
  clc;
  f = 1/5; fs = 4; Ts = 1/fs;       % 序列 x_k 频率 f = 0.2Hz,采样频率 f_s = 4Hz
  N = 50;
  t = 0:Ts:(N - 1) * Ts;
  x = sin(2 * pi * f * t + pi/3);   % 序列 x_k
```

```
  w = randn(size(x));                % 噪声 e_k
  k = -2 * Ts:Ts:(N-3) * Ts;
  x2 = sin(2 * pi * f * k + pi/3);
  y = x2 + w;                        % 序列 y_k
  Rx = xcorr(x);                     % 序列 x_k 的自相关函数,R_x(m-N), m=1,…,2N-1
  Ry  = xcorr(y);                    % 序列 y_k 的自相关函数,R_y(m-N), m=1,…,2N-1
  figure(1)
  m = 0:Ts:(N-1) * Ts;
% ---------------------------作图---------------------------
  subplot(211)
  plot(m,Rx(N:2 * N-1)),grid  % R_x(0:N-1)
  subplot(212)
  plot(m,Ry(N:2 * N-1)),grid  % R_y(0:N-1)
  figure(2)
  Rxy = xcorr(x,y);                  % 序列 x_k 和 y_k 的互相关函数,R_xy(m-N),
                                       m=1,…,2N-1
  Rxy = [Rxy(N:2 * N-1),zeros(1,128-N)];
                                     % R_xy(0:N-1)末端补零,使其长度变为128点
  Sxy = abs(fft(Rxy));
  Sxy = Sxy/max(Sxy);                % 计算归一化互谱密度 S_xY
  M = length(Rxy);
  f = 0 :1/(M * Ts):1/(2 * Ts);
  plot(f,Sxy(1 :length(f))),grid
% ---------------------------------------------------------
```

运行结果如图 P1-7 所示。

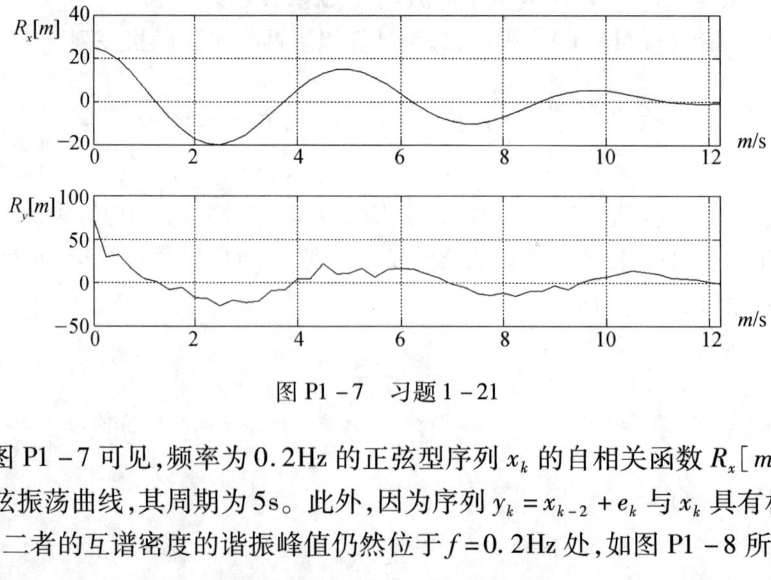

图 P1-7　习题 1-21

由图 P1-7 可见,频率为 0.2Hz 的正弦型序列 x_k 的自相关函数 $R_x[m]$ 是幅值衰减正弦振荡曲线,其周期为 5s。此外,因为序列 $y_k = x_{k-2} + e_k$ 与 x_k 具有相同的频谱,所以二者的互谱密度的谐振峰值仍然位于 $f = 0.2$Hz 处,如图 P1-8 所示。

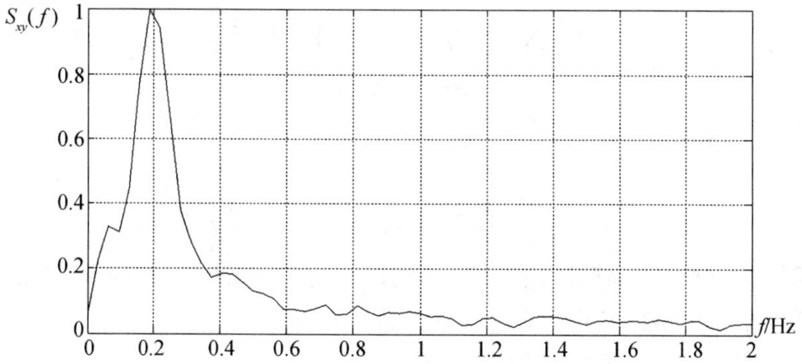

图 P1－8　习题 1－21

1.3　补充习题

1－22　试解释下列术语，并简要说明波形分析与频谱分析的关系。

（a）测量信号　（b）时域波形　（c）波形分析　（d）频谱分析

1－23　试解释下列术语，并简要说明随机数据在幅值域、时域和频域的特征量或统计量。

（a）随机现象　（b）样本函数　（c）样本记录　（d）随机过程

（e）平稳随机过程　（f）各态历经随机过程　（g）非平稳随机过程

1－24　假定离散随机变量 S、N、R 的可能取值为

$$s_1, s_2, \cdots, s_U;\quad n_1, n_2, \cdots, n_V;\quad r_1, r_2, \cdots, r_W;$$

（1）试证明

$$P(s_i \mid r_j) = \frac{P(r_j \mid s_i)P(s_i)}{\sum_{i=1}^{U} P(r_j \mid s_i)P(s_i)}$$

称为离散贝叶斯定理。

（2）进一步假设 $R = S + N$，且有

$$P(s_1 = 1) = P(s_2 = 1) = 0.5;\quad P(n_1 = 1) = P(n_2 = 1) = 0.5$$

试求 $P(s_i \mid r_j)$，$\forall i, j$。

1－25　设 W、X、Y 和 Z 为随机变量，且有

$$p(w, x \mid y, z) = p(w \mid y)p(x \mid z)$$

试证明

$$p(w \mid y, z) = p(w \mid y) \quad 或 \quad p(x \mid y, z) = p(x \mid z)$$

1 – 26 设均值为零的均匀概率密度函数为

$$p(x) = \begin{cases} \frac{1}{2a}, & -a \leqslant x \leqslant a \\ 0, & \text{其他} \end{cases}$$

试证明其特征函数为

$$\Phi(\mathrm{j}\omega) = \frac{1}{a\omega}\sin(a\omega)$$

1 – 27 假设 Y 为高斯随机变量,其均值和方差分别为 μ 和 σ。如果 $Y = \ln X$,且为高斯变量,则称随机变量 X 按对数正态分布。

(1) 证明对数状态密度函数可表示为

$$p(x) = \frac{1}{\sqrt{2\pi}\sigma x}\exp\frac{(\ln x - \mu)^2}{-2\sigma^2}, \quad (x \geqslant 0)$$

(2) 证明随机变量 X 的一阶和二阶矩分别为

$$E[X] = \exp\left(\mu + \frac{\sigma^2}{2}\right) \quad E[X^2] = \exp(2\mu + 2\sigma)$$

1 – 28 假定随机变量 $X_i(i = 1,2,\cdots,n)$ 统计独立,其均值和方差分别为 μ_i 和 σ_i。

(1) 试证明样本均值

$$\bar{x} = \frac{1}{N}\sum_{i=1}^{n} x_i$$

的数学期望和方差分别为

$$E[\bar{X}] = \frac{1}{n}\sum_{i=1}^{n}\mu_i; \quad E[(X - \bar{X})^2] = \frac{1}{n^2}\sum_{i=1}^{n}\sigma_i^2$$

(2) 假定随机变量 $X_i(i = 1,2,\cdots,n)$ 皆为均值为 0 的高斯变量,试证明样本均值 $\bar{x}$ 也是高斯随机变量。

(3) 假定随机变量 $X_i(i = 1,2,\cdots,n)$ 皆为同分布的指数变量,即

$$p(x) = \frac{1}{\sigma}\exp\left[-\frac{(x - \alpha)}{\sigma}\right], \quad x \geqslant \alpha, \sigma > 0$$

试求样本均值 $\bar{x}$ 的概率密度函数 $p(\bar{x})$。

(4) 假定随机变量 $X_i(i = 1,2,\cdots,n)$ 不是统计独立的,且定义

$$c(i - j) = E[(X_i - \mu_i)(X_j - \mu_j)]$$

试证明样本均值 $\bar{x}$ 的方差可表示为

$$E[(X - \bar{X})^2] = \frac{c(0)}{n} + \frac{2}{n}\sum_{i=1}^{n-1}\left(1 - \frac{i}{n}\right)\sigma_i^2$$

1 – 29 试证明平行多面体的体积等于其边长向量矩阵行列式的绝对值(定理

1－7 用到此结论)。

证明:考虑图 P1－9 所示的平行六面体。设 $\boldsymbol{n}$ 是平行四边形 I 的单位法向量,具有 $\boldsymbol{B}\times\boldsymbol{C}$ 的方向,并设 h 是 $\boldsymbol{A}$ 的终点到平行四边形 I 的高度,则平行六面体的体积 V 可表示为

$$
\begin{aligned}
V &= |\boldsymbol{A}\cdot\boldsymbol{n}|\,(|\boldsymbol{B}\times\boldsymbol{C}|)\\
&= |\boldsymbol{A}\cdot(|\boldsymbol{B}\times\boldsymbol{C}|\,\boldsymbol{n})|\\
&= |\boldsymbol{A}\cdot(\boldsymbol{B}\times\boldsymbol{C})|
\end{aligned}
$$

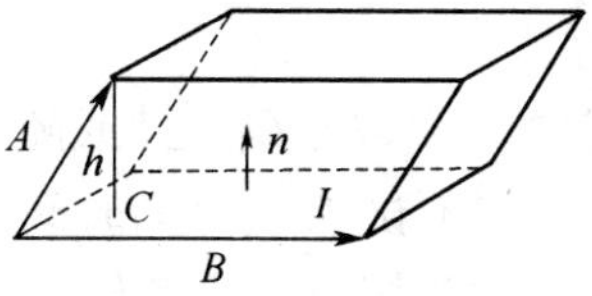

图 $P1-9$　平行六面体

若进一步假设

$$
\boldsymbol{A} = x_1\boldsymbol{i} + y_1\boldsymbol{j} + z_1\boldsymbol{k},\quad \boldsymbol{B} = x_2\boldsymbol{i} + y_2\boldsymbol{j} + z_2\boldsymbol{k},\quad \boldsymbol{C} = x_3\boldsymbol{i} + y_3\boldsymbol{j} + z_3\boldsymbol{k}
$$

则有

$$
|\boldsymbol{A}\cdot(\boldsymbol{B}\times\boldsymbol{C})| = \left| x_1\boldsymbol{i} + y_1\boldsymbol{j} + z_1\boldsymbol{k}) \cdot \det\begin{bmatrix} i & j & k \\ x_2 & y_2 & z_2 \\ x_3 & y_3 & z_3 \end{bmatrix} \right|
$$

$$
= \left| \det\begin{bmatrix} x_1 & y_1 & z_1 \\ x_2 & y_2 & z_2 \\ x_3 & y_3 & z_3 \end{bmatrix} \right|
$$

证毕。

1－30　设随机过程 $x(t)$ 和 $y(t)$ 分别是平稳且联合平稳。

(1) 试求 $z(t)=x(t)+y(t)$ 的自相关函数;

(2) 当 $x(t)$ 和 $y(t)$ 不相关时,试求 $z(t)$ 的自相关函数;

(3) 当 $x(t)$ 和 $y(t)$ 是不相关的随机信号时,试求 $z(t)$ 的自相关函数。

1－31　设平稳随机过程 $x(t)$ 是周期的,其周期为 T,试证明 $R_x(\tau)=R_x(\tau+T)$。

1－32　设滤波器的频率传递函数为 $H(\mathrm{j}\omega)$,在平稳输入信号 $x(t)$ 作用下的输出响应为 $y(t)$,试证明

$$
S_y(\omega) = H^*(\mathrm{j}\omega)S_{yx}(\omega)
$$

1－33　设滤波器的功率传递函数为

$$
|H(\mathrm{j}\omega)|^2 = \begin{cases} 1, & \omega \in \pm[\omega_c - 0.5\Omega, \omega_c + 0.5\Omega) \\ 0, & \text{其他} \end{cases}
$$

试求在自相关函数为 $(N_0/2)\delta(\tau)$ 的白噪声作用下,滤波器输出的总噪声功率。

1－34　设滤波器的单位脉冲响应函数为

$$
h(t) = \begin{cases} a\mathrm{e}^{-at}, & 0 \leqslant t \leqslant T \\ 0, & \text{其他} \end{cases}
$$

试证明在零均值平稳过程 $x(t)$ 作用下,滤波器输出的功率谱密度为

$$S_y(\omega) = \frac{a^2}{a^2+\omega^2}[1-2e^{-aT}\cos(\omega T)+e^{-2aT}]S_x(\omega)$$

1-35 考虑随机信号

$$x(t) = a\cos(t+\theta)$$

式中，a 可以是确定性或随机变量，θ 在$(0,2\pi)$范围内服从均匀分布。

(1) 试求 $x(t)$ 的时间自相关函数和总体自相关函数；

(2) 幅值 a 具备什么条件时，上述两种相关函数是相等的？

1-36 考虑随机过程

$$x(t) = A\cos(\omega t+\theta)$$

式中，A 是确定性变量；θ 在$(0,2\pi)$范围内服从均匀分布；ω 是随机变量，其概率密度为变量的偶函数，即 $p(\omega)=p(-\omega)$。试证明 $x(t)$ 的功率谱密度为

$$S_x(\omega) = A^2\pi p(\omega)$$

第二章　多维高斯过程

本章复习高斯向量的密度函数和条件密度函数及其基本性质；重点复习高斯过程理论在似然比检测系统中的应用，以及由此引出的一些重要概念——黎曼－皮儿逊准则、匹配滤波器、白化滤波器和信号处理增益。

2.1　基本知识点

本节主要内容包括：中心极限定理、高斯向量的密度函数和条件密度函数、似然比检测系统、检测概率、虚警概率、预选滤波器、匹配滤波器、白化滤波器、信噪比计算方法。

2.1.1　多维高斯密度函数

在对涉及随机现象的问题进行数学描述时，概率密度函数的作用是十分突出的。由于高斯密度函数具有相对完整的解可供使用，因此，常常先设法将随机现象简化为高斯过程，然后根据仿真实验结果，判断是否需要“调整”高斯模型的最终解，使之能较好地吻合实际现象。当然，这并不意味着任何实际过程都服从（或者近似服从）高斯分布。

一、中心极限定理

中心极限定理为建立随机变量的高斯模型提供了理论依据。该定理可表述为：在适当的条件下，当 $N\to\infty$ 时，N 个独立随机变量之和趋于高斯分布。

定理 2－1（中心极限定理，The central limit theorem）：设随机变量 $X_k(k=1,2,\cdots,N)$ 是具有相同概率分布的、独立随机变量的集合，其数学期望值 μ_x（不妨暂取 $\mu_x=0$）和方差 ${\sigma_x}^2$ 都是有限值。当 N 很大时，若定义标准变量 Y_k 的和式为

$$S=\sum_{k=1}^{N}Y_k=\frac{1}{\sqrt{N}}\cdot\sum_{k=1}^{N}\frac{X_k}{\sigma_x} \qquad \text{(B1－1)}$$

则随机变量 S 概率密度函数趋于标准高斯分布：

$$\lim_{N\to\infty}p_S(s)=\frac{1}{\sqrt{2\pi}}\exp\left(-\frac{s^2}{2}\right) \qquad \text{(B1－2)}$$

二、高斯向量的密度函数与特征函数

一元 N 维高斯向量（Unitary n－dimensional Gaussian vectors）：对于任意时刻集

$t_i(i=1,2,\cdots,N)$，实平稳过程 $x(t)$ 定义了一组实随机变量 $X_i=X(t_i)$，如果由任意 N 个元素 X_i 所组成的随机向量 $\boldsymbol{X}$ 服从一元 N 维高斯分布，即

$$p(\boldsymbol{x}) = \frac{1}{(2\pi)^{N/2}(\det\boldsymbol{C}_x)^{1/2}}\exp\left[\frac{-(\boldsymbol{x}-\boldsymbol{\mu}_x)^{\mathrm{T}}\boldsymbol{C}_x^{-1}(\boldsymbol{x}-\boldsymbol{\mu}_x)}{2}\right] \quad \text{(B1-3)}$$

其中

$$\boldsymbol{\mu}_x = \{E[X_1],E[X_2],\cdots,E[X_N]\}^{\mathrm{T}}$$

$$\boldsymbol{C}_x = E[(\boldsymbol{X}-\boldsymbol{\mu}_x)(\boldsymbol{X}-\boldsymbol{\mu}_x)^{\mathrm{T}}] = \begin{pmatrix} \sigma_1^2 & \cdots & c_{1N} \\ \vdots & \ddots & \vdots \\ c_{N1} & \cdots & \sigma_N^2 \end{pmatrix}$$

$$c_{ik} = E\{[X_i-E(X_i)][X_k-E(X_k)]\};\quad c_{ii}=\sigma_i^2$$

且假定 $\det\boldsymbol{C}_x\neq 0$，则称实向量 $\boldsymbol{X}$ 是一元 N 维联合实高斯向量。

高斯向量的特征函数（Characteristic functions of Gaussian vectors）：一元实高斯向量 $\boldsymbol{X}$ 的特征函数可表示为

$$\Phi_x(\mathrm{j}\boldsymbol{\omega}) = \exp\left(\mathrm{j}\boldsymbol{\mu}_x^{\mathrm{T}}\boldsymbol{\omega}-\frac{\boldsymbol{\omega}^{\mathrm{T}}\boldsymbol{C}_x\boldsymbol{\omega}}{2}\right) \quad \text{(B1-4)}$$

二元联合高斯向量（Binary joint Gaussian vectors）：如果 $N_x\times 1$ 和 $N_y\times 1$ 维实随机向量 $\boldsymbol{X}$ 和 $\boldsymbol{Y}$ 的二元联合高斯密度函数的表达形式为

$$p(\boldsymbol{x},\boldsymbol{y}) = \frac{1}{(2\pi)^{(N_x+N_y)/2}(\det\boldsymbol{C})^{1/2}}\times \exp\left\{-\frac{1}{2}[(\boldsymbol{x}-\boldsymbol{\mu}_x)^{\mathrm{T}}\quad(\boldsymbol{y}-\boldsymbol{\mu}_y)^{\mathrm{T}}]\boldsymbol{C}^{-1}\begin{bmatrix}\boldsymbol{x}-\boldsymbol{\mu}_x\\ \boldsymbol{y}-\boldsymbol{\mu}_y\end{bmatrix}\right\} \quad \text{(B1-5)}$$

其中，$\boldsymbol{\mu}_x$ 和 $\boldsymbol{\mu}_y$ 分别是随机向量 $\boldsymbol{X}$ 和 $\boldsymbol{Y}$ 的期望值；$\boldsymbol{C}$ 是 $\boldsymbol{X}$ 和 $\boldsymbol{Y}$ 的联合协方差函数，即

$$\boldsymbol{C} = \begin{bmatrix}\boldsymbol{C}_x & \boldsymbol{C}_{xy}\\ \boldsymbol{C}_{yx} & \boldsymbol{C}_y\end{bmatrix}$$

则称随机向量 $\boldsymbol{X}$ 和 $\boldsymbol{Y}$ 为二元 (N_x+N_y) 维联合实高斯向量。

二元高斯密度函数的边缘概率密度函数都是一元高斯密度函数，即

$$\begin{cases} p(\boldsymbol{x}) = \dfrac{1}{(2\pi)^{N_x/2}(\det\boldsymbol{C}_x)^{1/2}}\exp\left[-\dfrac{1}{2}(\boldsymbol{x}-\boldsymbol{\mu}_x)^{\mathrm{T}}\boldsymbol{C}_x^{-1}(\boldsymbol{x}-\boldsymbol{\mu}_x)\right] \\ p(\boldsymbol{y}) = \dfrac{1}{(2\pi)^{N_y/2}(\det\boldsymbol{C}_y)^{1/2}}\exp\left[-\dfrac{1}{2}(\boldsymbol{y}-\boldsymbol{\mu}_y)^{\mathrm{T}}\boldsymbol{C}_y^{-1}(\boldsymbol{y}-\boldsymbol{\mu}_y)\right] \end{cases} \quad \text{(B1-6)}$$

这是一个重要的结论，且可推广至多元的情况。注意，即便两个一元边缘密度函数都是高斯的，也不能因此认定其二元联合密度函数也是高斯的。

不相关：考虑两个 N 维实高斯向量 $\boldsymbol{X}$ 和 $\boldsymbol{Y}$，其期望值向量分别为 $\boldsymbol{\mu}_x$ 和 $\boldsymbol{\mu}_y$。如

果它们的外积的期望值满足

$$E[\boldsymbol{X}\cdot\boldsymbol{Y}^{\mathrm{T}}]=\boldsymbol{\mu}_x\cdot\boldsymbol{\mu}_y^{\mathrm{T}} \tag{B1-7}$$

则称向量 $\boldsymbol{X}$ 与 $\boldsymbol{Y}$ 是不相关的,这与 $\boldsymbol{C}_{xy}=\boldsymbol{0}$ 是等价的。

正交:考虑两个 N 维实高斯向量 $\boldsymbol{X}$ 和 $\boldsymbol{Y}$,如果

$$E[\boldsymbol{X}\cdot\boldsymbol{Y}^{\mathrm{T}}]=\boldsymbol{0} \tag{B1-8}$$

则称向量 $\boldsymbol{X}$ 与 $\boldsymbol{Y}$ 是正交的。

独立:考虑二元 N 维实高斯向量 $\boldsymbol{X}$ 和 $\boldsymbol{Y}$,如果

$$p(\boldsymbol{x},\boldsymbol{y})=p(\boldsymbol{x})p(\boldsymbol{y}) \tag{B1-9}$$

则称向量 $\boldsymbol{X}$ 和 $\boldsymbol{Y}$ 是统计独立的。

三、高斯向量的条件密度函数

定理 2-2 设随机向量 $\boldsymbol{x}$ 和 $\boldsymbol{y}$ 分别是 $N_x\times1$ 维和 $N_y\times1$ 维的高斯向量,且向量 $[\boldsymbol{x},\boldsymbol{y}]^{\mathrm{T}}$ 也是联合高斯的,其均值和协方差函数分别为

$$\boldsymbol{\mu}=\begin{bmatrix}\boldsymbol{\mu}_x\\ \boldsymbol{\mu}_y\end{bmatrix},\quad \boldsymbol{C}=\begin{bmatrix}\boldsymbol{C}_x & \boldsymbol{C}_{xy}\\ \boldsymbol{C}_{yx} & \boldsymbol{C}_y\end{bmatrix}$$

如果构造一个新的向量 $\boldsymbol{z}$,其表达式为

$$\boldsymbol{z}=\boldsymbol{x}-[\boldsymbol{\mu}_x+\boldsymbol{C}_{xy}\boldsymbol{C}_y^{-1}(\boldsymbol{y}-\boldsymbol{\mu}_y)] \tag{B1-10}$$

则 $\boldsymbol{z}$ 是独立于 $\boldsymbol{y}$ 的零均值向量,且其协方差可表示为

$$\boldsymbol{C}_z=\boldsymbol{C}_x-\boldsymbol{C}_{xy}\boldsymbol{C}_y^{-1}\boldsymbol{C}_{yx} \tag{B1-11}$$

定理 2-3 设随机向量 $\boldsymbol{x}$ 和 $\boldsymbol{y}$ 分别是 $N_x\times1$ 维和 $N_y\times1$ 维实高斯向量,并且是联合高斯的,则在给定 $\boldsymbol{y}$ 的条件下,随机向量 $\boldsymbol{x}$ 的条件密度函数 $p(\boldsymbol{x}|\boldsymbol{y})$ 是高斯的,即

$$p(\boldsymbol{x}\mid\boldsymbol{y})=\frac{1}{(2\pi)^{N_x/2}(\det\boldsymbol{C}_{x|y})^{1/2}}\exp\left[-\frac{1}{2}(\boldsymbol{x}-\boldsymbol{\mu}_{x|y})^{\mathrm{T}}\boldsymbol{C}_{x|y}^{-1}(\boldsymbol{x}-\boldsymbol{\mu}_{x|y})\right] \tag{B1-12}$$

式中

$$\boldsymbol{\mu}_{x|y}=E[\boldsymbol{x}\mid\boldsymbol{y}]=\boldsymbol{\mu}_x+\boldsymbol{C}_{xy}\boldsymbol{C}_y^{-1}(\boldsymbol{y}-\boldsymbol{\mu}_y) \tag{B1-13}$$

$$\begin{aligned}\boldsymbol{C}_{x|y}&=E[(\boldsymbol{x}-\boldsymbol{\mu}_{x|y})(\boldsymbol{x}-\boldsymbol{\mu}_{x|y})^{\mathrm{T}}]\\&=\boldsymbol{C}_x-\boldsymbol{C}_{xy}\boldsymbol{C}_y^{-1}\boldsymbol{C}_{yx}=E[\boldsymbol{z}\cdot\boldsymbol{z}^{\mathrm{T}}]\end{aligned} \tag{B1-14}$$

且随机向量 $\boldsymbol{z}=\boldsymbol{x}-\boldsymbol{\mu}_{x|y}$ 和 $\boldsymbol{y}$ 是互相独立的。

定理 2-4 设 $\boldsymbol{x}$、$\boldsymbol{u}$ 和 $\boldsymbol{v}$ 是具有联合高斯分布的随机向量,且 $\boldsymbol{u}$ 和 $\boldsymbol{v}$ 互相独立,则

$$E[\boldsymbol{x}\mid\boldsymbol{u},\boldsymbol{v}]=E[\boldsymbol{x}\mid\boldsymbol{u}]+E[\boldsymbol{x}\mid\boldsymbol{v}]-\boldsymbol{\mu}_x \tag{B1-15}$$

在第三章中将指出:在给定观测值 $\boldsymbol{y}$ 的条件下,未知参数(或状态)$\boldsymbol{x}$ 的最小均

方误差(Minimum Mean Square Error,MMSE)估计量由条件期望值

$$\hat{\boldsymbol{x}}_{\mathrm{MMSE}} = E[\boldsymbol{x} \mid \boldsymbol{y}]$$

给出。因此,定理2-4的物理意义是:当两个观测值 $\boldsymbol{u}$ 和 $\boldsymbol{v}$ 互相独立时,在已知观测值 $\boldsymbol{u}$ 和 $\boldsymbol{v}$ 的条件下的MMSE估计量 $E[\boldsymbol{x}|\boldsymbol{u},\boldsymbol{v}]$,等于分别观测 $\boldsymbol{u}$ 和 $\boldsymbol{v}$ 所得到的两个MMSE估计量之和($E[\boldsymbol{x}|\boldsymbol{u}]+E[\boldsymbol{x}|\boldsymbol{v}]$),再减去高斯向量 $\boldsymbol{x}$ 的期望值 $\boldsymbol{\mu}_x$。

定理2-5 考虑定理2-4中 $\boldsymbol{u}$ 和 $\boldsymbol{v}$ 是相关的,但其他条件不变,则有

$$E[\boldsymbol{x} \mid \boldsymbol{u},\boldsymbol{v}] = E[\boldsymbol{x} \mid \tilde{\boldsymbol{u}}(\boldsymbol{v}),\boldsymbol{v}] \tag{B1-16}$$

式中

$$\tilde{\boldsymbol{u}}(\boldsymbol{v}) = \boldsymbol{u} - \hat{\boldsymbol{u}}(\boldsymbol{v}) = \boldsymbol{u} - [\boldsymbol{\mu}_u + \boldsymbol{C}_{uv}\boldsymbol{C}_v^{-1}(\boldsymbol{v} - \boldsymbol{\mu}_v)] \tag{B1-17}$$

定理2-5表明,用两个相关的向量 $\boldsymbol{u}$ 和 $\boldsymbol{v}$ 来估计 $\boldsymbol{x}$,可转换为用两个独立的向量 $\tilde{\boldsymbol{u}}$ 和 $\boldsymbol{v}$ 来估计 $\boldsymbol{x}$。与定理2-4比较,不同之处是用 $\tilde{\boldsymbol{u}}$ 置换了 $\boldsymbol{u}$。对此可解释如下:把 $\boldsymbol{u}$ 分解为两个分量 $\hat{\boldsymbol{u}}$ 和 $\tilde{\boldsymbol{u}}$ 后,用 $\boldsymbol{u}$ 估计 $\boldsymbol{x}$ 就等价于用 $\hat{\boldsymbol{u}}$ 和 $\tilde{\boldsymbol{u}}$ 分别估计 $\boldsymbol{x}$。此外,$\hat{\boldsymbol{u}}$ 是在已知观测数据 $\boldsymbol{v}$ 条件下的MMSE估计量,且向量 $\boldsymbol{v}$ 和 $\boldsymbol{u}$ 是相关的,故用 $\boldsymbol{v}$ 估计 $\boldsymbol{x}$ 包含了用 $\hat{\boldsymbol{u}}$ 估计 $\boldsymbol{x}$ 的全部信息。但因估计偏差 $\tilde{\boldsymbol{u}}$ 与观测数据 $\boldsymbol{v}$ 互相独立,$\tilde{\boldsymbol{u}}$ 包含了 $\boldsymbol{v}$ 所没有的信息(即新息,innovations),因此,用 $\tilde{\boldsymbol{u}}$ 估计 $\boldsymbol{x}$ 的部分不能用 $\boldsymbol{v}$ 估计 $\boldsymbol{x}$ 的部分来代替。

2.1.2 高斯过程理论的应用实例

高斯过程(Gaussian processes):如果实平稳过程 $x(t)$ 在任意时刻 $t_i(i=1,2,\cdots,N)$ 上的取值 $x(t_i)$ 所组成的任意 N 维随机向量 $\boldsymbol{x}$ 都是高斯向量,则称该平稳过程 $x(t)$ 为实高斯过程。

性质1:高斯过程 $x(t)$ 完全由它的数学期望 $\boldsymbol{\mu}_x$ 和协方差矩阵 $\boldsymbol{C}_x$ 所决定。

性质2:高斯变量之间的不相关性与独立性是等价的。

性质3:零均值联合实高斯变量 x_1、x_2、x_3 和 x_4 的四阶原点混合矩为

$$E[x_1x_2x_3x_4] = R_{12}R_{34} + R_{13}R_{24} + R_{14}R_{23} \tag{B2-1}$$

式中,$R_{ik}=E[x_i \cdot x_k]$。

性质4:高斯向量 $\boldsymbol{x}$ 经过任意线性变换 $\boldsymbol{L}$ 所得到的随机向量 $\boldsymbol{Lx}$ 仍然是高斯的;若 N 个随机变量的任意加权和是一高斯变量,则它们是联合高斯的。

性质5:高斯过程 $x(t)$ 通过线性滤波器 $h(t)$ 的输出

$$y(t) = \int_{-\infty}^{\infty} x(\tau)h(t-\tau)\mathrm{d}\tau$$

仍然是一高斯过程。作为特例,$x(t)$ 的任意线性泛函

$$J = \int_{-\infty}^{\infty} x(t)g(t)\mathrm{d}t$$

也是高斯变量,其中 $g(t)$ 是满足 $E[g^2]<\infty$ 的任意函数。

性质6:单个或多个限时限带(时间长度为 T,频带为 B)平稳高斯过程样本 $x_T(t)$ 的傅里叶系数构成复高斯向量。

定理 2-6 限时限带(时间长度为 T,频带为 B)实值高斯过程样本 $x(t)$ 的一组傅里叶系数 $[a_n, b_n]^{\mathrm{T}}$ 的概率密度可以表示为

$$p(\boldsymbol{r}) = p(\boldsymbol{r}_1, \boldsymbol{r}_2, \cdots, \boldsymbol{r}_{TB}) = \prod_{n=1}^{[TB]} \frac{1}{\pi\sigma_{X_n}^2} \exp\left[-\frac{|X_n|^2}{\sigma_{X_n}^2}\right] \tag{B2-2}$$

式中

$$X_n = a_n + \mathrm{j}b_n, \quad \boldsymbol{r}_n = [a_n \quad b_n]^{\mathrm{T}}$$

$$|X_n|^2 = a_n^2 + b_n^2 = r_n^{\mathrm{T}} r_n, \quad \sigma_{X_n}^2 = E\{|X_n|^2\} = \frac{S_x(\omega_n)}{T}$$

$$\begin{cases} a_n = \dfrac{1}{T}\displaystyle\int_{-T/2}^{T/2} x(t)\cos(\omega_n t)\,\mathrm{d}t \\ b_n = -\dfrac{1}{T}\displaystyle\int_{-T/2}^{T/2} x(t)\sin(\omega_n t)\,\mathrm{d}t \end{cases} \quad (n = 0, 1, \cdots, [TB])$$

其中 $[TB]$ 为不超过 TB 的最大整数。当 T 足够长时,高斯过程 $x(t)$ 的傅里叶系数是不相关的:

$$\begin{cases} E[a_n a_m] = \dfrac{S_x(\omega_n)}{2T}\delta_{mn}, & E[b_n b_m] = \dfrac{S_x(\omega_n)}{2T}\delta_{mn} \\ E[a_n b_m] = 0, & E[X_n X_m^*] = \dfrac{S_x(\omega_n)}{T}\delta_{mn} \end{cases} \quad (m, n \in Z) \tag{B2-3}$$

式中,δ_{mn} 是克罗内克函数(Kronecker delta function)。

一、最佳似然比检测系统

“双择一”检测系统(Alternative detection systems):假设信号 $x(t)$ 是高斯过程的一个样本记录,则“双择一”检测系统可表示为

$$\begin{cases} H_0: x(t) = e(t), & \text{噪声} \\ H_1: x(t) = s(t) + e(t), & \text{含有目标信号} \end{cases} \tag{B2-4}$$

式中,$e(t)$ 是高斯白噪声,$s(t)$ 是目标信号,二者互不相关。

判决规则与检验统计量(Decision rules & Detecting statistics):对于实际感兴趣的“双择一”检测问题,通常将观测空间 D 分成两个子空间 D_0 和 D_1,其中 D_0 和 D_1 的分界总能以某种解析方程 $\Psi(\boldsymbol{x}) = K$ 来描述(K 为常数)。亦即,对观测空间 D 所作的这样一个划分是以 $\Psi(\boldsymbol{x}) = K$ 作为判决规则:把一切落入 D_0 的样本波形判为 H_0;而把一切落入 D_1 的样本波形则判为 H_1。于是,分界面两侧的子空间可表示为

$$\begin{cases} D_0 : \psi(\boldsymbol{x}) < K \\ D_1 : \psi(\boldsymbol{x}) \geqslant K \end{cases} \tag{B2-5}$$

式中，$\Psi(\boldsymbol{x})$ 称为检验统计量（不包含任何未知参数的连续函数，都可作为检验统计量）；K 称为阈值（或门限，Detecting threshold）。

检测概率和虚警概率（Detection probability & False alarm probability）：任何判决规则都是对观测空间 D 作某种划分，这种划分可能出现如下四种情况：

（1）样本实际属于 H_1 而落入 D_1，判决正确。出现这种情况的概率记为 $P(D_1|H_1)$，称为检测概率。显然，检测概率是条件概率。下面提及的另外三种概率也都是条件概率。

（2）样本实际属于 H_0 而落入 D_0，判决正确。出现这种情况的概率记为$P(D_0|H_0)$。

（3）样本实际属于 H_1 而落入 D_0，判决错误。将出现这种情况的概率记为 $P(D_0|H_1)$，称为漏报概率（Fail to give an alarm）。因为属于 H_1 的样本波形不是落在 D_1 内就落在 D_0 之中，二者必居其一，故有 $P(D_1|H_1)+P(D_0|H_1)=1$。

（4）样本实际属于 H_0 而落入 D_1，判决错误。出现这种情况的概率记为 $P(D_1|H_0)$，称为虚警概率。同样有 $P(D_0|H_0)+P(D_1|H_0)=1$。

黎曼－皮尔逊准则（Neyman－Pearson's criterion）：在给定虚警概率条件下的最大检测概率准则，称为黎曼－皮尔逊准则。

作用距离（Acceptance range）：在满足给定检测概率和虚警概率要求的条件下，系统所能探测目标的最大距离，称为作用距离。

最佳似然比检测系统（Optimal detection systems based on likelihood ratio）：设 $\boldsymbol{x} \in H_1$的概率密度为 $p_1(\boldsymbol{x})$，$\boldsymbol{x} \in H_0$ 的概率密度为 $p_0(\boldsymbol{x})$，则二者的比值 $L(\boldsymbol{x})=p_1(\boldsymbol{x})/p_0(\boldsymbol{x})$称为似然比。在给定虚警概率 $P(D_1|H_0)$的约束下，以似然比 $L(\boldsymbol{x})$作为系统的检验统计量，当 $L(\boldsymbol{x}) \geqslant K$ 时，就判定样本 $\boldsymbol{x}$ 属于 H_1；反之，则判定样本 $\boldsymbol{x}$ 属于 H_0。因此，必定存在某个阈值 K，使得系统的检测概率 $P(D_1|H_1)$最大。这种判决准则是根据观测数据 $\boldsymbol{x}$ 而不是先验知识来划分观测空间 D 的，以使系统的检测概率达到最大值，故又称为最大后验准则（Maximum aftereffect proving Criterion，MAP）。

平方检波系统（Square－detection systems）：如果检测系统的输入信号 $x(t)$是一限于$(-2\pi B, 2\pi B)$频率范围内的零均值高斯过程，且在截断时间 T 内被观察，则可导出似然比检测系统的结构——基于预选滤波器（Predefined filters）的平方检波系统。

假设目标信号 $s(t)$的功率谱为 $S(\omega_n)$，噪声过程 $e(t)$的功率谱为 $N(\omega_n)$，则预选滤波器的功率传递函数可表示为

$$|H(\omega_n)|^2 = \frac{S(\omega_n)}{N(\omega_n)[N(\omega_n)+S(\omega_n)]} \tag{B2-6}$$

在输入信号 $x(t)$ 作用下，如果预选滤波器的输出为 $x_H(t)$，则平方检波系统的输出（作为检验统计量）可以表示为

$$\varphi(x) = \int_0^T x_H^2(t)\,\mathrm{d}t \tag{B2-7a}$$

它可视为在观测时段 T 内信号 $x_H(t)$ 的能量。根据实周期信号的帕斯瓦尔公式，上式等价于

$$\varphi(X_n) = 2T\sum_{n=1}^{[TB]} |X_n \cdot H(\omega_n)|^2 = 2T\sum_{n=1}^{[TB]} |X_H(n)|^2 \tag{B2-7b}$$

式中，X_n 是 $x(t)$ 的傅里叶变换；$[TB]$ 表示不超过 TB 的最大整数（以下简记为 TB）。

二、匹配滤波器与白化滤波器

为了便于讨论，将目标信号 $s(t)$ 的功率谱记为 $S(\omega)$，噪声过程 $e(t)$ 的功率谱记为 $N(\omega)$，进而将式（B2-6）所描述的预先滤波器改写成

$$|H(\omega)| = \left\{\frac{S(\omega)}{N(\omega)[N(\omega)+S(\omega)]}\right\}^{1/2} \tag{B2-8}$$

前面已经假设在 H_0 和 H_1 的情形下，最佳似然比检测系统的输入信号 $x(t)$ 均为零均值高斯过程。由于零均值高斯过程的概率密度函数完全取决于过程的功率谱，因此只能根据输入过程 $x(t)$ 的功率谱形状和谱级的不同，来区分输入过程 $x(t)$ 是属于 H_0 还是属于 H_1。

厄卡特滤波器（Eckart filter）：对于目标检测，通常对小输入信噪比 $S(\omega)/N(\omega)$ 感兴趣。当 $S(\omega)/N(\omega) \ll 1$ 时，式（B2-8）可简化为

$$|H(\omega)| \approx \frac{S^{1/2}(\omega)}{N(\omega)} = \frac{1}{N^{1/2}(\omega)} \cdot \frac{S^{1/2}(\omega)}{N^{1/2}(\omega)} \stackrel{\mathrm{def}}{=} |H_E(\omega)| \tag{B2-9}$$

并称之为厄卡特滤波器。厄卡特滤波器具有如下两种基本作用：

（1）噪声白化滤波器（Noise - whitening filter）：第一个因子 $1/N^{1/2}(\omega)$ 表示对噪声过程的预白化作用，称为噪声白化滤波器。噪声过程通过白化滤波器之后，其功率谱变为常数 1（即白谱）；而信号通过白化滤波器后，其功率谱则变成 $S(\omega)/N(\omega)$。

（2）信号匹配滤波器（Signal - matching filter）：第二个因子 $S^{1/2}(\omega)/N^{1/2}(\omega)$ 表示对经过白化处理之后的信号进行匹配，故称之为信号匹配滤波器。匹配滤波器的功率传递函数 $S(\omega)/N(\omega)$ 与经过白化处理后的信号功率谱具有完全相同的形式。这意味着，在任何频率点上，只要经过白化处理后的信号功率谱取较大的值（比如大于 1），匹配滤波器也相应地有较大的增益，反之亦然。因此，匹配滤波器具有突出大信噪比、抑制小信噪比频率分量的作用。

定理 2-7　厄卡特滤波器 $H_E(\omega)$ 的输出信噪比最大，它是一种最优线性滤波器，通常记为 $H_{\mathrm{opt}}(\omega)$。

输出信噪比(Signal - to - noise of output):如果系统在持续时间为 T_c 的输入信号作用下,则系统的输出信噪比定义为

$$\left(\frac{S}{N}\right)_y = \frac{\text{输出在 } T_c \text{ 处的瞬时功率}}{\text{输出噪声的平均功率}}$$

信号处理增益(Signal processing gain):系统的输出信噪比与输入信噪比的比值称为信号处理增益。

限带白谱(Band limited white spectrum):如果信号 $s(t)$ 与噪声过程 $e(t)$ 具有相同的功率谱形状,即 $S(\omega)=kN(\omega)$(k 为常数),则式(B2 -9)所示的厄卡特滤波器退化为白化滤波器,即

$$|H_{\mathrm{E}}(\omega)| = |H_{\mathrm{opt}}(\omega)| = \frac{1}{N^{1/2}(\omega)} \overset{\mathrm{def}}{=} |H_{\mathrm{W}}(\omega)| \qquad \text{(B2 - 10)}$$

式中略去了无关紧要的常数项。这时,$S(\omega)$ 和 $N(\omega)$ 都仅在有限频带($-2\pi B$, $2\pi B$)内取非零的常数,故称之为限带白谱。

匹配滤波器(Matching filters):当加性噪声 $e(t)$ 是高斯白噪声时,其功率谱 $N(\omega)$ 等于常数,不妨设 $N(\omega)=1$。将 $N(\omega)=1$ 代入式(B2 -9),可得

$$|H_E(\omega)| = S^{1/2}(\omega) \Rightarrow H_{\mathrm{opt}}(\omega) = \frac{X_s^*(\omega)}{\sqrt{T_c}}\mathrm{e}^{-\mathrm{j}\omega T_c} \overset{\mathrm{def}}{=} H_{\mathrm{M}}(\omega) \qquad \text{(B2 - 11)}$$

其中,$X_s(\omega)$ 是信号 $s(t)$ 的傅里叶变换;T_c 为信号 $s(t)$ 的持续时间($t=T_c$)。上式两边取共轭后再与自身相乘,即可得到

$$|H_{\mathrm{M}}(\omega)|^2 = \frac{|X_s(\omega)|^2}{T_c} = S(\omega)$$

由此可见,当滤波器的幅频特性与信号的幅值谱仅相差一个常数因子 $1/\sqrt{T_c}$ 时,滤波器的输出信噪比达到最大值。由于信号与滤波器具有相同的频谱,因而将这种滤波器称为匹配滤波器,记为 $H_{\mathrm{M}}(\omega)$。

对式(B2 -11)进行逆傅里叶变换,可得匹配滤波器的单位脉冲响应函数:

$$h_{\mathrm{M}}(t) = \frac{1}{\sqrt{T_c}} \cdot s(T_c - t) \qquad \text{(B2 - 12)}$$

亦即,单位脉冲响应函数 $h_{\mathrm{M}}(t)$ 是持续时间为 T_c 的原信号 $s(t)$ 的镜像乘以 $1/\sqrt{T_c}$。

匹配滤波器具有如下性质:

性质 1:在各种线性滤波器中,匹配滤波器的输出信噪比最大,且有

$$\max\left(\frac{S}{N}\right)_y = \frac{T_c}{2\pi}\int_0^{\infty}\frac{G_s(\omega)}{N_0}\mathrm{d}\omega = \frac{T_c\sigma_s^2}{N_0}$$

其中,$G_s(\omega)$ 是零均值信号 $s(t)$ 的单边功率谱;N_0 为白噪声的单边功率谱;$\sigma_s{}^2$ 是

零均值信号 $s(t)$ 的平均功率。

性质 2：如果信号 $s(t)$ 的持续时间为 T_c，则在 T_c 时刻匹配滤波器输出信号 $s_H(t)$ 的瞬时功率达到最大。

性质 3：匹配滤波器对波形相同、幅值不同的时延信号具有适应性。

性质 4：匹配滤波器对频移信号不具有适应性。

相关检测器(Correlation detector)：在信号检测技术领域中，匹配滤波器往往称为相关检测器。这是因为匹配滤波器的输出可表示为

$$y(t) = x(t) * h_M(t) = \sqrt{T_c} R_s(t - T_c)$$

式中，$R_s(t-T_c)$ 是信号 $s(t)$ 的时间相关函数。

2.1.3 信噪比计算

信号检测系统的输入—输出信噪比是评价系统性能的一项十分重要技术指标。图 2-1 给出了被动声纳似然比检测系统。从系统的末端 z 开始，逐级向前计算积分器($y \to z$)、平方检波器($x_H \to y$)、基阵加预选滤波器($x \to x_H$)的输入—输出信噪比。

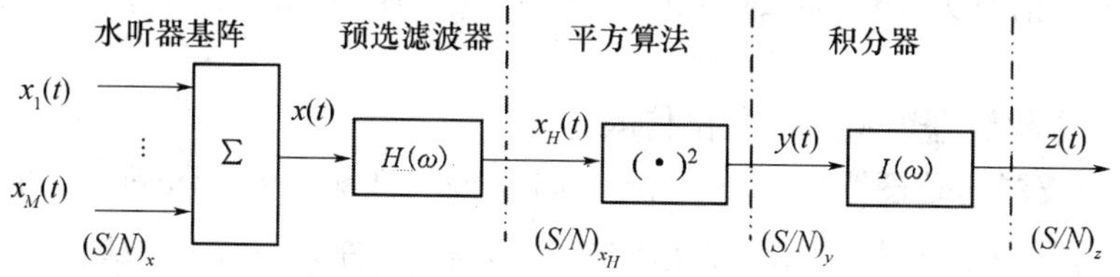

图 2-1　似然比检测系统

一、积分器的输入—输出信噪比

在 H_1 情况下，积分器输出信号的平均能量为 $[E_1(z)-E_0(z)]^2$；在 H_0 情况下，积分器的输入是零均值纯噪声过程，其能量为 $\sigma^2(z|H_0)$，简记为 $\sigma_0{}^2(z)$。因此，积分器输出端的信噪比可定义为

$$\left(\frac{S}{N}\right)_z = \frac{\{E_1[z] - E_0[z]\}^2}{\sigma_0^2(z)} \tag{B3-1}$$

类似地，积分器输入端($y = x_H{}^2$)的信噪比可以定义为

$$\left(\frac{S}{N}\right)_y = \frac{\{E_1[y] - E_0[y]\}^2}{\sigma_0^2(y)} \tag{B3-2}$$

式中，$[E_1(y)-E_0(y)]^2$ 表示在 H_1 情况下平方检波器输出的平均功率；$\sigma_0{}^2(y)$ 表示在 H_0 情况下平方检波器输出信号的功率。

积分器的处理增益(Signal processing gain of integrator)：积分器输入—输出之间的信噪比关系为

$$(S/N)_z = 2T_{eq}B_y \cdot (S/N)_y \tag{B3-3}$$

式中，T_{eq}定义为积分器的等效积分时间，即

$$T_{eq} = \frac{1}{\frac{1}{2\pi}\int_{-\infty}^{\infty}\left|\frac{I(\omega)}{I(0)}\right|^2 d\omega} \tag{B3-4}$$

其中$I(\omega)$为积分器的频率传递函数。B_y 定义为积分器输入过程（纯噪声）的等效谱宽：

$$2B_y = \frac{1}{\int_{-\infty}^{\infty}[\rho_y(\tau)]_0 d\tau} \tag{B3-5}$$

在此，$[\rho_y(\tau)]_0$ 表示在 H_0 情况下积分器输入 $y(t)$的自相关系数。

在最佳检测系统中，积分器的积分时间 T 起着截断输入波形的作用，以便于观测，因而等效积分时间 T_{eq}具有“等效观察时间”的含义；噪声过程 $y(t)$的等效谱宽 $2B_y$，就是交变噪声功率谱 $S_{\tilde{y}}(\omega)$代之以高度为 $S_{\tilde{y}}(0)$、宽度为 $2B_y$ 的矩形谱而维持面积 ${\sigma_0}^2(y)$不变。因此，如果积分器的输入噪声过程 $y(t)$的任意形状交变功率谱 $S_{\tilde{y}}(\omega)$的等效谱宽为 $2B_y$，那么代之以谱宽为 $2B_y$ 的矩形功率谱不会改变积分器的处理增益。

二、平方检波器的输入—输出信噪比

平方检波器的处理增益（Signal processing gain of square - detector）：在 H_1 情况下，用$[E_1(y)-E_0(y)]^2$ 表示平方检波器输出信号的平均功率；在 H_0 情况下，平方检波器输出噪声的功率是 $\sigma^2(y|H_0)$，记为 ${\sigma_0}^2(y)$。因此，平方检波器输出端的信噪比可表示为

$$\left(\frac{S}{N}\right)_y = \frac{\{E_1[y]-E_0[y]\}^2}{\sigma_0^2(y)} \tag{B3-6}$$

考虑到平方检波器的零均值输入样本 $x_H(t)$中信号分量 $s_H(t)$与噪声分量 $e_H(t)$互相独立，因而平方检波器输入端的信噪比可表示为

$$\left(\frac{S}{N}\right)_{x_H} = \frac{{\sigma_1}^2(x_H)-\sigma_0^2(x_H)}{\sigma_0^2(x_H)} \tag{B3-7}$$

式中，${\sigma_1}^2(x_H)$表示在 H_1 情况下预选滤波器输出信号的功率；${\sigma_0}^2(x_H)$ 表示在 H_0 情况下预选滤波器输出信号的功率。这两者之差即为信号 $s_H(t)$的功率。

平方检波器的输入—输出之间的信噪比关系可表示为

$$\left(\frac{S}{N}\right)_y = \frac{1}{2}\left(\frac{S}{N}\right)_{x_H}^2 \tag{B3-8}$$

不考虑比例因子 1/2，上式表明平方检波器的输出信噪比与输入信噪比的平方成比例。当输入信噪比很小时，比如$(S/N)_{xH}=1/10$，那么输出信噪比将只有

1/100，这种现象称为小信号抑制效应。这是平方检波器的特点，也是其他非线性电路在小信号情况下的特征。

预选滤波器的等效谱宽（Equivalent spectral bandwidth）：在信号 $s(t)$ 与噪声过程 $e(t)$ 具有相同的功率谱形状的特殊情况下，平方检波器输出噪声过程的等效谱宽 $2B_y$ 恰好等于预选滤波器 $H(\omega)$ 输出噪声过程的等效谱宽 $2B_H$，即 $2B_H = 2B_y$。

三、基阵加预选滤波器的输出信噪比

基阵输出信噪比（Output signal – to – noise of basic sonar array）：基阵输出信噪比 $(S/N)_x$ 为

$$\left(\frac{S}{N}\right)_x = \frac{\sigma_1^2(x) - \sigma_0^2(x)}{\sigma_0^2(x)} \tag{B3-9}$$

式中，$\sigma_1{}^2(x)$ 表示在 H_1 情况下基阵输出信号 $x(t)$ 的功率，$\sigma_0{}^2(x)$ 表示在 H_0 情况下基阵输出信号 $x(t)$ 的功率，这两者之差即为目标信号 $s(t)$ 通过基阵后的功率；$x(t)$ 是各个水听器输出过程相加的结果，即

$$x(t) = \sum_{i=1}^{M} x_i(t) = \sum_{i=1}^{M} e_i(t) + Ms(t)$$

基阵输入信噪比（Input signal – to – noise of basic sonar array）：基阵输入信噪比为

$$\left(\frac{S}{N}\right)_{xi} = \frac{\sigma^2(s)}{\sigma^2(e_i)} \tag{B3-10}$$

式中，$\sigma^2(s)$ 表示目标信号 $s(t)$ 的功率；$\sigma^2(e_i)$ 表示噪声过程 $e_i(t)$ 的功率。

预选滤波器的输出信噪比（Output signal – to – noise of predefined filter）：基阵输出信噪比 $(S/N)_{xH}$ 为

$$\left(\frac{S}{N}\right)_{x_H} = \frac{\sigma_1^2(x_H) - \sigma_0^2(x_H)}{\sigma_0^2(x_H)} \tag{B3-11}$$

式中，$\sigma_1{}^2(x_H)$ 表示在 H_1 情况下预选滤波器输出信号 $x_H(t)$ 的功率；$\sigma_0{}^2(x_H)$ 表示在 H_0 情况下预选滤波器输出信号 $x_H(t)$ 的功率。这两者之差即为目标信号 $s(t)$ 通过预选滤波器的功率。

基阵加预选滤波器的处理增益（Signal processing gain of a basic sonar array along with a predefined filter）：当信号与噪声具有相同形状的功率谱时，基阵加预选滤波器的输入－输出信噪比为

$$\left(\frac{S}{N}\right)_{x_H} = \left(\frac{S}{N}\right)_x = M\left(\frac{S}{N}\right)_{x_i} \tag{B3-12}$$

从式（B3－9）和式（B3－12）可以看到，在信号与噪声具有相同形状的功率谱的特殊情况下，预选滤波器退化为白化滤波器，其输入—输出信噪比是一样的。但因白化滤波器能够通过改变输入噪声过程的功率谱的形状（使任意形状的谱变为

白谱)的途径,来增大平方检波器的等效谱宽 $2B_y$,所以保留白化滤波器能够提高似然比检测系统的信号处理增益。

2.2 习题解答与 MATLAB/Simulink 程序

2-1 激光是一种时间相干光束,即对于任意的两个时刻 t_1 和 t_2,当 t_2-t_1 不是很大时,激光器的发射光场 $U(t_1)$ 和 $U(t_2)$ 是统计相关的。令 $X=U(t_1)$,$Y=U(t_2)$,$t_2-t_1>0$;且假设随机变量 X 和 Y 是联合高斯的,即

$$p(x,y) = \frac{1}{2\pi\sqrt{1-\rho^2}}\exp\left[-\frac{x^2+y^2-2\rho xy}{2(1-\rho^2)}\right], \quad (\rho \neq 0,1) \tag{2-1-1}$$

试求随机变量 X 和 Y 的边缘密度函数。假设在时刻 t_1 测得激光的照度 $X=x$,这时随机变量 Y 的密度函数是否服从零均值高斯分布?

解:令 $\boldsymbol{x}=[x,y]^{\mathrm{T}}$,则二次型指数项可改写成

$$\frac{x^2-2\rho xy+y^2}{1-\rho^2} = \boldsymbol{x}^{\mathrm{T}}\begin{bmatrix}1 & \rho\\ \rho & 1\end{bmatrix}^{-1}\boldsymbol{x} = \boldsymbol{x}^{\mathrm{T}}\boldsymbol{C}^{-1}\boldsymbol{x}$$

其中

$$\boldsymbol{C} = \begin{bmatrix}1 & \rho\\ \rho & 1\end{bmatrix} \overset{\text{def}}{=} \begin{bmatrix}C_x & C_{xy}\\ C_{yx} & C_y\end{bmatrix}, \quad \boldsymbol{C}^{-1} = \frac{1}{1-\rho^2}\begin{bmatrix}1 & -\rho\\ -\rho & 1\end{bmatrix}$$

于是,式(2-1-1)可写成

$$p(\boldsymbol{x}) = \frac{1}{2\pi(\det\boldsymbol{C})^{1/2}}\exp\left(-\frac{1}{2}\boldsymbol{x}^{\mathrm{T}}\boldsymbol{C}^{-1}\boldsymbol{x}\right) \tag{2-1-2}$$

根据式(B1-6),随机变量 X 和 Y 的边缘密度函数可分别表示为

$$p(x) = \frac{1}{\sqrt{2\pi}}\exp\left(-\frac{1}{2}x^2\right); \quad p(y) = \frac{1}{\sqrt{2\pi}}\exp\left(-\frac{1}{2}y^2\right)$$

由式(2-1-2)可知,随机变量 X 和 Y 是联合高斯的。

根据定理 2-3,在给定条件($X=x$)下,随机变量 Y 的密度函数可表示为

$$p(\boldsymbol{y}\mid\boldsymbol{x}) = \frac{1}{(2\pi)^{N_x/2}(\det\boldsymbol{C}_{y|x})^{1/2}}\exp\left[-\frac{1}{2}(\boldsymbol{y}-\boldsymbol{\mu}_{y|x})^{\mathrm{T}}\boldsymbol{C}_{y|x}^{-1}(y-\boldsymbol{\mu}_{y|x})\right]$$

式中,$N_x=1$,$\boldsymbol{y}=y$,$\boldsymbol{x}=x$;且有

$$\boldsymbol{\mu}_{y|x} = \mu_{y|x} = E[y\mid x] = \mu_y + C_{xy}C_y^{-1}(x-\mu_x) = \rho x$$

$$\boldsymbol{C}_{y|x} = \boldsymbol{C}_y - \boldsymbol{C}_{yx}\boldsymbol{C}_x^{-1}\boldsymbol{C}_{xy} = 1-\rho^2$$

故有

$$p(y\mid x)=\frac{1}{\sqrt{2\pi(1-\rho^2)}}\exp\left[-\frac{(y-\rho x)^2}{2(1-\rho^2)}\right]$$

由此可见,给定条件($X=x$)下随机变量 Y 服从均值为 ρx,方差为($1-\rho^2$)的高斯分布。

2-2 假设独立随机变量 $X_i(i=1,2,\cdots)$ 在区间$(0,T)$上服从均匀分布,试求:

(1) 随机变量 X_i 的均值和方差;

(2) 随机变量 $X=X_1+X_2$ 的概率密度、均值和方差;

(3) 随机变量 $Y=X_1+X_2+X_3$ 的概率密度、均值和方差。

请画出相应的密度分布曲线,并根据这些分布曲线说明中心极限定理的普适性。

解:(1)依题意,独立随机变量 $X_i(i=1,2,\cdots)$ 在区间$(0,T)$上服从均匀分布,如图 P2-1(a)所示。根据均值和方差定义,可得

$$E[X_i]=\int_0^T xp(x)\mathrm{d}x=T/2$$

$$\mathrm{var}[X_i]=E[X_i^2]-E^2[X_i]=T^2/12$$

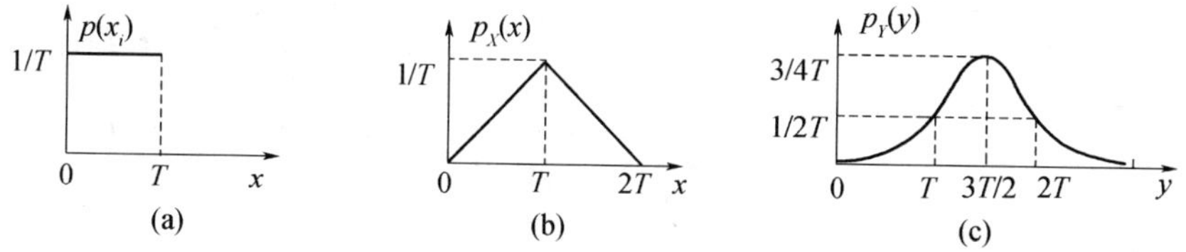

图 P2-1 习题 2-2

(2) 解法一:令 $X=X_1+X_2$,由于 $X_i(i=1,2)$相互独立,故有

$$p_X(x)=\int_{-\infty}^{\infty}p(x_1,x-x_1)\mathrm{d}x_1=\int_{-\infty}^{\infty}p(x_1)p(x-x_1)\mathrm{d}x_1$$

当 $0\leqslant x\leqslant T$ 时,因 $0\leqslant x_2=x-x_1\leqslant T$,故有 $0\leqslant x_1\leqslant T$。因此,上式可写成

$$p_X(x)=\int_{-\infty}^{\infty}p(x_1)p(x-x_1)\mathrm{d}x_1=\int_0^x\frac{1}{T}\cdot\frac{1}{T}\mathrm{d}x_1=\frac{x}{T^2}$$

当 $T\leqslant x\leqslant 2T$ 时,因 $0\leqslant x_2=x-x_1\leqslant T$,故 $0\leqslant x_1\leqslant T$。依题意,可得

$$p_X(x)=\int_{-\infty}^{\infty}p(x_1)p(x-x_1)\mathrm{d}x_1=\int_{x-T}^{T}\frac{1}{T}\cdot\frac{1}{T}\mathrm{d}x_1=\frac{2}{T}-\frac{x}{T^2}$$

综上所述,可得

$$p_X(x)=P'_X(x)=\begin{cases}x/T^2, & 0\leqslant x\leqslant T\\ -x/T^2+2/T, & T<x\leqslant 2T\\ 0, & \text{其他}\end{cases}\qquad(2-2-1)$$

因为

$$E[X_i] = T/2, \quad \mathrm{var}[X_i] = T^2/12$$

所以

$$E[X] = E[X_1 + X_2] = T, \quad \mathrm{var}[X] = \mathrm{var}[X_1 + X_2] = T^2/6$$

解法二:依题意,X_1 和 X_2 分别是服从均匀分布的变量,且二者独立,其特征函数为

$$\Phi_V(\mathrm{j}\omega) = \frac{1}{T}\int_0^{T} \mathrm{e}^{\mathrm{j}\omega v}\mathrm{d}v = \frac{\sin(\omega T/2)}{\omega T/2}\mathrm{e}^{-\mathrm{j}\omega T/2}$$

$$= \mathrm{sinc}\left(\frac{\omega\tau}{4\pi}\right)\mathrm{e}^{-\mathrm{j}\omega T/2}, \quad \left(V = X_1, X_2; \tau = 2T; \mathrm{sinc}t = \frac{\sin\pi t}{\pi t}\right)$$

根据定理 1-9,随机变量 $X = X_1 + X_2$ 的特征函数为

$$\Phi_X(\mathrm{j}\omega) = \mathrm{sinc}^2\left(\frac{\omega\tau}{4\pi}\right)\mathrm{e}^{-\mathrm{j}\omega T}, \quad (X = X_1 + X_2)$$

因此,随机变量 $X = X_1 + X_2$ 的概率密度可表示为

$$p_X(x) = \frac{1}{2\pi}\int_{-\infty}^{\infty} \Phi_X(j\omega)\mathrm{e}^{\mathrm{j}\omega x}\mathrm{d}\omega = \frac{1}{2\pi}\int_{-\infty}^{\infty} \mathrm{sinc}^2\left(\frac{\omega\tau}{4\pi}\right)\mathrm{e}^{\mathrm{j}\omega(x-T)}\mathrm{d}\omega$$

$$= \frac{1}{T}\Delta\left(\frac{x-T}{2T}\right) = \begin{cases} 0, & |x-T| \geqslant T \\ \dfrac{1}{T}\left(1 - \dfrac{|x-T|}{T}\right), & |x-T| < T \end{cases}$$

即

$$p_X(x) = \begin{cases} x/T^2, & 0 \leqslant x \leqslant T \\ -x/T^2 + 2/T, & T < x \leqslant 2T \\ 0, & \text{其他} \end{cases}$$

(3) 令 $Y = X_1 + X_2 + X_3 = X + X_3$,因 $X_i(i=1,2,3)$ 相互独立,故有

$$p_Y(y) = p(X + X_3 \leqslant y) = \int_{-\infty}^{\infty} p_X(x)p(y-x)\mathrm{d}x$$

当 $0 \leqslant Y \leqslant T$ 时,因 $0 \leqslant x_3 = y - x \leqslant T$,故 $0 < x < T$。于是,就有

$$p_Y(y) = \int_{-\infty}^{\infty} p_X(x)p(y-x)\mathrm{d}x = \int_0^y \frac{x}{T^2}\cdot\frac{1}{T}\mathrm{d}x = \frac{y^2}{2T^3}$$

当 $T < Y \leqslant 2T$ 时,且 $0 \leqslant x_3 = y - x \leqslant T$,故 $0 < x < 2T$。于是,依题意和式(2-2-1),就有

$$p_Y(y) = \int_{-\infty}^{\infty} p_X(x)p(y-x)\mathrm{d}x$$

$$= \int_{y-T}^{T} \frac{x}{T^2}\cdot\frac{1}{T}\mathrm{d}x + \int_T^y \left(-\frac{x}{T^2} + \frac{2}{T}\right)\cdot\frac{1}{T}\mathrm{d}x$$

$$= \frac{1}{2T} - \frac{(y-T)^2}{2T^3} - \frac{y^2}{2T^3} + \frac{1}{2T} + \frac{2y}{T^2} - \frac{2}{T}$$

$$= -\frac{1}{T^3}\left(y - \frac{3}{2}T\right)^2 + \frac{3}{4T}$$

当 $2T < Y \leqslant 3T$ 时,因为 $0 \leqslant x_3 = y - x \leqslant T$,故有 $T < x < 2T$。因此,依题意和式(2-2-1),可得

$$p_Y(y) = \int_{-\infty}^{\infty} p_X(x)p(y-x)\mathrm{d}x = \int_{y-T}^{2T}\left(-\frac{x}{T^2} + \frac{2}{T}\right)\cdot\frac{1}{T}\mathrm{d}x$$

$$= -\frac{2}{T} + \frac{y^2 - 2Ty + T^2}{2T^3} + \frac{4}{T} - \frac{y}{T^2} + \frac{2}{T}$$

$$= \frac{1}{2T^3}(y-3T)^2$$

综上所述,可得

$$p_Y(y) = \begin{cases} \dfrac{y^2}{2T^3}, & 0 \leqslant y \leqslant T \\ -\dfrac{(y-3T/2)^2}{T^3} + \dfrac{3}{4T}, & T < x \leqslant 2T \\ \dfrac{(y-3T)^2}{2T^3}, & 2T < x \leqslant 3T \\ 0, & \text{其他} \end{cases} \tag{2-2-2}$$

因为

$$E[X_i] = T/2, \quad \mathrm{var}[X_i] = T^2/12$$

所以

$$E[Y] = E[X_1 + X_2 + X_3] = 3T/2$$
$$\mathrm{var}[Y] = \mathrm{var}[X_1 + X_2 + X_3] = T^2/4$$

图 P2-1(b)和图 P2-1(c)分别给出了 $p_X(x)$ 和 $p_Y(y)$ 密度分布曲线。由图可见,即使对于 $i=3$ 这样小的数值,式(2-2-2)已经接近于正态分布了。可以推断,随着独立同分布随机变量的增加,它们的和更接近于正态分布。

2-3 设独立的随机变量 $X_i(i=1,2,\cdots)$ 具有标准的柯西密度分布:

$$p_i(x) = \frac{1}{\pi(1+x^2)}$$

相应的特征函数为

$$\Phi_i(\mathrm{j}\omega) = \exp(-|\omega|)$$

(1) 试证明和式

$$S = \frac{1}{n}\sum_{i=1}^{n} X_i$$

仍然服从标准柯西分布而非高斯分布。

(2) 为什么中心极限定理在此不成立？请说明理由。

证明:(1) 令

$$Y_i = \frac{1}{n}X_i, \quad S = \sum_{i=1}^{n} Y_i = \frac{1}{n}\sum_{i=1}^{n} X_i$$

根据定理 1-6,可得

$$p_{Y_i}(y) = \frac{1}{|\mathrm{d}y/\mathrm{d}x|}p_{X_i}(x) = np_{X_i}(ny)$$

其特征函数可表示为

$$\begin{aligned}\boldsymbol{\Phi}_Y(\mathrm{j}\omega) &= \int_{-\infty}^{\infty} p_{Y_i}(y)\mathrm{e}^{-\mathrm{j}\omega y}\mathrm{d}y = \int_{-\infty}^{\infty} np_{X_i}(x)\mathrm{e}^{-\mathrm{j}\omega x/n}\mathrm{d}(x/n)\\ &= \int_{-\infty}^{\infty} p_{X_i}(x)\mathrm{e}^{-\mathrm{j}\frac{\omega}{n}x}\mathrm{d}x = \boldsymbol{\Phi}_X(\mathrm{j}\omega/n)\end{aligned}$$

根据定理 1-9,可知

$$\boldsymbol{\Phi}_S(\mathrm{j}\omega) = [\boldsymbol{\Phi}_Y(\mathrm{j}\omega)]^n = \left[\boldsymbol{\Phi}_X\left(\mathrm{j}\frac{\omega}{n}\right)\right]^n$$

于是,就有

$$\lim_{n\to\infty}\boldsymbol{\Phi}_S(\mathrm{j}\omega) = \lim_{n\to\infty}\left[\boldsymbol{\Phi}_X\left(\mathrm{j}\frac{\omega}{n}\right)\right]^n = \lim_{n\to\infty}(\mathrm{e}^{-|x/n|})^n = \mathrm{e}^{-|x|} = \boldsymbol{\Phi}_X(\mathrm{j}\omega)$$

由此可见,独立同分布随机变量之和 S 仍然服从标准柯西分布,而不是高斯分布。

(2) 中心极限定理成立的前提条件是:独立同分布随机变量的数学期望和方差均为有限值。但在本题中,随机变量 $X_i(i=1,2,\cdots)$ 的数学期望趋于 ∞,即

$$\begin{aligned}E[X_i] &= \int_{-\infty}^{\infty} xp_{X_i}(x)\mathrm{d}x = \frac{1}{\pi}\int_{-\infty}^{\infty}\frac{x}{1+x^2}\mathrm{d}x\\ &= \frac{1}{2\pi}\int_{-\infty}^{\infty}\frac{1}{1+x^2}\mathrm{d}(1+x^2)\\ &= \ln(1+x^2)\Big|_{-\infty}^{\infty} = \infty\end{aligned}$$

故不满足中心极限定理成立的前提条件。

2-4 已知平稳过程样本 $x(t) \sim N(0,\sigma_x{}^2)$,试求 $y(t)=x^2(t)$ 的方差 $\sigma_y{}^2$。

解:依题意,可知

$$x_1(t) = \frac{x(t)}{\sigma_x} \sim N(0,1)$$

由例 1-10 可知,$y_1(t)=x_1{}^2(t)$ 服从单自由度 χ^2 密度分布,即

$$p_{Y_1}(y_1) = \frac{1}{\sqrt{2\pi y_1}}\exp\left(-\frac{y_1}{2}\right), \quad (y_1 > 0)$$

其数学期望为

$$E[Y_1] = \frac{1}{\sqrt{2\pi}}\int_0^{\infty} y_1 \frac{1}{\sqrt{y_1}}\exp\left(-\frac{y_1}{2}\right)\mathrm{d}y_1$$

$$\overset{y_1/2=t}{=} \frac{2}{\sqrt{\pi}}\int_0^{\infty} t^{3/2-1}\mathrm{e}^{-t}\mathrm{d}t$$

$$= \frac{2}{\sqrt{\pi}}\Gamma\left(\frac{3}{2}\right) = 1$$

方差为

$$\mathrm{var}(Y_1) = E[Y_1^2] - E^2[Y_1]$$

$$= \frac{1}{\sqrt{2\pi}}\int_0^{\infty} y_1^2 \frac{1}{\sqrt{y_1}}\exp\left(-\frac{y_1}{2}\right)\mathrm{d}y_1 - 1$$

$$\overset{y_1/2=t}{=} \frac{8}{\sqrt{\pi}}\int_0^{\infty} t^{5/2-1}\mathrm{e}^{-t}\mathrm{d}t - 1$$

$$= \frac{8}{\sqrt{\pi}}\Gamma\left(\frac{5}{2}\right) - 1 = 2$$

于是，$y(t) = x^2(t) = \sigma_x{}^2 \times y_1(t)$的方差为

$$\mathrm{var}(Y) = \mathrm{var}(\sigma_x^2 Y_1) = \sigma_x^4 \mathrm{var}(Y_1) = 2\sigma_x^4$$

2－5 已知两个实平稳过程样本 $x_1(t) \sim N(0,\sigma_1{}^2)$，$x_2(t) \sim N(0,\sigma_2{}^2)$，试证明$y(t) = x_1(t)\ x_2(t)$的协方差函数 $C_y(\tau)$为

$$C_y(\tau) = [\rho_{12}^2(0) + \rho_1(\tau)\rho_2(\tau) + \rho_{12}(\tau)]\sigma_1^2 \cdot \sigma_2^2$$

式中，ρ_1 和 ρ_2 分别表示 x_1 和 x_2 的自相关系数；$\rho_{1,2}$表示 x_1 和 x_2 的互相关系数。

证明：可以证明 $y(t)$服从

$$p_Y(y) = \mathrm{e}^{-|y|}/2$$

分布，其数学期望为0。利用高斯过程性质3（四阶原点混合矩公式），可得

$$\begin{aligned}C_y(\tau) &= E[y(t)\cdot y(t-\tau)] = E[x_1(t)\cdot x_2(t)\cdot x_1^*(t-\tau)x_2^*(t-\tau)]\\ &= R_{12}R_{34} + R_{13}R_{24} + R_{14}R_{23}\\ &= C_{12}(0)C_{12}(0) + C_1(\tau)C_2(\tau) + C_{12}(\tau)C_{21}(\tau)\\ &= [\rho_{12}^2(0) + \rho_1(\tau)\rho_2(\tau)]\sigma_1^2\cdot\sigma_2^2 + \rho_{12}(\tau)\rho_{12}(-\tau)\sigma_1^2\cdot\sigma_2^2\end{aligned}$$

2－6 考虑限时限带的零均值实高斯样本 $x_T(t)$ $(0<t<T)$，设 $x_T(t)$的自相关函数 $R_x(\tau)$和功率谱 $S_x(\omega)$都是有限值。现将 $x_T(t)$ 向左平移 $T/2$，记为 $x(t) = x_T(t+T/2)$，再经周期延拓后，$x(t)$就是一周期为 T 的函数，当$|t|<T/2$ 时，其傅里叶系数可表示为

$$\begin{cases} a_n = \dfrac{1}{T}\displaystyle\int_{-T/2}^{T/2} x(t)\cos(\omega_n t)\mathrm{d}t \\ b_n = -\dfrac{1}{T}\displaystyle\int_{-T/2}^{T/2} x(t)\sin(\omega_n t)\mathrm{d}t \end{cases} \quad (n = 0,1,\cdots,TB)$$

试证明 $x(t)$ 的傅里叶系数 a_n 和 b_n 是不相关的。

证明:依题意,得到

$$E[a_n b_n] = \frac{1}{T}\int_{-T/2}^{T/2} E[x(t)b_n]\cos\omega_n \mathrm{d}t \qquad (2-6-1)$$

式中

$$E[x(t)b_n] = \frac{1}{T}\int_{-T/2}^{T/2} E[x(t)x(\tau)]\sin\omega_n\tau \mathrm{d}\tau = \frac{1}{T}\int_{-T/2}^{T/2} R(t-\tau)\sin\omega_n\tau \mathrm{d}\tau$$

$$\overset{t-\tau=u}{=} \frac{1}{T}\int_{t-T/2}^{t+T/2} R(u)\sin\omega_n(t-u)\mathrm{d}u$$

$$= \frac{1}{T}\int_{t-T/2}^{t+T/2} R(u)[\sin(\omega_n t)\cos(\omega_n u) - \cos(\omega_n t)\sin(\omega_n u)]\mathrm{d}u$$

$$= S_x(\omega_n)\sin(\omega_n t)/T, \quad (T\to\infty) \qquad (2-6-2)$$

推导中利用了 $R_x(\tau)$ 是偶函数这一事实和维纳–辛钦公式。将式(2–6–2)代入式(2–6–1),且令 $T\to\infty$,则有

$$E[a_n b_n] = \frac{1}{T}\int_{-T/2}^{T/2} \frac{S_x(\omega_n)}{T}\sin(\omega_n t)\cos(\omega_n t)\mathrm{d}t = 0, \quad (T\to\infty) \qquad (2-6-3)$$

类似地,上式利用了 $S_x(\omega_n)$ 是偶函数这一事实。式(2–6–3)表明实过程 $x_T(t)$ 的傅里叶系数是不相关的。

2–7 试应用 MATLAB/Simulink 软件工具,仿真图 2–6 所示的似然比检测系统,并解释仿真结果的物理意义。

解:考虑图 2–6 所示的似然比检测系统。

(1) 分别计算 $s_B(t)$ 和 $e_B(t)$ 的平均功率谱:

$$S(\omega_n) = \frac{1}{N}\sum_{i=1}^{N} S_{iB}(\omega_n), \quad N(\omega_n) = \frac{1}{N}\sum_{i=1}^{N} N_{iB}(\omega_n)$$

构造预选滤波器:

$$|H(\omega_n)|^2 = \frac{S(\omega_n)}{N(\omega_n)[N(\omega_n)+S(\omega_n)]}$$

(2) 下式计算似然比:

$$\varphi_i(x) = 2\sum_{n=1}^{TB} |X_{ni}H(\omega_n)|^2 = 2\sum_{n=1}^{TB} |X_{Hi}(n)|^2$$

$$= \frac{1}{T}\int_0^{\mathrm{T}} x_{Hi}^2(t)\mathrm{d}t \overset{\text{def}}{=} z_i(t)$$

式中

$$X_{ni} = \mathrm{DFT}[x_{iB}(t)] = \mathrm{DFT}[s_{iB}(t) + e_{iB}(t)], \quad (i = 1,2,\cdots,M)$$

（3）在每个时段 T 内，比较 $s_i(t)=0$ 和 $s_i(t)\neq 0$ 情况下 $z_i(t)$ 的大小，且画出与图 2－9 相类似的波形。

上述算法的具体实现步骤列写如下：

（1）利用 Gaussian Noise Generator 产生一组长度为 $10\times T$ 的零均值高斯过程 $e(t)$；设计两个带宽为 B 的带通滤波器，将零均值高斯过程 $e(t)$ 分别通过这两个带通滤波器，即可得到两组限带高斯白噪声序列 $s_B(t)$（Signal）和 $e_B(t)$（Noise）。图 P2－2a 给出了 Simulink 图示化仿真程序。

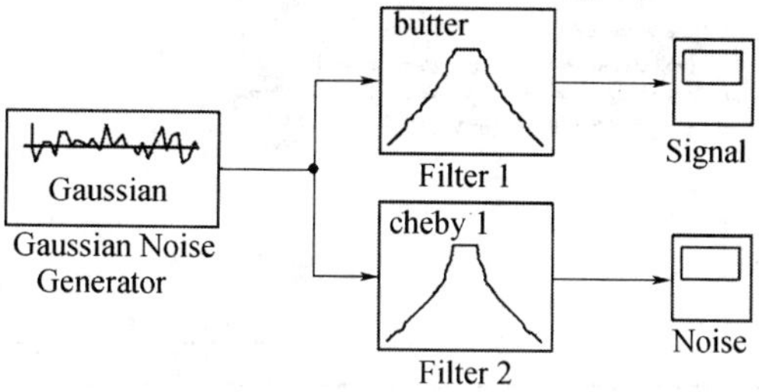

图 P2－2a　习题 2－7

① 滤波器模块（Filter 1）的属性设置为：Design method ~ Butterworth；Filter tpye ~ Bandpass；Filter order ~ 8；Lower passband edge frequency（rad/sec）~ 2 * pi * 50；Upper passband edge frequency（rad/sec）~ 2 * pi * 100。

② 滤波器模块（Filter 2）的属性设置为：Design method ~ Chebyshev I；Filter tpye ~ Bandpass；Filter order ~ 2；Lower passband edge frequency（rad/sec）~ 2 * pi * 50；Upper passband edge frequency（rad/sec）~ 2 * pi * 100。

③ 高斯噪声发生器（Gaussian Noise Generator）的属性设置为：Mean valve ~ 0；Variance ~ 1；Initial seed ~ 41；Sample time（采样周期）~ 0.002（500Hz）；Output data type ~ double。

④ 两个示波器 Scope（Signal 和 Noise）的属性设置如图 P2－2b 所示（在此，仅给出 Signal 属性的设置示例，Noise 属性的设置与此类似）。

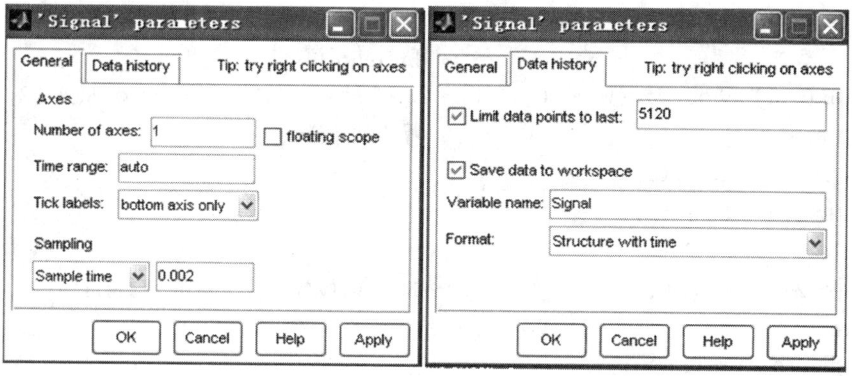

图 P2－2b　习题 2－7

(2) 先运行图 P2－2a 所示 Simulink 图示化仿真程序，仿真过程的设置如图 P2－2c所示。

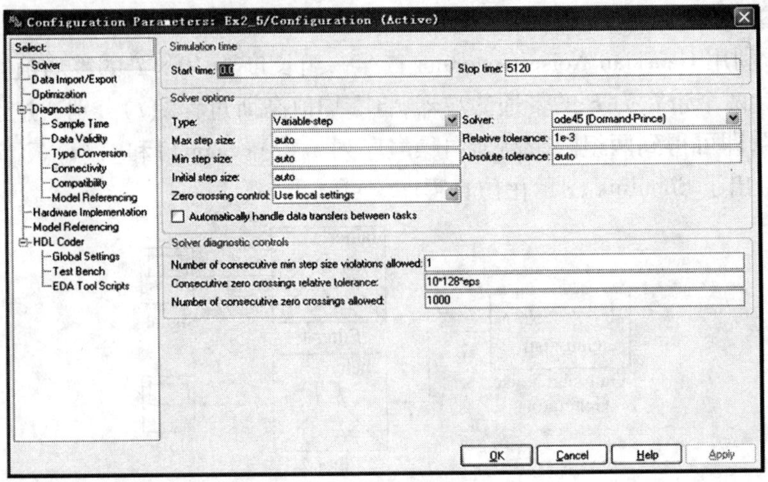

图 P2－2c　习题 2－7

(3) 运行下列 MATLAB 过程:

```
% Exmple 2_7
  clc;
  S = 0.05 * Signal.signals.values;    % 读取图 P2 -2a 中示波器 Signal 数据,乘以
                                          系数 0.05
  E = Noise.signals.values;            % 读取图 P2 -2a 中示波器 Noise 数据
  N = length(S); M = 10; Ns = N/M;     % 数据分段(10 段)

  Ts = 0.002;                          % 采样周期
  W = hanning(Ns);                     % 汉宁窗
  Sm = 0; Nm = 0;
  for i = 1:M
      Sx(:,i) = abs(fft(W.* S((i-1) * Ns + 1:i * Ns),Ns).^2)./norm(W)^2;
                                       % 信号功率谱
      Nx(:,i) = abs(fft(W.* E((i-1) * Ns + 1:i * Ns),Ns).^2)./norm(W)^2;
                                       % 噪声功率谱

      Sm = Sm + Sx(:,i);
      Nm = Nm + Nx(:,i);
  end
  Sm = Sm/M; Nn = Nm/M;                % 10 个时段数据的平均功率谱密度
  Sm_dB = 10 * log10(Sm);
  Nm_dB = 10 * log10(Nm);
  f = (0:Ns -1)/((Ns -1) * Ts);
```

```
% ----------------------------------------
  figure(1)
  subplot(211),
  plot(f,Sm_dB);grid;
  subplot(212),
  plot(f,Nm_dB);grid;
% ----------------------------------------
  Hm_2 = Sm./(Nm.*(Nm+Sm));          % 构造预先滤波器
  phi_H1 =0; phi_H0 =0;
  i =input('input data at i_th period of time, i(1:10): ');
                                      % 输入第 i 个时段
  for n =1:Ns/2
      phi_H1 =phi_H1 +2*(Sx(n,i) +Nx(n,i)).*Hm_2(n);
                                      % H1:检验统计量 φ(x)
      phi_H0 =phi_H0 +2*(Nx(n,i)).*Hm_2(n);
                                      % H0:检验统计量 φ(x)
  end
  phi_H1_t(1:Ns/2) = phi_H1;         % H1:第 i 时段检验统计量 φ(x)
  phi_H0_t(1:Ns/2) = phi_H0;         % H0:第 i 时段检验统计量 φ(x)
% ----------------------------------------
  figure(2)
  t =0:Ts:(Ns/2 -1)*Ts;
  plot(t,phi_H1,'r--');grid,hold on
  plot(t,phi_H0,'k-.');grid,hold off
% ----------------------------------------
```

图 P2-2d 分别给出了 10 段数据(Signal 和 Noise)的平均功率谱密度,其峰值信噪比为 -35dB。

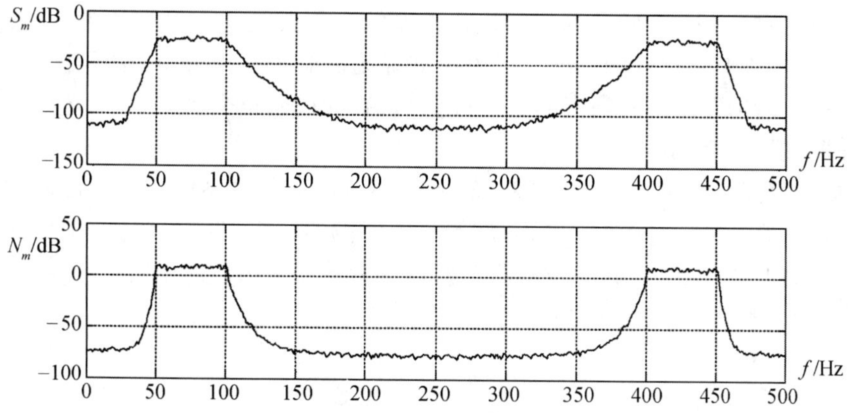

图 P2-2d 习题 2-7

图 P2－2e 分别给出了 H_1（信号＋噪声）和 H_0（纯噪声）情况下，似然比检测系统输出的检验统计量。

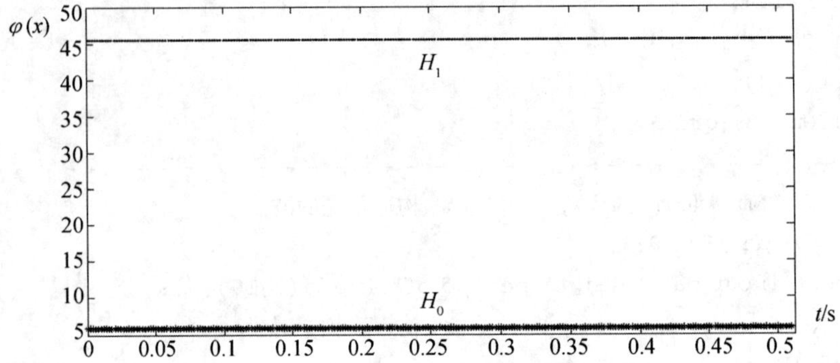

图 P2－2e　习题 2－7

从上图可见，即便在输入信号的信噪比为－35dB 的情况下，仍然能够清晰地分辨出是否存在目标信号。改变 MATLAB 程序中信号 S 的大小，可以观察到在 H_1 和 H_0 情况下检验统计量 $\varphi(r)$ 的变化趋势。

2－8　如果在教科书中图 2－6 所示系统的输入信号与噪声彼此不独立，或者 M 个水听器输出噪声 $e_i(t)\,(i=1,2,\cdots,M)$ 彼此不独立。试问能否应用似然比检测系统来准确无误地区分 H_0 和 H_1 的情况？请用图 2－6 的仿真结果加以说明。

解：因为在推导预选滤波器 $H(\omega_n)$ 时，业已假设输入信号 $s(t)$ 和噪声 $e(t)$ 是相互独立的零均值限带高斯过程，所以，当输入信号与噪声彼此不独立时，不可能得到图 2－6 所示的似然比检波系统。

由于在推导预选滤波器 $H(\omega_n)$ 时，仅考虑 M 个水听器对准目标后求和器输出的信号，并没有假设 M 个水听器输出噪声 $e_i(t)\,(i=1,2,\cdots,M)$ 是彼此独立的高斯过程，但是，如果 $e_i(t)\,(i=1,2,\cdots,M)$ 不是彼此独立的高斯过程，求和器输出 $e(t)$ 的噪声不可能服从高斯分布，所以，当 M 个水听器输出噪声 $e_i(t)\,(i=1,2,\cdots,M)$ 彼此不独立时，图 2－6 所示的似然比检波系统不是最佳的。尽管如此，在大信噪比情况下，应用似然比检测系统仍然可以准确无误地区分 H_0 和 H_1 的情况。

2－9　请构造一限时限带的高斯过程 $x(t)$，并应用正交变换方法，产生一组独立的高斯过程 $y_1(t)$ 和 $y_2(t)$。

解：用分离系统法。构造图 P2－2a 所示 Simulink 仿真系统，其中，带通滤波器 Filter1 的通带为 50～100Hz，带通滤波器 Filter2 的通带为 200～250Hz，即可获得一组独立的高斯过程 $y_1(t)$ 和 $y_2(t)$，不难验证二者的相关函数的峰值小于 0.03。

2－10　考虑 RC 积分器，其频率特性为

$$I(\omega) = \frac{1}{1 + \mathrm{jRC}}$$

（1）试证明 RC 积分器的等效时间 $T_{eq} = 2RC$；

（2）说明 RC 积分器的时间常数 τ 应取何值，才能获得与理想积分器（积分时间为 T）完全一样的输出信噪比。

证明：（1）由式（B3－4），可得

$$\frac{1}{T_{\text{eq\_RC}}}=\frac{1}{2\pi}\int_{-\infty}^{\infty}\left|\frac{I(\omega)}{I(0)}\right|^2\mathrm{d}\omega$$

$$=\frac{1}{2\pi}\int_{-\infty}^{\infty}\left|\frac{1}{1+\mathrm{j}\omega RC}\right|^2\mathrm{d}\omega$$

$$=\frac{1}{2\pi RC}\int_{-\infty}^{\infty}\frac{1}{1+(\omega RC)^2}\mathrm{d}(RC\omega)$$

$$=\frac{1}{2\pi RC}\arctan(RC\omega)\Big|_{-\infty}^{\infty}=\frac{1}{2RC}$$

故有 $T_{\text{eq\_RC}}=2RC$。

（2）理想积分器的输入 $y(t)$ 与输出 $z(t)$ 的关系为

$$z(t)=\int_{t-T}^{t}y(\tau)\mathrm{d}\tau$$

其中 T 为积分时间，$T_{\rightarrow}\infty$。令 $y(\tau)=\delta(\tau)$，则有

$$z(t)\overset{\text{def}}{=}i(t)=\begin{Bmatrix}1, & 0\leqslant t<T\\ 0, & 其他\end{Bmatrix}$$

$$=\text{rect}\left(\frac{t-2/T}{T}\right)$$

对上式取傅里叶变换，得到

$$I(\omega)=T\frac{\sin(\omega T/2)}{(\omega T/2)}\exp\left(-\frac{\mathrm{j}\omega T}{2}\right)$$

将上式和 $I(0)=T$ 代入式（B3－4），可得

$$\frac{1}{T_{\text{eq}}}=\frac{1}{2\pi}\int_{-\infty}^{\infty}|I(\omega)/I(0)|^2\mathrm{d}\omega$$

$$=\frac{1}{T\pi}\int_{-\infty}^{\infty}\frac{\sin^2(\omega T/2)}{(\omega T/2)^2}\mathrm{d}(\omega T/2)$$

$$=\frac{1}{2T\pi}\lim_{\omega\to 0}\int_{-\infty}^{\infty}2\text{sinc}^2\left(\frac{4x}{4\pi}\right)\mathrm{e}^{-\mathrm{j}\omega x}\mathrm{d}x$$

$$=\frac{1}{2T\pi}\lim_{\omega\to 0}2\pi\Delta\left(\frac{\omega}{4}\right)=\frac{1}{T}\qquad(2-9-1)$$

可见理想积分器的等效积分时间为 $T_{\text{eq}}=T$。鉴于 RC 积分器的时间常数为 $\tau=RC$，其等效积分时间为 $T_{\text{eq\_RC}}=2RC$。因此，当 $\tau=T/2$ 何值，RC 积分器可获得与理想积分器（积分时间为 T）完全一样的输出信噪比。

2-11 已知谐波信号：

$$s(t) = A\cos(2\pi f_c t), \quad (0 \leqslant t \leqslant T_c, f_c = 1/T_c)$$

观测样本为

$$x(t) = s(t) + e(t)$$

其中，$e(t)$是均值为0、方差为σ^2的高斯白噪声。要求设计一个与$s(t)$相匹配的滤波器，并计算：

(1) 匹配滤波器的输出$y(T_c)$；

(2) $y(T_c)$的数学期望和方差。

解：由式(B2-12)可知，在白噪声情况下匹配滤波器的单位脉冲响应函数为

$$h_M(t) = \frac{1}{\sqrt{T_c}} s(T_c - t), \quad (t \geqslant 0)$$

于是，匹配滤波器的输出$y(T_c)$可表示为

$$y(T_c) = h_M(t) * x(t) \big|_{t=T_c} = \int_{-\infty}^{\infty} x(t) h_M(T_c - t)\,\mathrm{d}t$$

$$= \frac{1}{\sqrt{T_c}} \int_0^{T_c} [A\cos(2\pi f_c t) + e(t)] A\cos(2\pi f_c t)\,\mathrm{d}t$$

$$= \frac{A^2}{2\sqrt{T_c}} \int_0^{T_c} [1 + \cos(4\pi f_c t)]\,\mathrm{d}t + \frac{A}{\sqrt{T_c}} \int_0^{T_c} e(t)\cos(2\pi f_c t)\,\mathrm{d}t$$

$$= \frac{A^2\sqrt{T_c}}{2} + \frac{A}{\sqrt{T_c}} \int_0^{T_c} e(t)\cos(2\pi f_c t)\,\mathrm{d}t$$

故有

$$E[y(T_c)] = \frac{A^2\sqrt{T_c}}{2} + \frac{A}{\sqrt{T_c}} \int_0^{T_c} E[e(t)]\cos(2\pi f_c t)\,\mathrm{d}t = \frac{A^2\sqrt{T_c}}{2}$$

$$\mathrm{var}[y(T_c)] = E\{[y(T_c) - E[y(T_c)]^2\}$$

$$= \frac{A^2}{T_c} E\left[\int_0^{T_c}\int_0^{T_c} e(t)\cos(2\pi f_c t) e(u)\cos(2\pi f_c u)\,\mathrm{d}u\mathrm{d}t\right]$$

$$= \frac{A^2}{T_c} \int_0^{T_c}\int_0^{T_c} E[e(t)e(u)]\cos(2\pi f_c t)\cos(2\pi f_c u)\,\mathrm{d}u\mathrm{d}t]$$

$$= \frac{A^2}{T_c} \int_0^{T_c}\int_0^{T_c} \sigma^2\delta(t-u)\cos(2\pi f_c t)\cos(2\pi f_c u)\,\mathrm{d}u\mathrm{d}t]$$

$$= \frac{A^2\sigma^2}{2T_c} \int_0^{T} [1 + \cos(4\pi f_c t)]\,\mathrm{d}t = \frac{A^2\sqrt{T}\sigma^2}{2}$$

2-12 已知发射机发出的信号 $s(t)$ 分别为

$$s_1(t) = A\cos(2\pi f_c t), \quad (0 \leqslant t \leqslant T_c, \quad f_c = 1/T_c)$$
$$s_2(t) = A\sin(2\pi f_c t), \quad (0 \leqslant t \leqslant T_c, \quad f_c = 1/T_c)$$

假定接收机端的输入为 $x(t) = s(t) + e(t)$，其中 $e(t) \sim N(0, \sigma_e^2)$。要求在接收机端设计一个匹配滤波器用于接收信号 $s_1(t)$。试证明：

（1）匹配滤波器的输出为

$$y(T_c) = \begin{cases} \dfrac{A^2\sqrt{T_c}}{2} + \dfrac{A}{\sqrt{T_c}}\displaystyle\int_0^{T_c}\cos(2\pi f_c t)\cdot e(t)\,\mathrm{d}t, & [x(t) = s_1(t) + e(t)] \\ \dfrac{A}{\sqrt{T_c}}\displaystyle\int_0^{T_c}\cos(2\pi f_c t)\cdot e(t)\,\mathrm{d}t, & [x(t) = s_2(t) + e(t)] \end{cases}$$

（2）匹配滤波器输出的数学期望为

$$E[y(T_c)] = \begin{cases} A^2\sqrt{T_c}/2, & x(t) = s_1(t) + e(t) \\ 0, & x(t) = s_2(t) + e(t) \end{cases}$$

这意味着匹配滤波器可用来识别两个互为正交的信号。

证明：在白噪声情况下匹配滤波器的单位脉冲响应函数为

$$h_{\mathrm{M}}(t) = \frac{1}{\sqrt{T_c}}s_1(T_c - t), \quad (t \geqslant 0)$$

于是，当发射机发射信号 $s_1(t)$ 时，由题 2-11 可知，匹配滤波器的输出为

$$y_1(T_c) = \frac{A^2\sqrt{T_c}}{2} + \frac{A}{\sqrt{T_c}}\int_0^{T_c} e(t)\cos(2\pi f_c t)\,\mathrm{d}t$$

其数学期望为

$$E[y(T_c)] = \frac{A^2\sqrt{T_c}}{2}$$

当发射机发射信号 $s_2(t)$ 时，匹配滤波器的输出为

$$y_2(T_c) = h_{\mathrm{M}}(t) * x_2(t)\big|_{t=T_c} = \int_{-\infty}^{\infty} x_2(t)h_{\mathrm{M}}(T_c - t)\,\mathrm{d}t$$

$$= \frac{1}{\sqrt{T_c}}\int_0^{T_c}[A\sin(2\pi f_c t) + e(t)]A\cos(2\pi f_c t)\,\mathrm{d}t$$

$$= \frac{A^2}{2\sqrt{T_c}}\int_0^{T_c}\sin(4\pi f_c t)]\,\mathrm{d}t + \frac{A}{\sqrt{T_c}}\int_0^{T_c} e(t)\cos(2\pi f_c t)\,\mathrm{d}t$$

$$= \frac{A}{\sqrt{T_c}}\int_0^{T_c} e(t)\cos(2\pi f_c t)\,\mathrm{d}t$$

其方差为

$$E[y_2(T_c)] = \frac{A}{\sqrt{T_c}}\int_0^{T_c} E[e(t)]\cos(2\pi f_c t)\,\mathrm{d}t = 0$$

证毕。

2.3 补充习题

2－13 如果对被检测信号没有先验知识,能否应用匹配滤波器进行信号检测？请简要说明理由。

2－14 设高斯向量 $\boldsymbol{x}$ 的均值为0,其协方差矩阵为 $\boldsymbol{R}_x$。试证明随机变量 $\boldsymbol{y}=\boldsymbol{x}^{\mathrm{T}}\boldsymbol{Q}\boldsymbol{x}$ 的特征函数为

$$\Phi_y(\mathrm{j}\omega) = \frac{1}{|\boldsymbol{I} - \mathrm{j}2\omega\boldsymbol{R}_x\boldsymbol{Q}|^{1/2}}$$

式中,$\boldsymbol{Q}$ 为相应维度的非负定实对称矩阵。

2－15 设滤波器的频率传递函数为

$$H(\mathrm{j}\omega) = \frac{1}{1+\mathrm{j}(\omega/\omega_c)}$$

假设在功率谱密度为 $N_0/2$ 的高斯白噪声作用下,试求该滤波器输出的概率密度函数和输出的包络。

2－16 考虑信号

$$x(t) = A\cos(\omega_c t) + e(t)$$

式中,A 和 ω_c 是恒定值,$e(t)$是功率为 $\sigma_{\mathrm{e}}{}^2$ 的零均值高斯噪声。试求 $x(t)$的概率密度函数。

2－17 设 y_1 和 y_2 是零均值随机变量,且二者互为相关。现考虑正交变换

$$\begin{bmatrix} z_1 \\ z_2 \end{bmatrix} = \begin{bmatrix} \cos\theta & -\sin\theta \\ \sin\theta & \cos\theta \end{bmatrix}\begin{bmatrix} y_1 \\ y_2 \end{bmatrix}$$

记 $E[y_1{}^2]=\sigma_1{}^2$,$E[y_2{}^2]=\sigma_2{}^2$,$E[y_1 \cdot y_2]=\rho\sigma_1\sigma_2$,试证明当

$$\tan(2\theta) = \frac{2\rho\sigma_1\sigma_2}{\sigma_2^2 - \sigma_1^2}$$

时,z_1 和 z_2 是不相关。

2－18 假定 x 和 y 是零均值联合高斯变量,$E[x^2]=\sigma_x{}^2$,$E[y^2]=\sigma_y{}^2$,$E[x \cdot y]=\rho\sigma_x\sigma_y$,试证明

$$p(y \mid x) = \frac{1}{\sqrt{2\pi(1-\rho^2)}\,\sigma_y}\exp\left\{-\frac{[y-\rho(\sigma_y/\sigma_x)x]^2}{(1-\rho^2)\sigma_y^2}\right\}$$

2－19 已知 $\boldsymbol{R}_n$ 的特征值和特征向量,试求

$$N = \sigma_w^2 I + R_n \quad (\sigma_w = \text{const.})$$

的特征值和特征向量。

2－20 某一矩阵为

$$\boldsymbol{R} = \begin{bmatrix} 2 & \sqrt{3}/2 \\ \sqrt{3}/2 & 3 \end{bmatrix}$$

（1）试求该矩阵的特征值 λ_1 和 λ_2 以及特征向量矩阵 $\boldsymbol{A}$；

（2）证明特征向量矩阵 $\boldsymbol{A}$ 是正交的；

（3）令 $\boldsymbol{\Lambda} = \text{diag}(\lambda_1, \lambda_2)$，通过直接计算，证明

$$\boldsymbol{RA} = \boldsymbol{A\Lambda}$$

（4）若零均值样本 x_1 和 x_2 的协方差矩阵为 $\boldsymbol{R}$，试求下列线性变换：

$$\begin{bmatrix} y_1 \\ y_2 \end{bmatrix} = \boldsymbol{L} \cdot \begin{bmatrix} x_1 \\ x_2 \end{bmatrix}$$

使得变量 y_1 和 y_2 的协方差矩阵为单位矩阵 $\boldsymbol{I}$，并说明矩阵 $\boldsymbol{L}$、$\boldsymbol{A}$ 和 $\boldsymbol{\Lambda}$ 之间的关系。

2－21 在“二择一”检测系统中，假设

H_0：样本 $\boldsymbol{x}$ 是均值为零、方差为 1 的高斯变量；

H_1：样本 $\boldsymbol{x}$ 是均值为零、方差为 2 的高斯变量。

（1）试求该检测系统的似然比检验统计量 $L(\boldsymbol{x})$；

（2）根据观测结果，确定 $L(\boldsymbol{x})$ 的判决域 D_0 和 D_1；

（3）当 H_0 为真时，判定为 H_1 的虚警概率是多少？

2－22 试设计一个似然比检测系统，假设

$$\begin{cases} H_1: p_1(y) = \dfrac{1}{\sqrt{2\pi}} \exp\left(-\dfrac{y^2}{2\sigma^2}\right), & (-\infty < y < \infty) \\ H_0: p_0(y) = \begin{cases} 0.5, & -1 \leqslant y \leqslant 1 \\ 0, & \text{其他} \end{cases} \end{cases}$$

（1）假设门限 $K = 1$，试利用 y（作为 σ^2 的函数）确定该检测系统的判决域；

（2）设 $P(D_1 | H_0) = \alpha$（常数），试应用黎曼－皮尔逊准则确定该检测系统的判决域。

2－23 设在加性高斯白噪声中，信号为

$$s(t) = \begin{cases} A, & 0 \leqslant t \leqslant T \\ 0, & \text{其他} \end{cases}$$

（1）试设计匹配滤波器，并计算其峰值输出的信噪比；

（2）若不采用匹配滤波器，而用滤波器

$$h(t) = \begin{cases} e^{-\alpha t}, & 0 \leqslant t \leqslant T \\ 0, & \text{其他} \end{cases}$$

试求其峰值输出的信噪比，并确定参数 α 的最佳值；

（3）若采用滤波器

$$h(t) = e^{-\alpha t}, \quad (t \geqslant 0)$$

试计算其峰值输出的信噪比，并证明其信噪比总是小于或等于(2)的结果。

2-24 在题 2-23 中，采用高斯滤波器

$$h(t) = \frac{1}{\alpha}\exp\left[-\frac{(t-t_0)^2}{2\alpha^2}\right], \quad (-\infty < t < \infty;\quad t_0 > 0)$$

当 $t_0 \gg \alpha$ 时，可用因果滤波器来近似实现 $h(t)$。

（1）试推导高斯滤波器输出信噪比的表达式；

（2）试确定高斯滤波器输出信噪比达到最大值的时刻。

2-25 假设在加性噪声中信号为

$$s(t) = 1 - \cos(\omega_c t), \quad \left(0 \leqslant t \leqslant \frac{2\pi}{\omega_c}\right)$$

通过 RC 滤波器的噪声功率谱密度为

$$N(\omega) = \frac{\omega_0^2}{\omega^2 + \omega_0^2}$$

（1）令 $T_c = 2\pi/\omega_c$，试证明信号 $s(t)$ 的广义滤波器可表示为

$$h_{\mathrm{opt}}(t) = 1 - \frac{\omega_c^2 + \omega_0^2}{\omega_0^2}\cos(\omega_c t), \quad \left(0 \leqslant t \leqslant \frac{2\pi}{\omega_0}\right)$$

（2）试求广义滤波器的最大输出信噪比。

第三章　参数估计理论

本章复习参数估计量的评价准则、基于统计分布和线性模型的参数估计算法；重点复习参数估计量的统计特性和 Cramer – Rao 下限、贝叶斯估计、极大似然估计、线性均方估计、LMS 自适应估计和最小二乘估计等算法。

3.1　基本知识点

本节主要内容包括：参数估计量的统计特性（无偏性、有效性、一致性）；线性估计量、最小方差无偏估计量、最小均方误差估计量、Cramer – Rao 下限；参数估计量的风险函数和代价函数、参数估计量的似然函数、线性均方估计的正交性原理、LMS 自适应算法的梯度估值和维纳解、最小二乘算法。

3.1.1　参数估计的评价准则

参数估计是指：通过观测数据（测量数据）来估计实际过程（数据源）的某些数字特征或统计量。原则上讲，任何一个不含有未知参数的连续函数（即统计量）都可以作为被估计参数，只是对于不同的统计量，其估计效果的优劣有所差别。

一、参数估计量的统计特性

估计量（Estimator）：如果被估计参数 θ 仅仅是观测数据 $\boldsymbol{y}=[y_1,\cdots,y_N]^{\mathrm{T}}$ 的函数，且不含有任何未知参数，则称为估计量，用符号 $\hat{\theta}(\boldsymbol{y})$ 表示，简记为 $\hat{\theta}$。

无偏估计量（Unbiased estimator）：设随机过程 $y(t)$ 和未知参数 θ 的联合密度函数为 $p(\boldsymbol{y},\theta)$。从总体 $y(t)$ 中抽取一组容量为 N 的观测数据 $\boldsymbol{y}=[y_1,\cdots,y_N]^{\mathrm{T}}$，且用样本的函数 $\hat{\theta}(\boldsymbol{y})$ 作为未知参数 θ 的估计量。若在多次估计中，估计量 $\hat{\theta}$ 的期望值与 θ 之间没有偏差，即

$$E[\hat{\theta}] = \int \hat{\theta}(\boldsymbol{x})\ p(\boldsymbol{y},\theta)\,\mathrm{d}\boldsymbol{y} = \theta \qquad (\mathrm{C1-1})$$

则称 $\hat{\theta}$ 是未知参数 θ 的无偏估计量。

渐近无偏估计量（Asymptotic unbiased estimator）：如果依赖于样本容量 N 的有偏估计量 $\hat{\theta}_N$ 满足下式：

$$\lim_{N\to\infty} E[\hat{\theta}_N] = \theta \qquad (\mathrm{C1-2})$$

其中 N 为观测数据的容量，则称$\hat{\theta}_N$ 为未知参数 θ 的渐近无偏估计量。

线性估计量(Linear estimator)：如果估计量$\hat{\theta}$是观测数据 $\boldsymbol{y}=[y_1,\cdots,y_N]^{\mathrm{T}}$ 的线性函数，即

$$\hat{\theta}=\boldsymbol{L}^{\mathrm{T}}\boldsymbol{y} \tag{C1-3}$$

其中 $\boldsymbol{L}$ 是 $N\times1$ 常系数向量，则称$\hat{\theta}$是未知参数 θ 的线性估计量。

有效估计量(Availability of estimator)：假设$\hat{\theta}$是未知参数 θ 的估计量，如果估计量的偏差$\tilde{\theta}$的均方值满足下式：

$$E[\tilde{\theta}^2]=E[(\hat{\theta}-\theta)^2]\leqslant E[(\hat{\theta}'-\theta)^2] \tag{C1-4}$$

其中$\hat{\theta}'$是参数 θ 的任一其他估计量，则称$\hat{\theta}$为有效估计量。

MUV 估计量 & MMSE 估计量(Minimum Variance Unbiased estimator, MVU; Minimum mean square error estimator, MMSE)：若有效估计量$\hat{\theta}$是无偏的，则称$\hat{\theta}$是最小方差无偏估计量，简称 MVU 估计量；若有效估计量$\hat{\theta}$不是无偏的，则称$\hat{\theta}$是最小均方误差估计量，简称 MMSE 估计量。

一致估计量或相容估计量(Consistency of estimator)：如果记依赖于样本容量 N 的估计量为$\hat{\theta}_N$，当估计量的偏差$\tilde{\theta}_N$ 依概率 1 趋于零时，即

$$\lim_{N\to\infty}P\{|\tilde{\theta}_N|>\varepsilon\}=\lim_{N\to\infty}P\{|\hat{\theta}_N-\theta|>\varepsilon\}=0,\quad\forall\varepsilon>0 \tag{C1-5}$$

则称$\hat{\theta}_N$ 是未知参数 θ 的一致估计量，或称相容估计量。

定理 3-1(切比雪夫不等式，Chebyshev inequation)：若随机变量 Y 的数学期望 $E[Y]$和方差 $\mathrm{var}(Y)$都是有限值，则随机变量 Y 与数学期望 $E[Y]$之间的偏差满足下式：

$$P\{|Y-E[Y]|\geqslant\varepsilon\}\leqslant\frac{\mathrm{var}(Y)}{\varepsilon^2},\quad\forall\varepsilon>0 \tag{C1-6}$$

定理 3-2(大数定律，Laws of large numbers)：设 $Y_k(k=1,2,\cdots,N)$是具有同分布的独立随机变量，且 $E[Y_k]=\mu_y$，$\mathrm{var}[Y_k]={\sigma_y}^2$，则样本均值依概率 1 趋于总体均值，即

$$\lim_{N\to\infty}P\left\{\left|\frac{1}{N}\sum_{k=1}^{N}Y_k-\mu_y\right|>\varepsilon\right\}=0,\quad\forall\varepsilon>0 \tag{C1-7}$$

二、Cramer-Rao 下限

CR 下限(Cramer- Rao lower bound, CRLB)：无偏估计量的方差的下限，称为 CR 下限。

Fisher 信息(Fisher information)：假设在给定参数 θ 的前提下，观测数据 $\boldsymbol{y}$ 的条

件概率密度函数为 $p(\boldsymbol{y}|\theta)$。若 $p(\boldsymbol{y}|\theta)$ 对真实参数 θ 的一、二阶偏导数存在，则称

$$I(\theta) = -E\left[\frac{\partial^2 \ln p(\boldsymbol{y} \mid \theta)}{\partial^2 \theta}\right] \tag{C1-8}$$

为观测数据 $\boldsymbol{y}$ 的 Fisher 信息。

定理 3-3（CR 不等式—标量参数，CR inequation of scalar parameter）假设在给定参数 θ 前提下，观测数据 $\boldsymbol{y}$ 的条件概率密度函数 $p(\boldsymbol{y}|\theta)$ 对真实参数 θ 的一、二阶偏导数存在，并满足正则条件

$$E\left[\frac{\partial \ln p(\boldsymbol{y} \mid \theta)}{\partial \theta}\right] = 0, \quad \forall \theta \tag{C1-9}$$

进一步假定估计量 $\hat{\theta}$ 是参数 θ 的无偏估计量，则无偏估计量 $\hat{\theta}$ 的方差必定满足

$$\operatorname{var}(\hat{\theta}) = E[(\hat{\theta} - \theta)^2] \geqslant \frac{1}{I(\theta)} \tag{C1-10}$$

式中，$I(\theta)$ 是由式（C1-8）定义的 Fisher 信息。

无偏估计量 $\hat{\theta}$ 的方差达到 CR 下限——式（C1-10）等号成立的充分必要条件是

$$\frac{\partial \ln p(\boldsymbol{y} \mid \theta)}{\partial \theta} = K(\theta)(\hat{\theta} - \theta) \tag{C1-11}$$

式中，$K(\theta)$ 仅仅是未知参数 θ 的函数，且 $K(\theta) > 0$。

推论：假设 α 是某个基本参数 θ 的函数，即 $\alpha = g(\theta)$。如果 $\hat{\alpha} = g(\hat{\theta})$ 是 $\alpha = g(\theta)$ 的无偏估计量，则无偏估计量 $\hat{\alpha}$ 的方差满足下式：

$$\operatorname{var}(\hat{\alpha}) = E[(\hat{\alpha} - \alpha)^2] \geqslant \frac{[\partial g(\theta)/\partial\theta]^2}{-E[\partial^2 \ln p(y \mid \theta)/\partial^2\theta]} \tag{C1-12}$$

进一步假设无偏估计量 $\hat{\theta}$ 的方差达到 CR 下限，且 $\alpha = g(\theta)$ 是线性函数，则上式等号一定成立。这表明，参数的线性变换不改变原估计量的统计特性。

定理 3-4（CR 不等式—矢量参数，CR inequation of vector parameters）假设在给定参数 $\boldsymbol{\theta} = [\theta_1, \cdots, \theta_p]^{\mathrm{T}}$ 的前提条件下，观测数据 $\boldsymbol{y}$ 的联合条件密度函数 $p(\boldsymbol{y}|\boldsymbol{\theta})$ 对真实参数 θ_i 的一、二阶偏导数存在，且满足正则条件：

$$E\left[\frac{\partial \ln p(\boldsymbol{y} \mid \boldsymbol{\theta})}{\partial \boldsymbol{\theta}}\right] = 0, \quad \forall \boldsymbol{\theta} \tag{C1-13}$$

式中，数学期望是对 $p(\boldsymbol{y}|\boldsymbol{\theta})$ 求出的，偏导数是将 $\boldsymbol{\theta}$ 视为 $p(\boldsymbol{y}|\boldsymbol{\theta})$ 的自变量进行计算的。如果 $\hat{\boldsymbol{\theta}}$ 是 $\boldsymbol{\theta}$ 的无偏估计量，则 $\hat{\boldsymbol{\theta}}$ 的协方差矩阵是非负定的，记为

$$\operatorname{cov}(\hat{\boldsymbol{\theta}}) - \boldsymbol{I}^{-1}(\boldsymbol{\theta}) \geqslant 0 \tag{C1-14}$$

式中，Fisher 信息矩阵 $\boldsymbol{I}(\boldsymbol{\theta})$ 的第 (m,n) 个元素由下式给出：

$$[\boldsymbol{I}(\boldsymbol{\theta})]_{mn} = -E\left[\frac{\partial^2 \ln p(\boldsymbol{y} \mid \boldsymbol{\theta})}{\partial\theta_m \partial\theta_n}\right], \quad (m,n = 1,2,\cdots,p) \qquad (\text{C1}-15)$$

在不等式(C1 – 14)中,等号成立(无偏估计量的协方差达到 CR 下限)的充要条件是

$$\frac{\partial \ln p(\boldsymbol{y} \mid \boldsymbol{\theta})}{\partial \boldsymbol{\theta}} = \boldsymbol{K}(\boldsymbol{\theta})(\hat{\boldsymbol{\theta}} - \boldsymbol{\theta}) \qquad (\text{C1}-16)$$

式中,$\boldsymbol{K}(\boldsymbol{\theta})$是 $p \times p$ 的正定矩阵,且仅仅是 p 维向量$\hat{\boldsymbol{\theta}}$的函数。

注意到半正定矩阵的对角线元素是非负的,即

$$[\text{cov}(\hat{\boldsymbol{\theta}}) - \boldsymbol{I}^{-1}(\boldsymbol{\theta})]_{mm} \geqslant 0 \qquad (\text{C1}-17)$$

故有

$$\text{var}(\hat{\theta}_m) = [\text{cov}(\hat{\boldsymbol{\theta}})]_{mm} \geqslant [\boldsymbol{I}^{-1}(\boldsymbol{\theta})]_{mm} \qquad (\text{C1}-18)$$

当 $\text{cov}(\hat{\boldsymbol{\theta}}) = \boldsymbol{I}^{(1}(\boldsymbol{\theta})$时,上式等号自然成立。

推论:如果被估计量 $\boldsymbol{\alpha}$ 是某个基本参量 $\boldsymbol{\theta}$ 的函数,即 $\alpha = \boldsymbol{g}(\boldsymbol{\theta}), \boldsymbol{\theta} = [\theta_1, \cdots, \theta_p]^{\text{T}}$,$\boldsymbol{g}$ 是 r 维函数向量,则任何无偏估计量 $\hat{\boldsymbol{\alpha}}$ 的协方差矩阵满足下式:

$$\text{cov}(\hat{\boldsymbol{\alpha}}) - \frac{\partial \boldsymbol{g}(\boldsymbol{\theta})}{\partial \boldsymbol{\theta}} \boldsymbol{I}^{-1}(\boldsymbol{\theta}) \frac{\partial \boldsymbol{g}^{\text{T}}(\boldsymbol{\theta})}{\partial \boldsymbol{\theta}} \geqslant 0 \qquad (\text{C1}-19)$$

式中,$\partial \boldsymbol{g}/\partial \theta$ 是 $r \times p$ 雅可比(Jacobian)矩阵,即

$$\frac{\partial \boldsymbol{g}(\boldsymbol{\theta})}{\partial \boldsymbol{\theta}} = \begin{bmatrix} \frac{\partial g_1(\boldsymbol{\theta})}{\partial \theta_1} & \frac{\partial g_1(\boldsymbol{\theta})}{\partial \theta_2} & \cdots & \frac{\partial g_1(\boldsymbol{\theta})}{\partial \theta_p} \\ \frac{\partial g_2(\boldsymbol{\theta})}{\partial \theta_1} & \frac{\partial g_2(\boldsymbol{\theta})}{\partial \theta_2} & \cdots & \frac{\partial g_2(\boldsymbol{\theta})}{\partial \theta_p} \\ m\vdots & \vdots & \ddots & \vdots \\ \frac{\partial g_r(\boldsymbol{\theta})}{\partial \theta_1} & \frac{\partial g_r(\boldsymbol{\theta})}{\partial \theta_2} & \cdots & \frac{\partial g_r(\boldsymbol{\theta})}{\partial \theta_p} \end{bmatrix}$$

与标量参数一样,向量参数的线性变换不改变原估计量的统计特性。

高斯向量的 Fisher 信息矩阵(Fisher information matrix of Gaussian vector):假定 r 维观测向量 $\boldsymbol{y}$ 服从高斯分布,即

$$\boldsymbol{y} \sim N(\boldsymbol{\mu}_y, \boldsymbol{C}_y)$$

式中,r 维均值向量$\boldsymbol{\mu}_y$和 $r \times r$ 维协方差矩阵 $\boldsymbol{C}_y$ 可能与参数 $\boldsymbol{\theta} = [\theta_1, \cdots, \theta_p]^{\text{T}}$ 有关。这时,Fisher 信息矩阵的第(m,n)个元素由下式给出:

$$[\boldsymbol{I}(\boldsymbol{\theta})]_{mn} = \frac{\partial \boldsymbol{\mu}_y^{\text{T}}}{\partial \theta_m} \cdot \boldsymbol{C}_y^{-1} \cdot \frac{\partial \boldsymbol{\mu}_y}{\partial \theta_n} + \frac{1}{2}\text{tr}\left[\boldsymbol{C}_y^{-1} \cdot \frac{\partial \boldsymbol{C}_y}{\partial \theta_m} \cdot \boldsymbol{C}_y^{-1} \cdot \frac{\partial \boldsymbol{C}_y}{\partial \theta_n}\right]$$

(C1 – 20)

式中

$$\frac{\partial \boldsymbol{\mu}_y}{\partial \theta_k} = \left[\frac{\partial \boldsymbol{\mu}_y(1)}{\partial \theta_k} \quad \frac{\partial \boldsymbol{\mu}_y(2)}{\partial \theta_k} \quad \cdots \quad \frac{\partial \boldsymbol{\mu}_y(r)}{\partial \theta_k}\right]^{\mathrm{T}}, \quad (k = m,n; \quad m,n = 1,2,\cdots,p)$$

$$\frac{\partial \boldsymbol{C}_y}{\partial \theta_k} = \begin{bmatrix} \frac{\partial \boldsymbol{C}_y(1,1)}{\partial \theta_k} & \frac{\partial \boldsymbol{C}_y(1,2)}{\partial \theta_k} & \cdots & \frac{\partial \boldsymbol{C}_y(1,r)}{\partial \theta_k} \\ \frac{\partial \boldsymbol{C}_y(2,1)}{\partial \theta_k} & \frac{\partial \boldsymbol{C}_y(2,2)}{\partial \theta_k} & \cdots & \frac{\partial \boldsymbol{C}_y(2,r)}{\partial \theta_k} \\ \vdots & \vdots & \ddots & \vdots \\ \frac{\partial \boldsymbol{C}_y(r,1)}{\partial \theta_k} & \frac{\partial \boldsymbol{C}_y(r,1)}{\partial \theta_k} & \cdots & \frac{\partial \boldsymbol{C}_y(r,r)}{\partial \theta_k} \end{bmatrix}, \quad (k = m,n)$$

3.1.1 基于统计分布的参数估计算法

参数估计的一般性问题可归纳为:假定已知随机过程的观测数据 $y_n(n=1,2,\cdots,N$;记为 $\boldsymbol{y})$,希望获得与随机过程 $y(t)$ 相关的未知参量 $\boldsymbol{\theta}$ 的最佳估计值 $\hat{\boldsymbol{\theta}}(\boldsymbol{y})$。当未知参量 $\boldsymbol{\theta}$ 和观测数据 $\boldsymbol{y}$ 都是随机变量时,且已知二元联合概率密度 $p(\boldsymbol{\theta},\boldsymbol{y})$,则采用贝叶斯估计;当已知观测数据 $\boldsymbol{y}$ 的联合条件概率密度 $p(\boldsymbol{y}|\boldsymbol{\theta})$ 时,则采用极大似然估计。

一、贝叶斯估计

代价函数(Cost functions):典型的代价函数 $C(\tilde{\theta})$ 有三种:二次型、绝对型和均匀型,对于标量参数 θ,这三种典型的代价函数分别为:

(1) 偏差平方型代价函数(二次型,quadratic)

$$C(\tilde{\theta}) = C(\theta - \hat{\theta}) = (\theta - \hat{\theta})^2 \tag{C2-1}$$

(2) 偏差绝对值型代价函数(绝对型,absolute)

$$C(\tilde{\theta}) = C(\theta - \hat{\theta}) = |\theta - \hat{\theta}| \tag{C2-2}$$

(3) 偏差均匀分布型代价函数(均匀型, uniform)

$$C(\tilde{\theta}) = C(\theta - \hat{\theta}) = \begin{cases} 1, & |\theta - \hat{\theta}| \geqslant \Delta/2 \\ 0, & |\theta - \hat{\theta}| < \Delta/2 \end{cases} \tag{C2-3}$$

除了上述三种代价函数之外,还可以选择其他形式的代价函数,但无论何种形式的代价函数都应满足两个基本特性:非负性和估计偏差 $\tilde{\theta}$ 趋于零的最小性。

风险函数(Risk function):代价函数 $C(\tilde{\theta})$ 的数学期望

$$\mathscr{R}(\hat{\theta},\theta) = E[C(\tilde{\theta})] = \int_{-\infty}^{\infty}\left\{\int_{-\infty}^{\infty} C[\theta - \hat{\theta}(\boldsymbol{y})]p(\boldsymbol{y},\theta)\mathrm{d}\boldsymbol{y}\right\}\mathrm{d}\theta \tag{C2-4}$$

称为风险函数,它是评价估计量性能指标的一种测度。

在式(C2－4)中,向量积分是多重积分。在以下讨论中,标量积分与向量积分均采用相同的符号,以简化符号标记。

贝叶斯估计(Bayes' Estimators):使风险函数最小的未知参数 θ 估计量,称为贝叶斯估计,记为$\hat{\theta}_{\mathrm{B}}$。

根据三种不同风险函数,可导出如下三种贝叶斯估计:

定理 3－5(MMSE 估计量):在给定观测数据 $\boldsymbol{y}$ 的条件下,未知参数 θ 的最小均方误差估计量等于参数 θ 的条件期望值 $E(\theta|\boldsymbol{y})$,记为$\hat{\theta}_{\mathrm{MMSE}}$。

定理 3－6(MED 估计量):在给定的观测数据 $\boldsymbol{y}$ 的条件下,未知参数 θ 最小绝对偏差估计量恰好是使后验概率密度 $p(\theta|\boldsymbol{y})$ 等于中位数的参数值,记为$\hat{\theta}_{\mathrm{ABS}}$或条件中值估计$\hat{\theta}_{\mathrm{MED}}$。

定理 3－7(MAP 估计量):在给定观测数据 $\boldsymbol{y}$ 的条件下,未知参数 θ 的最小均匀偏差估计量等于使后验概率密度 $p(\theta|\boldsymbol{y})$ 取最大可能值的参数值,记为$\hat{\theta}_{\mathrm{UNF}}$,或者$\hat{\theta}_{\mathrm{MAP}}$(最大后验概率密度估计)。

二、平稳高斯过程的贝叶斯估计

定理 2－3 指出,若实随机向量 $\boldsymbol{x}$ 和 $\boldsymbol{y}$ 分别是 $N_x\times 1$ 维和 $N_y\times 1$ 维的高斯向量,并且是联合高斯的,则在给定观测数据 $\boldsymbol{y}$ 的条件下,参量 $\boldsymbol{x}$ 的条件密度函数 $p(\boldsymbol{x}|\boldsymbol{y})$ 也是高斯的,即

$$p(\boldsymbol{x}\mid\boldsymbol{y})=\frac{1}{(2\pi)^{N_x/2}(\det\boldsymbol{C}_{x|y})^{1/2}}\exp\left[-\frac{1}{2}(\boldsymbol{x}-\boldsymbol{\mu}_{x|y})^{\mathrm{T}}\boldsymbol{C}_{x|y}^{-1}(\boldsymbol{x}-\boldsymbol{\mu}_{x|y})\right]$$

式中

$$\boldsymbol{\mu}_{x|y}=\boldsymbol{\mu}_x+\boldsymbol{C}_{xy}\boldsymbol{C}_y^{-1}(\boldsymbol{y}-\boldsymbol{\mu}_y) \tag{C2－5}$$

$$\boldsymbol{C}_{x|y}=E[(\boldsymbol{x}-\boldsymbol{\mu}_{x|y})(\boldsymbol{x}-\boldsymbol{\mu}_{x|y})^{\mathrm{T}}]=\boldsymbol{C}_x-\boldsymbol{C}_{xy}\boldsymbol{C}_y^{-1}\boldsymbol{C}_{yx} \tag{C2－6}$$

定理 3－5 指出,在给定观测数据 $\boldsymbol{y}$ 的条件下,未知参量 $\boldsymbol{x}$ 的最小均方误差估计量等于未知参量 $\boldsymbol{x}$ 的条件期望值$\boldsymbol{\mu}_{x|y}$,即

$$\hat{\boldsymbol{x}}_{\mathrm{MMSE}}=\boldsymbol{\mu}_{x|y}=\boldsymbol{\mu}_x+\boldsymbol{C}_{xy}\boldsymbol{C}_y^{-1}(\boldsymbol{y}-\boldsymbol{\mu}_y) \tag{C2－7}$$

估计偏差为

$$\tilde{\boldsymbol{x}}_{\mathrm{MMSE}}=\boldsymbol{x}-\hat{\boldsymbol{x}}_{\mathrm{MMSE}}=\boldsymbol{x}-\boldsymbol{\mu}_{x|y} \tag{C2－8}$$

估计量的协方差矩阵为

$$\mathrm{cov}(\hat{\boldsymbol{x}}_{\mathrm{MMSE}})=\boldsymbol{C}_{x|y}=\boldsymbol{C}_x-\boldsymbol{C}_{xy}\boldsymbol{C}_y^{-1}\boldsymbol{C}_{yx} \tag{C2－9}$$

三、极大似然估计

极大似然估计的基本思路是:在给定参数 $\boldsymbol{\theta}=\{\theta_1,\cdots,\theta_p\}$ 的条件下,将观测数据 $\boldsymbol{y}$ 的条件概率密度 $p(\boldsymbol{y}|\boldsymbol{\theta})$ 视为真实参数 $\boldsymbol{\theta}$ 的函数,即似然函数(包含未知参数 θ 信息的可能性函数),记作 $L(\boldsymbol{y};\boldsymbol{\theta})$。然后利用已知观测数据 $\boldsymbol{y}=\{y_1,y_2,\cdots,y_N\}$,求

出使似然函数 $L(\boldsymbol{y};\boldsymbol{\theta})$ 达到最大化的估计量$\hat{\boldsymbol{\theta}}$,并以此作为未知参数 $\boldsymbol{\theta}$ 的估计值。

ML 估计量(Maximum Likelihood Estimators):ML 估计量$\hat{\boldsymbol{\theta}}_{\mathrm{ML}}$规定为似然函数 $L(\boldsymbol{y};\boldsymbol{\theta})$的全局极大点,记为

$$\hat{\boldsymbol{\theta}}_{\mathrm{ML}} = \arg\max_{\theta \in \Theta} L(\boldsymbol{y};\boldsymbol{\theta}) \qquad (\mathrm{C2-10})$$

式中,Θ 是参数 $\boldsymbol{\theta}$ 的值域。

由于对数函数是严格单调的,故似然函数 $L(\boldsymbol{y};\boldsymbol{\theta})$ 的极大值与对数似然函数(log - likelihood function)$\ln L(\boldsymbol{y};\boldsymbol{\theta})$ 是一致的。为方便计算起见,往往利用对数似然函数来计算 ML 估计量,即令

$$\frac{\partial \ln L(\boldsymbol{y};\boldsymbol{\theta})}{\partial \theta_i} = 0, \quad (i = 1,2,\cdots,p) \qquad (\mathrm{C2-11})$$

联立求解该方程组,就可得到 p 个 ML 估计量,记为$\hat{\boldsymbol{\theta}}_{\mathrm{ML}}$。如果 $\boldsymbol{y} = \{y_0, y_1, \cdots, y_{N-1}\}$ 是 N 个独立的观测数据,则对数似然函数可化简为

$$\ln L(\boldsymbol{y};\boldsymbol{\theta}) = \ln \prod_{n=1}^{N} p(y_n \mid \boldsymbol{\theta}) = \sum_{n=1}^{N} \ln p(y_n \mid \boldsymbol{\theta}) \qquad (\mathrm{C2-12})$$

ML 估计量具有下列性质:

(1) ML 估计量一般是无偏的。如若不然,则其偏差一般可通过对估计量乘以某个合适的常数加以消除。

(2) ML 估计量是一致的。

(3) 若未知参数的有效估计量存在,一般可用极大似然法来求解。

四、数学期望最大算法

在 ML 估计中,被估计参数 $\boldsymbol{\theta}$ 是观测数据 $\boldsymbol{x}$ 的隐函数。但是,假设观测数据不是 N 维随机向量 $\boldsymbol{x} = [x_1, \cdots, x_N]^{\mathrm{T}}$,而是 M 维随机向量 $\boldsymbol{y} = [y_1, \cdots, y_M]^{\mathrm{T}}$,即 $y_1 = T_1(\boldsymbol{x}), \cdots, y_M = T_M(\boldsymbol{x})$,且 $M < N$。在此,函数集$\{T_m\}$是“多对一”变换,它描述物理过程中不能直接观测的完备数据 $\boldsymbol{x}$ 到可直接观测的不完备数据 $\boldsymbol{y}$ 的映射关系。针对此类问题,国外学者提出了一种基于迭代运算的 ML 估计——数学期望最大(Expectation - maximization algorithm,EM)算法,它可通过不完备数据 y_m 的一系列迭代计算,来确定未知参数 $\boldsymbol{\theta}$ 的 ML 估计量。每次迭代包含两个步骤——数学期望(E - step)和最大化(M - step)。

假设存在一个从完备数据到不完备数据的变换,即

$$\begin{cases} y_m = T_m(\boldsymbol{x}) = T_m(x_1, x_2, \cdots, x_N) \\ \boldsymbol{y} = [y_1, y_2, \cdots, y_M]^{\mathrm{T}} = T(x) \end{cases} \qquad (\mathrm{C2-13})$$

式中,函数 T_m 是“多对一”变换;且观测数据 $\boldsymbol{y}$ 的条件概率密度为 $p(\boldsymbol{y};\boldsymbol{\Lambda})$,$\boldsymbol{\Lambda}$ 为未知参数。希望通过使对数似然函数 $\ln p(\boldsymbol{y};\boldsymbol{\Lambda})$ 最大来确定未知参数 $\boldsymbol{\Lambda}$,但因直接求 $\ln p(\boldsymbol{y};\boldsymbol{\Lambda})$ 最大值的难度很大,所以只能用 $\ln p(\boldsymbol{x};\boldsymbol{\Lambda})$ 来近似代替 $\ln p(\boldsymbol{y};\boldsymbol{\Lambda})$。又因

无法直接测量 $\boldsymbol{x}$，故还必须考虑其他方法。例如，可取利用观测数据 $\boldsymbol{y}$ 求出关于 $\boldsymbol{x}$ 的条件数学期望：

$$E_{x|y}[\ln p(\boldsymbol{x};\boldsymbol{\Lambda})] = E[\ln p(\boldsymbol{x};\boldsymbol{\Lambda}) \mid \boldsymbol{y};\boldsymbol{\Lambda}] \tag{C2-14}$$

并以此取代 $\ln p(\boldsymbol{x};\boldsymbol{\Lambda})$。这又带来了新的问题：只有事先知道未知参数 $\boldsymbol{\Lambda}$，才能确定 $E[p(\boldsymbol{x};\boldsymbol{\Lambda}) \mid \boldsymbol{y};\boldsymbol{\Lambda}]$。因此，只好利用 $\boldsymbol{\Lambda}$ 的猜测值（记为 $\boldsymbol{\Lambda}^G$）来近似计算式（C2-14）。

现将 E-M 迭代法的具体步骤列写如下：

（1）Initialization（初始化）：从任意的猜测值 $\boldsymbol{\Lambda}^G$ 和任意的初始估值 $\boldsymbol{\Lambda}^{(k)}$（$k=0$）开始迭代计算。

（2）E-step：计算对数似然函数的期望值，它是猜测值 $\boldsymbol{\Lambda}^G$ 的函数，即

$$U(\boldsymbol{\Lambda}^G;\boldsymbol{\Lambda}^{(k)}) = E[\ln p(\boldsymbol{x};\boldsymbol{\Lambda}^G) \mid y;\boldsymbol{\Lambda}^{(k)}] \tag{C2-15}$$

（3）M-step：求使对数似然函数期望值最大的 $\boldsymbol{\Lambda}^G$ 值作为第 $k+1$ 次估计量 $\boldsymbol{\Lambda}^{(k+1)}$：

$$\boldsymbol{\Lambda}^{(k+1)} = \arg\max_{\Lambda^G} U(\boldsymbol{\Lambda}^G,\boldsymbol{\Lambda}^{(k)}) \tag{C2-16}$$

当 $\boldsymbol{\Lambda}^{(k+1)}$ 和 $\boldsymbol{\Lambda}^{(k)}$ 非常接近时，$\boldsymbol{\Lambda}^{(k)}$ 很可能就是期望得到的 ML 估计量。

3.1.2 基于线性模型的参数估计算法

如果仅仅知道观测数据 y 和被估计量 θ 的前二阶矩（均值、方差或协方差），且假定 y 和 θ 之间存在线性关系，则可采用线性均方估计，简称 LMS 估计。在极端情况下，亦即没有任何关于观测数据 y 和被估计量 θ 的先验统计知识，就只能采用最小二乘估计，简称 LS(Least squares)估计。

一、线性均方估计

线性均方估计(Linear mean-square estimators，LMS)：设 $\boldsymbol{y}$ 是 N 维观测向量，$\boldsymbol{\theta}$ 是 M 维未知参数向量，未知参量 $\boldsymbol{\theta}$ 的线性无偏估计量为

$$\hat{\boldsymbol{\theta}} = \boldsymbol{\mu}_\theta + \boldsymbol{L}(\boldsymbol{y} - \boldsymbol{\mu}_y) \tag{C3-1}$$

式中，$\boldsymbol{\mu}_\theta$ 是 M 维参数向量 $\boldsymbol{\theta}$ 的期望值；$\boldsymbol{\mu}_y$ 是 N 维观测向量 $\boldsymbol{y}$ 的期望值；$\boldsymbol{L}$ 是 $M\times N$ 维待定常数矩阵。如果以估计量偏差 $\tilde{\boldsymbol{\theta}}=\hat{\boldsymbol{\theta}}-\theta$ 中各个分量 $\tilde{\theta}_i(i=1,2,\cdots,M)$ 的均方和作为评价线性无偏估计量 $\hat{\theta}$ 的性能指标，即

$$J(\boldsymbol{\theta}) = \sum_{i=1}^{M} E[\tilde{\theta}_i^2] = \mathrm{tr}\{E[(\hat{\boldsymbol{\theta}}-\boldsymbol{\theta})(\hat{\boldsymbol{\theta}}-\boldsymbol{\theta})^{\mathrm{T}}]\} \tag{C3-2}$$

那么，LMS 估计就是通过选择常数矩阵 $\boldsymbol{L}$，使目标函数 $J(\boldsymbol{\theta})$ 达到最小化，并称 $\hat{\boldsymbol{\theta}}$ 为线性均方估计量，记为 $\hat{\boldsymbol{\theta}}_{\mathrm{LMS}}$。

若进一步假设观测向量 $\boldsymbol{y}$ 中的各分量之间是相互独立的，即 $\boldsymbol{C}_y$ 满秩，则有

$$L = C_{y\theta}^{T} C_{y}^{-1} = C_{\theta y} C_{y}^{-1} \qquad (C3-3)$$

将上式代入式(C3－1)，即可得到 LMS 估计量的一般表达形式：

$$\hat{\boldsymbol{\theta}}_{\mathrm{LMS}} = \boldsymbol{\mu}_{\theta} + \boldsymbol{C}_{\theta y}\boldsymbol{C}_{y}^{-1}(\boldsymbol{y} - \boldsymbol{\mu}_{y}) \qquad (C3-4)$$

这与式(B1－13)所表示的条件高斯密度函数的条件均值是完全一样的。

线性均方估计量$\hat{\boldsymbol{\theta}}_{\mathrm{LMS}}$的各个偏差分量$\tilde{\theta}_i(i=1,2,\cdots,M)$的最小均方和为

$$J_{\min} = \mathrm{tr}[\boldsymbol{C}_{\tilde{\theta}}] = \mathrm{tr}[\boldsymbol{C}_{\theta} - \boldsymbol{C}_{\theta x}\boldsymbol{C}_{y}^{-1}\boldsymbol{C}_{\theta y}^{T}] \qquad (C3-5)$$

式中，$\boldsymbol{C}_y$ 是观测向量 $\boldsymbol{y}$ 的协方差矩阵；$\boldsymbol{C}_\theta$是参量 $\boldsymbol{\theta}$ 的协方差矩阵；$\boldsymbol{C}_{y\theta}$是观测向量 $\boldsymbol{y}$ 和参量 $\boldsymbol{\theta}$ 的(互)协方差矩阵，且有 $\boldsymbol{C}_{y\theta}=\boldsymbol{C}_{\theta y}{}^{T}$。

定理 3－8(正交条件或正交性原理，Orthogonal condition)当线性估计量$\hat{\boldsymbol{\theta}}$的偏差$\boldsymbol{\theta}_{,}=\hat{\boldsymbol{\theta}}-\boldsymbol{\theta}$与观测向量 $\boldsymbol{y}$ 正交时，即

$$E(\boldsymbol{y}\cdot\tilde{\boldsymbol{\theta}}^{T}) = 0 \qquad (C3-6)$$

那么，在最小均方误差意义下估计量$\hat{\boldsymbol{\theta}}$是最优的，记为$\hat{\boldsymbol{\theta}}_{\mathrm{LMS}}$(或$\hat{\boldsymbol{\theta}}_{\mathrm{MMSE}}$)

二、LMS 自适应算法

考虑图 3－1 所示的线性组合器。第 k 个输入样本 $x_{km}(m=0,1,\cdots,p-1)$的加权和形成一个输出序列 y_k。若将第 k 个输入样本 $\boldsymbol{x}_k$ 和权系数向量 $\boldsymbol{W}_k$ 分别记为

$$\boldsymbol{x}_k = [x_{k0}, x_{k1}, \cdots, x_{k(p-1)}]^{T}$$
$$\boldsymbol{W}_k^{T} = [w_{k0}, w_{k1}, \cdots, w_{k(p-1)}]$$

则线性组合器的输出 y_k 可表示为

$$y_k = \sum_{i=0}^{p-1} w_{ki}\cdot x_{ki} = \boldsymbol{W}_k^{T}\boldsymbol{x}_k, \quad (k = 1,2,\cdots) \qquad (C3-7)$$

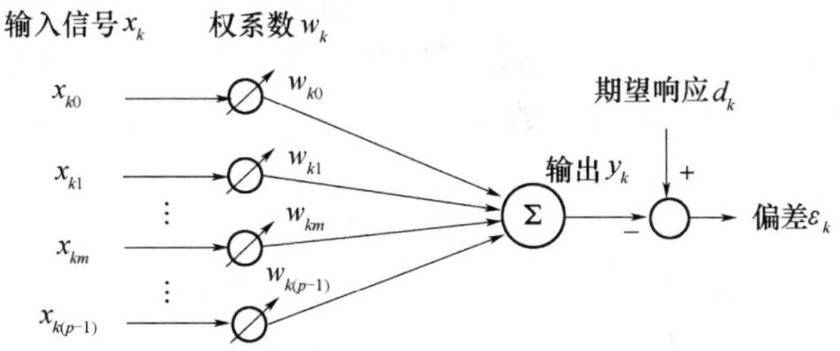

图 3－1　线性组合器的基本结构

设线性组合器的期望响应为 d_k，则其输出偏差 ε_k 可表示为

$$\varepsilon_k = d_k - y_k = d_k - \boldsymbol{W}_k^{T}\boldsymbol{x}_k \qquad (C3-8)$$

通常取输出偏差 ε_k 的均方值 J_k 作为评价线性组合器的性能指标，即

$$J_k \overset{\text{def}}{=} E[\varepsilon_k^2] = E[d_k^2] - 2\boldsymbol{R}_{dx}^{T} \cdot \boldsymbol{W}_k + \boldsymbol{W}_k^{T}\boldsymbol{R}_x\boldsymbol{W}_k \tag{C3-9}$$

式中，$\boldsymbol{R}_{dx}$是输入 $\boldsymbol{x}_k$ 和期望响应 d_k 之间的互相关向量；$\boldsymbol{R}_x$ 是输入 $\boldsymbol{x}_k$ 的自相关矩阵(非负定)。

令 J_k 对 w_{ki}的偏导数为 0，可求得最小均方估计(Least mean - square, LMS)的维纳解：

$$\boldsymbol{W}_k = \boldsymbol{R}_x^{-1}\boldsymbol{R}_{dx} \overset{\text{def}}{=} \boldsymbol{W}_{opt} \tag{C3-10}$$

当线性组合器的权系数 $\boldsymbol{W}_k$ 收敛于维纳解 $\boldsymbol{W}_{opt}$时，输出偏差 $\varepsilon_k = d_k - y_k$ 与第 k 个输入样本 x_{ki}正交，即 $E[\varepsilon_k \cdot x_{ki}] = 0 (i = 0, 1, \cdots, p-1)$，这可视为 LMS 估计的正交性原理。

LMS 自适应算法(Least mean - square adaptive algorithm)：以梯度估值 $\hat{\nabla}_k = -\varepsilon_k \boldsymbol{x}_k$作为最速下降法的梯度来搜索权向量 $\boldsymbol{W}_k$ 的维纳解 $\boldsymbol{W}_{opt}$，即

$$W_{k+1} = W_k - \mu \hat{\nabla}_k = \boldsymbol{W}_k + 2\mu\varepsilon_k\boldsymbol{x}_k \tag{C3-11}$$

其中 μ 是自适应增益常数，称为 LMS 自适应算法。

LMS 自适应算法(或简称 LMS 算法)的具体实现步骤归纳如下：

(1) 初始化：$\boldsymbol{W}_1 = 0$，选取自适应常数 $\mu (0 < \mu \ll 1)$；

(2) 迭代计算：$k = 1, 2, \cdots$

$$y_k = \boldsymbol{x}_k^{T}\boldsymbol{W}_k$$
$$\varepsilon_k = d_k - y_k$$
$$\boldsymbol{W}_{k+1} = \boldsymbol{W}_k + 2\mu\varepsilon_k\boldsymbol{x}_k$$

(3) 收敛条件

$$\frac{|w_{(k+1)i} - w_{ki}|}{|w_{(k+1)i}|} \leqslant \alpha, \quad (i = 0, 1, \cdots, p-1)$$

式中，α 是用于判断收敛的常数，一般取 0.05(即 5%)。

学习曲线(Learning curve)：通常把均方误差 J_k 与迭代次数 k 的关系曲线，称为学习曲线。学习曲线的时间常数(time constant)可近似表示为

$$\tau_{qmse} = \frac{1}{4\mu\lambda_q} \tag{C3-12}$$

式中，$\lambda_q (q = 0, 1, \cdots, p-1)$是输入过程 x_k 的自相关矩阵 $\boldsymbol{R}_x$ 的特征值。

由此可见自适应常数 μ 越大，学习曲线的时间常数 $\tau_{q_{mse}}$就越小，自适应速度也就越快；反之亦然。

定理 3-9 考虑式(C3-11)给出的 LMS 自适应算法。假定 $\boldsymbol{x}_k$ 是平稳和各态遍历的，且 $E[\boldsymbol{x}_{k+m}\boldsymbol{x}_k] = 0 (m \neq 0)$，那么，当权系数 $\boldsymbol{W}_k$ 趋于维纳解 $\boldsymbol{W}_{opt}$时，权系数波动量$\widetilde{\boldsymbol{W}}_k = \boldsymbol{W}_k - \boldsymbol{W}_{opt}$的各个分量互不相关且具有相同的方差，亦即 $\mathrm{cov}(\widetilde{\boldsymbol{W}}_k)$是具有相同元素的对角阵。

过调节量(Overshot):由权向量梯度噪声引起的均方误差与最小均方误差的比值,称为 LMS 自适应算法的过调节量,即

$$O_{sw} = \frac{E[\widetilde{\boldsymbol{W}}_k'^{\mathrm{T}} \boldsymbol{\Lambda} \widetilde{\boldsymbol{W}}'_k]}{J_{\min}} = \mu \cdot \mathrm{tr}\boldsymbol{R}_x \qquad (\mathrm{C3-13})$$

式中,$\widetilde{\boldsymbol{W}}_k' = L\widetilde{\boldsymbol{W}}_k, L \cdot \boldsymbol{L}^{\mathrm{T}} = \boldsymbol{I}$。倘若输入自相关矩阵 $\boldsymbol{R}_x$ 的全部特征值 $\lambda_q(q=0, 1,\cdots,p-1)$ 都相等,那么,学习曲线则仅有一个时间常数 τ_{mse}。根据式(C3-12),就有

$$O_{sw} = \frac{p}{4} \cdot \frac{1}{\tau_{\mathrm{mse}}} = \mu p \lambda_q \qquad (\mathrm{C3-14})$$

这表明,当相关矩阵 $\boldsymbol{R}_x$ 的各个特征值相当接近时,就可以近似用一个具有单一时间常数的指数函数来拟合学习曲线。

从式(C3-14)可导出一个近似的结论:过调节量约等于权系数的数量 p 除以调整时间(时间常数 τ_{mse} 的 4 倍)。因此,如果希望过调节量小于 10% 的话,那么调整时间($4\tau_{\mathrm{mse}}$)应大于 $10p$。此外,大的自适应常数 μ 虽然有助于提高自适应速度,但将产生大的过调量 O_{sw},甚至可能导致自适应迭代过程不稳定。

三、最小二乘算法

考虑图 3-2 所示的系统模型。设确定性信号 s_n 是由某个模型产生的,与未知参数 $\boldsymbol{\theta}$ 和输入向量 $\boldsymbol{x}_n$ 有关,希望根据统计特性未知的观测数据对($\boldsymbol{x}_n, y_n$)来估计未知参数 $\boldsymbol{\theta}$。

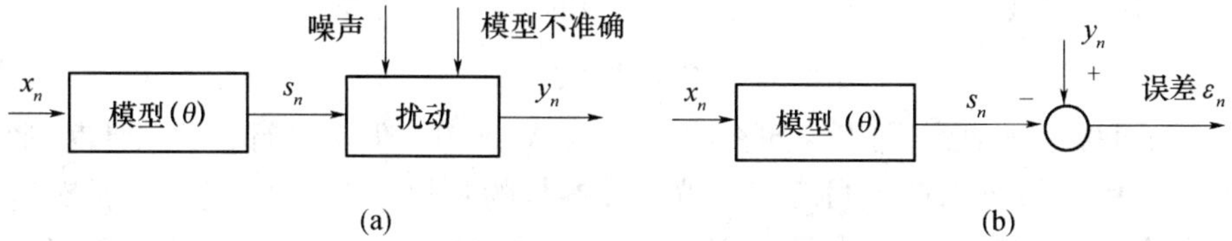

图 3-2 最小二乘估计问题

(a) 数据模型; (b) 模型误差。

LS 估计量(Least-squares estimators):设线性回归模型的输入为 $\boldsymbol{x}_n$,输出为 s_n,模型未知参数为 $\boldsymbol{\theta}$,y_n 是包含 s_n 的观测数据($n=1,2,\cdots, N$),则未知参数 $\boldsymbol{\theta}$ 的 LS 估计量规定为

$$\hat{\boldsymbol{\theta}}_{\mathrm{LS}} = \arg\min_{\theta \in \Theta} \left[\sum_{n=1}^{N} (y_n - s_n)^2 \right] \overset{\mathrm{def}}{=} \arg\min_{\theta \in \Theta} J(\boldsymbol{\theta}) \qquad (\mathrm{C3-15})$$

式中,Θ 是参数 $\boldsymbol{\theta}$ 的值域;标量 J 是观测数据 y_n 与确定性信号 s_n 之差的均方和,它通过 s_n 与 $\boldsymbol{\theta}$ 联系起来。

线性回归模型(Linear regressive models):在一般的最小二乘估计问题中,线性回归模型可表示为

$$y_n = \boldsymbol{\theta}^{\mathrm{T}} \cdot [1 \quad \boldsymbol{x}_n^{\mathrm{T}}]^{\mathrm{T}} = \theta_0 + \theta_1 x_{1n} + \theta_2 x_{2n} + \cdots + \theta_M x_{Mn} \tag{C3-16}$$

式中,$\boldsymbol{x}_n = [x_{1n}, \cdots, x_{Mn}]^{\mathrm{T}}$ 是线性回归模型的确定性输入样本;$\theta = [\theta_0, \theta_1, \cdots, \theta_M]^{\mathrm{T}}$是待估计的未知参数,也称为回归系数;$y_n$ 是线性回归模型的输出样本。

通过实验可获得 N 组观测数据对$(\boldsymbol{x}_n, y_n)$,$n=1,2,\cdots,N$。将各数据对代入线性回归模型,即可得到 N 个线性回归方程:

$$\begin{cases} \theta_0 + x_{11}\theta_1 + x_{21}\theta_2 + \cdots + x_{M1}\theta_M = y_1 \\ \theta_0 + x_{12}\theta_1 + x_{22}\theta_2 + \cdots + x_{M2}\theta_M = y_2 \\ \qquad\qquad\vdots \\ \theta_0 + x_{1N}\theta_1 + x_{2N}\theta_2 + \cdots + x_{MN}\theta_M = y_N \end{cases} \tag{C3-17a}$$

令

$$\boldsymbol{y} = \begin{bmatrix} y_1 \\ y_2 \\ \vdots \\ y_N \end{bmatrix}, \boldsymbol{\Phi} = \begin{bmatrix} \boldsymbol{\varphi}_1^{\mathrm{T}} \\ \boldsymbol{\varphi}_2^{\mathrm{T}} \\ \vdots \\ \boldsymbol{\varphi}_N^{\mathrm{T}} \end{bmatrix} = \begin{bmatrix} 1 & x_{11} & \cdots & x_{M1} \\ 1 & x_{12} & \cdots & x_{M2} \\ \vdots & \vdots & \vdots & \vdots \\ 1 & x_{1N} & \cdots & x_{MN} \end{bmatrix}, \boldsymbol{\theta} = \begin{bmatrix} \theta_0 \\ \theta_1 \\ \vdots \\ \theta_M \end{bmatrix}$$

则线性回归方程(C3-17a)可写成更为简洁的矩阵形式,即

$$\boldsymbol{\Phi} \cdot \theta = \boldsymbol{y} \tag{C3-17b}$$

为了能够唯一地识别出未知参数 $\boldsymbol{\theta}$,要求 $N \geqslant M$。但在进行参数估计时,通常要求 $N > M$,即数据对的数目应多于被估计参数的数目。在这种情况下,欲获得满足所有 N 个方程的精确解是不可能的。为此,在方程(C3-17b)中引入随机噪声向量 $\boldsymbol{e} = [e_1, e_2, \cdots, e_N]^{\mathrm{T}}$,即

$$\boldsymbol{e} = \boldsymbol{y} - \boldsymbol{\Phi} \cdot \boldsymbol{\theta} \tag{C3-18}$$

一般认为,e_n($n=1,2,\cdots,N$)是零均值、相互独立的随机序列,且具有同方差σ_{e}^2。

最小二乘法(Least-squares method,LS):使目标函数

$$J(\boldsymbol{\theta}) = \boldsymbol{e}^{\mathrm{T}}\boldsymbol{e} = (\boldsymbol{y} - \boldsymbol{\Phi}\boldsymbol{\theta})^{\mathrm{T}}(\boldsymbol{y} - \boldsymbol{\Phi}\theta) \tag{C3-19}$$

达到最小值的参数值 $\boldsymbol{\theta}$,称为最小二乘估计量,记为$\hat{\boldsymbol{\theta}}_{\mathrm{LS}}$。令目标函数 $J(\boldsymbol{\theta})$关于未知参数 $\boldsymbol{\theta}$ 的偏导数等于0,得到

$$\frac{\partial \boldsymbol{J}(\boldsymbol{\theta})}{\partial \boldsymbol{\theta}} = -2\boldsymbol{\Phi}^{\mathrm{T}}\boldsymbol{y} + 2(\boldsymbol{\Phi}^{\mathrm{T}}\boldsymbol{\Phi})\boldsymbol{\theta} = 0 \tag{C3-20}$$

当 $\boldsymbol{\Phi}^{\mathrm{T}}\boldsymbol{\Phi}$ 非奇异时，解正则方程（C3－20），即可求得最小二乘估计量的唯一解：

$$\hat{\boldsymbol{\theta}}_{\mathrm{LS}}=(\boldsymbol{\Phi}^{\mathrm{T}}\boldsymbol{\Phi})^{-1}\boldsymbol{\Phi}^{\mathrm{T}}y\overset{\mathrm{def}}{=}\boldsymbol{\Phi}^{+}\boldsymbol{y}\tag{C3-21}$$

式中，$\boldsymbol{\Phi}^{+}=(\boldsymbol{\Phi}^{\mathrm{T}}\boldsymbol{\Phi})^{-1}\boldsymbol{\Phi}^{\mathrm{T}}$，称为观测矩阵 $\boldsymbol{\Phi}$ 的伪逆（Generalized inverse）。

加权最小二乘法（Weighted least－squares method，WLS）：基本 LS 算法隐含了各个噪声分量 e_n（$n=1,2,\cdots,N$）对整体误差 J 具有相同的影响。在实际问题中，若各个噪声分量 e_n 以不同权重的方式对整体误差产生影响，则应当采用加权最小二乘法进行参数估计。为此，把目标函数表达式（C3－19）改写成

$$J_{\mathrm{W}}(\boldsymbol{\theta})=\mathrm{e}^{\mathrm{T}}\boldsymbol{W}\mathrm{e}=(\boldsymbol{y}-\boldsymbol{\Phi}\cdot\boldsymbol{\theta})^{\mathrm{T}}\boldsymbol{W}(\boldsymbol{y}-\boldsymbol{\Phi}\cdot\boldsymbol{\theta})\tag{C3-22}$$

式中，$\boldsymbol{W}$ 是对称、正定的权系数矩阵。按前面介绍的求目标函数极小值的方法，不难推导出加权最小二乘估计量的表达式：

$$\hat{\boldsymbol{\theta}}_{\mathrm{WLS}}=[(\boldsymbol{\Phi}^{\mathrm{T}}\boldsymbol{W}\boldsymbol{\Phi})^{-1}(\boldsymbol{\Phi}^{\mathrm{T}}\boldsymbol{W})]\boldsymbol{y}\tag{C3-23}$$

显然，当 $\boldsymbol{W}$ 为单位矩阵 $\boldsymbol{I}$ 时，就有 $\hat{\boldsymbol{\theta}}_{\mathrm{WLS}}=\hat{\boldsymbol{\theta}}_{\mathrm{LS}}$。

LS 算法的统计特性（Statistical properties of least－squares method）：考虑式（C3－18）所示的观测模型

$$\boldsymbol{y}=\boldsymbol{\Phi}\cdot\boldsymbol{\theta}+\boldsymbol{e}$$

如果观测噪声 $\boldsymbol{e}$ 是白噪声，即

$$E[\boldsymbol{e}]=0,\quad E[e\cdot e^{\mathrm{T}}]=\sigma_e^2\boldsymbol{I}$$

则 LS 估计量 $\hat{\boldsymbol{\theta}}_{\mathrm{LS}}$ 具有如下所述的统计性质：

（1）无偏性（Unbiased estimation）：

$$E[\hat{\boldsymbol{\theta}}_{\mathrm{LS}}]=\boldsymbol{\theta}\tag{C3-24}$$

且有

$$\mathrm{cov}(\hat{\boldsymbol{\theta}}_{\mathrm{LS}})=\sigma_e^2(\boldsymbol{\Phi}^{\mathrm{T}}\boldsymbol{\Phi})^{-1}\tag{C3-25}$$

进一步假设观测噪声 e 是高斯白噪声，则方差 σ_e^2 的 ML 估计量为

$$\hat{\sigma}_{\mathrm{ML}}{}^2=\frac{1}{N}\sum_{n=1}^{N}(y_n-\hat{\theta}_0-\hat{\theta}_1x_{1n}-\cdots-\hat{\theta}_{\mathrm{M}}x_{Mn})^2$$

且

$$\frac{N}{N-M}\hat{\sigma}_{\mathrm{ML}}{}^2=\frac{1}{N-M}\sum_{n=1}^{N}(y_n-\hat{\theta}_0-\hat{\theta}_1x_{1n}-\cdots-\hat{\theta}_{\mathrm{M}}x_{Mn})^2$$

是方差 σ_e^2 的无偏估计量。

(2) 渐近收敛性(Asymptotic convergency):如果

$$\lim_{N\to\infty}\left[\left(\frac{1}{N}\cdot\boldsymbol{\Phi}^{\mathrm{T}}\boldsymbol{\Phi}\right)^{-1}\right]=\boldsymbol{\Gamma}$$

其中 $\boldsymbol{\Gamma}$ 为非奇异矩阵,则由式(C3-25)可得

$$\lim_{N\to\infty}\mathrm{cov}(\hat{\boldsymbol{\theta}}_{\mathrm{LS}})=0 \tag{C3-26}$$

(3) 有效性(Availability):令 $\hat{\boldsymbol{\theta}}$ 是 $\boldsymbol{\theta}$ 的任一线性无偏估计量,则有

$$E[(\hat{\boldsymbol{\theta}}_{\mathrm{LS}}-\boldsymbol{\theta})(\hat{\boldsymbol{\theta}}_{\mathrm{LS}}-\boldsymbol{\theta})^{\mathrm{T}}]\leqslant \boldsymbol{E}[(\hat{\boldsymbol{\theta}}-\boldsymbol{\theta})(\hat{\boldsymbol{\theta}}-\boldsymbol{\theta})^{\mathrm{T}}] \tag{C3-27}$$

线性回归模型的检验(Confidence of linear regressive models):分析 LS 估计的效果主要有两种方法。

(1) 为了检验所选择的线性回归模型是否恰当,最简单的方法是在参数估计时,保留一组输入—输出数据对(不用于参数估计),称为检验数据集。待获得参数估计量后,用这组数据对来验证线性回归模型的普适性或泛化能力。

(2) 用数理统计方法分析线性回归模型的方差。已知输出样本 y_n($n=1,2,\cdots,N$)的偏差平方和 S_T 可表示为

$$S_T=\sum_{n=1}^{N}(y_n-\bar{y})^2=(N-1)s_N^2$$

式中,$\bar{y}$ 是输出样本 y_n 的平均值;${s_N}^2$ 是输出样本 y_n 的方差。若令

$$\hat{y}_n=\hat{\theta}_0+\hat{\theta}_1x_{1n}+\cdots+\hat{\theta}_{\mathrm{M}}x_{Mn}$$

则 S_T 可分解为

$$S_T=J+Q \tag{C3-28}$$

式中

$$J=\sum_{n=1}^{N}(y_n-\hat{y}_n)^2,\quad Q=\sum_{n}^{N}(\hat{y}_n-\bar{y})^2$$

在式(C3-28)中,右端第一项是输出数据 y_n 与模型输出 $\hat{y}_n$ 之差的平方和,记为 J;右端第二项是模型输出 $\hat{y}_n$ 与观测样本均值 $\bar{y}$ 之差的平方和,记为 Q。显然,$Q/(N-1)$ 越接近于样本方差 ${s_N}^2$(亦即 J 越小,Q 越大),回归效果越好。

当观测噪声 e_n($n=0,1,\cdots,N$)是独立同分布的高斯随机序列时,由 χ^2(卡方)分布的性质可知,J 的分布为 χ^2_{N-M-1},Q 的分布为 χ^2_M,且 J 与 Q 是相互独立的。故统计量

$$F=\frac{Q/M}{J/(N-M-1)} \tag{C3-29}$$

服从 F 分布，其自由度为$(M,N-M-1)$。

F 统计量可用于检验线性回归效果的显著性：给定某一置信度 α，查 F 分布表得到临界值 F_α，当 $F>F_\alpha$ 时，就认为回归效果是显著的；而当 $F\leqslant F_\alpha$ 时，则认为回归效果不显著。

3.2 习题解答与 MATLAB/Simulink 程序

3-1 设某一随机过程的样本为$\{x_1,x_2,\cdots,x_k\}$，设 k 时刻的样本均值和方差分别为

$$\bar{x}_k=\frac{1}{k}\sum_{i=1}^{k}x_i \quad 和 \quad s_k^2=\frac{1}{k-1}\sum_{i=1}^{k}(x_i-\bar{x}_k)^2,\quad (k\neq 1)$$

假定新的观测值为 x_{k+1}，试推导样本均值 $\bar{x}_{k+1}$和样本方差 s_{k+1}的更新公式。

解：样本均值 $\bar{x}_{k+1}$的更新公式可写成

$$\bar{x}_{k+1}=\frac{1}{k+1}\sum_{i=1}^{k+1}x_i=\frac{1}{k+1}\left(\sum_{i=1}^{k}x_i+x_{k+1}\right)$$

$$=\frac{k}{k+1}\bar{x}_k+\frac{1}{k+1}x_{k+1}$$

样本方差 s_{k+1}^2的更新公式可表示为

$$s_{k+1}^2=\frac{1}{k}\sum_{i=1}^{k+1}(x_i-\bar{x}_{k+1})^2=\frac{1}{k}\sum_{i=1}^{k+1}\left(x_i-\frac{k\bar{x}_k+x_{k+1}}{k+1}\right)^2$$

$$=\frac{1}{k}\sum_{i=1}^{k+1}\left(x_i-\bar{x}_k+\frac{\bar{x}_k-x_{k+1}}{k+1}\right)^2$$

$$=\frac{k-1}{k(k-1)}\left[\sum_{i=1}^{k}(x_i-\bar{x}_k)^2\right]+\frac{(x_{k+1}-\bar{x}_k)^2}{k}+\frac{(x_{k+1}-\bar{x}_k)^2}{k(k+1)}$$

$$=s_k^2\left(1-\frac{1}{k}\right)+\frac{k+2}{k(k+1)}(x_{k+1}-\bar{x}_k)^2,\quad (k\neq 0)$$

3-2 设观测方程为 $x_k=a+bk+v_k$，其中，$v_k\sim N(0,\sigma^2)$；a 和 b 是待定的未知参数。试求估计量 $\hat{a}$ 和$\hat{b}$的 CR 下界。

解：依题意，未知参数向量为 $\boldsymbol{\theta}=[a,b]^{\mathrm{T}}$。

（1）计算 Fisher 信息矩阵：

$$\boldsymbol{I}(\boldsymbol{\theta})=\begin{bmatrix}-E\left[\dfrac{\partial^2\ln p(\boldsymbol{x}\mid\boldsymbol{\theta})}{\partial a^2}\right] & -E\left[\dfrac{\partial^2\ln p(\boldsymbol{x}\mid\boldsymbol{\theta})}{\partial a\partial b}\right]\\ -E\left[\dfrac{\partial^2\ln p(\boldsymbol{x}\mid\boldsymbol{\theta})}{\partial b\partial a}\right] & -E\left[\dfrac{\partial^2\ln p(\boldsymbol{x}\mid\boldsymbol{\theta})}{\partial b^2}\right]\end{bmatrix}\qquad(3-2-1)$$

因为

$$\det\left[\frac{\partial \boldsymbol{x}}{\partial \boldsymbol{v}}\right]=\begin{vmatrix}\frac{\partial x_1}{\partial v_1} & \frac{\partial x_1}{\partial v_2} & \cdots & \frac{\partial x_1}{\partial v_N}\\ \frac{\partial x_2}{\partial v_1} & \frac{\partial x_2}{\partial v_2} & \cdots & \frac{\partial x_2}{\partial v_N}\\ \vdots & \vdots & \ddots & \vdots\\ \frac{\partial x_N}{\partial v_1} & \frac{\partial x_N}{\partial v_2} & \cdots & \frac{\partial x_N}{\partial v_N}\end{vmatrix}=\begin{vmatrix}1 & 0 & \cdots & 0\\ 0 & 1 & \cdots & 0\\ \vdots & \vdots & \ddots & \vdots\\ 0 & 0 & \cdots & 1\end{vmatrix}=1$$

故有

$$\begin{aligned}p(\boldsymbol{x}\mid\boldsymbol{\theta})&=p(x_1,x_2,\cdots,x_N\mid a,b)\\&=\frac{1}{\left|\det\left(\frac{\partial \boldsymbol{x}}{\partial \boldsymbol{v}}\right)\right|}p(v_1,v_2,\cdots,v_N)=\prod_{k=1}^{N}\frac{1}{\sqrt{2\pi}\sigma}\mathrm{e}^{-\frac{v_k^2}{2\sigma}}\\&=\frac{1}{(2\pi\sigma^2)^{N/2}}\exp\left[-\frac{1}{2\sigma^2}\sum_{k=1}^{N}(x_k-a-bk)^2\right]\end{aligned}$$

对上式等号两边取自然对数,并分别对 a 和 b 求偏导,得到

$$\frac{\partial \ln p(\boldsymbol{x}\mid\boldsymbol{\theta})}{\partial a}=\frac{1}{\sigma^2}\sum_{k=1}^{N}(x_k-a-bk)$$

$$\frac{\partial \ln p(\boldsymbol{x}\mid\boldsymbol{\theta})}{\partial b}=\frac{1}{\sigma^2}\sum_{k=1}^{N}(x_k-a-bk)k$$

容易验证,以上二式的数学期望为零,满足正则条件(C1-13)。此外

$$\frac{\partial^2 \ln p(\boldsymbol{x}\mid\boldsymbol{\theta})}{\partial a^2}=-\frac{N}{\sigma^2}$$

$$\frac{\partial^2 \ln p(\boldsymbol{x}\mid\boldsymbol{\theta})}{\partial a\partial b}=-\frac{1}{\sigma^2}\sum_{k=1}^{N}k=-\frac{1}{\sigma^2}\cdot\frac{N(N-1)}{2}$$

$$\frac{\partial^2 \ln p(\boldsymbol{x}\mid\boldsymbol{\theta})}{\partial b^2}=-\frac{1}{\sigma^2}\sum_{k=1}^{N}k^2=-\frac{1}{\sigma^2}\cdot\frac{N(N-1)(2N-1)}{6}$$

将以上各式代入式(3-2-1),就有

$$\boldsymbol{I}(\boldsymbol{\theta})=\frac{1}{\sigma^2}\times\begin{bmatrix}N & \frac{N(N-1)}{2}\\ \frac{N(N-1)}{2} & \frac{N(N-1)(2N-1)}{6}\end{bmatrix}$$

对上式求逆,得

$$\boldsymbol{I}^{-1}(\boldsymbol{\theta})=\sigma^2\times\begin{bmatrix}\frac{2(2N-1)}{N(N+1)} & -\frac{6}{N(N+1)}\\ -\frac{6}{N(N+1)} & \frac{12}{N(N^2-1)}\end{bmatrix}$$

(2) 计算截距 a 和斜率 b 的 CR 下限。

若用 $\hat{a}$ 和 $\hat{b}$ 分别表示 a 和 b 的无偏估计量,则由式(C1-17)可知:

$$\mathrm{var}(\hat{a}) \geqslant \frac{2(2N-1)\sigma^2}{N(N+1)}, \quad \mathrm{var}(\hat{b}) \geqslant \frac{12\sigma^2}{N(N^2-1)}$$

因此,估计量 $\hat{a},\hat{b}$的 CR 下界分别为

$$\mathrm{CR}_a = \frac{2(2N-1)\sigma^2}{N(N+1)}, \quad \mathrm{CR}_b = \frac{12\sigma^2}{N(N^2-1)}$$

3-3 假设观测方程为

$$y_k = x + e_k, \quad (k = 1,2,\cdots,N)$$

式中,$e_k \sim N(0,{\sigma_e}^2)$。试求被测量 x 和噪声功率 σ_e^2 的估计量及其 CR 下界。

解:(1) 求被测量 x 和噪声功率 σ_e^2 的估计量。被测量 y_k 与加性噪声 e_k 具有相同的概率密度,即

$$\begin{aligned}
&p(y_1,y_2,\cdots,y_N \mid x,\sigma_e^2)\\
&= p(e_1,e_2,\cdots,e_N)\\
&= \prod_{k=1}^{N} \frac{1}{\sqrt{2\pi}\sigma_e}\exp\left(-\frac{\mathrm{e}_k^2}{2\sigma_e^2}\right)\\
&= \frac{1}{(2\pi\sigma^2)^{N/2}}\exp\left[-\frac{1}{2\sigma_e^2}\sum_{k=1}^{N}(y_k-x)^2\right]
\end{aligned}$$

其对数似然函数为

$$\begin{aligned}
\ln L &= \ln p(y_1,y_2,\cdots,y_N \mid x,\sigma_e^2)\\
&= -\frac{N}{2}\ln(2\pi\sigma_e^2) - \sum_{k=1}^{N}\frac{(y_k-x)^2}{2\sigma_e^2}
\end{aligned}$$

分别求 $\ln L$ 关于 x 和 ${\sigma_e}^2$ 的偏导数,并令其结果等于0。即

$$\frac{\partial \ln L}{\partial x} = \frac{1}{\sigma_e^2}\sum_{k=1}^{N}(y_k - x) = 0 \tag{3-3-1}$$

$$\frac{\partial \ln L}{\partial \sigma_e^2} = -\frac{N}{2\sigma_e^2} + \frac{1}{2\sigma_e^4}\sum_{k=1}^{N}(y_k-x)^2 = 0 \tag{3-3-2}$$

解得

$$\hat{x}_{\mathrm{ML}} = \frac{1}{N}\sum_{k=1}^{N} y_k = \bar{y}, \quad \hat{\sigma}_{\mathrm{ML}}^2 = \frac{1}{N}\sum_{k=1}^{N}(y_k - \bar{y})^2$$

因为

$$E[\hat{x}_{\mathrm{ML}}] = E[\bar{y}] = \frac{1}{N}\sum_{k=1}^{N} E[y_k]$$

$$= \frac{1}{N}\sum_{k=1}^{N} E[x + e_k] = x$$

且有

$$E[\hat{\sigma}_{\mathrm{ML}}^2] = E\left[\frac{1}{N} \cdot \sum_{k=1}^{N} (y_k - \bar{y})^2\right]$$

$$= \frac{1}{N}E\left\{\sum_{k=1}^{N} [(y_k - \mu_y) - (\bar{y} - \mu_y)]^2\right\}$$

$$= \sigma_y^2 - E[(\bar{y} - \mu_y)^2]$$

$$= \sigma_e^2 - \frac{\sigma_e^2}{N} = \frac{N-1}{N}\sigma_e^2$$

所以 ML 估计量 $\hat{x}_{\mathrm{ML}}$是无偏的，而 ML 估计量$(\hat{\sigma}_{\mathrm{ML}})^2$ 却是有偏的。若以$(\hat{\sigma}_{\mathrm{ML}})^2N/(N-1)$作为噪声功率 $\sigma_e{}^2$ 的估计量，即

$$\hat{\sigma}_e^2 = \frac{N}{N-1}\hat{\sigma}_{ML}^2 = \frac{1}{N-1}\sum_{k=1}^{N} (y_k - \bar{y})^2$$

则估计量$\hat{\sigma}_e{}^2$ 是无偏的。

(2) 求无偏估计量 $\hat{x}_{\mathrm{ML}}$的 CR 下界。对式(3-3-1)再次求 x 的偏导数，得到

$$\frac{\partial \ln^2 L}{\partial x^2} = -\frac{N}{\sigma_e^2}$$

于是，根据(C1-8)和(C1-10)，估计量 $\hat{x}_{\mathrm{ML}}$的 CR 不等式可写成

$$\operatorname{var}(\hat{x}_{\mathrm{ML}}) = E[(\hat{x}_{\mathrm{ML}} - x)^2] \geqslant \frac{\sigma_e^2}{N} \qquad (3-3-3)$$

注意到式(3-3-1)的数学期望等于 0，且有

$$\frac{\partial \ln L}{\partial x} = \frac{1}{\sigma_e^2}\sum_{k=1}^{N} (y_k - x) = \frac{N \cdot \bar{y} - N \cdot x}{\sigma_e^2}$$

$$= \frac{N}{\sigma_e^2}(\hat{x}_{ML} - x) = K(x)(\hat{x}_{\mathrm{ML}} - x), \quad K(x) = \frac{N}{\sigma_e^2} > 0$$

故式(3-3-3)中的等号成立，即

$$\operatorname{var}(\hat{x}_{\mathrm{ML}}) = \frac{\sigma_e^2}{N}$$

(3) 求无偏估计量$\hat{\sigma}_e{}^2$ 的 CR 下界。求 $\ln L$ 关于 $N\sigma_e{}^2/(N-1)$的偏导数，得

$$\frac{\partial \ln L}{\partial[N\sigma_e^2/(N-1)]} = -\frac{N-1}{N} \cdot \frac{N}{2\sigma_e^2} + \frac{N-1}{N} \cdot \frac{1}{2\sigma_e^4}\sum_{k=1}^{N} (y_k - x)^2$$

$$= -\frac{N-1}{2\sigma_e^2} + \frac{(N-1)^2\hat{\sigma}_e^2}{2N\sigma_e^4}$$

$$= \frac{(N-1)^2}{2N\sigma_e^4}\left(\hat{\sigma}_e^2 - \frac{N}{N-1}\sigma_e^2\right)$$

$$= K\left(\frac{N\sigma_e^2}{N-1}\right)\cdot\left(\hat{\sigma}_e^2 - \frac{N}{N-1}\sigma_e^2\right) \tag{3-3-4}$$

式中

$$K\left(\frac{N\sigma_e^2}{N-1}\right) = \frac{N}{2\sigma_e^4} > 0$$

对式(3－3－4)求 $N\sigma_e^2/(N-1)$ 的偏导数,得到

$$\frac{\partial^2 \ln L}{\partial[N\sigma_e^2/(N-1)]^2} = \frac{(N-1)^2}{2N\sigma_e^4} - \frac{(N-1)^3\hat{\sigma}_e^2}{N^2\sigma_e^6}$$

于是,Fisher 信息可表示为

$$I(\theta) = -E\left[\frac{\partial^2 \ln L}{\partial[N\sigma_e^2/(N-1)]^2}\right] = \frac{(N-1)^2(N-2)}{2N^2\sigma_e^4}$$

考虑到式(3－3－4)满足正则条件,因此无偏估计量 $\hat{\sigma}_e^2$ 的方差达到了 CR 下界,即

$$\mathrm{var}(\hat{\sigma}_e^2) = \frac{1}{I(\theta)} = \frac{2N^2\sigma_e^4}{(N-1)^2(N-2)}$$

3－4 通过一次观测数据 y 来估计未知参数 θ。已知

$$\begin{cases} p(y \mid \theta) = \theta\exp(-y\theta), & \theta \geqslant 0, y \geqslant 0 \\ p(\theta) = 2\exp(-2\theta), & \theta \geqslant 0 \end{cases}$$

试给出参数 θ 的 MMSE 估计量和 MAP 估计量的表达式。当 $y=2$ 和 4 时,相应的估计量是多少?

解:(1) 根据定理 3－5,参数 θ 的 MMSE 估计量可表示为

$$\hat{\theta}_{\mathrm{MMSE}} = \int_{-\infty}^{\infty} \theta p(\theta \mid y)\mathrm{d}\theta \tag{3-4-1}$$

由条件概率的贝叶斯公式可得

$$p(\theta \mid y) = \frac{p(y \mid \theta)p(\theta)}{p(y)}$$

$$= \frac{p(y \mid \theta)p(\theta)}{\int_{-\infty}^{\infty} p(y \mid \theta)p(\theta)\mathrm{d}\theta}$$

$$= \frac{2\theta\exp[-\theta(y+2)]}{\int_0^{\infty} 2\theta\exp[-\theta(y+2)]\mathrm{d}\theta}$$

$$= \theta(y+2)^2\exp[-\theta(y+2)] \tag{3-4-2}$$

将上式代入式(3-4-1),即可得到

$$\hat{\theta}_{\text{MMSE}} = \int_0^\infty [\theta(y+2)]^2 \exp[-\theta(y+2)]\mathrm{d}\theta$$

$$= \frac{1}{y+2}\int_0^\infty [\theta(y+2)]^2 \exp[-\theta(y+2)]\mathrm{d}[\theta(y+2)]$$

$$= \frac{\Gamma(3)}{y+2} = \frac{2}{y+2}$$

于是,当 $y=2$ 时,$\hat{\theta}_{\text{MMSE}}=1/2$;当 $y=4$ 时,$\hat{\theta}_{\text{MMSE}}=1/3$。

(2) 根据定理 3-7,取后验对数概率密度 $\ln p(\Theta|y)$ 关于 θ 的导数并令其等于0,即

$$\frac{\partial}{\partial\theta}\ln p(\theta \mid y)\bigg|_{\theta=\hat{\theta}_{\text{MAP}}} = \frac{\partial}{\partial\theta}[\ln\theta + 2\ln(y+2) - \theta(y+2)]\big|_{\theta=\hat{\theta}_{\text{MAP}}} = 0$$

解得

$$\hat{\theta}_{\text{MAP}} = \frac{1}{y+2}$$

当 $y=2$ 时,$\hat{\theta}_{\text{MAP}}=1/4$;当 $y=4$ 时,$\hat{\theta}_{\text{MAP}}=1/6$。

3-5 假设观测数据为

$$y_k = x + e_k, \quad (k = 1,2,\cdots,N)$$

式中,$e_k \sim N(0,1)$,x 服从标准高斯分布。试求被检测信号 x 的 MMSE 估计量 $\hat{x}_{\text{MMSE}}$ 和 MAP 估计量 $\hat{x}_{\text{MAP}}$。

解:(1) 因为 $e_k \sim N(0,1)$,$x \sim N(0,1)$,所以 $y_k \sim N(x,1)$,且 $y_k(k=1,2,\cdots,N)$是相互独立的序列。于是,就有

$$p(y_1,y_2,\cdots,y_N \mid x) = \prod_{k=1}^{N} p(y_k \mid x)$$

$$= \frac{1}{(2\pi)^{N/2}}\exp\left[-\sum_{k=1}^{N}\frac{(y_k - x)^2}{2}\right]$$

根据条件概率密度的贝叶斯公式

$$p(\boldsymbol{y},x) = p(x \mid \boldsymbol{y})p(y) = p(\boldsymbol{y} \mid x)p(x)$$

可得

$$p(x \mid \boldsymbol{y}) = \frac{p(\boldsymbol{y} \mid x)p(x)}{p(\boldsymbol{y})} = \frac{p(\boldsymbol{y} \mid x)p(x)}{\int_{-\infty}^{\infty} p(\boldsymbol{y} \mid x)p(x)\mathrm{d}x}$$

$$= \frac{\exp\left[-\sum_{k=1}^{N}\frac{(y_k - x)^2 + x^2}{2}\right]}{\int_{-\infty}^{\infty}\exp\left[-\sum_{k=1}^{N}\frac{(y_k - x)^2 + x^2}{2}\right]\mathrm{d}x}$$

$$= \frac{1}{\sqrt{2\pi/(N+1)}}\exp\left[-\frac{N+1}{2}\left(x-\frac{N}{N+1}\bar{y}\right)^2\right] \tag{3-5-1}$$

式中

$$\bar{y} = \frac{1}{N}\sum_{k=1}^{N} y_k$$

推导中利用了

$$\int_{-\infty}^{\infty} \frac{1}{\sqrt{2\pi/(N+1)}}\exp\left[-\frac{\left(x-\frac{N}{N+1}\bar{y}\right)^2}{2/(N+1)}\right]\mathrm{d}x = 1$$

根据定理3-5,可得

$$\begin{aligned}
\hat{x}_{\mathrm{MMSE}} &= \int_{-\infty}^{\infty} xp(x \mid \boldsymbol{y})\,\mathrm{d}x \\
&= \int_{-\infty}^{\infty} x\frac{\sqrt{N+1}}{\sqrt{2\pi}}\exp\left[-\frac{\left(x-\frac{N}{N+1}\bar{y}\right)^2}{2/(N+1)}\right]\mathrm{d}x \\
&= \frac{N}{N+1}\bar{y} = \frac{1}{N+1}\sum_{k=1}^{N} y_k
\end{aligned}$$

(2) 根据定理3-7,令

$$\frac{\partial}{\partial x}\ln p(x \mid \boldsymbol{y})\Big|_{x=\hat{x}_{\mathrm{MAP}}} = -\frac{N+1}{2}\cdot 2\left(x-\frac{N\bar{y}}{N+1}\right)\Big|_{x=\hat{x}_{\mathrm{MAP}}} = 0$$

可求得 MAP 估计量:

$$\hat{x}_{\mathrm{MAP}} = \frac{N}{N+1}\bar{y} = \frac{1}{N+1}\sum_{k=1}^{N} y_k = \hat{x}_{\mathrm{MMSE}}$$

3-6 令 $\boldsymbol{y}$ 为一观测向量,且观测方程为

$$\boldsymbol{y} = \boldsymbol{Hx} + \boldsymbol{v}$$

其中,$\boldsymbol{H}$ 为观测矩阵,$\boldsymbol{x}$ 是不可观测的状态向量, $\boldsymbol{v}$ 是加性观测噪声向量。假定观测噪声向量 $\boldsymbol{v}$ 服从高斯分布

$$p(\boldsymbol{v}) = \frac{1}{\sqrt{(2\pi)^p \mid \boldsymbol{C}_y \mid}}\mathrm{e}^{-\frac{1}{2}\boldsymbol{v}^{\mathrm{T}}\boldsymbol{C}_y^{-1}\boldsymbol{v}}$$

试求未知状态向量 $\boldsymbol{x}$ 的最大似然估计 $\hat{\boldsymbol{x}}_{\mathrm{ML}}$和估计量偏差 $\hat{\boldsymbol{x}}_{\mathrm{ML}}$的协方差矩阵 $\boldsymbol{C}_{\tilde{x}}$。

解:依题意可得

$$p(\boldsymbol{y} - \boldsymbol{Hx}) = \frac{1}{\sqrt{(2\pi)^p \mid \boldsymbol{C}_y \mid}}\mathrm{e}^{-\frac{1}{2}(\boldsymbol{y}-\boldsymbol{Hx})^{\mathrm{T}}\boldsymbol{C}_y^{-1}(\boldsymbol{y}-\boldsymbol{Hx})} = p(\boldsymbol{y} \mid \boldsymbol{x})$$

显然,使该似然函数最大等价于使

$$J = \frac{1}{2}(\boldsymbol{y} - \boldsymbol{Hx})^{\mathrm{T}}\boldsymbol{C}_y^{-1}(\boldsymbol{y} - \boldsymbol{Hx})$$

最小。求 J 关于 $\boldsymbol{x}$ 的偏导数,并令其结果等于0,则有

$$\left.\frac{\partial J}{\partial \boldsymbol{x}}\right|_{x=\hat{x}_{\mathrm{ML}}} = \boldsymbol{H}^{\mathrm{T}}\boldsymbol{C}_y^{-1}(\boldsymbol{y}-\boldsymbol{H}\boldsymbol{x})\big|_{x=\hat{x}_{\mathrm{ML}}} = 0$$

由此可解得

$$\hat{\boldsymbol{x}}_{\mathrm{ML}} = (\boldsymbol{H}^{\mathrm{T}}\boldsymbol{C}_y^{-1}\boldsymbol{H})^{-1}\boldsymbol{H}^{\mathrm{T}}\boldsymbol{C}_y^{-1}\boldsymbol{y}$$

估计量偏差为

$$\begin{aligned}\tilde{\boldsymbol{x}}_{\mathrm{ML}} &= \boldsymbol{x} - \hat{\boldsymbol{x}}_{\mathrm{ML}} = \boldsymbol{x} - (\boldsymbol{H}^{\mathrm{T}}\boldsymbol{C}_y^{-1}\boldsymbol{H})^{-1}\boldsymbol{H}^{\mathrm{T}}\boldsymbol{C}_y^{-1}(\boldsymbol{H}\boldsymbol{x}+\boldsymbol{v})\\ &= -(\boldsymbol{H}^{\mathrm{T}}\boldsymbol{C}_y^{-1}\boldsymbol{H})^{-1}\boldsymbol{H}^{\mathrm{T}}\boldsymbol{C}_y^{-1}\boldsymbol{v}\end{aligned}$$

估计偏差的协方差矩阵为

$$\begin{aligned}\boldsymbol{P} &= E[\tilde{\boldsymbol{x}}_{\mathrm{ML}}\tilde{\boldsymbol{x}}_{\mathrm{ML}}^{\mathrm{T}}] = E[(\boldsymbol{H}^{\mathrm{T}}\boldsymbol{C}_y^{-1}\boldsymbol{H})^{-1}\boldsymbol{H}^{\mathrm{T}}\boldsymbol{C}_y^{-1}\boldsymbol{v}\boldsymbol{v}^{\mathrm{T}}\boldsymbol{C}_y^{-1}\boldsymbol{H}(\boldsymbol{H}^{\mathrm{T}}\boldsymbol{C}_y^{-1}\boldsymbol{H})^{-1}]\\ &= (\boldsymbol{H}^{\mathrm{T}}\boldsymbol{C}_y^{-1}\boldsymbol{H})^{-1}\boldsymbol{H}^{\mathrm{T}}\boldsymbol{C}_y^{-1}\boldsymbol{E}[\boldsymbol{v}\boldsymbol{v}^{\mathrm{T}}]\boldsymbol{C}_y^{-1}\boldsymbol{H}(\boldsymbol{H}^{\mathrm{T}}\boldsymbol{C}_y^{-1}\boldsymbol{H})^{-1}\\ &= (\boldsymbol{H}^{\mathrm{T}}\boldsymbol{C}_y^{-1}\boldsymbol{H})^{-1},\quad (E[\boldsymbol{v}\boldsymbol{v}^{\mathrm{T}}] = \boldsymbol{C}_y^{-1})\end{aligned}$$

3-7 考虑图3-1所示的线性组合器。试证明线性组合器的稳态输出偏差 $\varepsilon_{ss}=d_k-y_k$(其中,d_k 为期望的输出响应,$k\to\infty$)与第 k 个输入样本 x_{ki} 正交:

$$E[\varepsilon_{ss}x_{ki}] = 0,\quad (i=0,1,\cdots,p-1)$$

解:重新画出图3-1(见图P3-1)。图中,第 k 个输入样本 $x_{ki}(m=0,1,\cdots,p-1)$ 的加权和形成一个输出序列 y_k。若将第 k 个输入样本 $\boldsymbol{x}_k$ 和权系数向量 $\boldsymbol{W}_k$ 分别记为

$$\boldsymbol{x}_k = [x_{k0},x_{k1},\cdots,x_{k(p-1)}]^{\mathrm{T}};\quad \boldsymbol{W}_k^{\mathrm{T}} = [w_{k0},w_{k1},\cdots,w_{k(p-1)}]$$

则线性组合器的输出 y_k 可表示为

$$y_k = \sum_{i=0}^{p-1} w_{ki}\cdot x_{ki} = \boldsymbol{W}_k^{\mathrm{T}}\boldsymbol{x}_k,\quad (k=1,2,\cdots)$$

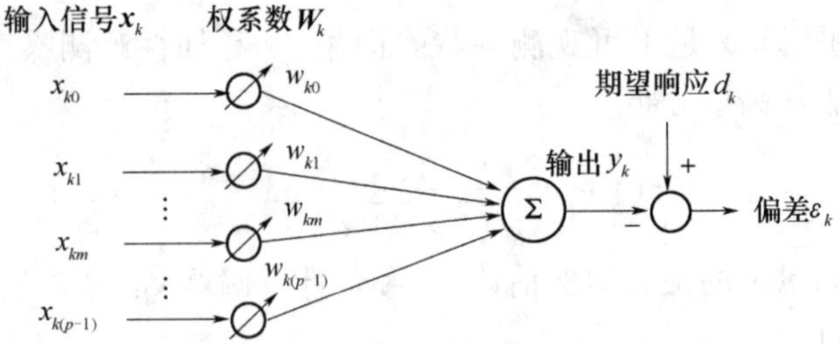

图 P3-1 习题3-7

假设线性组合器的期望响应为 d_k,则其输出偏差 ε_k 可表示为

$$\varepsilon_k = d_k - y_k = d_k - \boldsymbol{W}_k^{\mathrm{T}}\boldsymbol{x}_k$$

因此

$$E[\boldsymbol{\varepsilon}_k \boldsymbol{x}_k] = E[(d_k - \boldsymbol{W}_k^{\mathrm{T}}\boldsymbol{x}_k)\boldsymbol{x}_k] = \boldsymbol{R}_{dx} - \boldsymbol{R}_x \boldsymbol{W}_k$$

当 $\boldsymbol{W}_k$ 收敛于维纳解时，$\boldsymbol{\varepsilon}_k \to \boldsymbol{\varepsilon}_{ss}$。由式(C3－10)可得

$$\boldsymbol{W}_{\mathrm{opt}} = \lim_{k\to\infty}\boldsymbol{W}_k = \boldsymbol{R}_x^{-1}\boldsymbol{R}_{dx}$$

故有

$$E[\boldsymbol{\varepsilon}_{ss}\boldsymbol{x}_k] = \boldsymbol{R}_{dx} - \boldsymbol{R}_x\boldsymbol{W}_k = 0,\quad (k\to\infty)$$

亦即

$$E[\varepsilon_{ss}x_{ki}] = 0,\quad (i = 0,1,\cdots,p-1)$$

3－8 设参量 Θ 以等概率取值(－2,－1,0,1,2)，噪声 e 以等概率取值(－1,0,1)，且参量与噪声互不相关，噪声序列也互不相关。若观测方程为

$$y_k = \theta + e_k,\quad (k = 1,2)$$

试根据两次观测所得到的数据，计算参量 θ 的线性均方估计量 $\hat{\theta}_{\mathrm{LMS}}$ 及其估计误差。

解：依题意，可得

$$\boldsymbol{y} = \begin{bmatrix} y_1 \\ y_2 \end{bmatrix} = \begin{bmatrix} 1 \\ 1 \end{bmatrix}\theta + \begin{bmatrix} e_1 \\ e_2 \end{bmatrix} = \boldsymbol{H}\theta + \boldsymbol{e}$$

根据式(C3－4)，参量 Θ 的线性均方估计量可表示为

$$\hat{\theta}_{\mathrm{LMS}} = \mu_\theta + \boldsymbol{C}_{\theta y}\boldsymbol{C}_y^{-1}(\boldsymbol{y} - \boldsymbol{\mu}_y) \tag{3-8-1}$$

式中

$$\mu_\theta = 0,\quad \boldsymbol{\mu}_y = 0$$

$$\begin{aligned}
\boldsymbol{C}_{\theta y} &= E[(\theta - \mu_\theta)(\boldsymbol{y} - \boldsymbol{\mu}_y)^{\mathrm{T}}] = E[\theta(\boldsymbol{H}\theta + \boldsymbol{e})^{\mathrm{T}}] \\
&= \sigma_\theta^2\boldsymbol{H}^{\mathrm{T}} = [2.5, 2.5]
\end{aligned}$$

$$\begin{aligned}
\boldsymbol{C}_y &= E[(\boldsymbol{y} - \boldsymbol{\mu}_y)(\boldsymbol{y} - \boldsymbol{\mu}_y)^{\mathrm{T}}] = E\{(\boldsymbol{H\theta} + \boldsymbol{e})[\boldsymbol{H}(\boldsymbol{\theta} - \boldsymbol{\mu}_\theta) + \boldsymbol{e}]^{\mathrm{T}}\} \\
&= \sigma_\theta^2\boldsymbol{H}\boldsymbol{H}^{\mathrm{T}} + \boldsymbol{C}_e = \begin{bmatrix} 3.5 & 2.5 \\ 2.5 & 3.5 \end{bmatrix}
\end{aligned}$$

$$\boldsymbol{C}_y^{-1} = \begin{bmatrix} 3.5 & 2.5 \\ 2.5 & 3.5 \end{bmatrix}^{-1} = \begin{bmatrix} 0.583 & -0.417 \\ -0.417 & 0.583 \end{bmatrix}$$

将上述各式代入式(3－8－1)，得

$$\begin{aligned}
\hat{\theta}_{\mathrm{LMS}} &= \mu_\theta + \boldsymbol{C}_{\theta y}\boldsymbol{C}_y^{-1}(\boldsymbol{y} - \boldsymbol{\mu}_y) \\
&= [2.5 \quad 2.5]\begin{bmatrix} 0.583 & -0.417 \\ -0.417 & 0.583 \end{bmatrix}\begin{bmatrix} y_1 \\ y_2 \end{bmatrix} \\
&= 0.415(y_1 + y_2)
\end{aligned}$$

估计误差为

$$J_{\min} = \mathrm{tr}[\boldsymbol{C}_{\tilde{\theta}}] = \mathrm{tr}[\boldsymbol{C}_\theta - \boldsymbol{C}_{\theta x}\boldsymbol{C}_y^{-1}\boldsymbol{C}_{\theta y}^{\mathrm{T}}]$$

3-9 已知某一 ARMA(1,1)模型为

$$x_k + ax_{k-1} = \gamma(e_k + be_{k-1}), \quad (k = 0,1,\cdots,N-1)$$

式中,$|a|<1$,$|b|<1$;γ 为常数。试应用正交原理,求解时间序列 x_k 的一步最优预测 $\hat{x}\,k+1$。

解:将 ARMA(1,1)模型写成通用的形式

$$A(z)x_k = \gamma B(z)e_k \tag{3-9-1}$$

式中

$$A(z) = 1 + az^{-1};\quad B(z) = 1 + bz^{-1}$$

上式等号两边同时乘以超前移位算子 z,经简单代数运算,得

$$x_{k+1} = \frac{B(z)}{A(z)}\gamma ze_k = \left[F(z) + \frac{z^{-1}G(z)}{A(z)}\right]\gamma ze_k = \gamma e_{k+1} + \frac{b-a}{1+az^{-1}}\gamma e_k \tag{3-9-2}$$

将式(3-9-1)代入式(3-9-2),得到

$$x_{k+1} = \gamma e_{k+1} + \frac{b-a}{1+bz^{-1}}x_k \tag{3-9-3}$$

上式即为 ARMA(1,1)模型的一步预测表达式。

假设基于线性差分方程(3-9-1)的一步最小均方误差预测(估计)量为 $\hat{x}_{k+1|k}$,则一步预测偏差可表示为

$$\tilde{x}_{k+1|k} = x_{k+1} - \hat{x}_{k+1|k}$$

根据正交性原理(定理 3-8),必有

$$E(\tilde{x}_{k+1|k}\cdot x_k) = E[(x_{k+1} - \hat{x}_{k+1|k})x_k] = 0$$

将式(3-9-3)代入上式,得到

$$\begin{aligned}
&E\left\{\left[\gamma e_{k+1} + \frac{b-a}{1+bz^{-1}}x_k - \hat{x}_{k+1|k}\right]\cdot x_k\right\}\\
&= E[\gamma e_{k+1}\cdot x_k] + E\left[\frac{b-a}{1+bz^{-1}}x_k\cdot x_k - \hat{x}_{k+1|k}\cdot x_k\right]\\
&= \frac{b-a}{1+bz^{-1}}x_k\cdot x_k - \hat{x}_{k+1|k}\cdot x_k\\
&= 0
\end{aligned}$$

由此可解得

$$\hat{x}_{k+1|k} = -b\hat{x}_{k|k-1} + (b-a)x_k$$

3-10 考虑教科书图 3-10 所示的线性组合器,若其输入信号和期望响应分别为

(1) $x_{k0} = \sin(2\pi k/6)$,$x_{k1} = \sin[2\pi(k-1)/6]$;$d_k = \cos(2\pi k/6)$

(2) $x_{k0} = 2e^{j2\pi k/6}$,$x_{k1} = e^{j2\pi(k-1)/6} + e^{j2\pi(k-2)/6}$;$d_k = 4e^{j2\pi(k-1.5)/6}$

试求最佳权向量和线性组合器的输出,并说明在上述两种情况下线性组合器有何不同。

解:(1) 依题意,可得

$$\boldsymbol{x}_k = \left[\sin\frac{2\pi k}{6}, \sin\frac{2\pi(k-1)}{6}\right]^{\mathrm{T}}; \quad \boldsymbol{W}_k^{\mathrm{T}} = [w_{k0}, w_{k1}]$$

$$y_k = \sum_{i=0}^{1} w_{ki} \cdot x_{ki} = \boldsymbol{W}_k^{\mathrm{T}}\boldsymbol{x}_k, \quad (k = 1,2,\cdots)$$

当 $\boldsymbol{W}_k$ 收敛于维纳解时,由式(C3-10)可得

$$\boldsymbol{W}_{\mathrm{opt}} = \boldsymbol{R}_x^{-1}\boldsymbol{R}_{\mathrm{d}x}$$

式中

$$\boldsymbol{R}_x = E[\boldsymbol{x}_k\boldsymbol{x}_k^{\mathrm{T}}] = E\begin{bmatrix} x_{k0}^2 & x_{k0}x_{k1} \\ x_{k1}x_{k0} & x_{k1}^2 \end{bmatrix}$$

$$= E\begin{bmatrix} \sin^2\frac{2\pi k}{6} & \sin\frac{2\pi k}{6}\cdot\sin\frac{2\pi(k-1)}{6} \\ \sin\frac{2\pi k}{6}\cdot\sin\frac{2\pi(k-1)}{6} & \sin^2\frac{2\pi(k-1)}{6} \end{bmatrix} = \begin{bmatrix} \frac{1}{2} & \frac{1}{4} \\ \frac{1}{4} & \frac{1}{2} \end{bmatrix}$$

$$\boldsymbol{R}_{\mathrm{d}x} = E[d_k\boldsymbol{x}_k] = E\begin{bmatrix} \cos\frac{2\pi k}{6}\cdot\sin\frac{2\pi k}{6} \\ \cos\frac{2\pi k}{6}\cdot\sin\frac{2\pi(k-1)}{6} \end{bmatrix} = \begin{bmatrix} 0 \\ -\frac{\sqrt{3}}{4} \end{bmatrix}$$

根据式(C3-10),可得

$$\boldsymbol{W}_{\mathrm{opt}} = \boldsymbol{R}_x^{-1}\boldsymbol{R}_{\mathrm{d}x} = \begin{bmatrix} 1/2 & 1/4 \\ 1/4 & 1/2 \end{bmatrix}^{-1}\begin{bmatrix} 0 \\ -\sqrt{3}/4 \end{bmatrix} = \begin{bmatrix} \sqrt{3}/3 \\ -2\sqrt{3}/3 \end{bmatrix}$$

故有

$$y_k = \boldsymbol{W}_{\mathrm{opt}}^{\mathrm{T}}\boldsymbol{x}_k = [\sqrt{3}/3 \quad -2\sqrt{3}/3]\begin{bmatrix} \sin(2\pi k/6) \\ \sin[2\pi(k-1)/6] \end{bmatrix}$$

$$= \frac{\sqrt{3}}{3}\sin\frac{2\pi k}{6} - \frac{2\sqrt{3}}{3}\sin\frac{2\pi(k-1)}{6}, \quad (k = 1,2,\cdots)$$

(2) 当 $k \geqslant 1$ 时,输入自相关矩阵为

$$\boldsymbol{R}_x = E[\boldsymbol{x}_k\boldsymbol{x}_k^{\mathrm{T}}] = E\begin{bmatrix} x_{k0}^2 & x_{k0}x_{k1} \\ x_{k1}x_{k0} & x_{k1}^2 \end{bmatrix}$$

$$= E\begin{bmatrix} 4\mathrm{e}^{\mathrm{j}\frac{2\pi k}{3}} & 2\mathrm{e}^{\mathrm{j}\frac{2\pi k}{6}}(1+\mathrm{e}^{-\mathrm{j}\frac{2\pi}{6}}) \\ 2\mathrm{e}^{\mathrm{j}\frac{2\pi k}{6}}(1+\mathrm{e}^{-\mathrm{j}\frac{2\pi}{6}}) & \mathrm{e}^{\mathrm{j}\frac{2\pi k}{3}}(\mathrm{e}^{-\mathrm{j}\frac{2\pi}{3}} + \mathrm{e}^{-\mathrm{j}\frac{4\pi}{3}} + 2\mathrm{e}^{-\mathrm{j}\frac{2\pi}{2}}) \end{bmatrix}$$

$$= \begin{bmatrix} 0 & 0 \\ 0 & 0 \end{bmatrix}$$

由式(C3 - 10)可知,在这种情况下线性组合器的权值不收敛,输出将趋于发散状态。

3 - 11 某一飞行器在某段时间从初始位置 s,以恒定速度 v 沿直线移动。飞行器的观测位置由下式给出:

$$y_n = s + v \cdot n + e_n, \quad (n = 1,2,\cdots,N)$$

式中,e_n 为零均值的噪声序列。今有 10 个观测数据 $\boldsymbol{y} = \{1,2,2,4,4,8,9,10,12,13\}$。试求飞行器初始位置 s 和飞行速度 v 的最小二乘估计。

解:依题意,令 $n = 1,2,\cdots,10$,得到

$$\begin{cases} y_1 = s + v \cdot 1 + e_1 \\ y_2 = s + v \cdot 2 + e_2 \\ \vdots \\ y_{10} = s + v \cdot 10 + e_{10} \end{cases} \tag{3-11-1}$$

若令

$$\boldsymbol{\theta} = \begin{bmatrix} s \\ v \end{bmatrix}, \quad \boldsymbol{\Phi} = \begin{bmatrix} 1 & 1 & \cdots & 1 \\ 1 & 2 & \cdots & 10 \end{bmatrix}^{\mathrm{T}}$$

$$\boldsymbol{y} = [y_1 \quad y_2 \quad \cdots \quad y_{10}]^{\mathrm{T}}, \boldsymbol{e} = [e_1 \quad e_2 \quad \cdots \quad e_{10}]^{\mathrm{T}}$$

则式(3 - 11 - 1)可写成

$$\boldsymbol{y} = \boldsymbol{\Phi\theta} + \boldsymbol{e}$$

根据式(C3 - 21),可得

$$\hat{\boldsymbol{\theta}}_{\mathrm{LS}} = (\boldsymbol{\Phi}^{\mathrm{T}}\boldsymbol{\Phi})^{-1}\boldsymbol{\Phi}^{\mathrm{T}}\boldsymbol{y} = \begin{bmatrix} -1.400 \\ 1.436 \end{bmatrix}$$

3 - 12 在 MATLAB/Simulink 构造一组缓慢时变系统的输入—输出数据,如图 P3 - 2 所示。试利用最小二乘法辨识该线性系统的未知参数。

图 P3 - 2 习题 3 - 12

解:设线性系统差分方程为

$$y_k + 0.5y_{k-1} = (1 + 0.01k)u_{k-1} + e_k \tag{3-12-1}$$

式中,e_k 为均值为 0、方差为 0.01 的高斯白噪声。将上式写成一步预测形式

$$\begin{aligned} y_k &= -a_1 y_{k-1} + b_{1k}u_{k-1} + e_k \\ &= \boldsymbol{\varphi}_{k-1}^{\mathrm{T}}\boldsymbol{\theta} + e_k \end{aligned} \tag{3-12-2}$$

式中

$$\varphi_{k-1}^{\mathrm{T}} = [-y_{k-1}, u_{k-1}]; \quad \boldsymbol{\theta} = [a_1, b_{1k}]^{\mathrm{T}}$$

令 $k=1,2,\cdots,N$,式(3-12-2)可写成矩阵形式,即

$$\boldsymbol{y}_N = \boldsymbol{\Phi}_{N-1}\boldsymbol{\theta} + \boldsymbol{e}_N \tag{3-12-3}$$

式中

$$\boldsymbol{y}_N = [y_1, y_2, \cdots, y_N]$$
$$\boldsymbol{\Phi}_{N-1} = [\varphi_0, \varphi_1, \cdots, \varphi_{N-1}]^{\mathrm{T}}$$
$$\boldsymbol{e}_N = [e_1, e_2, \cdots, e_N]^{\mathrm{T}}$$

根据式(C3-21),ARX 模型参数的最小二乘估计可表示为

$$\hat{\boldsymbol{\theta}}_{LS} = \begin{bmatrix} \hat{a}_1 \\ \hat{b}_{1k} \end{bmatrix} = (\boldsymbol{\Phi}_{N-1}^{\mathrm{T}}\boldsymbol{\Phi}_{N-1})^{-1}\boldsymbol{y}_N$$

图 P3-3 给出了利用 Simulink 构造仿真式(3-12-1)的线性时变系统。其中,斜坡 Ramp 的属性设置为:Slop ~ 0.01;Start time ~ 0;Initial output ~ 1;其他框图中的采样时间 T_s 设置为:Sample time ~ 0.01s。

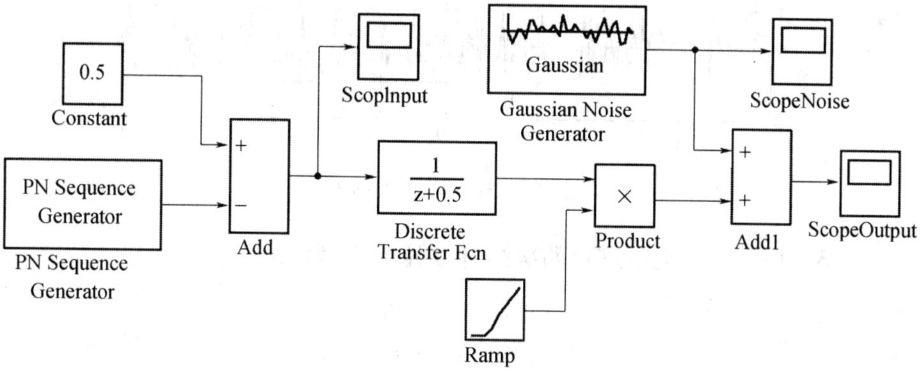

图 P3-3a 习题 3-12

MATLAB 最小二乘法辨识程序列写如下:

```
% Example 3 -12
  clc;
  Ts =0.01; N =200;                              % 采样周期,采样点数
  u = ScopeInput.signals.values;                 % 读取伪随机码 PN 数据
  % e = ScopeNoise.signals.values;               % 读取高斯白噪声数据
  y = ScopeOutput.signals.values;                % 读取系统输出数据
  yN =y(2:N +1);                                 % 构造输出向量 yN
  yN_1 =y(1:N); uN_1 =u(1:N);
  phiN_1 =[ -yN_1,uN_1];                         % 构造 Φ_{N-1}
  thm = inv(phiN_1'*phiN_1)*phiN_1'*yN           % 参数估计的最小二乘算法
% ---------------------------------------------------------------
```

运行结果为:

$$\hat{a}_1 = \text{thm}(1) = 0.4875\ ;\hat{b}_{1k} = \text{thm}(2) = 1.0162\ ;k = N = 200$$

注意,采用最小二乘法对系统参数进行辨识时,采样时间应当足够小,且混入系统输出的加性高斯白噪声的功率也应当足够小,才能准确辨识出系统的未知参数。

图 P3-3b 给出当系统参数为$(\hat{a}_1,\hat{b}_1)$时系统的输出曲线$\hat{y}(t)$和图 P3-3a 仿真系统的输出曲线 $y(t)$。从图中可见,二者几乎完全一致。

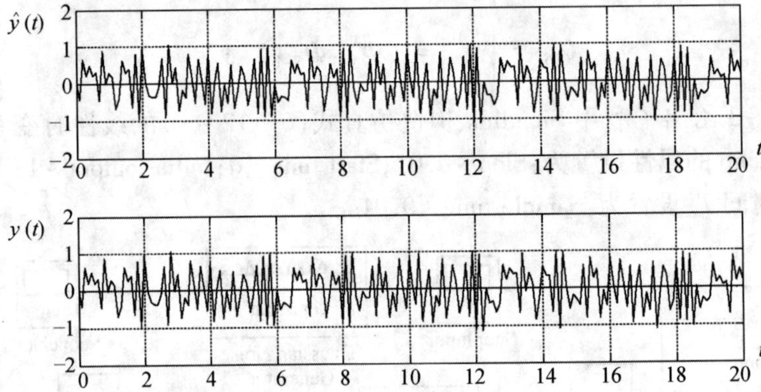

图 P3-3b　习题 3-12

3-13　用电表对电压进行两次测量,观测方程为

$$\begin{cases} y_1 = v + e_1 \\ y_2 = v + e_2 \end{cases}$$

式中,观测噪声的均值和协方差矩阵分别为

$$E[e_1] = E[e_2] = 0$$

$$\boldsymbol{C}_e = E\left\{\begin{bmatrix} e_1 \\ e_2 \end{bmatrix}[e_1 \quad e_2]\right\} = \begin{bmatrix} 16 & 0 \\ 0 & 4 \end{bmatrix}$$

已知测量结果分别为 $y_1 = 216\text{V}$ 和 $y_2 = 220\text{V}$,试求电压 v 的基本最小二乘估计和加权最小二乘估计,并对估计结果进行讨论。

解:(1) 令

$$\theta = v,\quad \boldsymbol{y} = \begin{bmatrix} y_1 \\ y_2 \end{bmatrix} = \begin{bmatrix} 216 \\ 220 \end{bmatrix},\boldsymbol{\Phi} = \begin{bmatrix} 1 \\ 1 \end{bmatrix},\boldsymbol{e} = \begin{bmatrix} e_1 \\ e_2 \end{bmatrix}$$

则有

$$\boldsymbol{y} = \boldsymbol{\Phi\theta} + \boldsymbol{e}$$

根据式(C3-21),可得

$$\hat{\theta}_{LS} = (\boldsymbol{\Phi}^T\boldsymbol{\Phi})^{-1}\boldsymbol{\Phi}^T\boldsymbol{y} = 218$$

由于观测噪声是零均值白噪声，因此，最小二乘估计量$\hat{\theta}_{LS}$是无偏的，即

$$\begin{aligned} E[\hat{\theta}_{LS}] &= (\boldsymbol{\Phi}^T\boldsymbol{\Phi})^{-1}\boldsymbol{\Phi}^T E[\boldsymbol{y}] \\ &= (\boldsymbol{\Phi}^T\boldsymbol{\Phi})^{-1}\boldsymbol{\Phi}^T E[\boldsymbol{\Phi}\theta + e] = \theta \end{aligned}$$

估计量的方差为

$$\begin{aligned} \text{cov}(\hat{\theta}_{LS}) &= (\boldsymbol{\Phi}^T\boldsymbol{\Phi})^{-1}\boldsymbol{\Phi}^T \boldsymbol{C}_e \boldsymbol{\Phi}(\boldsymbol{\Phi}^T\boldsymbol{\Phi})^{-1} \\ &= \frac{1}{4}[1 \quad 1]\begin{bmatrix}16 & 0\\ 0 & 4\end{bmatrix}\begin{bmatrix}1\\1\end{bmatrix} = 5 \overset{def}{=} \boldsymbol{\sigma}_v^2 \end{aligned}$$

且最小二乘估计量$\hat{\theta}_{LS}$是有效估计量。

（2）令

$$\boldsymbol{W} = \begin{bmatrix} w_1 & 0 \\ 0 & w_2 \end{bmatrix}, w_1 + w_2 = 1, \frac{w_2}{w_1} = \frac{\sigma_{e1}}{\sigma_{e2}} = \sqrt{\frac{16}{4}} = 2$$

不妨取 $w_1 = 1/3, w_2 = 2/3$，由式(C3 - 23)可得

$$\hat{\theta}_{LS} = (\boldsymbol{\Phi}^T\boldsymbol{W}\boldsymbol{\Phi})^{-1}(\boldsymbol{\Phi}^T\boldsymbol{W})y = \begin{bmatrix}\frac{1}{3} & \frac{2}{3}\end{bmatrix}\begin{bmatrix}216\\220\end{bmatrix} = 218.667$$

由于

$$\begin{aligned} E[\hat{\theta}_{LS}] &= (\boldsymbol{\Phi}^T\boldsymbol{W}\boldsymbol{\Phi})^{-1}(\boldsymbol{\Phi}^T\boldsymbol{W})E[y] \\ &= (\boldsymbol{\Phi}^T\boldsymbol{W}\boldsymbol{\Phi})^{-1}(\boldsymbol{\Phi}^T\boldsymbol{W})E[\boldsymbol{\Phi}\theta + \boldsymbol{e}] = \theta \end{aligned}$$

故估计量$\hat{\theta}_{WLS}$仍然是无偏的。

估计量$\hat{\theta}_{WLS}$的方差为

$$\begin{aligned} \text{cov}(\hat{\theta}_{WLS}) &= E[(\hat{\boldsymbol{\theta}}_{WLS} - \boldsymbol{\theta})(\hat{\boldsymbol{\theta}}_{WLS} - \boldsymbol{\theta})^T] \\ &= E\{[(\boldsymbol{\Phi}^T\boldsymbol{W}\boldsymbol{\Phi})^{-1}(\boldsymbol{\Phi}^T\boldsymbol{W})\boldsymbol{y} - \theta][(\boldsymbol{\Phi}^T\boldsymbol{W}\boldsymbol{\Phi})^{-1}(\boldsymbol{\Phi}^T\boldsymbol{W})\boldsymbol{y} - \theta]^T\} \\ &= (\boldsymbol{\Phi}^T\boldsymbol{W}\boldsymbol{\Phi})^{-1}\boldsymbol{\Phi}^T\boldsymbol{W}\boldsymbol{E}[(\boldsymbol{y} - \boldsymbol{\Phi}\boldsymbol{\theta})(\boldsymbol{y} - \boldsymbol{\Phi}\theta)^T]\boldsymbol{W}\boldsymbol{\Phi}(\boldsymbol{\Phi}^T\boldsymbol{W}\boldsymbol{\Phi})^{-1} \\ &= (\boldsymbol{\Phi}^T\boldsymbol{W}\boldsymbol{\Phi})^{-1}\boldsymbol{\Phi}^T\boldsymbol{W}\boldsymbol{C}_e\boldsymbol{W}\boldsymbol{\Phi}(\boldsymbol{\Phi}^T\boldsymbol{W}\boldsymbol{\Phi})^{-1} = 3.56 \overset{\text{def}}{=} \sigma_{wv}^2 \end{aligned}$$

可见，$\sigma_{wv}{}^2 < \sigma_v{}^2$。这表明：对于误差较大的测量值取较小的权值 w_1，而对于误差较小的测量值则取较大的权值 w_2，就可以减小估计误差。

3.3 补充习题

3－14 试列出参数估计理论中常用的参数估计量的评价准则。

3－15 请简要叙述应用贝叶斯估计、极大似然估计、线性最小均方估计和最

小二乘估计的前提条件。

3-16 设随机变量 X 服从指数分布

$$p_X(x) = e^{-x}, \quad (x \geqslant 0)$$

其中,x 的值是在加性噪声 v 中观测到的,且噪声 v 也具有指数分布,即

$$p_V(v) = v e^{-2v}, \quad (v \geqslant 0)$$

假设噪声 v 与信号 x 独立,并取二次型代价函数,试证明在给定观测数据

$$y = x + v$$

的条件下,随机信号 x 的贝叶斯估计为

$$\hat{x}_{\text{MMSE}} = \frac{y}{1 - e^{-y}} - 1$$

3-17 在加性高斯噪声中,观测到 N 个数据为

$$y_n = x + e_n, \quad (n = 1,2,\cdots,N)$$

式中,$x \sim N(m_x, \sigma_x{}^2)$;$e_n \sim N(0, \sigma_e{}^2)$,且 $E[e_n \cdot e_m] = 0 (m \neq n)$。

(1) 试证明随机信号 x 的 MMSE 估计为

$$\hat{x}_{\text{MMSE}} = \frac{\sigma_x^2}{\sigma_x^2 + \sigma_e^2/N}\left(\frac{1}{N}\sum_{n=1}^{N} y_n + \frac{m_x}{\sigma_x^2}\right)$$

(2) 当 $\sigma_x{}^2 \leqslant \sigma_e{}^2$ 时,结果如何?反之,如果 $\sigma_e{}^2 \leqslant \sigma_x{}^2$,其结果如何?

(3) 试证明估计量 $\hat{x}_{\text{MMSE}}$ 是渐近无偏估计量:

$$\lim_{N\to\infty} E[\hat{x}_{\text{MMSE}}] = x$$

估计量的方差是渐近一致的,即

$$\lim_{N\to\infty} [\text{var}(\hat{x}_{\text{MMSE}})] = 0$$

(4) 试证明估计量 $\hat{x}_{\text{MMSE}}$ 的 CR 下界为

$$\text{var}(\hat{x}_{\text{MMSE}}) = \frac{\sigma_e^2}{N}\left(1 + \frac{\sigma_e^2}{N\sigma_x^2}\right)^{-2}$$

3-18 在加性高斯噪声中,观测到 N 个数据为

$$y_n = x + e_n, \quad (n = 1,2,\cdots,N)$$

式中,$x \sim N(0, \sigma_x{}^2)$;$e_n \sim N(0, \sigma_e{}^2)$,且 $E[e_n \cdot e_m] = 0 (m \neq n)$。试证明随机信号 x 的最大后验估计为

$$\hat{x}_{\text{MAP}} = \frac{N\sigma_x^2}{N\sigma_x^2 + \sigma_e^2} \cdot \frac{1}{N}\sum_{n=1}^{N} y_n$$

补充知识:充分估计量是这样的估计量:与所有其他估计量相比,它能给出关于待估计参数的更多信息。当且仅当

$$p(\boldsymbol{y} \mid \boldsymbol{x}) = p[\hat{\boldsymbol{x}}(\boldsymbol{y}) \mid \boldsymbol{x}] f(\boldsymbol{y})$$

其中$f(\boldsymbol{y})$仅仅是观测数据$\boldsymbol{y}$的任意函数(Stuart and Ord,1991),则估计量$\hat{\boldsymbol{x}}(\boldsymbol{y})$是充分的。

3-19 给定方差为σ^2、未知均值为μ的高斯过程的N个独立样本$\boldsymbol{y}=\{y_1, y_2,\cdots,y_N\}$。试证明其均值$\mu$的极大似然估计量是充分估计量,即

$$p(\boldsymbol{y}\mid\mu) = p(\hat{\mu}_{\mathrm{ML}}\mid\mu)f(\boldsymbol{y})$$

式中

$$f(\boldsymbol{y}) = \frac{1}{\sqrt{N}(2\pi\sigma^2)^{(N-1)/2}}\exp\left(-\frac{\sum_{i=1}^{N}y_i^2 - N\hat{\mu}_{ML}^2}{2\sigma^2}\right)$$

$$p(\hat{\mu}_{ML}\mid\mu) = \frac{1}{(2\pi\sigma^2/N)^{1/2}}\exp\left[-\frac{N(\hat{\mu}_{\mathrm{ML}}-\mu)^2}{2\sigma^2}\right]$$

3-20 用$\boldsymbol{y}_n$表示一组观测数据$\{y_n, y_{n(1}, \cdots, y_1\}$。试证明给定这组样本之后,参数$\theta$的后验概率密度可以表示为

$$p(\theta\mid\boldsymbol{y}_n) = \frac{p(y_n\mid\theta,\boldsymbol{y}_{n-1})p(\theta\mid\boldsymbol{y}_{n-1})}{\int_{\{\theta\}}p(y_n\mid\theta,\boldsymbol{y}_{n-1})p(\theta\mid\boldsymbol{y}_{n-1})d\theta}$$

3-21 给定方差为σ^2、未知均值为μ的高斯过程的N个独立样本,且有$\mu\geqslant 0$。

(1) 试求未知均值μ的最大后验估计量$\hat{\mu}_{\mathrm{MAP}}$;

(2) 给出最大后验估计量$\hat{\mu}_{\mathrm{MAP}}$的概率密度函数。

3-22 设M个独立观测数据$x_i(i=1,2,\cdots,M)$服从n个自由度的Γ分布,即

$$p(x_i\mid\alpha) = \frac{x_i^{n/2-1}\mathrm{e}^{-x_i/2\alpha}}{(2\alpha)^{n/2}\Gamma(n/2)}$$

(1) 试证明α的极大似然估计量为

$$\hat{\alpha}_{\mathrm{ML}} = \frac{1}{M}\sum_{i=1}^{M}s_i/n$$

(2) 试证明$\hat{\alpha}_{\mathrm{ML}}$是充分估计量;

(3)试证明$\hat{\alpha}_{\mathrm{ML}}$是$\alpha$的有效估计量。

3-23 已知代价函数

$$C(\theta-\hat{\theta}) = \begin{cases}0, & |\theta-\hat{\theta}|<\Delta\\ 1, & 其他\end{cases}$$

和观测数据x以及后验概率密度$p(\theta|x)$, $-\infty<\theta<\infty$。

(1) 试求参数θ的MAP估计量$\hat{\theta}_{\mathrm{MAP}}$;

(2) 当Δ趋于0时,试求估计量$\hat{\theta}_{\mathrm{MAP}}$的表达式;

(3) 若 $p((|x)$ 是对称和单峰的，则估计量 $\hat{\theta}_{\mathrm{MAP}}$ 等于什么？

3-24 考虑信号

$$\boldsymbol{r} = \boldsymbol{H}\boldsymbol{s} + \boldsymbol{n}$$

式中，$\boldsymbol{r}$ 和 $\boldsymbol{n}$ 皆为 $m \times 1$ 的列向量，s 为 $p \times 1$ 的列向量，$\boldsymbol{H}$ 是 $m \times p$ 矩阵；假设 $\boldsymbol{s}$ 和 $\boldsymbol{n}$ 是零均值列向量，其协方差矩阵分别为 $\boldsymbol{R}_s$ 和 $\boldsymbol{R}_n$。试确定 k 步线性均方预测值 s_{p+k}。

3-25 考虑信号

$$\boldsymbol{r} = \boldsymbol{s} + \boldsymbol{n}$$

式中

$$\boldsymbol{r} = \begin{bmatrix} r_{p-1} \\ r_{p-2} \\ r_{p-3} \end{bmatrix}, \quad \boldsymbol{s} = \begin{bmatrix} s_{p-1} \\ s_{p-2} \\ s_{p-3} \end{bmatrix}, \quad \boldsymbol{n} = \begin{bmatrix} n_{p-1} \\ n_{p-2} \\ n_{p-3} \end{bmatrix}$$

上式可视为连续时间过程的等周期采样样本。设

$$E[n_{p-i}n_{p-j}] = \rho^{|j-i|}; \quad E[s_{p-i}s_{p-j}] = R_s(j-i)$$

试求 p 时刻连续时间样本 s_p 的线性均方预测值。

3-26 考虑连续时间过程的等周期采样样本

$$\boldsymbol{x} = \begin{bmatrix} x_{p-1} \\ x_{p-2} \\ x_{p-3} \end{bmatrix}, \quad 且 \quad E[x_{p-i}x_{p-j}] = \rho^{|j-i|}$$

试证明 p 时刻连续时间样本 x_p 的线性均方预测值为

$$\hat{x}_p = \rho x_{p-1}$$

第四章　数学模型辨识

本章复习随机数据预处理、时间序列模型(AR、MA 和 ARMA)以及带有输入控制的自回归模型(ARX)和自回归滑动平均模型(ARMAX)的基本概念。重点复习随机数据预处理、时间序列模型和单输入—单输出线性动态系统的辨识方法。

4.1　基本知识点

本节主要内容包括:低通信号和带通信号的采样方式;随机序列的统计特性;时间序列模型的自相关函数和偏相关函数;时间序列模型类型、阶次和参数的辨识方法;ARX 模型和 ARMAX 模型的最小二乘辨识算法以及闭环控制系统可辨识条件。

4.1.1　随机数据预处理

在工程上,任何观测波形皆有不同程度的畸变或失真,除了极少数情况以外,被测对象的真实波形往往是不知道的,亦即没有真实波形可供比较,故而观测波形的畸变是不容易被察觉的。因此,未经数据检验、修正和反演等数据预处理,而直接根据采样数据进行计算分析或者建立数据源的数学模型,往往会得到错误的结论,有时甚至可能把已经被“扭曲”的采样数据的处理结果加以推广应用。为避免出现这种意外的状况,在介绍时间序列建模和动态系统辨识之前,有必要熟悉随机数据预处理的基本方法。

随机数据预处理主要包括如下三个方面内容:

(1) 数据获取:对传感器、检测器或测量仪器输出的信号 $x(t)$ 进行采样和记录,即可获得采样数据 $x(kT_s)$ $(k=0,1,\cdots,N-1)$。

(2) 数据修正:数据修正是数据预处理的一个关键步骤,其主要任务是:①剔除野点或奇异项(过高和过低的采样数据);②分析并校正数据,使之与实际物理单位相联系;③ 消除波形基线漂移和波形趋势项。

(3) 数据检验:数据源的基本特性——平稳性、独立性、正态性和周期性直接影响到正确应用信号处理算法和正确解释信号处理结果。

一、采样信号

采样数据与随机序列(Samples & Random sequences):以采样周期 T_s 对实平稳随机信号 $x(t)$ 进行采样与量化,在一系列时刻 kT_s 上得到一系列采样数据 $x(kT_s)$

$(k=0,1,\cdots,N-1)$。采样数据与采样周期的乘积 $x[k]=T_s \cdot x(kT_s)(k=0,1,\cdots,N-1)$称为随机序列,记为$\{x_k\}$,或简记为 x_k。注意:对于离散控制系统而言,直接利用采样数据 $x(k)=x(kT_s)$进行计算。

低通过程采样(Lowpass processes sampling):通常根据连续时间信号 $x(t)$的上限频率 f_h 来确定等间隔采样周期,即

$$T_s \leqslant \frac{1}{2f_h} \quad 或 \quad f_s \geqslant 2f_h \tag{D1-1}$$

式中,$f_s=1/T_s$,称为采样频率;不发生频谱混叠效应的最低采样频率 $f_s=2f_h$ 称为奈奎斯特频率(或折叠频率)。一般以连续时间信号的最高预估频率的 1.5 ~2 倍作为上限频率 f_h。

窄带信号(Narrowband signals):窄带信号 $x(t)$是指信号的带宽 B 远小于载波频率 f_c,亦即 $B/f_c \leqslant 1/10$。

带通过程采样(Bandpass processes sampling):考虑到窄带信号的有用信息全部包含在它的包络中,因此,在实际应用中很少直接对窄带信号进行采样,而是先对窄带信号进行正交解调,然后,对解调后得到的两个频率较低的正交分量进行采样。

带通过程欠采样(Bandpass processes under - sampling):假设窄带信号 $x(t)$的中心频率为 f_c,带宽为 B,其最高频率为 $f_h=f_c+B/2$。当 f_h/B 等于整数时,最小采样频率 f_{sm} 按下式选取而不会丢失信号 $x(t)$所携带的有用信息。即

$$f_{sm} = 2B = \frac{2f_h}{m} = \frac{1}{T_{sm}} \tag{D1-2}$$

式中,$m \leqslant [f_h/B]$。

二、随机序列的统计特性

一元概率密度:一元随机序列 $\boldsymbol{x}_k(k=0,1,\cdots,N-1)$的概率密度函数可由下式估计:

$$p(x) = \frac{N_x}{N \times \Delta x} \tag{D1-3}$$

式中,Δx 是以 x_k 为中心的窄区间;N_x 是随机序列 x_k 落在这个窄区间的数目。

二元联合概率密度:随机序列 x_k 和 $y_k(k=0,1,\cdots,N-1)$的联合概率密度函数为

$$p(x,y) = \frac{N_{xy}}{N \times \Delta x \times \Delta y} \tag{D1-4}$$

式中,Δx 和 Δy 分别是中心为 x_k 和 y_k 的两个窄区间;N_{xy}是随机序列 x_k 和 y_k 同时落在这两个窄区间的数目。

注意:概率密度的估计不是唯一的,它取决于分组区间的选择。

样本均值(Mean value of samples):一元随机序列 $x_k(k=0,1,\cdots,N-1)$ 的样本均值为

$$\bar{x} = \frac{1}{N}\sum_{k=0}^{N-1} x_k \overset{\text{def}}{=} \hat{\mu}_x \qquad \text{(D1-5)}$$

样本方差(Variance of samples):一元随机序列 $x_k(k=0,1,\cdots,N-1)$ 的样本方差为

$$s_N^2 = \frac{1}{N-1}\sum_{k=0}^{N-1} (x_k - \bar{x})^2 \overset{\text{def}}{=} \hat{\sigma}_x^2 \qquad \text{(D1-6)}$$

样本(自)相关函数(Auto-correlation function of samples):一元随机序列 $x_k(k=0,1,\cdots,N-1)$ 的样本自相关序列为

$$\hat{R}_x[m] = \frac{1}{N-m-1}\sum_{k=0}^{N-m-1} x_{k+m}\cdot x_k, \quad (m=0,1,\cdots,M) \qquad \text{(D1-7)}$$

式中,m 是时间位移;M 为最大时间位移,$M \leqslant N-1$。为减小估计误差 $\text{var}\{\hat{R}_x[m]\}$,上式往往近似为

$$\hat{R}_x[m] \approx \frac{1}{N-1}\sum_{k=0}^{N-m-1} x_{k+m}\cdot x_k, \quad (m=0,1,\cdots,M) \qquad \text{(D1-8)}$$

样本(自)协方差函数(Auto-covariance function of samples):一元随机序列 $x_k(k=0,1,\cdots,N-1)$ 的样本协方差序列为

$$\begin{aligned}\hat{C}_x[m] &= \hat{R}_{\tilde{x}}[m] = \hat{R}_x[m] - \bar{x}^2 \\ &\approx \frac{1}{N-1}\sum_{k=0}^{N-m-1} x_{k+m}\cdot x_k - \left(\frac{1}{N}\sum_{k=0}^{N-1} x_k\right)^2 \end{aligned} \qquad \text{(D1-9)}$$

样本(自)相关系数(Auto-correlation coefficient of samples):一元随机序列 $x_k(k=0,1,\cdots,N-1)$ 的样本相关系数为

$$\hat{\rho}_x[m] = \frac{C_x[m]}{C_x[0]} = \frac{R_x[m] - \bar{x}^2}{s_N^2} \qquad \text{(D1-10)}$$

样本(互)相关函数(Cross-correlation function of samples):二元各态历经过程的一次实验样本 x_k 和 $y_k(k=0,1,\cdots,N-1)$ 的样本互相关序列为

$$\begin{cases} R_{xy}[m] \approx \dfrac{1}{N-1}\displaystyle\sum_{k=0}^{N-m-1} x_{k+m}\cdot y_k & (m=0,1,\cdots,M) \\ R_{yx}[m] \approx \dfrac{1}{N-1}\displaystyle\sum_{k=0}^{N-m-1} y_{k+m}\cdot x_k, & (m=0,1,\cdots,M) \end{cases} \qquad \text{(D1-11)}$$

样本(互)协方差函数(Cross-correlation function of samples):二元各态历经过程的一次实验样本 x_k 和 $y_k(k=0,1,\cdots,N-1)$ 的均值分别为

$$\bar{x} = \frac{1}{N}\sum_{k=0}^{N-1} x_k, \quad \bar{y} = \frac{1}{N}\sum_{k=0}^{N-1} y_k \qquad \text{(D1-12)}$$

去均值后,不含直流分量的二元随机序列分别记为

$$\tilde{x}_k = x_k - \bar{x},\quad \tilde{y}_k = y_k - \bar{y}$$

其互协方差序列为

$$\begin{cases} \hat{C}_{xy}[m] \approx \dfrac{1}{N-1}\sum_{k=0}^{N-m-1}\tilde{x}_{k+m}\cdot\tilde{y}_k \quad (m=0,1,\cdots,M) \\ \hat{C}_{yx}[m] \approx \dfrac{1}{N-1}\sum_{k=0}^{N-m-1}\tilde{y}_{k+m}\cdot\tilde{x}_k, \quad (m=0,1,\cdots,M) \end{cases} \tag{D1-13}$$

式中,$M<N-1$。

样本(互)相关系数(Cross – correlation coefficient of samples):二元各态历经过程一次实验样本 x_k 和 $y_k(k=0,1,\cdots,N-1)$ 的样本相关系数为

$$\hat{\rho}_{xy}[m] = \frac{\hat{C}_{xy}[m]}{\hat{C}_{xy}[0]} \tag{D1-14}$$

样本协方差矩阵和相关系数矩阵(Covariance matrix of samples & Correlation matrix of samples):对于 N 维一元或二元实平稳随机向量而言,样本自协方差矩阵或互协方差矩阵 $\boldsymbol{C}$、样本自相关系数矩阵或互相关系数矩阵 $\boldsymbol{\Gamma}$ 均为非负定的 Toeplitz 矩阵,即

$$\boldsymbol{C} = \begin{bmatrix} C[0] & C[1] & \cdots & C[N-1] \\ C[1] & C[0] & \cdots & C[N-2] \\ \vdots & \vdots & \cdots & \vdots \\ C[N-1] & C[N-2] & \cdots & C[0] \end{bmatrix} \tag{D1-15}$$

和

$$\boldsymbol{\Gamma} = \begin{bmatrix} \rho[0] & \rho[1] & \cdots & \rho[N-1] \\ \rho[1] & \rho[0] & \cdots & \rho[N-2] \\ \vdots & \vdots & \cdots & \vdots \\ \rho[N-1] & \rho[N-2] & \cdots & \rho[0] \end{bmatrix} \tag{D1-16}$$

功率谱估计(Spectral estimation):随机序列的功率谱与相关函数是一傅里叶变换对。如果利用样本相关序列的傅里叶变换来估计功率谱,则谱密度的频率分辨力 Δf 与样本相关序列的最大时间位移 $M\cdot T_s$(M 为正整数)之间的关系是

$$\Delta f = \frac{1}{MT_s} \quad 或 \quad \Delta\omega = \frac{2\pi}{MT_s} \tag{D1-17}$$

式中,T_s 为平稳随机过程 $x(t)$ 的采样周期。

三、波形基线修正与统计特性检验

如果随机序列 x_k 含有趋势项,则相关系数 $\rho_x[m]$ 与时间位移 m 的关系是线性的。因此,在检验随机序列是否含有周期信号成分之前,应先消除随机序列中的趋

势项。除了书中介绍的平均斜率法和最小二乘法之外，一阶差分法($z_k = x_k - x_{k-1}$)或二阶差分法($z_k = x_k - 2x_{k-1} + x_{k-2}$)也是常用的基线修正方法。波形修正的主要作用是：

(1) 避免累积误差：在分析随机数据时，往往需要进行大量的数值计算，而且可能涉及到数值积分。观测波形基线的移动，即便是微小量，对积分结果的影响也是很大的。

(2) 统一变换基准：在分析随机数据时，利用间接测量方法获取一些无法直接测量的参数、各种参量之间的校核计算等，都有可能涉及到参量的微、积分变换或非线性变换等问题。如果没有统一的基准，就难以正确解释数学变换结果的物理意义。

(3) 消除趋势项：周期大于波形记录长度的波形分量称为趋势项。如果不消除波形的趋势项，则在估计随机序列的功率谱中将会出现很大的畸变，使功率谱的低频分量完全失去真实性。

随机数据统计检验的主要内容有：

(1) 平稳性检验(Wide - sense stationary case tests)：最简单的方法是直接研究产生随机序列的现象及其物理特性。若此现象的基本物理因素不随时间变化，就可认为随机序列是平稳的。此外，从记录的时间波形来看，平稳性的重要特征是其均值和方差波动小、波形的峰谷变化均匀、频率结构较为一致。

(2) 正态性检验(Normal distribution tests)：关于正态性检验，简明的方法是计算出随机序列的概率密度，再与正态分布曲线比较。此外，还可以把随机序列标在专用的正态分布图上，若各数据点近似地落在一条直线上，则可判定该随机序列服从正态(高斯)分布。

(3) 独立性检验(Independency tests)：从理论上讲，若高斯随机序列 $x_k(k=0,1,\cdots,N-1)$ 是独立的，则其相关系数 $\rho_x[m](m=1,2,\cdots,M;M\leqslant N-1)$ 必为 0，但这一结论仅当样本容量 N 趋于无穷大时才成立。若用 $\rho_x(\tau)$ 代表总体相关系数，则不同样本的相关系数 $\rho_x[m]$ 将围绕 $\rho_x(\tau)$ 构成一种分布。如果这些不同的样本来自独立的高斯过程，那么，其相关系数的抽样分布近似服从于均值为 0、方差为 $1/N$ 的正态分布。

卡方检验(Chi - square tests)：设随机序列 $x_k(k=1,2,\cdots,N)$ 的相关系数为 $\rho_x[m](m=1,2,\cdots,M,M\leqslant N-1)$，则 χ^2 检验统计量(或 Box - Pierce Q 统计量)可表示为

$$Q(n) = N\sum_{m=1}^{M}\rho_x^2[m] \tag{D1 - 18}$$

式中，M 是相关系数的最大时间位移；N 是样本容量；$n=M-1$ 是 Q 统计量的自由度，在实际应用中，通常取 $n=[N/10]$，或者 $n=[\sqrt{N}]$。

根据期望置信度 α 和自由度 n，从 χ^2 - 分布表查出相应的 $\chi_\alpha^2(n)$ 值，如果

$$Q(n) \leqslant \chi_{\alpha}^{2}(n)$$

则判定相关系数$\rho_x[m]$与0没有显著的不同,称为不显著;反之,如果

$$Q(n) > \chi_{\alpha}^{2}(n)$$

则判定相关系数$\rho_x[m]$显著地异于0,它表示该随机序列x_k是相关的。

(4) 周期性检验(Periodicity tests):主要是检验随机序列中是否含有周期或准周期正弦型成分,较为直观的方法是估计随机序列的功率谱。这是因为在含有正弦型分量的频率上,随机序列的功率谱将叠加一个尖峰(δ函数),它对应于正弦型分量的平均功率(谱密度峰值×频率分辨力)。

如果随机序列x_k仅含有周期信号成分,则相关系数$\rho_x[m]$与时间位移m的关系必定是一条连续的振荡曲线,其周期长度L与相关系数$\rho_x[m]$的最大时间位移M相对应。例如,若随机序列中含有周期长度为$L=4$的正弦型分量,则对于自由度$n=M-1=3,7,11,\cdots$,$Q(n)$统计量都是显著的,且有$Q(3)>Q(7)>Q(11)>\cdots$。

4.1.2 时间序列模型与模型参数估计

时间序列的通用模型是"自回归滑动平均模型"(Auto - regressive moving average),记为ARMA(p,q)。当$q=0$时,称为p阶自回归模型(Auto - regressive,AR),用AR(p)表示;而当$p=0$时,则称为q阶滑动平均模型(Moving averrag,MA),用MA(q)表示。

一、时间序列模型

自回归序列(Auroregressive sequence):若零均值时间序列$x_k(k=0,1,\cdots,N-1)$可用p阶差分方程描述,则称为p阶自回归序列,简称AR(p)序列。即

$$x_k = a_1x_{k-1} + a_2x_{k-2} + \cdots + a_px_{k-p} + e_k \tag{D2-1}$$

式中,$a_i(i=1,2,\cdots,p)$称为自回归系数;$e_k \sim N(0,{\sigma_e}^2)$,且$E[x_{k-i}\ e_k]=0, \forall 0<i\leqslant p$。

滑动平均序列(Moving average sequence):如果零均值时间序列$x_k(k=0,1,\cdots,N-1)$可用q阶差分方程描述,则称为q阶滑动平均序列,简称MA(q)序列。即

$$x_k = e_k - b_1e_{k-1} - b_2e_{k-2} - \cdots - b_qe_{k-q} \tag{D2-2}$$

式中,$e_k \sim N(0,{\sigma_e}^2)$,且$E[x_ke_{k-i}]=0, \forall 0<i\leqslant q$。

自回归滑动平均序列(Auroregressive moving average sequence):由下列差分方程描述的零均值时间序列$x_k(k=0,1,\cdots,N-1)$,称为ARMA(p,q)序列。即

$$x_k = a_1x_{k-1} + a_2x_{k-2} + \cdots + a_px_{k-p} + e_k - b_1e_{k-1} - b_2e_{k-2} - \cdots - b_qe_{k-q} \tag{D2-3}$$

式中,$a_i(i=1,2,\cdots,p)$称为自回归系数;$b_j(j=1,2,\cdots,q)$称为平滑系数,且$p\geqslant q$;

$e_k \sim N(0,\sigma_e{}^2)$；$E[x_k e_{k-j}]=0,\forall 0<j\leq q$。

二、AR 模型参数估计

AR 模型参数的矩估计（Autocorrelation method）：AR(p)序列 x_k 满足尤尔－沃尔克（Yule－Walker，YW）方程：

$$\begin{cases} R_i = \sum_{k=1}^{p} a_k R_{i-k}, & (i>0) \\ R_0 = \sum_{k=1}^{p} a_k R_{-k} + \sigma_e^2, & (i=0) \end{cases} \tag{D2-4}$$

其中，R_i 是 x_k 和 x_{k-i} 之间的自相关函数，且有 $R_i=R_{-i}$。若将方程（D2－4）的等号两边同除以 x_k 的方差（$R_0=\sigma_x{}^2$），则有

$$\begin{bmatrix} \rho_1 \\ \rho_2 \\ \vdots \\ \rho_p \end{bmatrix} = \begin{bmatrix} 1 & \rho_1 & \cdots & \rho_{p-1} \\ \rho_1 & 1 & \cdots & \rho_{p-2} \\ \vdots & \vdots & \ddots & \vdots \\ \rho_{p-1} & \rho_{p-2} & \cdots & 1 \end{bmatrix} \begin{bmatrix} a_1 \\ a_2 \\ \vdots \\ a_p \end{bmatrix} \tag{D2-5}$$

由此可解出自回归系数 a_i 的估计值，记为 $\hat{a}^i(i=1,2,\cdots,p)$。

AR 模型参数的最小二乘估计（Least－squares method）：将 AR（p）定义式（D2－1）写成矩阵形式：

$$\boldsymbol{x} = \boldsymbol{\Phi\theta} + \boldsymbol{e}$$

式中

$$\boldsymbol{x} = \begin{bmatrix} x_p \\ x_{p+1} \\ \vdots \\ x_{N-1} \end{bmatrix}, \boldsymbol{\Phi} = \begin{bmatrix} x_{p-1} & x_{p-2} & \cdots & x_0 \\ x_p & x_{p-1} & \cdots & x_1 \\ \vdots & \vdots & \vdots & \vdots \\ x_{N-2} & x_{N-3} & \cdots & x_{N-p-1} \end{bmatrix}$$

$$\boldsymbol{\theta} = [a_1 \quad a_2 \quad \cdots \quad a_p]^{\mathrm{T}} \overset{\mathrm{def}}{=} \boldsymbol{a}, \boldsymbol{e} = [e_{p+1} \quad e_{p+2} \quad \cdots \quad e_{N-p}]^{\mathrm{T}}$$

若 $\boldsymbol{\Phi}^{\mathrm{T}}\boldsymbol{\Phi}$ 是非奇异的，则可根据最小二乘估计法确定 AR(p)模型参数的估计值

$$\hat{\boldsymbol{\theta}}_{\mathrm{LS}} = (\boldsymbol{\Phi}^{\mathrm{T}}\boldsymbol{\Phi})^{-1}\boldsymbol{\Phi}^{\mathrm{T}}\boldsymbol{x} \overset{\mathrm{def}}{=} [\hat{a}_1 \quad \hat{a}_2 \quad \cdots \quad \hat{a}_p]^{\mathrm{T}} \tag{D2-6}$$

若将式（D2－1）视为一步预测方程，则一步最优预测可写成

$$\hat{x}_{k|k-1} = \hat{a}_1 x_{k-1} + \hat{a}_2 x_{k-2} + \cdots + \hat{a}_p x_{k-p} \tag{D2-7}$$

一步预测方差的 ML 估计量可表示为

$$\hat{\sigma}_{\mathrm{ML}}^2 = \frac{1}{N-p}\sum_{k=p}^{N-1}(x_k - \hat{x}_{k|k-1})^2 = \frac{(\boldsymbol{x}-\boldsymbol{\Phi}\hat{\boldsymbol{\theta}}_{\mathrm{LS}})^{\mathrm{T}}(\boldsymbol{x}-\boldsymbol{\Phi}\hat{\theta}_{\mathrm{LS}})}{N-p} \tag{D2-8}$$

AR 模型参数的 LMS 自适应估计(LMS adaptive algorithm):考虑图 4-1 所示的一步预测线性组合器,一步预测偏差为

$$\tilde{x}_{k|k-1} = x_k - \hat{x}_{k|k-1} = x_k - w_{k1}x_{k-1} - \cdots - w_{kp}x_{k-p} \tag{D2-9}$$

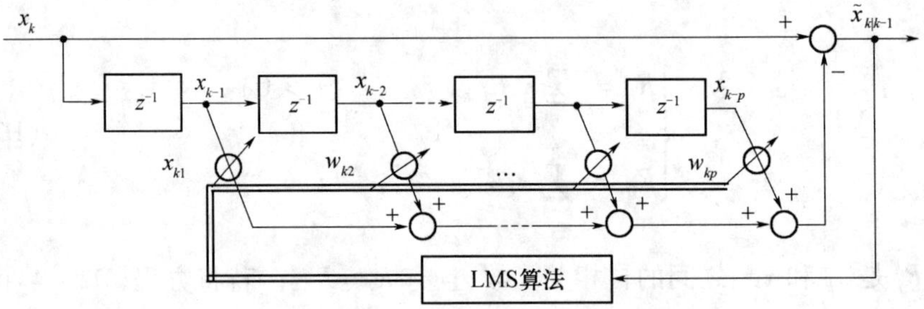

图 4-1　用 LMS 自适应算法估计 AR(p)模型参数

根据 LMS 自适应算法,从 $k=p$ 开始迭代计算权系数:

$$w_{(k+1)i} = w_{ki} + 2\mu e_k x_{k-i}, \quad (i = 1,2,\cdots,p) \tag{D2-10}$$

式中,μ 为自适应常数,通常取 $\mu \leqslant 1/p$。

权系数的维纳解 $\boldsymbol{W}_{\text{opt}} = [\hat{w}_{k1}, \hat{w}_{k2}, \cdots, \hat{w}_{kp}]^{\text{T}}$ 是通过使一步预测的均方误差最小而得到的,即

$$\min J_k = \min_{W_{\text{opt}}} E(\tilde{x}_{k|k-1}^2) = \min_{W_{\text{opt}}} E\left[\left(x_k - \sum_{i=1}^{p} \hat{w}_{ki} x_{k-i}\right)^2\right]$$

当 $a_i = w_{ki}(i=1,2,\cdots,p)$ 时,令 $s_{N-p}{}^2$ 表示一步预测偏差 $\tilde{s}_{k|k-1}$ 的平方和在观测时间长度($N-p$)上的平均值,不妨假设随机序列 $\tilde{x}_{k|k-1}{}^2$ 是均值遍历的,当 N 足够大时,其时间平均趋近于总体期望值,因而 $s_{N-p}{}^2$ 又可视为图 4-1 所示的一步预测的均方误差:

$$s_{N-p}^2 = E[\tilde{x}_{k|k-1}^2] = J_k$$

当选取系数 $a_i = \hat{w}_{ki}(i=1,2,\cdots,p)$ 使一步预测的均方误差 J_k 达到最小时,这些系数恰好是 AR(p)模型参数的 ML 估计量 $\hat{a}_i$。

当时间序列 $x_k(k=0,1,\cdots,N-1)$ 波动很大时,应先对原始序列作归一化处理,然后再按式(D2-10)迭代回归系数。这种算法的第 k 次迭代步骤为:

(1) 计算 $x_{k(i}(i=1,\cdots,p)$ 的均方和:

$$s_k = \sqrt{\sum_{i=1}^{p} x_{k-i}^2}, \quad (k = p, p+1, \cdots, N-1) \tag{D2-11}$$

(2) 将 $x_{k-i}(i=1,2,\cdots,p)$ 除以 s_k,得到新的时间序列 z_k,即

$$z_{k-i} = x_{k-i}/s_k, \quad (k = p, p+1, \cdots, N-1) \tag{D2-12}$$

（3）在 AR(p)模型中，令 $a_i = w_{ki}$，计算序列 z_k 的一步预测偏差

$$e_k = z_k - \sum_{i=1}^{p} w_{ki} z_{k-i} \tag{D2-13}$$

（4）利用自适应 LMS 算法（D2－10）对回归系数进行一次循环迭代

$$w_{(k+1)i} = w_{ki} + 2\mu e_k z_{k-i}, \quad (i = 1,2,\cdots,p) \tag{D2-14}$$

从 $k=p$ 开始至 $k=N-1$ 完成一次循环迭代运算。如果在一次循环内权系数收敛到某个最优值，则停止迭代运算；否则，可利用原始数据开始新一轮循环迭代计算，直到权系数收敛为止。一般用相邻两次迭代的权系数值的相对偏差作为判定收敛的准则：当

$$\left| \frac{w_{(k+1)i} - w_{ki}}{w_{(k+1)i}} \right| \leqslant \alpha, \quad (i = 1,2,\cdots,p) \tag{D2-15}$$

时，则表示第 k 次迭代的权系数 $w_{ki} = \hat{a}_i$ 已经收敛到稳态值（通常取 $\alpha = 0.05$）。

三、MA 模型参数估计

定理 4－1　MA(q)序列 $\{x_k\}$ 的自相关函数系数可表示为

$$\rho_x[i] = \frac{R_x[i]}{R_x[0]} = \begin{cases} 1, & (i = 0) \\ \dfrac{-b_i + b_1 b_{i+1} + \cdots + b_{q-i} b_q}{1 + b_1^2 + b_2^2 + \cdots + b_q^2}, & (i = 1,2,\cdots,q) \\ 0 & (i > q) \end{cases} \tag{D2-16}$$

即 MA(q)序列的自相关函数系数具有 q 步截尾的性质。

MA 模型参数的 LMS 自适应估计（LMS adaptive algorithm）：考虑 MA(q)模型（D2－2），令

$$\boldsymbol{e}_{k-1} = [e_{k-1}, e_{k-2}, \cdots, e_{k-q}]^{\mathrm{T}};$$
$$\boldsymbol{w}_k^{\mathrm{T}} = [b_{k1}, b_{k2}, \cdots, b_{kq}]$$

则有

$$e_k = x_k + \boldsymbol{w}_k^{\mathrm{T}} \boldsymbol{e}_{k-1}$$

由此可得到第 k 次迭代的梯度估计

$$\hat{\nabla}_k = 2e_k \cdot \boldsymbol{e}_{k-1}$$

于是，第 k 次权系数的迭代算法可表示为

$$\boldsymbol{w}_{k+1} = \boldsymbol{w}_k - 2\mu e_k \cdot \boldsymbol{e}_{k-1}, \quad (k = q+1, q+2, \cdots, N) \tag{D2-17}$$

其中，$\boldsymbol{e}_{k-1}$是不可直接测量的噪声，因而在迭代计算前，必须给出它的初始估计值。

类似地，当噪声序列 e_k（$k = 0,1,\cdots,N-1$）的波动较大时，应先作归一化处理，然后再迭代计算平滑系数。现将这种算法的第 k 次迭代步骤列写如下：

（1）求 $e_{k-i}(i=0,1,\cdots,q)$ 的均方和：

$$s_k = \sqrt{\sum_{i=0}^{q} e_{k-i}^2}, \quad (k = q,q+1,\cdots,N-1) \tag{D2-18}$$

（2）将 $e_{k-i}(i=0,1,\cdots,q)$ 除以 s_k，得到归一化噪声序列 $\boldsymbol{\varepsilon}_k$，即

$$\boldsymbol{\varepsilon}_{k-i} = e_{k-i}/s_k, \quad (k = q,q+1,\cdots,N-1) \tag{D2-19}$$

（3）将式（D2-17）改写成

$$\boldsymbol{w}_{k+1} = \boldsymbol{w}_k - 2\mu\boldsymbol{\varepsilon}_k \cdot \boldsymbol{\varepsilon}_{k-1}, \quad (k = q,q+1,\cdots,N-1) \tag{D2-20}$$

或者

$$b_{(k+1)i} = b_{ki} + 2\mu\boldsymbol{\varepsilon}_k\boldsymbol{\varepsilon}_{k-i}, \quad (k = q,q+1,\cdots,N-1) \tag{D2-21}$$

式中，ε_k 为 k 时刻的归一化噪声序列值。

从 $k=q$ 开始至 $k=N-1$ 完成一次循环迭代运算。如果在某一次循环内权系数收敛到某个最优值，则停止迭代运算；否则，仍然利用原始序列，开始新一轮循环迭代，直到全部权系数均收敛为止。

四、ARMA 模型参数估计

ARMA 模型参数的最小二乘估计（Least-squares method）：将 ARMA(p,q) 定义式（D2-3）改写成矩阵形式，即

$$x_k = \boldsymbol{\varphi}_{k-1}^{\mathrm{T}}\boldsymbol{\theta} + e_k \tag{D2-22}$$

式中

$$\boldsymbol{\varphi}_{k-1}^{\mathrm{T}} = [x_{k-1},x_{k-2},\cdots,x_{k-p},e_{k-1},e_{k-2},\cdots,e_{k-q}]$$
$$\boldsymbol{\theta}_{\mathrm{ARMA}} = [a_1,a_2,\cdots,a_p,-b_1,-b_2,\cdots,-b_q]^{\mathrm{T}}$$

由于 $e_{k-j}(j=1,2,\cdots,q)$ 是不可直接观测的噪声，因此只能用它的估计值 $\hat{e}_{k-j}$ 来代替。通常，可先利用最小二乘法估计 AR(p) 模型参数，并计算出 $\hat{e}_{k-j}(j=1,2,\cdots,q)$，然后，再利用最小二乘法估计 ARMA$(p,q)$ 模型的未知参数 $\boldsymbol{\theta}_{\mathrm{ARMA}}$。具体步骤如下：

（1）令

$$\boldsymbol{\theta}_{\mathrm{AR}} = [a_1 \quad \cdots \quad a_p]^{\mathrm{T}}$$

$$\boldsymbol{x} = \begin{bmatrix} x_p \\ x_{p+1} \\ \vdots \\ x_{N-1} \end{bmatrix}, \quad \boldsymbol{\Phi} = \begin{bmatrix} x_{p-1} & x_{p-2} & \cdots & x_0 \\ x_p & x_{p-1} & \cdots & x_1 \\ \vdots & \vdots & \vdots & \vdots \\ x_{N-2} & x_{N-3} & \cdots & x_{N-p-1} \end{bmatrix} = \begin{bmatrix} \boldsymbol{\varphi}_{p-1}^{\mathrm{T}} \\ \boldsymbol{\varphi}_p^{\mathrm{T}} \\ \vdots \\ \boldsymbol{\varphi}_{N-2}^{\mathrm{T}} \end{bmatrix}$$

式中，$N>p+q+1$。

（2）根据最小二乘法，未知参数 θ_{AR} 的估计值可表示为

$$\hat{\boldsymbol{\theta}}_{\mathrm{AR}} = (\boldsymbol{\Phi}^{\mathrm{T}}\boldsymbol{\Phi})^{-1}\boldsymbol{\Phi}^{\mathrm{T}}\boldsymbol{x} \overset{\mathrm{def}}{=} [\hat{a}_1 \quad \hat{a}_2 \quad \cdots \quad \hat{a}_p]^{\mathrm{T}}$$

(3) 按下式计算噪声 e_k 的估计值,即

$$\hat{e}_k = x_k - \boldsymbol{\varphi}_{k-1}^{\mathrm{T}} \hat{\boldsymbol{\theta}}_{AR}, \quad (k = p, p+1, \cdots, N-1)$$

式中

$$\boldsymbol{\varphi}_{k-1}^{\mathrm{T}} = [x_{k-1}, x_{k-2}, \cdots, x_{k-p}]$$

(4) 令

$$\hat{\boldsymbol{\varphi}}_{k-1}^{\mathrm{T}} = [x_{k-1}, x_{k-2}, \cdots, x_{k-p}, \hat{e}_{k-1}, \hat{e}_{k-2}, \cdots, \hat{e}_{k-q}]$$

$$\boldsymbol{\theta}_{\mathrm{ARMA}} = [a_1, a_2, \cdots, a_p, -b_1, -b_2, \cdots, -b_q]^{\mathrm{T}}$$

则式(D2 -22)可写成如下形式,即

$$x_k = \hat{\boldsymbol{\varphi}}_{k-1}^{\mathrm{T}} \boldsymbol{\theta}_{\mathrm{ARMA}} + e_k \tag{D2 - 23}$$

(5) 令 $k = p+q, k = p+q+1, \cdots, N-1$,可得

$$\boldsymbol{x} = \begin{bmatrix} x_{p+q} \\ x_{p+q+1} \\ \vdots \\ x_{N-1} \end{bmatrix}, \quad \hat{\boldsymbol{\Phi}} = \begin{bmatrix} x_{p+q-1} & \cdots & x_q & \hat{e}_{p+q-1} & \cdots & \hat{e}_p \\ x_{p+q} & \cdots & x_{q+1} & \hat{e}_{p+q} & \cdots & \hat{e}_{p+1} \\ \vdots & \vdots & \vdots & \vdots & \cdots & \vdots \\ x_{N-2} & \cdots & x_{N-p-1} & \hat{e}_{N-2} & \cdots & \hat{e}_{N-q-1} \end{bmatrix} = \begin{bmatrix} \hat{\boldsymbol{\varphi}}_{p+q-1}^{\mathrm{T}} \\ \hat{\boldsymbol{\varphi}}_{p+q}^{\mathrm{T}} \\ \vdots \\ \hat{\boldsymbol{\varphi}}_{N-2}^{\mathrm{T}} \end{bmatrix}$$

(6) 根据最小二乘法,未知参数 $\boldsymbol{\theta}_{\mathrm{ARMA}}$ 的估计值可写成

$$\hat{\boldsymbol{\theta}}_{\mathrm{ARMA}} = (\hat{\boldsymbol{\Phi}}^{\mathrm{T}} \hat{\boldsymbol{\Phi}})^{-1} \hat{\boldsymbol{\Phi}}^{\mathrm{T}} \boldsymbol{x} \overset{\mathrm{def}}{=} [\hat{a}_1 \quad \cdots \quad \hat{a}_p \quad -\hat{b}_1 \quad \cdots \quad -\hat{b}_q]^{\mathrm{T}} \tag{D2 - 24}$$

一步预测方差的 ML 估计量为

$$\hat{\sigma}_{\mathrm{ML}}^2 = \frac{1}{N-p-q} \sum_{k=p+q}^{N-1} (x_k - \hat{\boldsymbol{\varphi}}_{k-1}^{\mathrm{T}} \hat{\boldsymbol{\theta}}_{\mathrm{ARMA}})^2 \tag{D2 - 25}$$

ARMA 模型参数的 LMS 自适应估计(LMS adaptive algorithm):当观测序列和偏差序列波动很大时,应先对它们作归一化处理。观测序列与偏差序列的均方和 s_k 按下式进行计算:

$$s_k = \sqrt{\sum_{n=0}^{q} \mathrm{e}_{k-n}^2 + \sum_{m=1}^{p} \tilde{x}_{k-m}^2}, \quad (k = p, p+1, \cdots, N-1) \tag{D2 - 26}$$

偏差序列 e_k 和零均值观测序列 $\bar{x}_k = x_k - \bar{x}(k = 0, 2, \cdots, N-1)$ 按下式进行归一化处理:

$$\varepsilon_{k-m} = \frac{e_{k-m}}{s_k}, z_{k-m-1} = \frac{x_{k-m-1}}{s_k}, \quad (m = 0, 1, \cdots, p) \tag{D2 - 27}$$

然后,利用式(D2 -14)和式(D2 -17)分别对 AR(p)模型参数和 MA(q)模型参数进行递推计算,从而实现对 ARMA(p,q)模型参数($q \leqslant p$)的 LMS 自适应估计,即

$$a_{(k+1)m} = a_{(k)m} + 2\mu\varepsilon_k z_{k-m}, \quad (m = 1, 2, \cdots, p; k = p, p+1, \cdots, N-1) \tag{D2 - 28}$$

$$b_{(k+1)n} = b_{(k)n} + 2\mu\varepsilon_k\varepsilon_{k-n}, \quad (n = 1,2,\cdots,q; k = q,q+1,\cdots,N-1) \tag{D2-29}$$

式中，ε_k 和 z_k 分别是归一化偏差序列和观测序列。

4.1.3 时间序列模型的辨识方法

在 AR 序列、MA 序列和 ARMA 序列中，只有 MA 序列的自相关函数具有 q 步截尾性质，而 AR 序列和 ARMA 序列的自相关函数都不是截尾的，因此，无法根据自相关函数的拖尾性质来区分 AR 序列和 ARMA 序列。为了能够准确识别时间序列模型，除了计算时间序列的自相关函数外，还需要计算时间序列的偏相关系数。

一、时间序列的偏相关系数

偏相关系数(Partial correlation coefficient)：考虑零均值平稳时间序列 $x_k(k=0,1,\cdots,N-1)$，在给定观测数据 $x_{k-1},x_{k-2},\cdots,x_{k-i+1}$ 的前提下，x_k 和 x_{k-i} 的条件相关系数称为时间序列的 i 阶偏相关系数，即

$$\psi_{ki} = \frac{E[x_k x_{k-i} \mid x_{k-1},x_{k-2},\cdots,x_{k-i+1}]}{\mathrm{var}(x_k \mid x_{k-1},x_{k-2},\cdots,x_{k-i+1})} \tag{D3-1}$$

式中，$E[\cdot \mid x_{k-1},x_{k-2},\cdots,x_{k-i+1}]$ 是关于条件概率密度 $p(x_k,x_{k-i} \mid x_{k-1},x_{k-2},\cdots,x_{k-i+1})$ 的期望值；$\mathrm{var}[\cdot \mid x_{k-1},x_{k-2},\cdots,x_{k-i+1}]$ 是关于条件概率密度 $p(x_k \mid x_{k-1},x_{k-2},\cdots,x_{k-i+1})$ 的方差。且有

$$\psi_{00} = \frac{E[x_0^2]}{\mathrm{var}(x_0)} = 1, \quad \psi_{11} = \frac{E[x_1x_0]}{\mathrm{var}(x_1)} = \frac{R_1}{\sigma_1} = \rho_1$$

定理 4-2 方程(D3-1)描述的 AR(p)序列的偏相关系数是 p 步截尾的，即

$$\begin{cases}\psi_{(p+1)i} = \psi_{pi} = a_i, & (i = 1,2,\cdots,p)\\ \psi_{ki} = 0, & (i = p+1,p+2,\cdots,k; k \geqslant i)\end{cases} \tag{D3-2}$$

定理 4-3 任意 MA 序列和 ARMA 序列均可用无穷阶 AR 序列来表示，或用阶数足够大的 AR 序列来近似表示。

二、时间序列模型的辨识方法

考察平稳时间序列的自相关系数和偏相关系数：

(1) 当时间序列的偏相关系数 ψ_{ki} 是 p 步截尾时，即当 $k>p$ 时，$\psi_{ki}=0$，就可判定该序列属于 AR(p)序列；

(2) 当时间序列的自相关系数 ρ_i 是 q 步截尾时，即当 $i>q$ 时，$\rho_i=0$，则可确定该序列属于 MA(q)序列；

(3) 当时间序列的自相关系数 ρ_i 和偏相关系数 ψ_{ki} 都是拖尾时，就可断定该序列属于 ARMA(p,q)序列，其中 p 和 q 为待定的模型阶次。

三、时间序列模型阶次的确定方法

根据时间序列自相关系数和偏相关系数的截尾性质，可分别确定 MA(q)模型

和 AR(p)模型的阶次。对于 ARMA(p,q)模型阶次的确定($p\geqslant q$),可根据日本学者赤池(Akaike)提出的最终预测误差准则(Final prediction error,FPE)、AIC 信息量准则(Akaike information criterion,AIC),其中,应用最广的是 AIC 准则。

(1) **FPE 准则**(Akaike's final prediction - error criterion):选择某一整数对(p_0,q_0),使最终预测误差达到最小值,从而确定 ARMA 模型的阶次(p_0,q_0)。在此,最终预测误差的表达式为

$$\mathrm{FPE}(p,q)=\hat{\sigma}_{ML}^{2}(p,q)\cdot\left(\frac{N+p+q+1}{N-p-q-1}\right),\quad(p+q=1,2,\cdots,K)\tag{D3-3}$$

式中,$\hat{\sigma}_{\mathrm{ML}}{}^{2}(p,q)$是一步预测方差 ML 估计量,参见式(D2-25);N 为数据样本的容量;K 表示 ARMA 模型真实阶次 $p+q$ 的某个上界,且有 $K<N$。

(2) **AIC 准则**(Akaike's information theoretic criterion):选择某一整数对(p_0,q_0),使 AIC 信息量达到最小值,从而确定 ARMA 模型的阶次(p_0,q_0)。其中,AIC 信息量的计算公式为

$$\mathrm{AIC}(p,q)=\ln[\hat{\sigma}_{ML}^{2}(p,q)]+\frac{2(p+q+1)}{N},\quad(p+q=1,2,\cdots,K)\tag{D3-4}$$

四、时间序列模型的统计检验

时间序列模型确定之后,还需要检验模型的普适性。常用的方法是检验偏差序列 e_k 是否属于白噪声序列,即利用所建立的 ARMA(p,q)模型(当 $q=0$ 时,为 AR 序列;当 $p=0$ 时,为 MA 序列)对历史数据进行一步递推预测,计算出偏差序列估值 $\hat{e}_k(k=0,1,\cdots,N-1)$的自相关系数 $\rho_m(m=1,2,\cdots,M)$,并验证 Box - Pierce 统计量

$$Q=N\sum_{m=1}^{M}\rho_m^2\tag{D3-5}$$

是否服从$\chi_{\alpha}^{2}(M-p-q)$分布。在此,通常取 $\alpha=0.05$,$M\approx[N/4]$,$p+q\leqslant[N/10]$(或$[\sqrt{N}]$)。

根据置信度 α 和统计量 Q 的自由度 $M-p-q$,从χ^2 分布表查出$\chi_{\alpha}^{2}(M-p-q)$值,如果

$$Q\leqslant\chi_{\alpha}^{2}(M-p-q)\tag{D3-6}$$

则判定检验统计量 Q 不显著,即 e_k 是不相关序列,模型辨识结果正确;反之,则判定检验统计量 Q 是显著的,亦即 e_k 是相关序列,模型辨识结果不正确。

4.1.4 ARX 模型的最小二乘估计

考虑带有输入控制的自回归模型(Auto - regressive with extra inputs, ARX):

$$A(z)y_k = z^{-d}B(z)u_k + e_k \tag{D4-1}$$

式中

$$\begin{cases} A(z) = 1 + a_1 z^{-1} + a_2 z^{-2} + \cdots + a_n z^{-n} \\ B(z) = b_1 z^{-1} + b_2 z^{-2} + \cdots + b_m z^{-m} \end{cases}$$

正整数 d 是模型的输出延迟量，且有 $n \geqslant m + d$；e_k 是白噪声序列；u_k 和 y_k 分别是模型的输入、输出序列。将式(D4－1)写成差分方程(一步预测)的形式，就有

$$y_k = \boldsymbol{\varphi}_{k-1}^{\mathrm{T}}\boldsymbol{\theta} + e_k \tag{D4-2}$$

其中

$$\boldsymbol{\varphi}_{k-1}^{\mathrm{T}} = [-y_{k-1}, -y_{k-2}, \cdots, -y_{k-n}, u_{k-d-1}, u_{k-d-2}, \cdots, u_{k-d-m}]$$

$$\boldsymbol{\theta} = [a_1, a_2, \cdots, a_n, b_1, \cdots, b_m]^{\mathrm{T}}$$

要求根据 $N(N \gg n + m + 1)$ 个数据对$[y_k, u_k]$来估计未知参数 $\boldsymbol{\theta}$。

令 $k = 1, 2, \cdots, N$，则式(D4－2)可写成矩阵形式：

$$\boldsymbol{y}_N = \boldsymbol{\Phi}_{N-1} \cdot \boldsymbol{\theta} + \boldsymbol{e}_N \tag{D4-3}$$

式中

$$\boldsymbol{y}_N = [y_1 \quad \cdots \quad y_N]^{\mathrm{T}}, \quad \boldsymbol{\Phi}_{N-1} = [\boldsymbol{\varphi}_0^{\mathrm{T}} \quad \cdots \quad \boldsymbol{\varphi}_{N-1}^{\mathrm{T}}]^{\mathrm{T}}, \quad \boldsymbol{e}_N = [e_1 \quad \cdots \quad e_N]^{\mathrm{T}}$$

于是，ARX 模型参数的最小二乘估计可表示为

$$\hat{\boldsymbol{\theta}}_{\mathrm{LS}} = (\boldsymbol{\Phi}_{N-1}^{\mathrm{T}}\boldsymbol{\Phi}_{N-1})^{-1}\boldsymbol{\Phi}_{N-1}^{\mathrm{T}}\boldsymbol{y}_N \tag{D4-4}$$

注意，在输入－输出观测数据对向量 φ_{k-1} 中，一般令

$$\begin{cases} y_{k-i} = 0, & (k - i \leqslant 0, i = 1, 2, \cdots, n) \\ u_{k-d-j} = 0, & (k - d - j \leqslant 0, j = 1, 2, \cdots, m) \end{cases}$$

此外，还要求观测数据的个数 $N \gg n + m + 1$，这不仅可以保证$(\boldsymbol{\Phi}^{\mathrm{T}}\boldsymbol{\Phi})$非奇异，而且还可以降低模型噪声序列 e_k 的影响，从而改善参数估计的精度。

一、开环模型参数的可辨识条件

对于式(D4－1)所示的 ARX 模型，为了获得多项式未知参数$[a_1, a_2, \cdots, a_n]$和$[b_1, b_2, \cdots, b_m]$的渐近无偏估计量，ARX 模型的噪声序列 e_k 和输入序列 u_k 应满足如下条件：

(1) e_k 是白噪声序列。

(2) u_k 的均值 $\bar{u}$ 和协方差矩阵 $\boldsymbol{C}_u$ 有界；且满足$(m+1)$阶持续激励条件，即

$$\boldsymbol{C}_u = \begin{bmatrix} C_u[0] & C_u[1] & \cdots & C_u[m] \\ C_u[1] & C_u[0] & \cdots & C_u[m-1] \\ \vdots & \vdots & \ddots & \vdots \\ C_u[m] & C_u[m-1] & \cdots & C_u[0] \end{bmatrix}$$

是实对称正定矩阵。

(3) u_k 与 e_k 独立。

二、闭环模型参数的可辨识条件

如果系统的输入序列 u_k 是通过输出序列 y_k 的反馈得到的,就有可能造成系统模型中的某些参数不能被正确地估计出来。

定理 4-4(闭环过程模型参数的可识别条件, Identifiability of closed-loop structures parameter) 在图 4-2 所示的反馈控制系统中,假设

$$A(z) = 1 + a_1 z^{-1} + \cdots + a_n z^{-n}; \quad B(z) = b_1 z^{-1} + \cdots + b_m z^{-m}$$
$$C(z) = 1 + c_1 z^{-1} + \cdots + c_r z^{-p}; \quad D(z) = 1 + d_1 z^{-1} + \cdots + d_q z^{-q}$$

那么,过程模型参数 $a_i(i=1,2,\cdots,n)$ 和 $b_j(j=1,2,\cdots,m)$ 的可识别条件是

$$p \geqslant m-d; q \geqslant n-d \tag{D4-5}$$

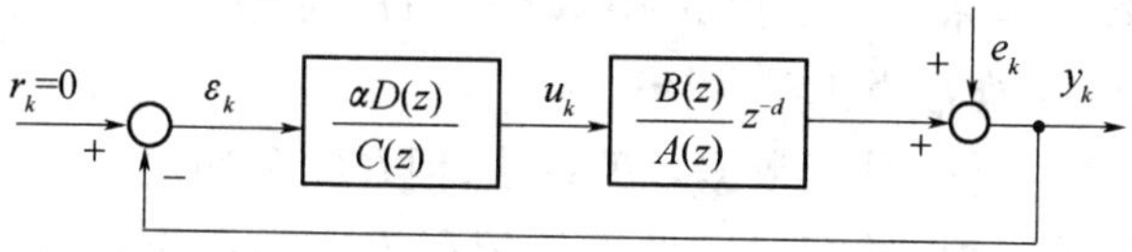

图 4-2 反馈控制系统框图(参考输入 $r_k=0$)

三、ARX 模型阶次的确定

将 ARX 模型表达式(D4-1)改写成

$$\begin{aligned} y_k = & -a_1 y_{k-1} - a_2 y_{k-2} - \cdots - a_n y_{k-n} + b_1 u_{k-1} + \\ & b_2 u_{k-2} + \cdots + b_n u_{k-n} + e_k \end{aligned} \tag{D4-6}$$

其中,阶次 n 是未知的。

(1) 奥斯特罗姆 F 检验法(Åström's F-tests):设 J_p^N 和 J_q^N 分别是根据 N 个观测数据对 p 阶和 q 阶 ARX 模型参数进行最小二乘估计所得到的一步预测偏差的平方和,即

$$\begin{aligned} J_n^N &= \boldsymbol{e}^{\mathrm{T}}\boldsymbol{e} \\ &= (\boldsymbol{y}_N - \boldsymbol{\Phi}_{N-1}\cdot\hat{\boldsymbol{\theta}}_{\mathrm{LS}})^{\mathrm{T}}(\boldsymbol{y}_N - \boldsymbol{\Phi}_{N-1}\cdot\hat{\boldsymbol{\theta}}_{\mathrm{LS}}), \quad (n=p,q) \end{aligned} \tag{D4-7}$$

用 F 统计量

$$F = \frac{J_p^N - J_q^N}{J_q^N} \times \frac{N-q}{q-p} \sim F(q-p, N-q) \tag{D4-8}$$

来检验模型阶次的显著性。

具体检验方法是:给定某一置信水平 α(通常取 $\alpha=0.05$),查 F 分布表得到临界值 F_α。若 $F \leqslant F_\alpha$,则表示模型阶次 p 和 q 没有显著差异,通常取较小的阶次作为 ARX 模型的阶次;如果 $F > F_\alpha$,则表示模型阶次 p 和 q 显著不同,一般认为偏差平方和较小的模型阶次更接近于真实的模型阶次。在这种情况下,需要改变模型阶次 p 或 q,重新计算并检验 F 统计量,直至模型阶次 p 和 q 没有显著差异为止。

(2) 赤池最终预测误差和信息准则(FPE criterion & AIC criterion):赤池提出用最终预报误差

$$\mathrm{FPE}(n) = J_n^N \times \left(\frac{N+n}{N-n}\right) \tag{D4-9}$$

或赤池信息量

$$\mathrm{AIC}(n) = \ln J_n^N + \frac{2n}{N-n} \tag{D4-10}$$

来确定 ARX 模型的阶次。

与线性静态模型参数估计一样,为了检验所选择的 ARX 模型是否恰当,在进行动态模型辨识时,可保留一组输入(输出数据对作为检验数据集,待辨识出 ARX 模型后,用这组数据对来验证所得的 ARX 模型的普适性或泛化能力。

四、无限记忆递推最小二乘估计

基本最小二乘法是一种批数据处理算法,但在实际的控制过程中,测量装置将不断提供新的输入-输出数据对。如果希望利用这些新的数据来改善 ARX 模型参数的估计精度,就应当采用递推最小二乘法(Recursive least-squares algorithm)。

重新考虑式(D4-1)所示的 ARX 模型:

$$y_k = \boldsymbol{\varphi}_{k-1}^{\mathrm{T}}\boldsymbol{\theta} + e_k \tag{D4-11}$$

其中

$$\boldsymbol{\varphi}_{k-1}^{\mathrm{T}} = [-y_{k-1}, -y_{k-2}, \cdots, -y_{k-n}, u_{k-d-1}, u_{k-d-2}, \cdots, u_{k-d-m}]$$

$$\boldsymbol{\theta} = [a_1, a_2, \cdots, a_n, b_1, \cdots, b_m]^{\mathrm{T}}$$

在式(D4-11)中,令 $k=1,2,\cdots,N$,则有

$$\boldsymbol{y}_N = \boldsymbol{\Phi}_{N-1}\cdot\boldsymbol{\theta} + \boldsymbol{e}_N \tag{D4-12}$$

式中

$$\boldsymbol{y}_N = \begin{bmatrix} y_1 \\ \vdots \\ y_N \end{bmatrix},\quad \boldsymbol{\Phi}_{N-1} = \begin{bmatrix} \boldsymbol{\varphi}_0^{\mathrm{T}} \\ \vdots \\ \boldsymbol{\varphi}_{N-1}^{\mathrm{T}} \end{bmatrix},\quad \boldsymbol{e}_N = \begin{bmatrix} e_1 \\ \vdots \\ e_N \end{bmatrix}$$

根据最小二乘算法,N 时刻未知参数 $\boldsymbol{\theta}$ 的 LS 估计量可表示为

$$\hat{\boldsymbol{\theta}}_N = [\boldsymbol{\Phi}_{N-1}^{\mathrm{T}}\boldsymbol{\Phi}_{N-1}]^{-1}\boldsymbol{\Phi}_{N-1}^{\mathrm{T}}\boldsymbol{Y}_N \tag{D4-13}$$

如果用 $\boldsymbol{\Phi}_k$ 和 $\boldsymbol{Y}_{k+1}$ 分别表示 $k+1$ 时刻的观测数据对矩阵和模型输出向量,即

$$\boldsymbol{\Phi}_k = \begin{bmatrix} \boldsymbol{\Phi}_{k-1} \\ \boldsymbol{\varphi}_k^{\mathrm{T}} \end{bmatrix},\quad \boldsymbol{Y}_{k+1} = \begin{bmatrix} \boldsymbol{y}_k \\ y_{k+1} \end{bmatrix} \tag{D4-14}$$

则 $k+1$ 时刻的最小二乘估计量 $\hat{\boldsymbol{\theta}}_{k+1}$ 可按下列式子进行循环递推计算:

$$\begin{cases} \boldsymbol{K}_k = \boldsymbol{P}_{k-1}\boldsymbol{\varphi}_k/(1+\boldsymbol{\varphi}_k^{\mathrm{T}}\boldsymbol{P}_{k-1}\boldsymbol{\varphi}_k) \\ \boldsymbol{P}_k = (\boldsymbol{I}-\boldsymbol{K}_k\boldsymbol{\varphi}_k^{\mathrm{T}})\boldsymbol{P}_{k-1} \\ \hat{\boldsymbol{\theta}}_{k+1} = \hat{\boldsymbol{\theta}}_k + \boldsymbol{K}_k(y_{k+1}-\boldsymbol{\varphi}_k^{\mathrm{T}}\hat{\boldsymbol{\theta}}_k) \end{cases} \tag{D4-15}$$

式中，$\boldsymbol{K}_k$ 称为增益向量；$\boldsymbol{P}_k$ 称为 k 时刻的协方差矩阵，它可表示为

$$\boldsymbol{P}_{k-1} = (\boldsymbol{\Phi}_{k-1}^{\mathrm{T}}\boldsymbol{\Phi}_{k-1})^{-1} \tag{D4-16}$$

且有

$$\boldsymbol{P}_k = (\boldsymbol{I}-\boldsymbol{K}_k\boldsymbol{\varphi}_k^{\mathrm{T}})\boldsymbol{P}_{k-1} \tag{D4-17}$$

式(D4－15)表明，新的估计量 $\hat{\boldsymbol{\theta}}_{k+1}$ 等于前一时刻的估计量 $\hat{\boldsymbol{\theta}}_k$ 与修正量 $\boldsymbol{K}_k(y_{k+1}-\boldsymbol{\varphi}_k^{\mathrm{T}}\hat{\theta}_k)$ 之和，这是一切递推公式的共同特征。在启动递推算法时($k=1$)，必须预先确定初值 $\hat{\theta}_1$ 和 $\boldsymbol{P}_0$。在工程上，一般令

$$\hat{\boldsymbol{\theta}}_1 = 0,\quad \boldsymbol{P}_0 = \sigma_e^2\boldsymbol{I} \tag{D4-18}$$

其中 $\sigma_e{}^2 \gg 1$。然后，根据 $k+1$ 时刻的观测数据对向量 φ_k 进行循环递推运算，直至修正量趋近于0为止。从数学上看，尽管按式(D4－18)确定初值的初始偏差较大，但相应的修正作用也较大，因此这种递推算法的效率较高。

此外，还可以先取得 $k=N>m+n+1$ 组观测数据对矩阵 $\boldsymbol{\Phi}_{N-1}$，事先计算出

$$\hat{\boldsymbol{\theta}}_N = [\boldsymbol{\Phi}_{N-1}^{\mathrm{T}}\boldsymbol{\Phi}_{N-1}]^{-1} = \boldsymbol{P}_{N-1}\boldsymbol{\Phi}_{N-1}^{\mathrm{T}}\boldsymbol{y}_N \tag{D4-19}$$

其中 $\boldsymbol{P}_{N-1}=[\boldsymbol{\Phi}_{N-1}{}^{\mathrm{T}}\boldsymbol{\Phi}_{N-1}]^{-1}$，再根据 $k+1$ 时刻的观测数据对向量 φ_k，按式(D4－15)进行递推运算。

五、限定记忆递推最小二乘估计

递推最小二乘法适用于估计定常 ARX 模型或平稳过程中的未知参数。对于时变系统或非平稳过程，由于参数的时变信息更多地体现在当前的观测数据中，而与先前观测数据的关系逐渐减弱。因此利用全部数据对来计算的增益向量 $\boldsymbol{K}_k$，反而削弱了递推过程跟踪时变参数的能力。为解决这一问题，可采用如下所述的方法：

(1) 当怀疑观测数据发生显著变化时，应把当前时刻 k 的 $\boldsymbol{P}_{k-1}$ 设置为 $\boldsymbol{P}_0$，重新进行递推估计。

(2) 对先前数据引入遗忘因子 $\lambda(0<\lambda\leqslant 1)$，逐渐削弱它们在参数递推估计过程中的影响。为此，可引入加权目标函数：

$$J(\boldsymbol{\theta}) = \mathrm{e}_N^{\mathrm{T}}\boldsymbol{W}_{N-1}\mathrm{e}_N = (\boldsymbol{y}_N-\boldsymbol{\Phi}_{N-1}\hat{\boldsymbol{\theta}}_N)^{\mathrm{T}}\boldsymbol{W}_{N-1}(\boldsymbol{y}_N-\boldsymbol{\Phi}_{N-1}\hat{\boldsymbol{\theta}}_N) \tag{D4-20}$$

式中

$$\boldsymbol{W}_{N-1} = \mathrm{diag}\{\lambda^{N-1},\lambda^{N-2},\cdots,1\} \tag{D4-21}$$

根据最小二乘法，N 时刻未知参数 $\boldsymbol{\theta}$ 的 LS 估计量可表示为

$$\hat{\boldsymbol{\theta}}_N = [(\boldsymbol{\Phi}_{N-1}^{\mathrm{T}}\boldsymbol{W}_{N-1}\boldsymbol{\Phi}_{N-1})^{-1}(\boldsymbol{\Phi}_{N-1}^{\mathrm{T}}\boldsymbol{W}_{N-1})]\boldsymbol{y}_N \tag{D4-22}$$

每当取得一个新的数据对 φ_k，就对加权矩阵 $\boldsymbol{W}_N$ 乘以 λ。于是，$N+1$ 时刻未知参数 $\boldsymbol{\theta}$ 的 LS 估计量就可写成

$$\hat{\boldsymbol{\theta}}_{N+1} = \left(\begin{bmatrix}\boldsymbol{\Phi}_{N-1}\\ \boldsymbol{\varphi}_N^{\mathrm{T}}\end{bmatrix}^{\mathrm{T}}\begin{bmatrix}\lambda\boldsymbol{W}_{N-1} & 0\\ 0 & 1\end{bmatrix}\begin{bmatrix}\boldsymbol{\Phi}_{N-1}\\ \boldsymbol{\varphi}_N^{\mathrm{T}}\end{bmatrix}\right)^{-1}\begin{bmatrix}\boldsymbol{\Phi}_{N-1}\\ \boldsymbol{\varphi}_N^{\mathrm{T}}\end{bmatrix}^{\mathrm{T}}\begin{bmatrix}\lambda\boldsymbol{W}_{N-1} & 0\\ 0 & 1\end{bmatrix}\begin{bmatrix}\boldsymbol{y}_N\\ y_{N+1}\end{bmatrix} \tag{D4-23}$$

如果用 $\boldsymbol{\Phi}_k$ 和 $\boldsymbol{Y}_{k+1}$ 分别表示 $k+1$ 时刻的观测数据对矩阵和模型输出向量：

$$\boldsymbol{\Phi}_k = \begin{bmatrix}\boldsymbol{\Phi}_{k-1}\\ \boldsymbol{\varphi}_k^{\mathrm{T}}\end{bmatrix},\quad \boldsymbol{Y}_{k+1} = \begin{bmatrix}\boldsymbol{y}_k\\ y_{k+1}\end{bmatrix} \tag{D4-24}$$

则 $k+1$ 时刻的最小二乘估计量 $\hat{\theta}_{k+1}$ 可按下列式子进行循环递推计算：

$$\begin{cases}\boldsymbol{K}_k = \boldsymbol{P}_{k-1}\boldsymbol{\varphi}_k/(\lambda + \boldsymbol{\varphi}_k^{\mathrm{T}}\boldsymbol{P}_{k-1}\boldsymbol{\varphi}_k)\\ \boldsymbol{P}_k = (\boldsymbol{I} - \boldsymbol{K}_k\boldsymbol{\varphi}_k^{\mathrm{T}})\boldsymbol{P}_{k-1}/\lambda\\ \hat{\boldsymbol{\theta}}_{k+1} = \hat{\boldsymbol{\theta}}_k + \boldsymbol{K}_k(y_{N+1} - \boldsymbol{\varphi}_k^{\mathrm{T}}\hat{\boldsymbol{\theta}}_k)\end{cases} \tag{D4-25}$$

直至 $\hat{\boldsymbol{\theta}}_{k+1}$ 与 $\hat{\boldsymbol{\theta}}_k$ 无限接近为止。

由于遗忘因子 λ 的作用是将“老”的数据逐渐从“记忆”中去掉，因而将这种算法称为“渐消记忆”法，或称为带有遗忘因子的递推最小二乘法（Recursive least - squares algorithm with forgetting factors）。

关于 λ 的选取，一般可根据经验或通过实验来确定的，取值范围大约在[0.95, 0.99]之间。如果参数随时间的变化较大，则应选取较小的 λ 值，使最新数据有较大的权重；反之亦然。然而，倘若 λ 值取得太小，就有可能使递推过程产生急剧波动而增大估计误差。

在启动上述递推算法时（$k=1$），必须先确定初值 $\hat{\boldsymbol{\theta}}_1$ 和 $\boldsymbol{P}_0$。在工程上，一般令

$$\hat{\boldsymbol{\theta}}_1 = \boldsymbol{0},\quad \boldsymbol{P}_0 = \sigma_e^2\boldsymbol{I} \tag{D4-26}$$

其中 $\sigma_{\mathrm{e}}^2 \gg 1$。

与无限记忆递推最小二乘法一样，也可先根据 $k=N$ 时刻所获得的观测数据矩阵 $\boldsymbol{\Phi}_{N-1}$，计算出

$$\begin{cases}\boldsymbol{P}_{N-1} = (\boldsymbol{\Phi}_{N-1}^{\mathrm{T}}\boldsymbol{W}_{N-1}\boldsymbol{\Phi}_{N-1})^{-1}\\ \hat{\boldsymbol{\theta}}_N = [(\boldsymbol{\Phi}_{N-1}^{\mathrm{T}}\boldsymbol{W}_{N-1}\boldsymbol{\Phi}_{N-1})^{-1}\boldsymbol{\Phi}_{N-1}^{\mathrm{T}}\boldsymbol{W}_{N-1}]\boldsymbol{y}_N\end{cases} \tag{D4-27}$$

然后，再根据 $k+1$ 时刻的观测数据对 φ_k，按式（D4－25）进行循环递推运算。

4.1.5 ARMAX 模型的最小二乘估计

在 ARX 模型中,假设观测噪声是有色噪声,记为 ε_k,则式(D4－11)可表示为

$$A(z)y_k = z^{-d}B(z)u_k + \varepsilon_k \tag{D5－1}$$

在工程上,有色噪声 ε_k 往往可视为白噪声 e_k 通过成型滤波器 $C(z)$ 而产生的,即

$$\varepsilon_k = [1 + C(z)]e_k = e_k + c_1 e_{k-1} + \cdots + c_l e_{k-l} \tag{D5－2}$$

式中,l 是成型滤波器的阶次。

将上式代入式(D5－1),并写成差分方程的形式,就有

$$\begin{aligned} y_k = & - a_1 y_{k-1} - a_2 y_{k-2} - \cdots - a_n y_{k-n} + \\ & b_1 u_{k-d-1} + b_2 u_{k-d-2} + \cdots + b_m u_{k-d-m} + \\ & c_1 e_{k-1} + c_2 e_{k-2} + \cdots + c_l e_{k-l} + e_k \end{aligned} \tag{D5－3}$$

上式称为带有输入控制的自回归滑动平均模型(Auto－regressivie moving average with extra inputs, ARMAX)。因为白噪声序列 e_k 是不可测量的,所以只能设法用估计值 $\hat{e}_k$ 取代真实的 e_k。具体步骤如下:

(1) 在初始估计时,先将式(D5－1)中的有色噪声序列 ε_k 视为白噪声序列 e_k,应用基本最小二乘法求出一步预估量 $\hat{\boldsymbol{y}}_{N|N-1}$,再按下式计算 e_k 的估计值,即

$$\hat{\boldsymbol{e}}_N = \boldsymbol{y}_N - \hat{\boldsymbol{y}}_{N|N-1} = \boldsymbol{y}_N - \boldsymbol{\Phi}_{N-1} \cdot \hat{\boldsymbol{\theta}}_{\text{ARX}} \tag{D5－4}$$

式中

$$\boldsymbol{y}_N = [y_1 \quad \cdots \quad y_N]^{\text{T}}, \quad \boldsymbol{\Phi}_{N-1} = [\boldsymbol{\varphi}_0^{\text{T}} \quad \cdots \quad \boldsymbol{\varphi}_{N-1}^{\text{T}}]^{\text{T}}, \quad \hat{\boldsymbol{e}}_N = [\hat{e}_1 \quad \cdots \quad \hat{e}_N]^{\text{T}}$$

$$\boldsymbol{\varphi}_k^{\text{T}} = [-y_{k-1}, y_{k-2}, \cdots, -y_{k-n}, u_{k-d-1}, u_{k-d-2}, \cdots, u_{k-d-m}]$$

$$\hat{\boldsymbol{\theta}}_{\text{ARX}} = [\hat{a}_1, \cdots, \hat{a}_n, \hat{b}_1, \cdots, \hat{b}_m]^{\text{T}}$$

(2) 完成了上述步骤后,就可以将 ARMAX 模型(D5－3)写成下列形式,即

$$y_k = \hat{\boldsymbol{\varphi}}_{k-1}^{\text{T}} \boldsymbol{\theta}_{\text{ARMAX}} + e_k \tag{D5－5}$$

式中

$$\begin{aligned} \hat{\boldsymbol{\varphi}}_{k-1}^{\text{T}} = & [-y_{k-1}, -y_{k-2}, \cdots, -y_{k-n}, \\ & u_{k-d-1}, u_{k-d-2}, \cdots, u_{k-d-m}, \hat{e}_{k-1}, \hat{e}_{k-2}, \cdots, \hat{e}_{k-l}] \end{aligned}$$

$$\boldsymbol{\theta}_{\text{ARMAX}} = [a_1, \cdots, a_n, b_1, \cdots, b_m, c_1, \cdots, c_l]^{\text{T}}$$

于是,可按前面介绍的无限记忆递推最小二乘估计公式(D4－15),或限定记忆递推最小二乘估计公式(D4－25),来估计 ARMAX 模型的参数,即

$$\hat{\boldsymbol{\theta}}_{\text{ARMAX}} = [\hat{a}_1, \cdots, \hat{a}_n, \hat{b}_1, \cdots, \hat{b}_m, \hat{c}_1, \cdots, \hat{c}_l]^{\text{T}}$$

在递推计算过程中,$k+1$ 时刻的观测数据对 的估计值 $\hat{\varphi}_k$ 按下式更新:

$$\hat{\boldsymbol{\varphi}}_k^{\text{T}} = [-y_k, -y_{k-1}, \cdots, -y_{k-n+1}, u_{k-d}, u_{k-d-1}, \cdots, u_{k-d-m+1}, \hat{e}_k, \hat{e}_{k-1}, \cdots, \hat{e}_{k-l+1}] \tag{D5－6}$$

式中

$$\hat{e}_k = y_k - \hat{\boldsymbol{\varphi}}_{k-1}^{\mathrm{T}} \hat{\boldsymbol{\theta}}_{k,\mathrm{ARMAX}} \tag{D5-7}$$

以上介绍的广义最小二乘法(Extended least - squares algorithm),又称为增广矩阵法(Extended matrix method)。在应用广义最小二乘法进行参数估计时,观测数据的容量同样必须大于或等于被估计参数的数目,即 $N(n+m+l+1$。除此之外,还有许多其他方法,如辅助变量法、极大似然法等,皆可用于估计 ARMAX 模型的参数。不过,由于广义最小二乘法计算速度较快,因而多用于实时性要求较高的场合。

4.2 习题解答

4-1 为了使观测数据能够真实地反映观测对象的静、动态特性,必须根据实际观测数据建立数据源的数学模型。这种提法是否正确? 请举例说明之。

答:这种提法不正确。

任何观测波形皆有不同程度的畸变或失真,就像我们在“哈哈镜”中所看到的形象一样。除了极少数情况以外,被测对象的真实波形往往是不知道的,亦即没有真实波形可供比较,故而观测波形的畸变是不容易被察觉的。因此,未经数据检验、修正和反演等数据预处理,而直接根据采样数据进行计算分析或者建立数据源的数学模型,往往会得到错误的结论,有时甚至可能把已经被“扭曲”的采样数据的处理结果加以推广应用。

4-2 对同一观测对象进行测量,是否可以用两种或两种以上不同类型的传感器来验证观测数据的正确性? 请举例说明之。

答:可以。

利用不同的测量原理(即用不同类型的传感器)将同一物理量转化为电量,可以直观地判断传感器输出的电量是否正确地反映了被测物理量的大小。

4-3 请简要叙述随机数据预处理的目的。

答:随机数据预处理主要包括如下三个方面内容,这些内容间接地反映了随机数据预处理的目的。

(1) 数据获取:对传感器、检测器或测量仪器输出的信号 $x(t)$ 进行采样和记录,即可获得采样数据(或随机数据)$x(kT_s)$ $(k=0,1,\cdots,N-1)$。在多数应用场合下,往往将采样数据存储起来,或者通过有线(或无线)传输方式将采样数据传送到终端。如果采样数据是在控制过程中获得的,则需要在线实时处理这些数据。

(2) 数据修正:数据修正是数据预处理的一个关键步骤,其主要任务是:① 剔除野点或奇异项(过高和过低的采样数据);② 分析并校正数据,使之与实际物理单位相联系;③ 消除波形基线漂移和波形趋势项。

数据修正涉及到各种数学工具的应用,例如,一阶差分法可用于检验奇异项;

平均估计法用于检验波形基线的漂移；最小二乘法或平均斜率法可用于消除波形的趋势项。

（3）数据检验：了解数据源的基本特性——平稳性、独立性、正态性和周期性是十分重要的，因为它们是正确应用信号处理算法和正确解释信号处理结果的前提条件。平稳过程与非平稳过程、高斯过程与非高斯过程、相关序列与独立序列、周期信号与非周期信号的处理方法是不同的，例如，卡尔曼滤波的基本假设是初始状态、过程噪声和观测噪声均服从高斯分布，且互相独立，因此，正确判断随机序列的统计特性，可以避免采用错误的信号处理算法；又如，产生周期性数据和非周期数据的物理现象（数据源）是截然不同的。因此，正确判别数据源的基本特性，是随机信号与系统学科领域中的一项极其重要的工作。

4－4 实信号 $x(t)$ 和 $y(t)$ 的相似度 c_{xy} 定义为

$$c_{xy} = \frac{1}{\sqrt{E_x E_y}} \int_{-\infty}^{\infty} y(t)x(t)\mathrm{d}t = c_{xy}$$

式中，E_x 和 E_y 分别为信号 $x(t)$ 和 $y(t)$ 的能量。试举例说明互相关函数（或互相关系数）可用来检验两个随机序列的相似性。

解：对于任意实数 τ，实信号 $y(t)$ 与时延信号 $x(t-\tau)$ 的内积

$$R_{yx}(\tau) = \int_{-\infty}^{\infty} y(t)x(t-\tau)\mathrm{d}t$$

称为（互）相关函数。相关函数的归一化表达式

$$\rho_{yx}(\tau) = \frac{1}{\sqrt{E_x E_y}} \int_{-\infty}^{\infty} y(t)x(t-\tau)\mathrm{d}t$$

称为相关系数。不难证明 $|\rho_{yx}(\tau)| \leqslant 1$。显然，当 $\tau=0$ 时，则有 $\rho_{yx}(0)=c_{xy}$。由此可见，波形相似度 c_{yx}，正是相关系数 $\rho_{yx}(\tau)$ 在时延 $\tau=0$ 时的取值。

例如，应用波形相似度来检测雷达信号。设发射信号和回波信号分别为 $x(t)$ 和 $y(t)$，如图 P4－1 所示。直接计算二者的波形相似度，就有

$$c_{yx} = \frac{1}{\sqrt{E_x E_y}} \int_{-\infty}^{\infty} y(t)x(t)\mathrm{d}t = 0$$

这是因为 $x(t)$ 和 $y(t)$ 在时轴上没有重叠部分，即便二者的波形完全一致，其波形相似度 c_{xy} 仍然为零。为了克服这一问题，可将回波信号 $y(t)$ 与任意时延 τ 的发射信号 $x(t-\tau)$ 进行比较。当时延 $\tau=\tau_m$ 时，如果二者的相关系数 $\rho_{yx}(\tau_m)$ 最大，则表示已检测到回波信号，同时也确定了回波信号 $y(t)$ 相对于发射信号 $x(t)$ 的时延 τ_m。

补充知识：自相关分析法是随机序列分析的常用方法，其具体步骤如下：

（1）计算原始序列去均值后（零均值序列）的自相关系数，绘制自相关系数分析图。如果在 $\rho[1]$ 或 $\rho[2]$ 之后，$\rho[i]$ $(i \geqslant 2)$ 快速地逼近于 0，就表明该序列是平稳的；否则，该序列就属于非平稳序列。

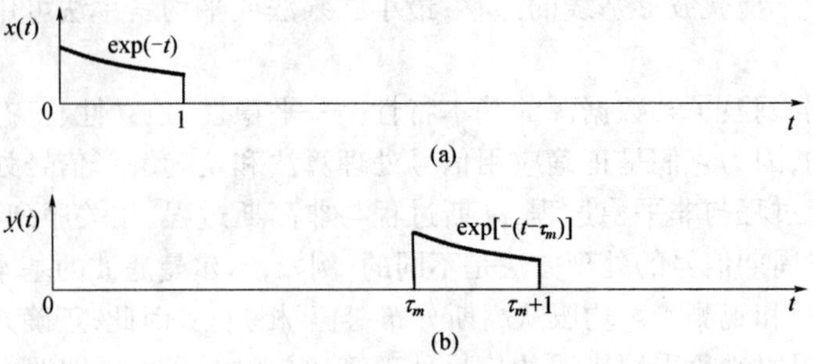

图 P4－1　习题 4－4

（2）当自相关分析图显现出非平稳特征时，取原序列的一阶差分，得到新的差分序列，称为一阶差分序列。计算一阶差分序列的自相关系数，如果它显现出平稳序列的特征，转入步骤（3）；否则，计算二阶差分序列的自相关系数，绘制其自相关分析图。对于大多数实际序列而言，二阶差分序列通常是平稳的。

（3）如果随机序列是平稳的，分析它的自相关系数。如果 $\rho[i]\,(i>3)$ 的值较大，则存在季节性模型，其周期长度与最大自相关系数 $\rho[i]$ 的时延 i 相对应。如果卡方检验表明自相关系数是显著的，则表明有非平稳的模型存在。如果卡方检验表明自相关系数不显著，则表明序列中不包含如何模型（即确定性因素），属于随机序列。

4－5　考虑表 P4－1 给出的随机序列值和卡方分布表 P4－2。要求：

（1）计算并画出原始数据的自相关系数，检验原始数据的独立性和周期性；

（2）计算并画出原始数据的一阶和二阶差分序列的自相关系数，检验原始数据去除趋势项后的独立性和周期性。

表 P4－1　习题 4－5

序列号 k	序列值 x_k	序列号 k	序列值 x_k	序列号 k	序列值 x_k
1	2.44	5	19.58	9	55.70
2	5.30	6	26.99	10	67.36
3	8.97	7	35.95	11	79.63
4	13.88	8	45.86	12	92.13

表 P4－2　$P\{\chi^2(n) > \chi^2_{0.05}(n)\} = 0.05$

n	1	2	3	4	5	6	7	8	9	10
$\chi^2_\alpha(n)$	3.841	5.991	7.815	9.488	11.071	12.592	14.067	15.507	16.919	18.307

解：（1）从表 P4－1 可以看出，原始序列 $x_k\,(k=1,2,\cdots,12)$ 的均值不为零，其自相关系数 $\rho_x[i]$ 估计值可按下式估计：

$$\hat{\rho}_x[i] = \frac{\hat{C}_x[i]}{\hat{\sigma}_x^2} \approx \frac{1}{N-1}\cdot\frac{\sum_{k=1}^{N-i}(x_{k+i}-\bar{x})(x_k-\bar{x})}{\hat{\sigma}_x^2},\quad (i=0,1,\cdots,N;N=12)$$

式中，$\bar{x}$ 表示原始序列 $x_k(k=1,2,\cdots,12)$ 的均值。在此，利用 MATLAB 命令 xcov 和 var 分别计算序列 y_k 的自相关序列

$$\sum_{k=1}^{N-i}(x_{k+i}-\bar{x})(x_k-\bar{x})$$

和方差$\hat{\sigma}_x^2$。

图 P4－2 给出了自相关系数估计值$\hat{\rho}_x[i]$的曲线。从图中可见，$\hat{\rho}_x[1]$和$\hat{\rho}_x[2]$显著异于0，故该随机序列是非平稳的(存在趋势项)。此外，$\rho_x[i](i>3)$的值较小，且$\hat{\rho}_x[11]=-0.1898$ 接近于0，这说明表 P4－1 给出的随机序列不包含季节性模型。

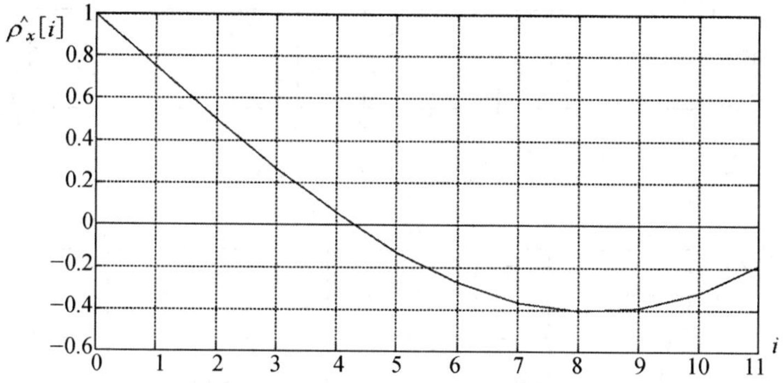

图 P4－2　习题 4－5

（2）去趋势项。从表 P4－1 可以看出，原始序列 $x_k(k=1,2,\cdots,12)$ 存在明显的趋势项。表 P4－3 分别给出了与原始序列 x_k 相对应的一阶差分序列 $z_{k1}=x_{k+1}-x_k$ 和二阶差分序列 $z_{k2}=x_{k+2}-2x_k+x_{k-1}$。

表 P4－3　习题 4－5，零均值序列

序列号 k	序列值 x_k	一阶差分序列值 z_{k1}	一阶差分序列值 z_{k2}
1	2.44	2.86	0.81
2	5.30	3.67	1.24
3	8.97	4.91	0.79
4	13.88	5.70	1.71
5	19.58	7.41	1.55
6	26.99	8.96	0.95
7	35.95	9.91	−0.07
8	45.86	9.84	1.82
9	55.70	11.66	0.61
10	67.36	12.27	0.23
11	79.63	12.50	—
12	92.13	—	—

(3) 计算一阶差分序列(去均值后)自相关系数的估计值$\hat{\rho}_{z1}[i]$,如图 P4－2a 所示。显然,$\hat{\rho}_{z1}[i]$与$\hat{\rho}_{x}[i]$具有相似的变化趋势,因而一阶差分序列仍然是非平稳的,需要进一步计算二阶差分序列自相关系数的估计值$\hat{\rho}_{z2}[i]$,如图 P4－2b 所示。从图中可见,在二阶差分水平上,序列达到平稳。

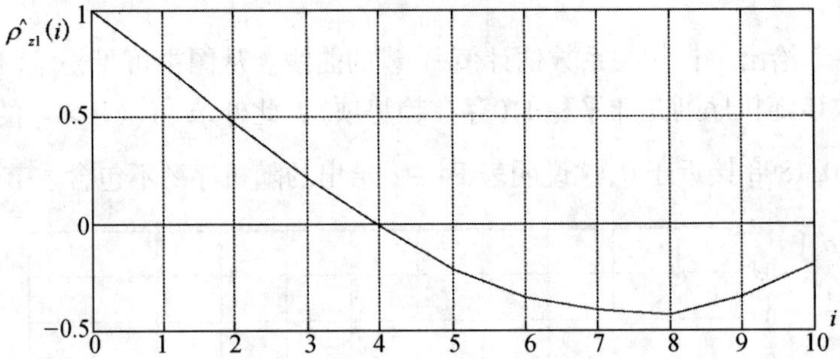

图 P4－2a　习题 4－5

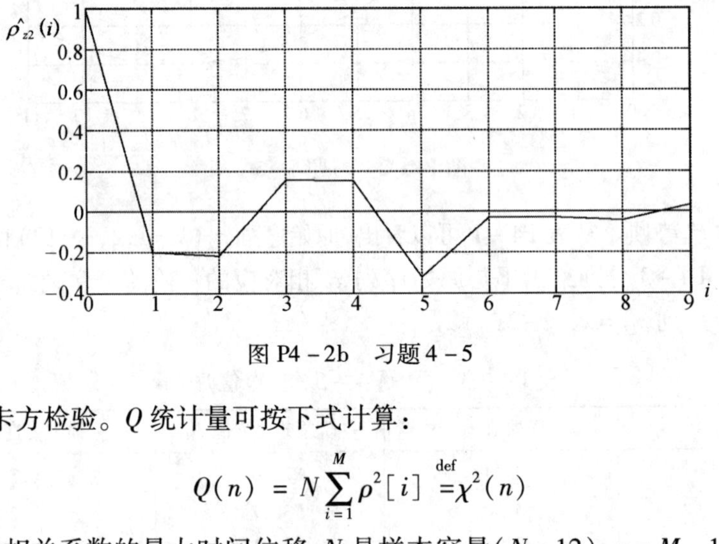

图 P4－2b　习题 4－5

(4) 卡方检验。Q 统计量可按下式计算:

$$Q(n) = N\sum_{i=1}^{M}\rho^2[i] \overset{\text{def}}{=} \chi^2(n)$$

其中,M 是相关系数的最大时间位移;N 是样本容量($N=12$);$n=M-1$ 是 Q 统计量的自由度,在实际应用中,通常取 $n=[N/10]$,或者 $n=[\sqrt{N}]$。在此,取 $n=[\sqrt{12}]=4$,$M=5$。

图 P4－2a 自相关系数的 Q 统计量为

$$\chi^2(4) = 12[0.751^2 + 0.452^2 + 0.213^2 + (-0.01)^2 + (-0.215)^2] = 10.32$$

对照表 P4－2,显然有

$$\chi^2(4) = 10.32 > \chi^2_{0.05}(4) = 9.488$$

这表明自相关系数$\hat{\rho}_{z1}[i]$是显著的,即一阶差分序列 z_{k1} 是相关的(存在趋势项)。

此外，由于$\hat{\rho}_{z1}[i](i>3)$的值较小，故一阶差分序列z_{k1}不存在季节性模型。

图 P4－2b 自相关系数的 Q 统计量为

$$\chi^2(4)=12[(-0.202)^2+(-0.217)^2+0.155^2+0.151^2+(-0.322)^2]=2.86$$

对照表 P4－2，显然有

$$\chi^2(4)=2.86<\chi^2_{0.05}(4)=9.488$$

这表明自相关系数$\hat{\rho}_{z2}[i]$不显著，即二阶差分序列z_{k1}是随机序列的。由于$\hat{\rho}_{z2}[i]$$(i>3)$的值较小，因此，二阶差分序列$z_{k2}$既不存在季节性模型又不存在趋势项。

4－6 设$x(t)$是一零均值的平稳随机过程，其自相关函数的前三个值分别为

$$R_x[0]=2,\quad R_x[1]=0,\quad R_x[2]=-1$$

在这种情况下，是否能用 ARMA(1,1)来拟合该随机过程？

解：ARMA(1,1)过程的模型为

$$x_k=a_1x_{k-1}+e_k-b_1e_{k-1}$$

两边同乘以x_{k-2}，并取数学期望值：

$$E[x_k\cdot x_{k-2}]=E[(a_1x_{k-1}+e_k-b_1e_{k-1})\cdot x_{k-2}]$$

亦即

$$R_x[2]=a_1R_x[1]$$

或者

$$a_1=\frac{R_x[2]}{R_x[1]}=\frac{1}{0}=\infty$$

由此可知，在题设的条件下，不可能拟合一个 ARMA(1,1)过程。

4－7 试推导 MA(2)模型

$$x_k=e_k+b_1e_{k-1}+b_2e_{k-2}$$

的自相关系数表达式，并说明它是一随时间衰减的数列。

解：MA(2)模型的两边乘以x_k，并取数学期望值：

$$\begin{aligned}R_x[0]&=E[x_k^2]\\&=E[(e_k+b_1e_{k-1}+b_2e_{k-2})^2]\\&=\sigma_e^2(1+b_1^2+b_2^2)\end{aligned}$$

式中，$\sigma_e{}^2=E[e_k{}^2]$。MA(2)模型的分别两边乘以x_{k-1}和x_{k-2}，并取数学期望值，可得

$$\begin{aligned}R_x[1]&=E[x_kx_{k-1}]\\&=E[(e_k+b_1e_{k-1}+b_2e_{k-2})(e_{k-1}+b_1e_{k-2}+b_2e_{k-3})]\end{aligned}$$

$$= \sigma_e^2(b_1 + b_1 b_2)$$

$$R_x[2] = E[x_k x_{k-2}]$$

$$= E[(e_k + b_1 e_{k-1} + b_2 e_{k-2})(e_{k-2} + b_1 e_{k-3} + b_2 e_{k-4})]$$

$$= \sigma_e^2 \cdot b_2$$

于是,自相关系数可表示为

$$\rho_0 = 1,\quad \rho_1 = \frac{b_1(1 + b_2)}{1 + b_1^2 + b_2^2},\quad \rho_2 = \frac{b_2}{1 + b_1^2 + b_2^2}$$

因为MA(q)序列的自相关系数具有 q 步截尾的性质,所以在一般情况下其自相关系数 ρ_i 是一随时间 i 增大而衰减的数列。

4-8 分别考虑表P4-4和表P4-5所给出的时间序列值。

表P4-4 习题4-8

序列号 k	序列值 x_k	序列号 k	序列值 x_k	序列号 k	序列值 x_k
0	4.200	7	1.700	14	7.960
1	5.800	8	2.020	15	6.780
2	6.900	9	2.710	16	5.070
3	7.620	10	3.630	17	5.040
4	5.570	11	5.180	18	6.020
5	3.340	12	7.110	19	7.610
6	2.000	13	8.260	20	10.320

表P4-5 习题4-8

序列号 k	序列值 x_k	序列号 k	序列值 x_k	序列号 k	序列值 x_k
0	10.5	7	9.8	14	8.8
1	10.1	8	9.7	15	8.4
2	8.8	9	9.5	16	9.6
3	9.9	10	10	17	10.2
4	11.3	11	8.9	18	10.6
5	12.2	12	8.2	19	11.1
6	11.3	13	10.2	20	4.7

要求:

(1) 剔除野点或奇异项、消除波形基线漂移和波形趋势项(如果存在的话);

(2) 分别检验这两个随机序列的基本特性——平稳性、独立性和周期性;

(3) 分别建立这两个随机序列的数学模型。

解:(1)画出表P4-4给出的随机序列值的散点图,如图P4-3所示。不难看出,该序列均值不为0,且 x_{20} 数值较大,很可能是奇异点,不妨将其剔除。为了进一步确定该序列的统计特性,大都采用自相关分析法。

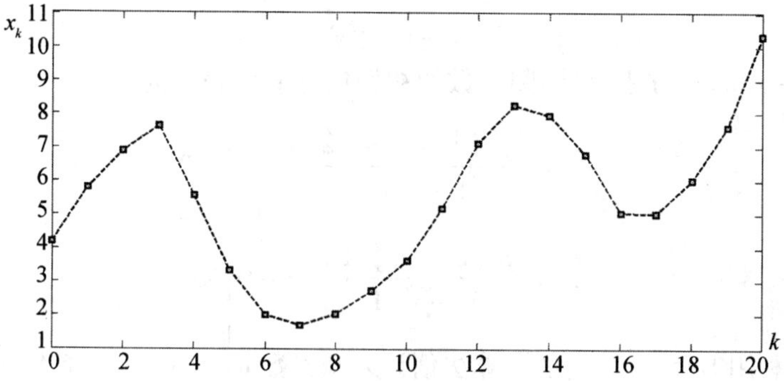

图 P4－3　习题 4－8

图 P4－3a 给出了该序列的自相关分析图。从图上容易看出，该序列是平稳序列，且不存在季节性模型，这是因为其自相关系数很快逼近于 0。虽然 $\rho_x[5]$、$\rho_x[6]$、$\rho_x[7]$ 的数值较大，但并没有超过 95% 置信限（卡方检验，取 $M=7$，参见习题 4－5）。

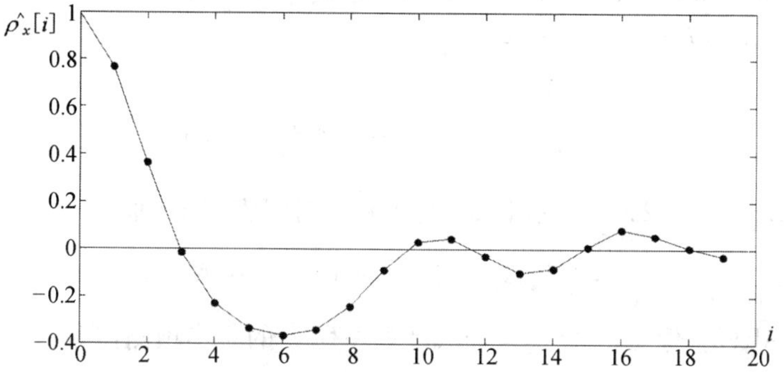

图 P4－3a　习题 4－8

应当指出，仅根据 20 个数据点的随机序列模型一般难以得出正确的结论，理想的状态是需要 40～50 个观测值才能对随机序列的统计特性作出较为准确的判断。

根据图 P4－3a，序列 x_k 的自相关系数 $\rho_x[i]$ 是 9 步截尾的，即该序列很可能来源于 MA(9) 过程。然而，在实际应用中，常见的 MA(q) 模型一般都是低阶模型（$q\leqslant 3$）。另一方面，根据前面分析，序列 x_k 不包含周期分量，因此，若以 AR(p) 模型来描述序列 x_k，通常取 $p=2$ 或 $p=3$（若含有周期为 L 的分量，则取 $p=L$）。当然，也可以通过进一步计算序列 x_k 的偏相关系数来确定时间序列的模型。

在此，以二阶自回归模型 AR(2) 来拟合表 P4－3 的数据。假设序列 x_k 的观测

方程可表示为

$$x_k = a_1 x_{k-1} + a_2 x_{k-2} + e_k \tag{4-8-1}$$

根据 Yule - Walker 方程,自回归系数的初始估计值可表示为

$$a_1 = \frac{\hat{\rho}_x[1](1 - \hat{\rho}_x[2])}{1 - \hat{\rho}_x^2[1]} = 1.20$$

$$a_2 = \frac{\hat{\rho}_x[2] - \hat{\rho}_x^2[1]}{1 - \hat{\rho}_x^2[1]} = -0.55$$

下面,利用 LMS 自适应估计算法估计未知参数 a_1 和 a_2。1966 年 Widrow 建议在时间序列 $x_k(k=1,0,\cdots,N-1)$ 中,依次挑选出 p 个最大的序列值,并以这些序列值的平方和的倒数作为自适应常数 μ,即

$$\mu \leqslant 1/\left(\sum_{i=1}^{p} x_i^2\right)_{\max} = \frac{1}{x_{13}^2 + x_{14}^2} = \frac{1}{131.5892} \approx 0.008$$

当时间序列 $x_k(k=0,1,\cdots,N-1)$ 波动很大时,应先对原始序列作归一化处理,然后再按式(D2 -10)迭代回归系数。这种算法的第 k 次迭代步骤为

① 计算 $x_{k(i}(i=1,\cdots,p)$ 的均方和:

$$s_k = \sqrt{\sum_{i=1}^{p} x_{k-i}^2}, \quad (k = p, p+1, \cdots, N-1)$$

② 将 $x_{k(i}(i=1,2,\cdots,p)$ 除以 s_k,得到新的时间序列 z_k,即

$$z_{k-i} = x_{k-i}/s_k, \quad (k = p, p+1, \cdots, N-1)$$

③ 在 AR(p)模型中,令 $a_i = w_{ki}$,计算序列 z_k 的一步预测偏差:

$$e_k = z_k - \sum_{i=1}^{p} w_{ki} z_{k-i}$$

④ 利用自适应 LMS 算法(D2 -10),对回归系数进行一次循环迭代:

$$w_{(k+1)i} = w_{ki} + 2\mu e_k z_{k-i}, \quad (i = 1, 2, \cdots, p)$$

从 $k=p$ 开始至 $k=N(1$ 完成一次循环迭代运算。如果在一次循环内权系数收敛到某个最优值,则停止迭代运算;否则,可利用原始数据开始新一轮循环迭代计算,直到权系数收敛为止。

利用 MATLAB 程序多次迭代计算,得到表 P4 -3 给出序列的一步预测方程可表示为

$$x_k = 1.5031 x_{k-1} - 0.877 x_{k-2} + e_k \tag{4-8-2}$$

其中,偏差序列 $e_k(k=2,4,\cdots,19)$ 如表 P4 -6 所列。

表 P4-6 习题 4-8

序列号 k	序列值 e_k	序列号 k	序列值 e_k	均值	方差 MMSE
2	-0.0880	11	0.0852		
3	0.3641	12	0.3311		
4	-1.5370	13	0.0966		
5	-0.2545	14	-0.0969		
6	-0.0848	15	0.0601	0.0450	0.2593
7	-0.2680	15	-0.0499		
8	-0.5007	16	0.7959		
9	-0.4873	17	0.5411		
10	-0.3687	18	0.6058		

图 P4-3b 是表示的一步预测偏差序列 e_k 的自相关系数图,其 Q 统计量为

$$\chi^2(5) = 18 \cdot \sum_{i=1}^{6} \rho_e^2[i] = 2.6721$$

对照表 P4-2,显然有

$$\chi^2(5) = 2.6721 < \chi^2_{0.05}(5) = 11.071$$

这说明一步预测方程(4-8-2)是合适的。

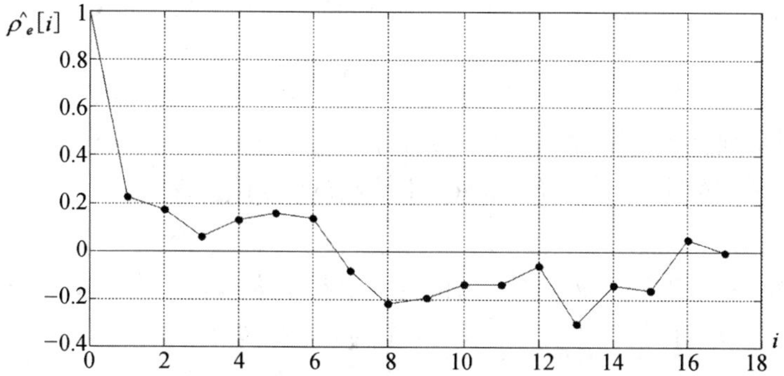

图 P4-3b 习题 4-8

(2) 画出表 P4-5 给出的随机序列值的散点图,如图 P4-4 所示。不难看出,该序列的均值不为 0,且 x_{20} 数值显然是奇异点,故可将其剔除。下面,利用自相关分析法确定该序列的统计特性。

图 P4-4a 给出了该序列的自相关分析图。其 Q 统计量为

$$\chi^2(5) = 20 \cdot \sum_{i=1}^{6} \rho_x^2[i] = 5.7361$$

对照表 P4-2,显然有

$$\chi^2(5) = 2.6721 < \chi^2_{0.05}(5) = 11.071$$

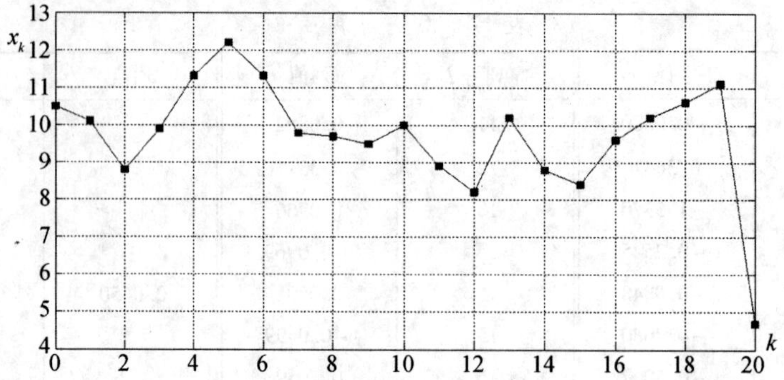

图 P4-4　习题 4-8

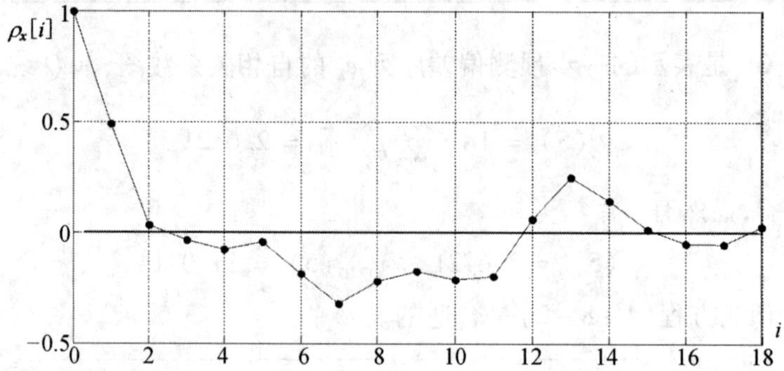

图 P4-4a　习题 4-8

这说明序列是独立的平稳序列，且不存在季节性模型。

不妨试用 MA(1) 模型拟合表 P4-4 给出的时间序列：

$$x_k = e_k - b_1 e_{k-1}$$

首先将表 P4-4 中的数据去均值，仍记为 x_k，然后，从 $k=1$ 开始迭代。

假定权系数的初值为 $b_{(1)1}=0$，噪声序列 $e_0=0$，则有

$$e_1 = x_1 + b_{(1)1} e_0$$

利用式（D2-21）修正权系数：

$$b_{(2)1} = b_{(1)1} + 2\mu \cdot e_1 \cdot e_0$$

当 $k=2$ 时，噪声序列值为

$$e_2 = x_2 + b_{(2)1} e_1$$

再次修正权系数：

$$b_{(3)1} = b_{(2)1} + 2\mu \cdot e_2 \cdot e_1$$

按上述步骤逐次迭代权系数，直至 $b_{(k)1}$ 与 $b_{(k+1)1}$ 无显著差异为止。

利用 MATLAB 程序多次迭代计算（注意观测参数 b_1 的变化趋势），得到

$$x_k = e_k + 0.73 e_{k-1}, \quad (k = 1, 2, \cdots, 20)$$

图 P4－4b 给出了残差序列 e_k 的自相关系数的估计值$\hat{\rho}_e[i]$。

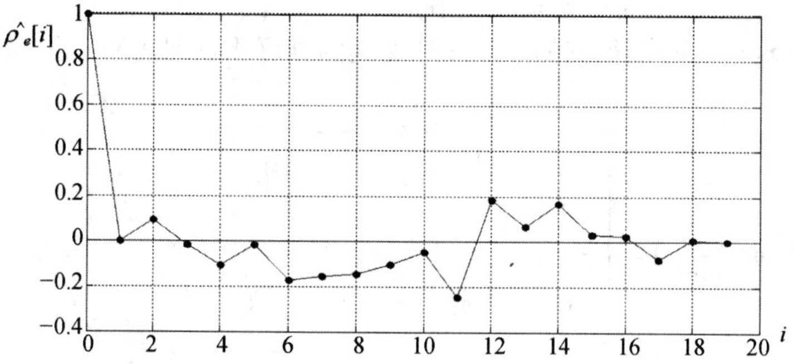

图 P4－4b　习题 4－8

$\hat{\rho}_e[i]$的 Q 统计量为

$$\chi^2(5) = 20 \cdot \sum_{i=1}^{6} \rho_x^2[i] = 1.0108$$

对照表 P4－2，显然有

$$\chi^2(5) = 1.0108 \ll \chi_{0.05}^2(5) = 11.071$$

这说明 MA(1)模型是合适的。

4－9　试证明式(D2－3)描述的 ARMA(p,q)模型的一步预测方差的 ML 估计量为

$$\hat{\sigma}_{\mathrm{ML}}^2 = \frac{1}{N-p-q}\sum_{k=p+q}^{N-1}(x_k - \hat{\boldsymbol{\varphi}}_{k-1}^{\mathrm{T}}\hat{\boldsymbol{\theta}}_{\mathrm{ARMA}})^2$$

证明：考虑式(D2－3)，将一步预测方程写成

$$x_k = \hat{a}_1 x_{k-1} + \hat{a}_2 x_{k-2} + \cdots + \hat{a}_p x_{k-p} - \hat{b}_1 \hat{e}_{k-1} - \hat{b}_2 \hat{e}_{k-2} - \cdots - \hat{b}_2 \hat{e}_{k-q} + e_k$$

令 $k=p+q, k=p+q+1, \cdots, N-1$，则有

$$\begin{cases} x_{p+q} - \hat{a}_1 x_{p+q-1} - \hat{a}_2 x_{p+q-2} - \cdots - \hat{a}_p x_q + \hat{b}_1 \hat{e}_{p+q-1} + \hat{b}_2 \hat{e}_{p+q-2} + \cdots + \hat{b}_q \hat{e}_p = e_{p+q} \\ x_{p+q+1} - \hat{a}_1 x_{p+q} - \hat{a}_2 x_{p+q-2} - \cdots - \hat{a}_p x_{q+1} + \hat{b}_1 \hat{e}_{p+q} + \hat{b}_2 \hat{e}_{p+q1} - \cdots - \hat{b}_q \hat{e}_p = e_{p+q+1} \\ \vdots \\ x_{N-1} - \hat{a}_1 x_{N-2} - \hat{a}_2 x_{N-3} - \cdots - \hat{a}_p x_{N-p-1} + \hat{b}_1 \hat{e}_{N-1} + \hat{b}_2 \hat{e}_{N-2} + \cdots + \hat{b}_q \hat{e}_{N-q-1} = e_{N-1} \end{cases}$$

(4－9－1)

式中，$e_k \sim N(0, {\sigma_e}^2)$。上式可视为在给定

$$\boldsymbol{x}_1 = [x_{p+q-1}, x_{p+q-2}, \cdots, x_q, \hat{e}_{p+q-1}, \hat{e}_{p+q-2}, \cdots, \hat{e}_p]^{\mathrm{T}}$$

的条件下，观测序列

$$\boldsymbol{x}_2 = [x_{p+q}, x_{p+q+1}, \cdots, x_{N-1}]^{\mathrm{T}}$$

是由偏差序列

$$\boldsymbol{e} = [e_{p+q}, e_{p+q+1}, \cdots, e_{N-1}]^{\mathrm{T}}$$

的线性变换 $\boldsymbol{x}_2 = h(\boldsymbol{e})$ 而得到的。该线性变换的雅可比行列式为

$$\det\left(\frac{\partial \boldsymbol{e}}{\partial \boldsymbol{x}_2}\right) = \begin{bmatrix} 1 & & & & & & 0 \\ -\hat{a}_1 & 1 & & & & & \\ \vdots & \ddots & \ddots & & & & \\ -\hat{a}_p & \ddots & \ddots & 1 & & & \\ 0 & -\hat{a}_p & \ddots & \ddots & 1 & & \\ \vdots & \ddots & \ddots & \ddots & \ddots & \ddots & \\ 0 & \cdots & 0 & -\hat{a}_p & \cdots & -\hat{a}_1 & 1 \end{bmatrix} = 1$$

因为 $e_k \sim N(0, \sigma_e{}^2)$，所以 e 的联合概率密度为

$$p(e_{p+q}, e_{p+q+1}, \cdots, e_{N-1}) = (2\pi\sigma_e^2)^{-\frac{N-p-q}{2}} \exp\left(-\frac{1}{2\sigma_e^2}\sum_{k=p+q}^{N-1} \mathrm{e}_k^2\right)$$

由定理 1-7 和式(4-9-1)可知，观测序列 $\boldsymbol{x}_2$ 的联合概率密度可写成

$$p(\boldsymbol{x}_2 \mid \boldsymbol{x}_1, \hat{\boldsymbol{a}}, \hat{\boldsymbol{b}}, \sigma_e^2) = \left|\det\left(\frac{\partial \boldsymbol{e}}{\partial \boldsymbol{x}_2}\right)\right| p[\boldsymbol{x}_2(\boldsymbol{e})]$$

$$= \frac{1}{(2\pi\sigma_e^2)^{(N-p-q)/2}} \exp\left(-\frac{N-p-q}{2\sigma_e^2} \cdot s_{N-p-q}^2\right) \qquad (4-9-2)$$

式中

$$s_{N-p-q}^2 = \frac{1}{N-p-q}\sum_{k=p+q}^{N-1} e_k^2 = \frac{1}{N-p-q}\sum_{k=p+q}^{N-1} (x_k - \hat{\boldsymbol{\varphi}}_{k-1}^{\mathrm{T}} \hat{\boldsymbol{\theta}}_{\mathrm{ARMA}})^2$$

$$= \frac{1}{N-p-q}\sum_{k=p+q}^{N-1} (x_k - \hat{a}_1 x_{k-1} - \cdots - \hat{a}_p x_{k-p} + \hat{b}_1 \hat{e}_{k-1} + \cdots + \hat{b}_2 \hat{e}_{k-q})^2$$

根据上述讨论，可把式(4-9-2)视为真实参数$(\hat{\boldsymbol{a}}, \hat{\boldsymbol{b}}, \sigma_e{}^2)$的似然函数，即

$$L(\boldsymbol{x}_2; \boldsymbol{x}_1, \hat{\boldsymbol{a}}, \hat{\boldsymbol{b}}, \sigma_e^2) = \frac{1}{(2\pi\sigma_e^2)^{\frac{N-p-q}{2}}} \exp\left(-\frac{N-p-q}{2\sigma_e^2} s_{N-p-q}^2\right)$$

取自然对数，得到

$$\ln L(\boldsymbol{x}_2; \boldsymbol{x}_1, \boldsymbol{a}, \hat{\boldsymbol{b}}, \sigma_e^2) = -\frac{N-p-q}{2}\ln(2\pi) - \frac{N-p-q}{2}\ln\sigma_e^2 - \frac{N-p-q}{2\sigma_e^2} s_{N-p-q}^2$$

上式对 $\sigma_e{}^2$ 求偏导数，并令其结果等于 0，即

$$\frac{\partial \ln L}{\partial \sigma_e^2} = -\frac{N-p-q}{2\sigma_e^2} + \frac{1}{2\sigma_e^4}\sum_{k=p+q}^{N-1} (x_k - \hat{\boldsymbol{\varphi}}_{k-1}^{\mathrm{T}} \hat{\boldsymbol{\theta}}_{\mathrm{ARMA}})^2 = 0$$

故有

$$\hat{\sigma}_{\mathrm{ML}}^{2} = \frac{1}{N-p-q}\sum_{k=p+q}^{N-1}(x_k - \hat{\boldsymbol{\varphi}}_{k-1}^{\mathrm{T}}\hat{\boldsymbol{\theta}}_{\mathrm{ARMA}})^2$$

4－10 如何利用时间序列的基本概念来构建基于时间序列模型的微弱信号检测系统？请举例说明实现此类检测系统的具体步骤。.

解：当不存在目标信号时，如果环境噪声是高斯白噪声，则可将检测系统的输出视为线性系统对白噪声序列的响应。采用适当的算法，建立检测系统输出序列（采样值）的时间序列模型 AR(p)；如果环境噪声是不是白噪声，则应先设计一白化滤波器，对环境噪声进行白化处理，再建立时间序列模型 AR(p)。当检测系统的输入含有目标信号时，检测系统的实际输出与时间序列模型 AR(p)的预测响应（一步或多步预测），必然存在较大的误差。因此，多次比较检测系统的实际输出与时间序列模型 AR(p) 的响应（一步或多步预测序列）之间的偏差，即可判定被测环境是否存在目标信号。

4－11 已知过程的数学模型为

$$y_k = -a_1 y_{k-1} + b_1 u_{k-1} + e_k \qquad (4-11-1)$$

式中，e_k 是白噪声序列。试构造一组仿真数据对，利用递推最小二乘法估计参数 a_1 和 b_1，并画出算法流程图。

解：参见教科书中例 4－7 和例 1－10。

4－12 重新考虑习题 4－11。假设采用负反馈比例－微分(PD)调节器

$$u_k = -d_1 y_{k-1} - d_2 y_{k-2} \qquad (4-11-2)$$

试判定该闭环系统是否满足未知参数 a_1 和 b_1 可识别条件。

解：由式(4－11－1)，可知

$$y_k + a_1 y_{k-1} = b_1 u_{k-1} + e_k$$

或者

$$A(z)y_k = B(z)u_k + e_k$$

式中

$$A(z) = 1 + a_1 z^{-1}(n=1);B(z) = b_1 z^{-1} \qquad (m=1,d=0)$$

由式(4－11－1)可知(参见教材图 4－13)

$$C(z)u_k = -D(z)y_k$$

其中

$$C(z) = 1 \quad (p=0); \quad D(z) = d_1 z^{-1} + d_2 z^{-2} \quad (q=2)$$

故有

$$p = 0 < m-d = 1; \quad q = 2 > n-d = 1$$

不满足定理 4－4 给出的闭环系统可识别条件。

4－13 在 MATLAB 平台中，键入 demos 并回车，在弹出窗口（左侧）的

Help Navigator栏上选择 demos 标签,找到 Toolboxes→Tutorials on Linear Model Identification。然后,阅读下列文档:

(1) Data and Model Objects in the System Identification Toolbox;

(2) Model Structure Selection: Determining Model Order and Input Delay;

(3) A Comparison of Various Model Identification Methods:Estimating ARX Models。

4.3 补充习题

4-14 从绝对观点出发,几乎所有的动态测试必然都会产生或多或少的波形畸变。从研究对象和精度要求等实际情况出发,波形畸变又是一个相对的概念:一些波形可以认为是没有或略有畸变,而另一些波形则认为有很大的畸变。同样,对同一个参量的某个波形,从不同的研究角度出发,有时认为它没有波形畸变,有时则认为它有很大的畸变。试举一实际例子,简要说明波形畸变的绝对性和相对性。

4-15 在动态测试系统中,引起波形畸变的原因是多种多样的,其中可以预知和计算的因素,称为确定性因素,反之则称为随机因素。试判定下列产生波形畸变的因素是确定性的还是随机的,并简要说明理由。

(1) 被测量(如位移、速度和加速度)的特征和测量仪器的不同所引起的波形畸变;

(2) 测量仪器的幅频特性和相频特性对波形畸变的影响;

(3) 测试系统的瞬态响应特性对对波形畸变的影响;

(4) 测试系统中信号的微积分变换过程所引起的波形畸变;

(5) 测试系统中传感器安装条件所引起的波形畸变;

(6) 测试系统受外界环境干扰所引起的波形畸变;

(7) 测试系统自身的噪声和参数漂移所引起的波形畸变;

(8) 测试系统布局不合理或过程错误操作所引起的波形畸变。

4-16 试从被测量的物理特性、测量仪器的频率特性和瞬态响应特性,以及采用不同仪器测量同一参量等方面,简要叙述分析和识别波形畸变的方法。

4-17 简要叙述波形畸变反演过程的主要步骤。

4-18 简要叙述波形基线修正的意义及其修正方法。

4-19 试从信号的时域特性和频域特性两方面,简要叙述波形微分、积分变换的特征。

4-20 考虑 ARMA(1,1)过程

$$x_k = 0.5x_{k-1} + e_k - e_{k-1}$$

式中,e_k 是方差为 σ_e^2 的白噪声过程。试确定序列 x_k 的均值和自相关序列。

4-21 设 MA(2)过程 x_k 的自相关序列为

$$R_x[m]=\begin{cases}6\sigma_e^2, & m=0\\ -4\sigma_e^2, & m=\pm 1\\ -2\sigma_e^2, & m=\pm 2\\ 0, & 其他\end{cases}$$

（1）试确定该过程的数学模型(差分方程的阶数和系数)；

（2）差分方程的系数是唯一的吗？若不是，请给出所有可能解。

4－22 考虑由差分方程

$$y_k = 0.8y_{k-1} + x_k + x_{k-1}$$

描述的线性系统，其中 x_k 是零均值平稳过程，其自相关序列为

$$R_x[m] = 0.5^{|m|}$$

（1）试确定输出的自相关序列 $R_y[m]$；

（2）试确定输出序列的方差 ${\sigma_y}^2$。

4－23 考虑 AR(2)过程

$$x_k = x_{k-1} - 0.6x_{k-2} + e_k$$

其中 e_k 是方差为 ${\sigma_e}^2$ 的白噪声过程。试应用 Yule－Walker 方程确定 x_k 自相关序列 $R_x[m]$，$0\leqslant m\leqslant 2$。

4－24 考虑 AR(p)过程

$$s_n = -\sum_{k=1}^{p} a_{pk}s_{n-k} + e_n$$

其中 e_n 是方差为 ${\sigma_e}^2$ 的白噪声过程。如果观测方程可表示为

$$x_n = s_n + v_n$$

式中，v_n 是方差为 ${\sigma_e}^2$ 的白噪声过程；且 e_n 与 v_n 是不相关的。试证明 x_n 是一个 ARMA(p,p)过程，并确定由 v_n 产生 ARMA(p,p)过程 x_n 的线性滤波器 $H(z)$ 的分子多项式的系数。

4－25 某一 AR 过程 x_k 的功率谱密度为

$$S_x(\Omega) = \frac{\sigma_e^2}{|A(\Omega)|^2} = \frac{25}{|1 - \mathrm{e}^{-\mathrm{j}\Omega} + 0.5\mathrm{e}^{-\mathrm{j}2\Omega}|^2}$$

其中，${\sigma_e}^2$ 是输入噪声序列 e_k 的方差。

（1）当输入噪声序列 e_k 是白噪声时，试确定产生 AR 过程 x_k 的差分方程；

（2）试确定白化滤波器的脉冲传递函数(输入为 x_k，输出为 e_k)。

4－26 设一个 ARMA 过程的自相关序列为 $R_x[m]$，其 z 变换为

$$S_x(z) = \frac{9(z-1/3)(z-3)}{(z-1/2)(z-2)}, \quad \frac{1}{2} < |z| < 2$$

（1）试确定由白噪声输入序列 e_k 产生输出序列 x_k 的滤波器 $H(z)$。

(2) 试确定因果、稳定的白化滤波器的单位脉冲传递函数(输入为 x_k,输出为 e_k)。

4-27 假定将 ARMA(p,q)过程表示为 MA(q)模型与 AR(p)模型的串联,其中,MA(q)模型的差分方程为

$$y_k = \sum_{i=0}^{q} b_i e_{k-i}$$

式中,e_k 为白噪声序列;AR(p)模型的差分方程为

$$x_k + \sum_{i=1}^{p} a_i x_{k-i} = y_k$$

(1) 通过计算 e_k 的自相关序列,证明

$$R_y[m] = \sigma_e^2 \sum_{i=0}^{q-m} b_i b_{i+m}$$

(2) 证明

$$R_y[m] = \sum_{i=0}^{p} a_i R_{yx}[m+i]$$

4-28 给定某一采样序列 $x_n(n=1,2,\cdots,N)$,如果用 k 个参数 a_{ki} 与序列 x_{n-i} $(i=1,2,\cdots,k)$的线性组合来逼近原始数据 x_n,如图 P4-5 所示,则称为线性预测。

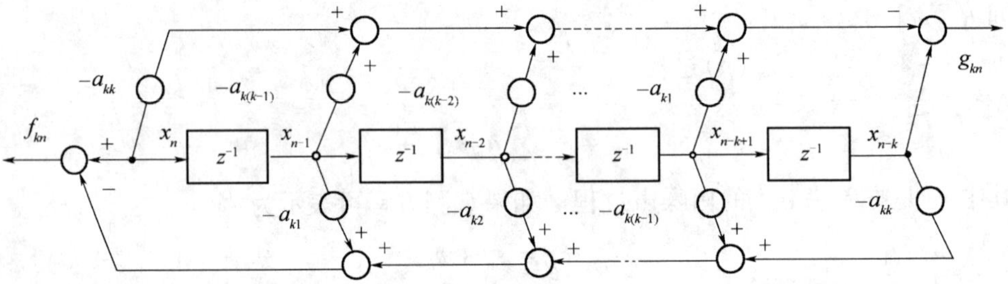

图 P4-5 习题 4-28

前向(forward)预测偏差定义为

$$f_{kn} = x_n + \sum_{i=1}^{k} a_{ki} x_{n-i} = \sum_{i=0}^{k} a_{ki} x_{n-i}, \quad a_{k0} = 1; \quad n \in [k+1, N] \tag{4-28-1}$$

它表示用实序列 x_{n-1} 预测 x_n 所产生的偏差;后向(backward)预测偏差定义为

$$g_{kn} = x_{n-k} + \sum_{i=1}^{k} a_{ki} x_{n-k+i} = \sum_{i=0}^{k} a_{ki} x_{n-k+i}, \quad a_{k0} = 1, n \in [k+1, N] \tag{4-28-2}$$

(1) 试说明关于因果 AR(p)过程的噪声白化滤波器 $H_p(z)$ 是一个 p 阶前向线性预测偏差滤波器;

(2) 试说明 p 阶后向线性预测偏差滤波器对应于非因果 AR(p)过程的白化滤波器。

第五章　谱估计与小波分析

本章复习随机信号的功率谱估计和小波变换。重点复习参数化谱估计、小波变换、快速小波变换的理论框架和快速小波变换的实现与应用。

5.1　基本知识点

本节主要内容包括：非参数功率谱估计、参数化功率谱估计、皮萨连柯谱估计、连续小波变换、多分辨力信号分解、双通道信号分析的理想重构条件、双正交滤波器组的设计方法、小波变换在检测技术领域中的应用实例。

5.1.1　功率谱估计

下面介绍功率谱估计的傅里叶变换方法——经典谱估计和现代谱估计。自从1965年柯立—图基(Cooley - Tukey)的快速傅里叶变换(FFT)算法问世以来，随着高性能A/D、D/A转换器和高速数字信号处理器的使用，现在已能实现高速、高精度、"实时性"的谱分析了。

一、非参数化谱估计

确定性信号能谱密度(Energy spectral density)：在实际中，在计算确定性信号频谱时只有一段数据 $x_k(0 \leqslant k \leqslant N-1)$ 可以利用。事实上，把平稳序列 x_k 的时宽限制在 N 点之内，等效于用一个矩形窗 w_k 乘以平稳序列 x_k，即

$$x_{wk} = x_k \cdot w_k = \begin{cases} x_k, & 0 \leqslant k \leqslant N-1 \\ 0, & \text{其他} \end{cases}$$

若分别记平稳序列 x_k 和 w_k 的离散时间傅里叶变换(DTFT)为 $X(\Omega)$ 和 $W(\Omega)$，则有

$$X_w(\Omega) = X(\Omega) * W(\Omega) = \frac{1}{2\pi}\int_{-\pi}^{\pi} X(\lambda) W(\Omega - \lambda)\,\mathrm{d}\lambda$$

或者

$$X_w(F) = X(F) * W(F) = \int_{-1/2}^{1/2} X(\lambda) W(F - \lambda)\,\mathrm{d}\lambda$$

式中，$\Omega = 2\pi F$；Ω 称为数字频率；F 称为归一化数字频率。

如果平稳序列 x_k 是以采样周期 T_s 对连续信号 $x(t)$ 进行采样而得到的，则数

字频率 Ω 与连续信号频率 ω 的关系为：$\Omega=\omega T_s$。

假定 $W(F)$ 的频谱宽度比 $X(F)$ 的窄，则二者的卷积对谱 $X(F)$ 起着平滑作用。不论 $W(F)$ 有多窄，只要 $W(F)$ 不是 δ 函数，$X_w(F)$ 就会在真实信号频谱 $X(F)=0$ 处产生旁瓣能量，这就是所谓的频谱泄漏（Leaky spectral）。这表明，加窗序列 x_{wk} 的能量谱密度是实际序列 x_k 的理想谱的一个近似。

根据帕斯瓦尔（Parseval）公式，序列 x_{wk} 的能谱密度可以表示为

$$E_{xw}(F)=|X_w(F)|^2=\left|\sum_{k=0}^{N-1}x_{wk}\mathrm{e}^{-\mathrm{j}2\pi kF}\right|^2 \tag{E1-1}$$

在数值上，利用离散傅里叶变换（DFT）可以计算由式（E1-1）给定的能谱密度在一组 N 个频率点（$F=n/N$）上的值，即

$$X_w\left(\frac{n}{N}\right)=\sum_{k=0}^{N-1}x_{wk}\mathrm{e}^{-\mathrm{j}2\pi kn/N},\quad (n=0,1,\cdots,N-1)$$

故有

$$E_{xw}\left(\frac{n}{N}\right)=E_{xw}(F)\Big|_{F=n/N}=\left|\sum_{k=0}^{N-1}x_{wk}\mathrm{e}^{-\mathrm{j}2\pi kn/N}\right|^2,\quad (n=0,1,\cdots,N-1) \tag{E1-2}$$

随机信号功率谱估计：前面考虑的是有限能量信号，在频域上可用它们的能谱密度来描述。在工程上，平稳随机信号（或称为平稳过程）的能量通常不是有限的，但其平均功率却是有限的。假设平稳过程 $x(t)$ 的自相关函数为

$$R_x(\tau)=E[x(t+\tau)x^*(t)]$$

根据维纳-辛钦公式，其功率谱密度可表示为

$$S_x(f)=\int_{-\infty}^{\infty}R_x(\tau)\mathrm{e}^{-\mathrm{j}2\pi f\tau}\mathrm{d}\tau$$

在实际应用中，一般利用平稳过程的单次实现 $x(t)$ 来计算时间平均自相关函数，即

$$\mathscr{R}_x(\tau)=\frac{1}{2T}\int_{-T}^{T}x(t+\tau)x^*(t)\mathrm{d}t$$

其中 $2T$ 是观测间隔。如果平稳过程是自相关遍历的，即

$$\lim_{T\to\infty}\mathscr{R}_x(\tau)=R_x(\tau)$$

则平稳过程 $x(t)$ 的功率谱估计可表示为

$$\begin{aligned}P_x(f)&=\int_{-T}^{T}\mathscr{R}_x(\tau)\mathrm{e}^{-\mathrm{j}2\pi f\tau}\mathrm{d}\tau\\&=\frac{1}{2T}\int_{-T}^{T}\left[\int_{-T}^{T}x(t+\tau)x^*(t)\mathrm{d}t\right]\mathrm{e}^{-\mathrm{j}2\pi f(t+\tau)}\mathrm{e}^{\mathrm{j}2\pi ft}\mathrm{d}\tau\\&=\frac{1}{2T}\left|\int_{-T}^{T}x(t)\mathrm{e}^{-\mathrm{j}2\pi ft}\mathrm{d}t\right|^2\end{aligned} \tag{E1-3}$$

实际功率谱为

$$S_x(f) = \lim_{T\to\infty} E[P_x(f)]$$

式(E1 -3)给出了平稳过程 $x(t)$ 的功率谱估计的两种方法:间接法(第一个等式)和直接法(第三个等式)。在间接法中,先计算时间相关函数,然后进行傅里叶变换。

样本功率谱估计: 假定以 $f_s \geqslant 2B$ 的速率对平稳随机过程 $x(t)$ 进行采样,得到一个有限时宽序列 $x_k = x[k](0 \leqslant k \leqslant N-1)$,根据这些样本,可以计算出时间平均自相关序列:

$$\mathscr{R}_x[m] = \begin{cases} \dfrac{1}{N-m}\sum\limits_{k=0}^{N-m-1} x[k+m]x^*[k], & (m = 0,1,\cdots,N-1) \\ \dfrac{1}{N-|m|}\sum\limits_{k=|m|}^{N-1} x[k+m]x^*[k], & (m = -1,-2,\cdots,-N+1) \end{cases} \tag{E1 -4}$$

对上式等号两边取数学期望,可得

$$E\{\mathscr{R}_x[m]\} = \frac{1}{N-|m|}\sum_{k=0}^{N-m-1} E\{x[k+m]x^*[k]\} = R_x[m]$$

由此可知,时间平均自相关序列是总体自相关函数的无偏估计。估计误差可近似表示为

$$\text{var}\{\mathscr{R}_x[m]\} \approx \frac{N}{(N-|m|)^2}\sum_{n=-\infty}^{\infty}\{|R_x[n]|^2 + R_x^*[n-m]R_x[n+m]\}$$

这是 Jenkins 和 Watts(1968 年)给出的结果。如果 x_k 是自相关遍历过程的,即

$$\sum_{n=-\infty}^{\infty} |R_x[n]|^2 < \infty$$

则有

$$\lim_{N\to\infty} \text{var}\{\mathscr{R}_x[m]\} = 0$$

这表明时间平均自相关序列是总体自相关函数的一致估计量。

对于滞后参数 m 较大的值,利用式(E1 -4)估计 $R_x[m]$ 具有较大的方差,尤其当 m 接近于 N 时更是如此。为解决这一问题,可用

$$\hat{R}_x[m] = \begin{cases} \dfrac{1}{N}\sum\limits_{k=0}^{N-m-1} x[k+m]x^*[k], & (m = 0,1,\cdots,N-1) \\ \dfrac{1}{N}\sum\limits_{k=|m|}^{N-1} x[k+m]x^*[k], & (m = -1,-2,\cdots,-N+1) \end{cases} \tag{E1 -5}$$

作为 $R_x[m]$ 的估计量,其数学期望为

$$E\{\hat{R}_x[m]\} = \frac{1}{N}\sum_{k=0}^{N-m-1} E\{x[k+m]x^*[k]\} = \left(1 - \frac{|m|}{N}\right)R_x[m] \tag{E1 -6}$$

显然,这是一个渐近无偏估计量。不过,与时间平均自相关序列 $\mathscr{R}_x[m]$ 相比,$\hat{R}_x[m]$ 具有更小的方差:

$$\text{var}[\hat{R}_x(m)] \approx \frac{1}{N}\sum_{n=-\infty}^{\infty}\{|R_x[n]|^2 + R_x^*[n-m]R_x[n+m]\} \quad (\text{E1}-7)$$

根据维纳-辛钦公式,有限时宽序列 $x_k = x[k](0 \leqslant k \leqslant N-1)$ 的功率谱估计可表示为

$$P_x(F) = \sum_{m=-N+1}^{N-1}\hat{R}_x[m]\mathrm{e}^{-\mathrm{j}2\pi mF} \quad (\text{E1}-8)$$

如果将式(E1-5)代入式(E1-8),即可得到

$$P_x(F) = \frac{1}{N}\left|\sum_{k=0}^{N-1}x[k]\mathrm{e}^{-\mathrm{j}2\pi kF}\right|^2 = \frac{1}{N}|X(F)|^2 \quad (\text{E1}-9)$$

式中,$X(F)$ 是样本序列 $x_k = x[k]$ 的离散时间傅里叶变换(DTFT)。

式(E1-9)表示的功率谱估计称为周期谱图(Periodograms),它是由 Schuster(1898 年)最早提出的,主要用于揭示测量数据中"隐藏的周期性"。

将式(E1-6)代入式(E1-8),可得 N 点数据的周期图 $P_x(F)$ 的数学期望:

$$E[P_x(F)] = \sum_{m=-N+1}^{N-1}(1-\frac{|m|}{N})R_x[m]\mathrm{e}^{-\mathrm{j}2\pi mF}$$

上式可解释为加窗自相关序列

$$R_{xw}[m] = \left(1-\frac{|m|}{N}\right)\cdot R_x[m]$$

的离散时间傅里叶变换。其中,窗函数为三角(Bartlett)窗:

$$w_B[m] = 1-\frac{|m|}{N}, \quad (m = 0,1,\cdots,N-1)$$

根据卷积定理,可得

$$E[P_x(F)] = \sum_{m=-N+1}^{N-1}R_{xw}[m]\mathrm{e}^{-\mathrm{j}2\pi mF} = \int_{-1/2}^{1/2}S_x(\lambda)W_B(F-\lambda)\mathrm{d}\lambda \quad (\text{E1}-10)$$

式中,$S_x(F)$ 和 $W_B(F)$ 分别是 $R_x[m]$ 和 $w_B[m]$ 的离散时间傅里叶变换(DTFT)。

式(E1-10)说明:N 点数据 $x_k(0 \leqslant k \leqslant N-1)$ 的周期谱图 $P_x(F)$ 的数学期望是实际功率谱 $S_x(F)$ 与窗频谱 $W_B(F)$ 的卷积。因此,周期谱图 $P_x(F)$ 必然存在泄漏问题,这同样归因于采用有限数据点来估计实际过程的功率谱。

注意到,$P_x(F)$ 是 $S_x(F)$ 的渐近无偏估计量,即

$$\lim_{N\to\infty}E[P_x(F)] = \lim_{N\to\infty}E\{\sum_{m=-N+1}^{N-1}R_{xw}[m]\mathrm{e}^{-\mathrm{j}2\pi mF}\}$$

$$= \lim_{N\to\infty}\sum_{m=-N+1}^{N-1} R_x[m]\mathrm{e}^{-\mathrm{j}2\pi mF} = S_x(F)$$

但是,估计量 $P_x(F)$ 的方差并不随着 $N\to$ 而趋于零。当且仅当 x_k 是高斯序列时,其方差可表示为

$$\mathrm{var}[P_x(F)] = S_x(F)\left[1 + \frac{\sin^2(2\pi FN)}{N^2\sin^2(2\pi F)}\right] \tag{E1-11}$$

故有

$$\lim_{N\to\infty}\mathrm{var}[P_x(F)] = S_x^2(F) \tag{E1-12}$$

由此可知,周期谱图 $P_x(F)$ 不是实际功率谱 $S_x(F)$ 的一致性估计。

利用 DFT 进行功率谱估计:假设平稳信号 $x(t)$ 的最高频率为 B,现以采样速率 $f_s\geqslant 2B$ 对 $x(t)$ 进行采样,得到 N 个数据点 $x_k = x[k]$($k=0,1,2,\cdots,N-1$;$N=2^m, m\in Z$),则可利用 N 点 DFT 的快速算法(FFT)来计算在 N 个频点($F_n = n/N$)上的周期谱图。即

$$P_x\left(\frac{n}{N}\right) = \frac{1}{N}\left|\sum_{k=0}^{N-1} x[k]\mathrm{e}^{-\mathrm{j}2\pi kn/N}\right|^2 \overset{\mathrm{def}}{=} \frac{1}{N}|X_n|^2, \quad (n=0,1,\cdots,N-1) \tag{E1-13}$$

显然,$F_n = n/N$ 对应于实际信号 $x(t)$ 的频点是:$f_n = nf_s/N, n=0,1,\cdots,N/2-1$。

Bartlett 功率谱估计:Bartlett 算法包括三个步骤:首先,将 N 点序列 x_k 分成 M 个没有重叠的数据段,每段数据长度为 L(取 2 的整次幂),即

$$x_m[k] = x[k+mL], \quad (m=0,1,\cdots,M-1; k=0,1,\cdots,L-1) \tag{E1-14}$$

然后,计算每一段数据的周期谱图:

$$P_x^{(m)}\left(\frac{n}{L}\right) = \frac{1}{L}\left|\sum_{k=0}^{L-1} x_m[k]\mathrm{e}^{-\mathrm{j}2\pi kn/L}\right|^2, \quad (n=0,1,\cdots,L-1) \tag{E1-15}$$

最后,计算 M 个数据段的周期谱图的平均值,即可得到 Bartlett 功率谱估计:

$$P_x^B\left(\frac{n}{L}\right) = \frac{1}{M}\sum_{m=0}^{M-1} P_x^{(m)}\left(\frac{n}{L}\right) \tag{E1-16}$$

Bartlett 功率谱估计的统计特性:平均周期谱图的数学期望值为

$$E[P_x^B(F)] = \frac{1}{M}\sum_{m=0}^{M-1} E[P_x^{(m)}(F)] = E[P_x^{(m)}(F)], \quad \left(F = \frac{n}{L}\right)$$

根据式(E1-9)和式(E1-10),可知单个样本周期谱图的数学期望为

$$E[P_x^{(m)}(F)] = \sum_{n=-L+1}^{L-1} w_B[n]R_x[n]\mathrm{e}^{-\mathrm{j}2\pi nF}$$
$$= \int_{-1/2}^{1/2} S_x(\lambda)W_B(F-\lambda)\mathrm{d}\lambda$$

$$= \frac{1}{L}\int_{-1/2}^{1/2} S_x(\lambda)\frac{\sin^2[\pi(F-\lambda)L]}{\sin^2[\pi(F-\lambda)]}\mathrm{d}\lambda \qquad (\text{E1}-17)$$

式中

$$W_B(F) = \text{DTFT}\{w_B[n]\}$$

$$= \text{DTFT}\left(1-\frac{|n|}{L}\right) = \frac{1}{L}\frac{\sin^2(\pi FL)]}{\sin^2(\pi F)}, \quad (|n| \leqslant L-1)$$

将单个样本的长度从 N 点减少到 $L=N/M$ 点，使得窗函数的谱宽增加到原来的 M 倍。由于单个样本周期谱图的数学期望是实际功率谱与 Bartlett 窗函数频谱的卷积，因此，平均周期图的频率分辨力降到原来的 $1/M$。

Bartlett 功率谱估计的方差为

$$\text{var}[P_x^B(F)] = \frac{1}{M^2}\sum_{m=0}^{M-1}\text{var}[P_x^{(m)}(F)] = \frac{1}{M}\text{var}[P_x^{(m)}(F)] \qquad (\text{E1}-18)$$

由此可知，M 段 Bartlett 功率谱估计 $P_x{}^B(F)$ 的方差减少到整段数据谱估计 $P_x(F)$ 的 $1/M$。

Bartlett 功率谱估计的计算次数：假定基于固定数据长度 N 和指定的频率分辨力 ΔF，且在所有的计算中皆应用基 2 - FFT 算法。如果仅对功率谱估计所需的复数乘法次数进行统计，则有：FFT 的长度 $L=0.9/\Delta F$，FFT 的次数 $M=N/L=1.11N\Delta F$。总计算次数为

$$NC = \frac{N}{L}\left(\frac{L}{2}\log_2 L\right) = \frac{N}{2}\log_2\left(\frac{0.9}{\Delta F}\right)$$

单边平均功率谱（Unilateral expected spectral）：零均值实平稳序列 $x_k(k=0,1,2,\cdots,N-1)$ 的单边功率谱的数学期望可近似表示为

$$G_x(\omega_n) = \frac{2}{N}E|X_n|^2 \qquad (\text{E1}-19)$$

其中，$\omega_n=2\pi n/N$；X_n 与序列 x_k 构成离散傅里叶变换对，式中，X_n 所对应的实际频率为 $n/T_s(n=0,1,2,\cdots,N/2-1,T_s$ 为采样周期)，N 通常取为 2 的整数幂。

二元零均值实平稳随机序列 x_k 和 $y_k(k=0,1,2,\cdots,N-1)$ 的单边互谱密度的数学期望可表示为

$$G_{xy}(\omega_n) = \frac{2}{N}E[X_n \cdot Y_n^*], \quad (n=0,1,\cdots,N-1) \qquad (\text{E1}-20)$$

式中，X_n 和 Y_n 分别是 x_k 和 y_k 的傅里叶变换。

傅里叶变换的数值计算结果与理论值之间的差异是由混叠、皱波和渗漏效应共同造成的。如果希望抑制混叠效应所产生的误差，就应当在采样器的输入端插入一个抗混叠滤波器，并减少采样周期 T_s；如果还希望减小信号截断后所带来的误差，则应当精心选择窗函数的形状和长度。

二、参数化谱估计

前面介绍的非参数谱估计方法物理意义明确,且易于实现。然而,许多应用要求较高的频率分辨力,因而需要长数据记录。此外,非参数谱估计算法固有频谱泄漏效应降低了频率分辨力,同时也可能会屏蔽数据记录中所包含的微弱周期信号。

基于时间序列模型参数的谱估计方法,称为参数化谱估计(Parametric spectral estimate)或现代谱估计(Modern spectral estimate)。这种基于模型的谱估计算法避免了短数据记录功率谱估计的频谱泄漏问题,在研究时变或瞬变现象等只能利用短数据记录的场合中特别有用。

参数化谱估计方法是将数据序列 x_k 视为有理脉冲传递函数

$$H(z) = \frac{B(z)}{A(z)} = \frac{\sum_{i=0}^{q} b_i z^{-i}}{1 + \sum_{i=1}^{p} a_i z^{-i}} \tag{E1 - 21}$$

所描述的线性系统的输出,与之相应的输入 - 输出差分方程为

$$x_k = -\sum_{i=1}^{p} a_i x_{k-i} + \sum_{i=0}^{q} b_i e_{k-i} \tag{E1 - 22}$$

式中,e_k 是系统的输入;x_k 是系统的输出(观测数据)。

当 e_k 是不可观测的白噪声序列时,式(E1 - 22)就是 ARMA(p,q)过程的数学模型,而式(E1 - 21)则表示 ARMA(p,q)过程的脉冲传递函数;若 $B(z)=1$,则式(E1 - 21)表示 $AR(p)$过程的脉冲传递函数;若 $A(z)=1$,则式(E1 - 21)表示 MA(q)过程的脉冲传递函数。

白噪声序列 e_k 的相关函数为

$$R_e[m] = \sigma_e^2 \delta(m)$$

其中 ${\sigma_e}^2$ 是 e_k 的方差。观测数据 x_k 的功率谱可表示为

$$S_x(\Omega) = |H(\Omega)|^2 S_e(\Omega) = \sigma_e^2 |H(\Omega)|^2 \tag{E1 - 23a}$$

式中,$S_e(\Omega)$是白噪声序列 e_k 的功率谱;$H(\Omega)$是线性系统的数字频率传递函数:

$$H(\Omega) = H(z)\big|_{z=\exp(\mathrm{j}\Omega)} = \frac{B(\Omega)}{A(\Omega)} \tag{E1 - 23b}$$

ARMA(p,q)模型矩估计(Moments estimation for ARMA models):如前所述,在方程(E1 - 22)中,如果滤波器 $H(z)$的输入序列 e_k 是方差为 ${\sigma_e}^2$ 的白噪声序列,则称滤波器 $H(z)$的输出序列 x_k 为 ARMA(p,q)过程。

将第四章中给出的 ARMA(p,q)过程的修正 Yule - Walker 方程(MYW)改写成

$$R_x[m]=\begin{cases}-\sum_{i=1}^{p}a_iR_x[m-i], & (m>q)\\ -\sum_{i=1}^{p}a_iR_x[m-i]+\sigma_e^2\sum_{i=0}^{q-m}b_ib_{i+m}, & (0\leqslant m\leqslant q)\\ R_x^*[-m], & (m<0)\end{cases}\tag{E1-24}$$

令 $m=q+1,q+2,\cdots,q+p$,即可得到

$$\begin{bmatrix}R_x[q] & R_x[q-1] & \cdots & R_x[q-p+1]\\ R_x[q+1] & R_x[q] & \cdots & R_x[q-p+2]\\ \vdots & \vdots & \ddots & \vdots\\ R_x[q+p-1] & R_x[q+p-2] & \cdots & R_x[q]\end{bmatrix}\begin{bmatrix}a_1\\ a_2\\ \vdots\\ a_p\end{bmatrix}=\begin{bmatrix}R_x[q+1]\\ R_x[q+2]\\ \vdots\\ R_x[q+p]\end{bmatrix}$$

然后,用样本的时间平均自相关序列

$$\hat{R}_x[m]=\frac{1}{N}\sum_{k=0}^{N-m-1}x[k+m]x^*[k],\quad (m\geqslant 0)$$

代替式(E1-24)中的总体自相关函数 $R_x[m]$,即可利用最小二乘法解得 AR(p)模型参数 $\hat{a}_i(i=1,2,\cdots,p)$。

一旦完成模型 AR(p)部分的参数估计,就可利用脉冲传递函数为

$$\hat{A}(z)=1+\sum_{i=1}^{p}\hat{a}_iz^{-i}$$

的 FIR(有限脉冲响应)滤波器对序列 x_k 进行滤波,其输出可表示为

$$y_k=x_k+\sum_{i=1}^{p}\hat{a}_ix_{k-i}$$

将上式代入式(E1-22),即可得到描述 MA(q)过程的差分方程:

$$y_k=\sum_{i=0}^{q}b_ie_{k-i}\tag{E1-25}$$

在式(E1-24)中,令 $p=0$,就有

$$R_y[m]=\begin{cases}\sigma_e^2\sum_{i=0}^{q}b_ib_{i+m}, & (0\leqslant m\leqslant q)\\ 0, & (m>q)\\ R_y^*[-m], & (m<0)\end{cases}\tag{E1-26}$$

类似地,用观测样本 y_k 的时间平均自相关序列

$$\hat{R}_y[m]=\frac{1}{N}\sum_{k=0}^{N-m-1}y[k+m]y^*[k]\quad (m\geqslant 0)$$

代替总体自相关函数 $R_y[m]$,并利用《随机信号与系统》教科书中介绍的 MA(q)模

型参数矩估计的 Newton – Raphson 迭代算法,不难求出系数$\hat{b}_i(i=1,2,\cdots,q)$。

ARMA(p,q)模型的阶次可利用 AIC 指标

$$\text{AIC}(p,q) = \ln \hat{\sigma}_{\text{epq}}^2 + \frac{2(p+q)}{N} \tag{E1 - 27}$$

的最小值来确定。式中 $\hat{\sigma}_{epq}{}^2$ 是一步线性预测方差的估计量。

ARMA 谱估计(ARMA spectral estimation):由式(E1 – 21)可推知,$H(z)$与$\hat{A}(z)$的串联近似等于由滤波器 $\hat{B}(z)$产生的 MA(q)过程。于是,若以 ARMA 序列 x_k 作为滤波器 $\hat{A}(z)$的输入,则可利用 $\hat{A}(z)$的输出响应序列 $y_k(k=0,1,\cdots,N-1)$的时间平均自相关序列 $\hat{R}_y[m]$来计算 MA 过程的功率谱,而不需要确定 MA(q)模型参数的估值$\hat{b}_i(i=0,1,\cdots,q)$。即

$$\hat{S}_y^{\text{MA}}(\Omega) = \sum_{m=-q}^{q} \hat{R}_y[m]\text{e}^{-\text{j}\Omega m} \tag{E1 - 28}$$

根据式(E1 – 23),ARMA 功率谱可近似表示为

$$\hat{S}_x^{\text{ARMA}}(\Omega) = \frac{\hat{S}_y^{\text{MA}}(\Omega)}{\left|1 + \sum_{i=1}^{p} \hat{a}_i \text{e}^{-\text{j}\Omega i}\right|^2} \tag{E1 - 29}$$

AR(p)模型矩估计(Moments estimation for AR models):在式(E1 – 22)和式(E1 – 24)中,令 $q=0$,即可得到 AR(p)过程的 Yule – Walker 方程(或称为正规方程):

$$R_x[m] = \begin{cases} -\sum_{i=1}^{p} a_i R_x[m-i], & (m>0) \\ -\sum_{i=1}^{p} a_i R_x[m-i] + \sigma_e^2, & (m=0) \\ R_x^*[-m], & (m<0) \end{cases} \tag{E1 - 30}$$

令 $m=1,2,\cdots,p$, 可得如下形式的矩阵方程:

$$\begin{bmatrix} R_x[0] & R_x[-1] & \cdots & R_x[-p] \\ R_x[1] & R_x[0] & \cdots & R_x[-p+1] \\ \vdots & \vdots & \ddots & \vdots \\ R_x[p] & R_x[p-1] & \cdots & R_x[0] \end{bmatrix} \begin{bmatrix} 1 \\ a_1 \\ \vdots \\ a_p \end{bmatrix} = \begin{bmatrix} \sigma_e^2 \\ 0 \\ \vdots \\ 0 \end{bmatrix} \tag{E1 - 31}$$

由于相关矩阵是 Toeplitz 矩阵,故可利用 Levinson – Durbin 算法求出该矩阵的逆,进而得到 AR(p)模型参数 $\hat{a}_i(i=1,2,\cdots,p)$。

AR (p)模型的阶次可利用 AIC 指标

$$\mathrm{AIC}(p) = \ln \hat{\sigma}_{ep}^2 + \frac{2p}{N} \qquad \text{(E1-32)}$$

的最小值来确定。式中 $\hat{\sigma}_{ep}{}^2$ 是一步线性预测方差的估计量。

AR 谱估计(AR spectral estimation):一旦确定 AR(p)模型参数 $\hat{a}_i$($i=1,2,\cdots,p$),在式(E1-23)中,令 $|B(\Omega)|=1$,即可给出 AR 谱估计的表达式:

$$\hat{S}_x(\Omega) = \frac{\hat{\sigma}_{ep}^2}{\left|1 + \sum_{i=1}^{p} \hat{a}_i \mathrm{e}^{-\mathrm{j}\Omega i}\right|^2} \qquad \text{(E1-33)}$$

若令 $\hat{\sigma}_{ep}{}^2=1$,则上式可写成

$$Q_x^{\mathrm{AR}}(\Omega) = \frac{1}{\left|1 + \sum_{i=1}^{p} \hat{a}_i \mathrm{e}^{-\mathrm{j}\Omega i}\right|^2} \qquad \text{(E1-34)}$$

并称之为 AR 序列 x_k 的噪声功率归一化(Normalized noise power)谱估计。

MA(q)模型矩估计(Moments estimation for MA models):在式(E1-22)和式(E1-24)中,令 $p=0$,可得 MA(p)过程的自相关序列:

$$R_x[m] = \begin{cases} \sigma_e^2 \sum_{i=0}^{q} b_i b_{i+m}, & (0 \leqslant m \leqslant q) \\ 0, & (m > q) \\ R_x^*[-m], & (m < 0) \end{cases} \qquad \text{(E1-35)}$$

利用 MA(q)模型参数矩估计的 Newton-Raphson 迭代算法,即可求出系数 $\hat{b}_i$($i=1,2,\cdots,q$)。

MA(q)模型的阶次可利用 AIC 指标

$$\mathrm{AIC}(q) = \ln \hat{\sigma}_{\mathrm{eq}}^2 + \frac{2q}{N} \qquad \text{(E1-36)}$$

的最小值来确定。式中 $\hat{\sigma}_{\mathrm{eq}}^2$ 是输入白噪声方差的估计量。

MA 谱估计(MA spectral estimation):一旦求出 MA(q)模型参数 $\hat{b}_i$($i=1,2,\cdots,q$),在式(E1-23)中,令 $|B(\Omega)|=1$,即可得到 MA MA(q)谱估计:

$$\hat{S}_x^{\mathrm{MA}}(\Omega) = \hat{\sigma}_{\mathrm{eq}}^2 \left|1 + \sum_{i=1}^{q} \hat{b}_i \mathrm{e}^{-\mathrm{j}\Omega i}\right|^2 \qquad \text{(E1-37)}$$

若令 $\hat{\sigma}_{\mathrm{eq}}{}^2=1$,则上式可写成

$$Q_x^{\mathrm{MA}}(\Omega) = \left|1 + \sum_{i=1}^{q} \hat{b}_i \mathrm{e}^{-\mathrm{j}\Omega i}\right|^2 \qquad \text{(E1-38)}$$

并称之为 MA 序列 x_k 的噪声功率归一化(Normalized noise power)谱估计。

三、AR(p)模型参数的 Levinson-Durbin 算法

Levinson-Durbin 算法的基本原理是:首先以 AR 序列 x_k 的自相关函数 $R_x[0]$

和 $R_x[1]$作为初始条件,计算出 AR(1)模型参数;然后,根据这些参数递推计算 AR(2)模型参数,直到获得 AR(p)模型的全部参数为止。

考虑 AR(1)序列:

$$x_k = a_{11}x_{k-1} + e_k$$

式中,a_{11}是 AR(1)模型的自回归系数参数;$e_k \sim N(0,\sigma_1{}^2)$,且 $E[x_{k(1}\ e_k] = 0$。

根据式(E1-31),AR(1)模型的 Yule-Walker 矩阵方程可表示为

$$\begin{bmatrix} R_x[0] & R_x[1] \\ R_x[1] & R_x[0] \end{bmatrix}\begin{bmatrix} 1 \\ a_{11} \end{bmatrix} = \begin{bmatrix} \sigma_1^2 \\ 0 \end{bmatrix}$$

解方程得

$$a_{11} = -\frac{R_x[1]}{R_x[0]}, \quad \sigma_1^2 = (1 - | a_{11} |^2)R_x[0] \qquad \text{(E1-39)}$$

将 AR(2)序列表示为

$$x_k = a_{21}x_{k-1} + a_{22}x_{k-2} + e_k$$

式中,a_{21}和 a_{22}是 AR(2)模型的自回归系数参数;$e_k \sim N(0,\sigma_2{}^2)$,且 $E[x_{k-m}\ e_k] = 0$ $(m = 1,2)$。

类似地,可列出 AR(2)模型的 Yule-Walker 矩阵方程:

$$\begin{bmatrix} R_x[0] & R_x[1] & R_x[2] \\ R_x[1] & R_x[0] & R_x[1] \\ R_x[2] & R_x[1] & R_x[0] \end{bmatrix}\begin{bmatrix} 1 \\ a_{21} \\ a_{22} \end{bmatrix} = \begin{bmatrix} \sigma_2^2 \\ 0 \\ 0 \end{bmatrix}$$

解得

$$a_{22} = -\frac{R_x[0]R_x[2] - R_x^2[1]}{R_x^2[0] - R_x^2[1]} = -\frac{R_x[2] + a_{11}R_x[1]}{\sigma_1^2} \qquad \text{(E1-40a)}$$

$$a_{21} = -\frac{R_x[0]R_x[1] - R_x[1]R_x[2]}{R_x^2[0] - R_x^2[1]} = a_{11} + a_{22}a_{11} \qquad \text{(E1-40b)}$$

以此类推,可导出 AR(k)模型($k = 1,2,\cdots,p$)参数的递推计算公式,即

$$a_{kk} = -\frac{R_x[k] + \sum_{i=1}^{k-1} a_{(k-1)i}R_x[k-i]}{\sigma_{k-1}^2} \qquad \text{(E1-41)}$$

$$a_{ki} = a_{(k-1)i} + a_{kk}a_{(k-1)(k-i)}, \quad (i = 1,2,\cdots,k-1) \qquad \text{(E1-42)}$$

$$\sigma_k^2 = (1 - | a_{kk} |^2)\sigma_{k-1}^2, \quad \sigma_0^2 = R_x[0] \qquad \text{(E1-43)}$$

Levinson-Durbin 谱估计算法的基本步骤:

(1) 估计 AR(k)序列的自相关函数,$k = 1,2,\cdots,p$。

(2) 根据式(E1-39)得到初始的 a_{11}和 $\sigma_1{}^2$ 值。

(3) 按式(E1-41)~式(E1-43)进行参数递推估计,求出 AR(k)的全部参

数值 a_{kk}, a_{km} 和 $\sigma_k{}^2, k=2,3,\cdots,p; m=1,2,\cdots,k-1$。

(4) 按式(E1－33)或式(E1－34)估计 AR(p)序列的功率谱。

四、AR(p)模型参数的 Burg 算法

线性预测(Linear prediction)：给定某一采样序列 $x_n(n=1,2,\cdots,N)$，如果用 k 个参数 a_{ki} 与序列 $x_{n-i}(i=1,2,\cdots,k)$ 的线性组合来逼近原始数据 x_n，如图 5－1 所示，称为线性预测。

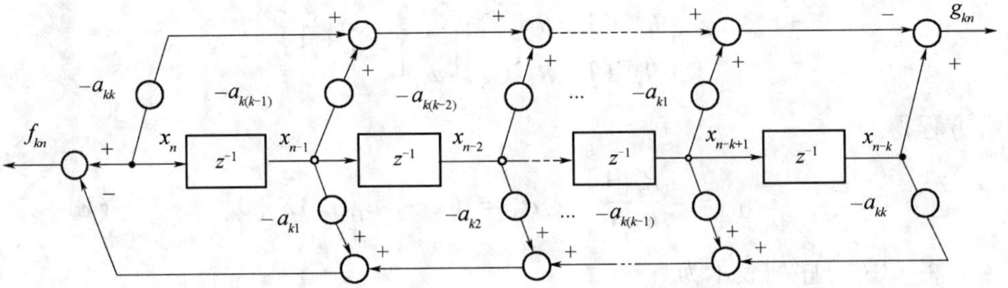

图 5－1　AR(p)序列的前、后向预测偏差

前向预测偏差定义为

$$f_{kn} = x_n + \sum_{i=1}^{k} a_{ki}x_{n-i} = \sum_{i=0}^{k} a_{ki}x_{n-i}, \quad (a_{k0} = 1;\ n \in [k+1,N]) \tag{E1－44}$$

它表示用实序列 $x_{n(m}$ 预测 x_m 所产生的偏差；后向预测偏差定义为

$$g_{kn} = x_{n-k} + \sum_{i=1}^{k} a_{ki}x_{n-k+i} = \sum_{i=0}^{k} a_{ki}x_{n-k+i}, \quad (a_{k0} = 1;\ n \in [k+1,N]) \tag{E1－45}$$

Burg 算法(Burg's algorithm)：利用最小均方误差估计——使前向预测偏差与后向预测偏差的平方和最小来确定参数 $a_{ki}(i=1,2,\cdots,k)$。

前向预测误差可写成

$$F_k = \frac{1}{N-k}\sum_{n=k+1}^{N} f_{kn}^2 \tag{E1－46}$$

后向预测误差可写成

$$B_k = \frac{1}{N-k}\sum_{n=k+1}^{N} g_{kn}^2 \tag{E1－47}$$

将 Levinson－Durbin 递推算法式(E1－43)改写成

$$a_{ki} = a_{(k-1)i} + K_k a_{(k-1)(k-i)}, \quad (i = 1,\cdots,k-1; a_{kk} = K_k) \tag{E1－48}$$

式中，K_k 称为反射系数。

将式(E1－48)代入式(E1－44)可得

$$f_{kn}=\sum_{i=0}^{k}a_{ki}x_{n-i}=\sum_{i=0}^{k}a_{(k-1)i}x_{n-i}+K_k\sum_{i=0}^{k}a_{(k-1)(k-i)}x_{n-i}$$
$$=f_{(k-1)n}+K_k\sum_{m=0}^{k-1}a_{(k-1)m}x_{n-k+m}$$
$$=f_{(k-1)n}+K_kg_{(k-1)(n-1)} \tag{E1-49}$$

推导中利用了式(E1 -45)和 $a_{k(k+1)}=0$。

类似地,由式(E1 -48)代入式(E1 -45),且利用式(E1 -44),可导出

$$g_{kn}=g_{(k-1)(n-1)}+K_kf_{(k-1)n} \tag{E1-50}$$

假设已知 $a_{ki}(i=1,2,\cdots,k-1)$,则可通过使前向、后向预测误差之和的极小化来确定反射系数 K。由式(E1 -46)、式(E1 -47)、式(E1 -49)和式(E1 -50),可知

$$F_k+B_k=\frac{1}{N-k}\left\{\sum_{n=k+1}^{N}\left[f_{(k-1)n}+K_kg_{(k-1)(n-1)}\right]^2+\sum_{n=k+1}^{N-k}\left[g_{(k-1)(n-1)}+K_kf_{(k-1)n}\right]^2\right\} \tag{E1-51}$$

上式对 K_k 求偏导数,并令其等于0,解得

$$K_k=\frac{-2\sum_{n=k+1}^{N}f_{(k-1)n}g_{(k-1)(n-1)}}{\sum_{n=k+1}^{N}\left[f_{(k-1)n}^2+g_{(k-1)(n-1)}^2\right]} \tag{E1-52}$$

Burg 谱估计算法的基本步骤:

(1) 选择待估计参数的数目 p。

(2) 初始化 $a_{k0}=[1],k=1,2,\cdots,p;\sigma_1{}^2=R_x(0)$。

(3) 根据式(E1 -44)和式(E1 -45):令 $f_0[n]=g_0[n]=x_n,n=1,2,\cdots,N$。

(4) 令 $k=2,3,\cdots,p$。

① 按式(E1 -52)计算反射系数 K_k;

② 按式(E1 -48),更新前向预测系数:

$$a_{ki}=a_{(k-1)i}+K_ka_{(k-1)(k-1)},\quad (i=1,\cdots,k-1;\ a_{kk}=K_k)$$

③ 按式(E1 -49),更新 $f_{kn},n([k+1,N]$。

④ 利用式(E1 -50),更新 $g_{kn},n([k+1,N]$。

(5) 计算预测偏差的功率:

$$\sigma_k^2=(1-K_k^2)\sigma_{k-1}^2$$

(6) 按下式估计序列 $x_n(n=1,2,\cdots,N)$ 的功率谱:

$$Q_x^{\mathrm{AR}}(\Omega)=\frac{1}{\left|1+\sum_{i=1}^{p}a_{pi}\mathrm{e}^{-\mathrm{j}\Omega i}\right|^2} \tag{E1-53}$$

五、皮萨连柯谱估计

在谱线检测与跟踪问题中，输入序列 x_k 含有背景噪声成分 e_k 和 M 个正弦波成分，如图 5－2 所示。其中，M 个正弦波往往不具有简谐关系，因而应用经典傅里叶方法分析这种信号很难获得高的频率分辨力。不过，当 e_k 为高斯白噪声时，则可用基于 ARMA 模型的谱估计方法——皮萨连柯（Pisarenko）谱估计，精确地检出各个正弦信号分量的频率。

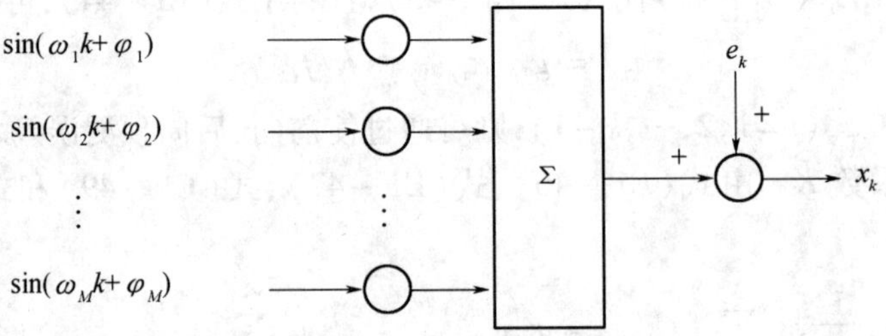

图 5－2　背景噪声加正弦波模型

皮萨连柯谱估计的基本步骤：

（1）计算 N 个观测数据 $x_k(k=0,1,\cdots,N-1)$ 的自相关矩阵 $\mathbf{R}_x$，得到

$$\mathbf{R}_x=\begin{bmatrix} R_x[0] & R_x[1] & \cdots & R_x[2M] \\ R_x[1] & R_x[0] & \cdots & R_x[2M-1] \\ \vdots & \vdots & \ddots & \vdots \\ R_x[2M] & R_x[2M-1] & \cdots & R_x[0] \end{bmatrix} \tag{E1-54}$$

计算出 $\mathbf{R}_x$ 的最小特征值 $\lambda_{\min}$，令 $\sigma_e{}^2=\lambda_{\min}$。

（2）将 $\sigma_e{}^2$ 代入方程组

$$(\mathbf{R}_x-\sigma_e^2\boldsymbol{I})\boldsymbol{a}=\mathbf{0} \tag{E1-55}$$

其中 $\boldsymbol{a}=[1,a_1,a_2,\cdots,a_{2M}]^{\mathrm{T}}$。由此可求得 ARMA$(2M,2M)$ 模型

$$x_k+\sum_{i=1}^{2M}a_ix_{k-i}=e_k+\sum_{i=1}^{2M}a_ie_{k-i}$$

参数的估计值$(a_1,a_2,\cdots,a_{2M})$。

（3）求 ARMA$(2M,2M)$模型的特征方程

$$1+a_1z+a_2z^2+\cdots+a_{2M}z^{2M}=0 \tag{E1-56}$$

的根 z_i 和 $z_i{}^*(i=1,2,\cdots,2M)$；并将这些根记为

$$z_i=\exp(\mathrm{j}\Omega_i)\ 和\ z_i^*=\exp(-\mathrm{j}\Omega_i),\quad(i=1,2,\cdots,M)$$

由此可确定各个正弦波的正数字频率 Ω_i。

（4）解方程组

$$\begin{bmatrix} \cos\Omega_1 & \cos\Omega_2 & \cdots & \cos\Omega_M \\ \cos2\Omega_1 & \cos2\Omega_2 & \cdots & \cos2\Omega_M \\ \vdots & \vdots & \ddots & \vdots \\ \cos M\Omega_1 & \cos M\Omega_2 & \cdots & \cos M\Omega_M \end{bmatrix} \begin{bmatrix} \sigma_1^2 \\ \sigma_2^2 \\ \vdots \\ \sigma_M^2 \end{bmatrix} = \begin{bmatrix} R_x[1] \\ R_x[2] \\ \vdots \\ R_x[M] \end{bmatrix} \tag{E1-57}$$

即可得到 M 个与正数字频率 $\Omega_i(i=1,2,\cdots,M)$ 相对应的正弦型信号分量的功率 $\sigma_i^{\ 2}$。

噪声功率抵消法（Counteraction of noise power）：ARMA(p,q) 模型可用阶次 n 足够高的 AR 模型来近似，特别是在大信噪比的情况下，可用 AR(p) 来逼近 ARMA(p,q)。由此还引申出两个推论：其一，对于大信噪比随机序列 x_k，AR 谱估计趋近于皮萨连柯谱估计；其二，如果能预先借助于某种噪声功率抵消法，人为地提高输入随机序列 x_k 的信噪比，就可通过 AR 谱估计近似地实现皮萨连柯谱估计。

为了提高 AR 谱估计的分辨力，Marple 提出了一种噪声功率抵消迭代算法：

（1）利用傅里叶变换，直接估计随机序列 x_k 的功率谱。若序列 x_k 含有 M 个正弦波，则可粗略地给出 M 个峰值数字频率估计值 $\hat{\Omega}_1,\cdots,\hat{\Omega}_M$。

（2）将上述频率估值代入下式：

$$R_x[m] = \sigma_e^2\delta_{0m} + \sum_{i=1}^{M}\sigma_i^2\cos(m\Omega_i), \quad (m = 1,2,\cdots,M)$$

即可得到 M 个线性方程：

$$\sum_{i=1}^{M}\sigma_i^2\cos(m\Omega_i) = R_x[m], \quad (m = 1,2,\cdots,M)$$

其中，$R_x[m]$ 可能是已知的，也可能是通过估计得到的。

（3）求出各谐波信号功率的估值 $\hat{\sigma}_i^2$ 后，再从输入总功率 $R_x[0]$ 中减去全部信号功率的估计值，即可得到噪声功率的估值：

$$\hat{\sigma}_e^2 = R_x[0] - \sum_{i=1}^{M}\hat{\sigma}_i^2$$

（4）从输入自相关矩阵 $\mathbf{R}_x$ 的主对角线元素 $R_x[0]$ 中减去一部分噪声功率的估值，比如 $0.1\hat{\sigma}_e^2$，得到一次迭代后的新的自相关矩阵：

$$\mathbf{R}_x^{(1)} = \| R_x[i-m] - 0.1\cdot\sigma_e^2\delta_{im} \| = \| R_x^{(1)}[i-m] \|$$

（5）利用 Yule－Walker 方程的近似表达式

$$\sum_{i=1}^{M} a_i\hat{R}_x[i-m] = \hat{R}_x[m], \quad (m = 1,2,\cdots,M)$$

求出 AR(M) 模型参数估计量 $a_i(i=1,2,\cdots,M)$。

（6）利用式（E1－33）计算 AR 谱，得到 M 个新的峰值频率估值。

重复步骤(2)~(6)迭代过程,直至出现某次迭代后的剩余噪声功率,反而大于上一次迭代后的剩余噪声功率,这时可取上一次迭代结果作为最终估计值。

多重信号分类算法(Multiple signal classification,MUSIC):设观测数据 x_k($k=0,1,\cdots,N(1)$是由 M 个复正弦分量和加性白噪声 e_k 所组成的,其中,复正弦分量的振幅和频率分别为 A_m 和 Ω_m($m=1,2,\cdots,M$)。如果定义

$$\boldsymbol{A} = [A_1, A_2, \cdots, A_M]^{\mathrm{T}}$$

$$\boldsymbol{s}_m = [1, \mathrm{e}^{\mathrm{j}\Omega_m}, \cdots, \mathrm{e}^{\mathrm{j}\Omega_m(N-1)}]^{\mathrm{T}}, \quad \boldsymbol{S} = [\boldsymbol{s}_1, \boldsymbol{s}_2, \cdots, \boldsymbol{s}_M];$$

$$\boldsymbol{x} = [x_0, x_1, \cdots, x_{N-1}]^{\mathrm{T}}; \quad \boldsymbol{e} = [e_0, e_1, \cdots, e_{N-1}]^{\mathrm{T}}$$

则有

$$\boldsymbol{x} = \boldsymbol{SA} + \boldsymbol{e} \tag{E1-58}$$

于是,观测数据 x_k($k=0,1,\cdots,N-1$)的自相关矩阵可表示为

$$\boldsymbol{R}_x = E[\boldsymbol{x} \cdot \boldsymbol{x}^H] = \boldsymbol{SPS}^H + \sigma_e^2 \boldsymbol{I} \tag{E1-59}$$

式中,$\boldsymbol{P}$ 是 M 个复正弦型分量幅度 A_i($i=1,2,\cdots,M$)的自相关矩阵;σ_e^2 是白噪声 e_k 的功率。若 M 个复正弦型信号分量彼此不相关,则 $M \times M$ 相关维矩阵 $\boldsymbol{P}$ 是正定的。但因矩阵 $\boldsymbol{S}$ 的秩为 M,故 $N \times N$ 维矩阵 $\boldsymbol{SPS}^H$ 必定是奇异的($N > M$)。

设矩阵 $\boldsymbol{SPS}^H$ 的特征值为 λ_k,与之相应的特征向量为 $\boldsymbol{v}_k$,$k=0,1,\cdots,N-1$;不妨假设($_k$ 已经按非增的顺序排列,则最后($N-M$)个特征值 λ_k 必等于0,即

$$(\boldsymbol{SPS}^H)\boldsymbol{v}_k = \lambda_k \boldsymbol{v}_k = 0, \quad (k = M, M+1, \cdots, N-1)$$

因为 $\boldsymbol{P}$ 是正定的,所以上式等价于

$$\boldsymbol{S}^H \boldsymbol{v}_k = 0, \quad (k = M, M+1, \cdots, N-1) \tag{E1-60}$$

由此求出 M 个正弦型信号分量的数字频率 Ω_m($m=1,2,\cdots,M$)。于是,观测数据 x_k 的功率谱估计可表示为

$$P_{MU}(\Omega) = \frac{1}{\sum\limits_{k=M}^{N-1} |\boldsymbol{v}_k^H \boldsymbol{S}_M|^2} \tag{E1-61}$$

式中,$\boldsymbol{S}_M = [1, \mathrm{e}^{\mathrm{j}\Omega}, \cdots, \mathrm{e}^{\mathrm{j}\Omega(N-1)}]^{\mathrm{T}}$。

由式(E1-61)可知,当 $\Omega = \Omega_m$($m=1,2,\cdots,M$)时,$P_{MU}(\Omega_m)$将会出现无限大的峰值。实际上,只能根据观测数据 x_k($k=0,1,\cdots,N-1$)来计算总体自相关函数 $\boldsymbol{R}_x$ 的估计值 $\hat{\boldsymbol{R}}_x$,并计算 $\hat{\boldsymbol{R}}_x$(而不是 $\boldsymbol{SPS}^H$)的特征值 λ_k 及其特征向量 $\boldsymbol{v}_k$($k=1,2,\cdots,N-1$),进而确定($N-M$)个对应于最小特征值 λ_k 的特征向量 $\boldsymbol{v}_k$($k=M,M+1,\cdots,N-1$),因此 P_{MU}(($_m$)的峰值必然有限的。

根据 $P_{MU}(\Omega_m)$的 M 个峰值位置找到 Ω_m,即可确定矩阵 $\boldsymbol{S}$。于是,每个正弦型信号分量的真实功率(矩阵 $\boldsymbol{P}$ 对角线上的诸元素)就可根据式(E1-59)来确定:

$$\begin{cases} \boldsymbol{SPS}^H = \boldsymbol{R}_x - \sigma_e^2 \boldsymbol{I} \\ \boldsymbol{P} = (\boldsymbol{S}^H\boldsymbol{S})^{-1}\boldsymbol{S}^H(\boldsymbol{R}_x - \sigma_e^2\boldsymbol{I})\boldsymbol{S}(\boldsymbol{S}^H\boldsymbol{S})^{-1} \end{cases} \tag{E1-62}$$

MATLAB 信号处理工具箱提供了与上述算法相应的谱估计函数 pmisuc。

5.1.2 小波变换

由于傅里叶分析方法只能揭示信号的频谱结构而不含有时间信息,因而无法应用于分析非平稳信号(如调频信号)。为此,1946 年盖博(Dennis Gabor)首先引进了短时傅里叶变换(Short – time fourier transform,STFT)的概念。具体实现方法是:先对信号 $x(t)$ 施加一个实滑动窗 $w(t-\tau)$ 再作傅里叶变换,即

$$\mathrm{STFT}_x(\omega,\tau) = \int x(t)\omega(t-\tau)\mathrm{e}^{-\mathrm{j}\omega t}\,\mathrm{d}t$$

式中,τ 是移位因子;ω 是角频率。

当非平稳信号的波形发生剧烈变化时,其主频是高频,要求分析工具应具有高的时域分辨力,因而必须选取"窄"的窗函数 $\omega(t)$,以便于细致观察 $x(t)$ 在时宽 Δt 区间内的变化状况;反之,如果非平稳信号的波形变化比较平缓,其主频是低频,故应当选择适当"宽"的窗函数 $\omega(t)$,使之具有"窄"的谱宽 $\Delta\omega$,以提高频域分辨力。然而,海森伯格(Heisenberg)的测不准原理(Uncertainty Principle)指出:Δt 和 $\Delta\omega$ 是相互制约的,即

$$S = \Delta t \times \Delta\omega \geqslant \frac{1}{2}$$

仅当 $\omega(t)$ 是高斯函数时,等号才成立。由此可见,STFT 的时频分辨力是固定的,不能兼顾这两方面的要求。为此,人们希望有一种新的数学变换,它能根据非平稳信号的主频变化而"自适应"地调整窗函数 $\omega(t)$ 的宽度,而小波分析方法恰恰能满足这一需求。

一、连续小波变换

连续小波变换(Continuous wavelet transform,CWT):设 $x(t) \in L^2(R)$,$\psi(t)$ 是基本小波或母小波(Mother wavelet)函数,则函数 $x(t)$ 的连续小波变换规定为

$$WT_x(a,b) = \langle x(t),\psi_{ab}(t)\rangle = \frac{1}{\sqrt{a}}\int x(t)\psi^*\left(\frac{t-b}{a}\right)\mathrm{d}t \qquad (\text{E2}-1)$$

式中,$a>0$,称为尺度因子;b 称为时间位移(或平移参数),其值可正可负;符号 $<\cdot>$ 表示内积;基本小波 $\psi(t)$ 经过时间移位和尺度伸缩后而生成的小波

$$\psi_{ab}(t) = \frac{1}{\sqrt{a}}\psi\left(\frac{t-b}{a}\right) \qquad (\text{E2}-2)$$

称为 $\psi(t)$ 的生成小波。

连续小波变换的主要特点:

(1) 基本小波 $\psi(t)$ 可以是实(或复)信号,也可以是解析信号。

(2) 尺度因子 a 的作用是改变基本小波 $\psi(t)$ 的宽度,a 越大,$\psi(t/a)$ 越宽,反之亦然;参数 b 表示小波在时间轴上的位移量。

对于一个持续时间 t 有限的小波，图 5-3 给出了 $\psi(t)$ 与 $\psi_{ab}(t)$ 之间的关系，以及在不同尺度 a 下小波分析区间的变化情况。从中不难看出，小波的持续时间随尺度因子 a 的增大而加宽，幅度则与 $a^{1/2}$ 成反比。

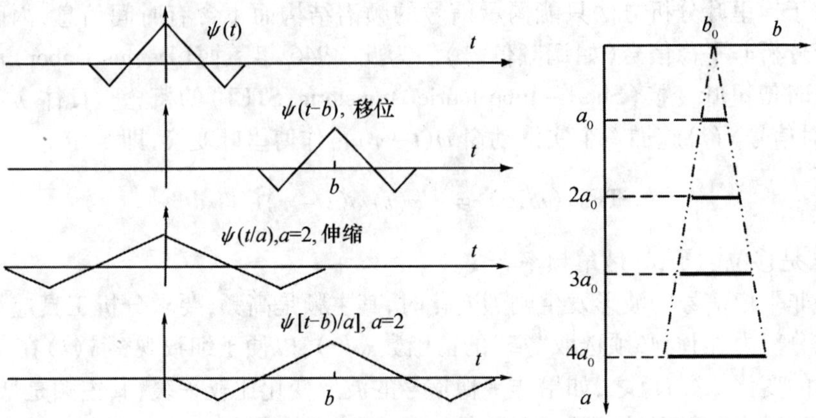

图 5-3　小波的位移与伸缩及不同尺度 a 下小波分析区间的变化

图 5-4(a) 给出了不同尺度下小波函数的时频特性。当 a 值小于 1 时，$\psi(t/a)$ 变“窄”，因而在时轴上的观测范围小，可以“细致观察”时域波形的变化；而在频域上相当于用中心频率为 $\omega_0/a>\omega_0$、带宽为 $B/a>B$ 的“宽带”小波对信号的频谱作低分辨力分析。当 a 值大于 1 时，$\psi(t/a)$ 变“宽”，时轴上的观测范围大，可以“初略观察”时域波形；而在频域上相当于用中心频率 $\omega_0/a<\omega_0$、带宽 $B/a<B$ 的“窄带”小波对频谱作高分辨力分析。尽管分析频率有高有低，但在各个分析频段内小波频谱的品质因数 Q 却是恒定的。

图 5-4(b) 所示的小波分析特点恰好能满足工程应用的需求。对于高频信

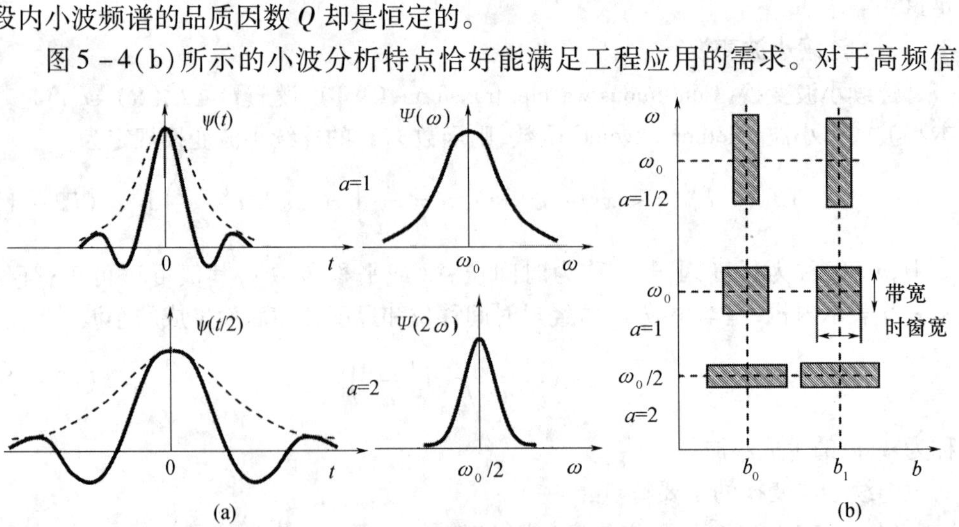

图 5-4　小波变换的分析特点

(a) 不同尺度下小波函数的时频特性；(b) 不同尺度的时频分辨力。

号，当然要求在时域上有较高的时间分辨力，而在频域上的频率分辨力则允许相应地降低，因此可用“窄”的小波 $\psi(t/a)$（a 较小）来“仔细观察”时域波形；而与之对应的频谱 $\psi(a\omega)$ 的频带 B 则较“宽”，故其频率分辨力较低。反之，对于低频信号，则希望提高频域上的分辨力，而时域的分辨力可以降低要求，因而可用“宽”的小波 $\psi(t/a)$（a 较大）来“粗略观察”时域波形；而与之相应的频谱 $\psi(a\omega)$ 的宽度 B 则较“窄”，因此其频率分辨力较高。简而言之，小波变换是一种时频窗口面积固定、但形状可变的“自适应”波形分析工具：在低频部分具有较高的频率分辨力和较低的时间分辨力，而在高频部分则具有较高的时间分辨力和较低的频率分辨力。

正因为小波变换具有这种自动调整时域和频域“视野”的特点，并保持各个分析频段的品质因数 Q 的不变性，所以被誉为“数学显微镜”。

（3）因子 $1/\sqrt{a}$ 的作用是保持生成小波 $\psi_{ab}(t)$ 在各种尺度 a 下能量保持不变。

（4）式（E2－1）所定义的内积，往往被不严格地解释为卷积。这是因为

$$\text{内积：}\quad \langle x(t),\psi(t-b)\rangle=\int x(t)\psi^*(t-b)\mathrm{d}t$$

$$\text{卷积：}\quad x(t)*\psi^*(t)=\int x(\tau)\psi^*(t-\tau)\mathrm{d}\tau\overset{\text{def}}{=}\int x(t)\psi^*(b-t)\mathrm{d}t$$

两式相比，区别仅在于 $\psi(t-b)$ 变成 $\psi(b-t)=\psi[-(t-b)]$，记为 $\breve{\psi}(t-b)$，它表示 $\psi(t-b)$ 的首尾对调。如果 $\psi(t)$ 是关于 $t=0$ 对称的函数，则二者的计算结果是完全一样的；对于非对称的 $\psi(t)$，在计算方法上也没有本质区别，即

$$\langle x(t),\psi(t-b)\rangle=x(t)*\psi^*(-t)$$

定理 5－1　考虑连续小波变换

$$WT_x(a,b)=\langle x(t),\psi_{ab}(t)\rangle=\frac{1}{\sqrt{a}}\int x(t)\psi^*\left(\frac{t-b}{a}\right)\mathrm{d}t$$

如果基本小波 $\psi(t)$ 的傅里叶变换 $\Psi(\omega)$ 是带通函数，那么 $WT_x(a,b)$ 在频域上可表示为

$$WT_x(a,b)=\frac{\sqrt{a}}{2\pi}\int X(\omega)\Psi^*(a\omega)\mathrm{e}^{\mathrm{j}\omega b}\mathrm{d}\omega \tag{E2－3}$$

定理 5－2　设 $\psi(t)\in L^2(R)$，$\psi(t)$ 的傅里叶变换为 $\Psi(\omega)$，当 $\Psi(\omega)$ 满足容许条件（Admissible condition）时，即

$$C_\psi=\int_R\frac{|\Psi(\omega)|^2}{\omega}\mathrm{d}\omega<\infty \tag{E2－4}$$

才能由小波变换 $WT_x(a,b)$ 反演出原函数 $x(t)$，即

$$x(t)=\frac{1}{C_\psi}\int_0^\infty\frac{\mathrm{d}a}{a^2}\int_\infty^\infty WT_x(a,b)\frac{1}{\sqrt{a}}\psi^*\left(\frac{t-b}{a}\right)\mathrm{d}b \tag{E2－5}$$

二、连续小波变换的基本性质

性质 1 （线性性，Linearity）：如果 $x(t)$ 的 CWT 为 $WT_x(a,b)$，$y(t)$ 的 CWT 为 $WT_y(a,b)$，则有

$$\mathrm{CWT}[k_1x(t)+k_2y(t)] = k_1WT_x(a,b)+k_2WT_y(a,b)$$

式中，k_1、k_2 是任意常数；a 为尺度因子（Scale factor）；b 为时间位移（Time－shift）。

性质 2 （平移不变性，Invariability of time－shift）：如果 $x(t)$ 的 CWT 是 $WT_x(a,b)$，则 $x(t-t_0)$ 的小波变换为

$$\mathrm{CWT}[x(t-t_0)] = WT_x(a,b-t_0)$$

性质 3 （伸缩共变性，Co－scaling）：如果 $x(t)$ 的 CWT 是 $WT_x(a,b)$，则 $x(kt)$ 的小波变换为

$$\mathrm{CWT}[x(kt)] = \frac{1}{\sqrt{k}}WT_x(ka,kb),\quad k>0$$

性质 4 （自相似性，Self－ similarity）：对应于不同尺度因子 a 和不同时间位移参数 b 的连续小波变换是自相似的。

性质 5 （冗余性，Redundancy）：连续小波变换是将一维信号 $x(t)$ 等矩映射到二维尺度—时间 (a,b) 平面，其自由度增加了，从而使小波变换含有冗余度。它表现在以下两个方面：

（1）由连续小波变换恢复原信号的反演公式不是唯一的；

（2）小波变换的核函数，即小波族 $\psi_{ab}(t)$ 存在多种可能的选择。

在不同点 (a,b) 上小波变换的自相似性，给正确解释小波变换结果带来可困难。为此，应尽量设法减小小波变换的冗余度，这正是当前小波分析理论的主要研究课题之一。

三、离散小波变换

离散小波变换（Discrete wavelet transform，DWT）：如果连续小波函数的尺度因子 a 和连续平移参数 b 分别取为

$$a = a_0^m,\quad b = ka_0^mb_0,\quad (m,k\in\mathbf{Z},\ a_0>1)$$

则离散小波 $\psi_{mk}(t)$ 可写成

$$\psi_{mk}(t) = a_0^{-m/2}\psi(a_0^{-m}t-kb_0) \tag{E2－6}$$

与之对应的离散小波变换（Discrete wavelet transform，DWT）可表示为

$$C_{mk} \overset{\mathrm{def}}{=} WT_x(m,k) = \langle x(t),\psi_{mk}(t)\rangle = \int_{-\infty}^{\infty}x(t)\psi_{mk}^{*}(t)\,\mathrm{d}t \tag{E2－7}$$

其中，C_{mk} 称为离散小波系数。

离散小波变换的反演公式（IDWT）可表示为

$$x(t) = c\sum_{m=-\infty}^{\infty}\sum_{k=-\infty}^{\infty}C_{mk}\cdot\psi_{mk}(t) \tag{E2－8}$$

式中,c 是与信号无关的常数,一般取 $c=1$。

二进制小波(Dyadic wavelet):在式(E2-6)中,若取 $a_0=2$ 和 $b_0=1$,则 $\psi_{mk}(t)$ 可表示为

$$\psi_{mk}(t) = 2^{-m/2}\varphi(2^{-m}t-k), \quad (k \in Z) \tag{E2-9}$$

并称之为二进制小波。如果采用对数坐标,并以 ln2 为坐标单位,则(a,b)的离散值可用图 5-5 表示。

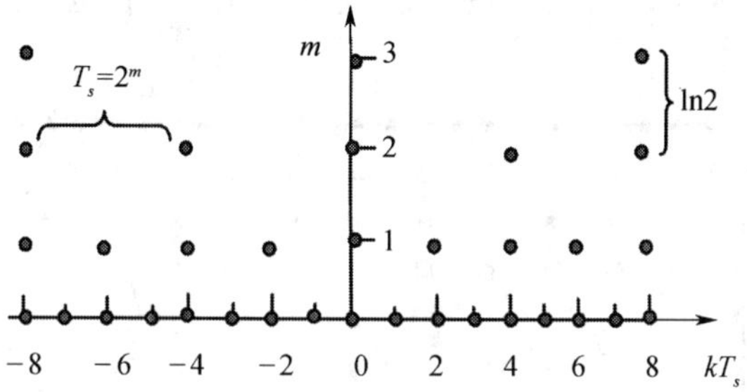

图 5-5 a—b 平面的二进制动态采样网格点

四、数据初始化

当对有限长观测数据 x_k 进行小波分解时,数据两端的小波分析精度必定受到影响。为此,需要对观测数据的边界进行预先处理。

(1) 常数延拓:取新的无限序列

$$x_k = \begin{cases} x_k, & k=0,1,\cdots,M-1 \\ c, & k<0;\ k>M-1 \end{cases}$$

其中,c 是任意常数。一般令常数 c 等于原信号 $x(t)$ 的平均值 $\bar{x}$,以保留原序列的统计特征。

(2) 对称延拓:序列取为

$$\cdots,x_2,x_1,x_0,x_0,x_1,x_2,\cdots,x_{M-2},x_{M-1},x_{M-1},x_{M-2},\cdots$$

或者

$$\cdots,x_2,x_1,x_0,x_1,x_2,\cdots,x_{M-2},x_{M-1},x_{M-2},\cdots$$

(3) 周期延拓:周期延拓要求给定的有限序列的首末两个数据是相等的,或者二者相差不大,即 $x_0 \approx x_{M-1}$。由此生成的无限序列式可表示为

$$\cdots,x_{M-2},x_{M-1},x_0,x_1,x_2,\cdots,x_{M-2},x_{M-1},x_0,x_1,x_2,\cdots$$

当 x_0 与 x_{M-1} 相差较大时,可先对有限序列进行对称延拓生成新的有限序列,即

$$x_0,x_1,x_2,\cdots,x_{M-2},x_{M-1},x_{M-1},x_{M-2},\cdots,x_2,x_1,x_0$$

然后,再对该序列进行周期延拓。

五、尺度栅格的细化

当对观测数据进行小波分析时,分辨力是按尺度 $a=2^m$ 增长的,数据的点数每

经一级分解都要作一次二抽取(参见图5-6),在声学分析、特征提取和模式分类等专题研究中,采用这种逐次二分频分析方法,因为在 a 轴方向上的点数过于稀疏,所以常常无法得到期望的结果。

为解决这一问题,可采取尺度栅格加密的措施:

(1) 令 $a=2^{m-n/M}$,计算出 $a=2^{n/M}(n=0,1,\cdots,M-1)$ 各点上的小波变换。

(2) 采用尺度 $a=2^m$,对 M 个小波变换结果进行离散小波变换。

图5-6给出了 $M=3$ 情况下的尺度细化结果,其中同一标号的输出属于同一组。

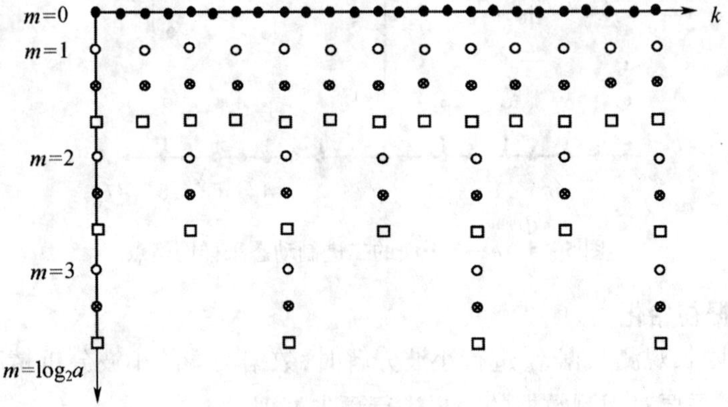

图5-6 尺度栅格的细化

5.1.3 快速小波变换的理论框架

关于信号的多分辨力小波分析,可以用分解树来表示,图5-7给出了三层信号分解(多分辨力)的情况。其基本概念是:首先用空间 V_0 来表示原始信号空间,并将其分解为低频部分 V_1 和高频部分 W_1,然后,仅对低频部分 V_1 继续进行分解,高频部分 W_1 保持不变。这样,随着分解层次的增加,信号的细节将逐渐呈现出来。

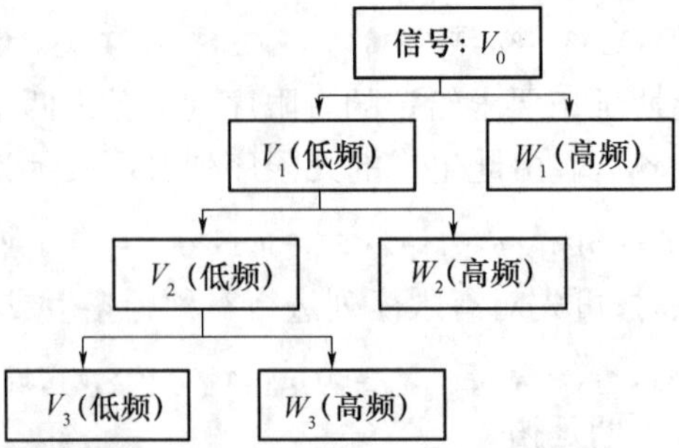

图5-7 信号空间的三层分解结构

对于三层分解树，信号空间的分解关系为

$$V_0 = V_3 \oplus W_3 \oplus W_2 \oplus W_1$$

其中，符号⊕表示空间的直和算法。

一、多分辨力信号分解与小波变换

多分辨力信号分解的基本思路是：将被分析函数 $x(t) \in L^2(R)$ 看成是由一系列低通平滑函数 $\varphi(t)$ 逐级逼近的极限，而且，在逐级逼近 $x(t)$ 时 $\varphi(t)$ 也作相应的逐级伸缩。换言之，就是用一系列不同分辨力的低通平滑函数 $\varphi(t)$ 来逼近被分析函数 $x(t)$，这就是"多分辨力"名称的由来。

尺度函数（Scaling function）：如果低通函数 $\varphi(t) \in V_0$，其整数位移集合 $\{\varphi(t-k) | k(\mathbf{Z}\}$ 构成空间 V_0 中归一化正交基，即

$$< \varphi(t-k), \varphi(t-k') > = \delta(k-k') \qquad (E3-1)$$

且有

$$\Phi(\omega) |_{\omega=0} = \int \varphi(t) \mathrm{d}t = 1 \qquad (E3-2)$$

则称 $\varphi(t)$ 为尺度函数。

多分辨力逼近子空间（Sub-spaces with multiresolution approximations）：将实内积空间 $L^2(R)$ 作逐级二分解产生一组逐级包含的子空间，即

$$\cdots, V_0 = V_1 \oplus W_1, V_1 = V_2 \oplus W_2, \cdots, V_m = V_{m+1} \oplus W_{m+1}, \cdots$$

称为函数空间的逐级划分，并称 V_m 为 $L^2(R)$ 空间的多分辨力（逼近）子空间。

定理 5-3 令 $V_m (m \in Z)$ 是 $L^2(R)$ 空间中的多分辨力逼近子空间，则存在一个标准正交函数（尺度函数）$\varphi(t) \in V_0$，使得集合

$$\{\varphi_{mk}(t) = 2^{-m/2} \varphi(2^{-m}t - k)\} \qquad k \forall \in Z \qquad (E3-3)$$

必定构成 V_m 上的归一化正交基。

函数空间的逐级划分（见图 5-7）不仅具有完备性（逼近性）和包容性，而且还具有位移不变性和二尺度伸缩性。亦即，$\forall k \in Z$，当 $\varphi(t) \in V_m$ 时，下列式子皆成立：

$$\begin{cases} \bigcup_{m=-\infty}^{\infty} V_m = L^2(R), \quad \bigcap_{m>N} V_m = \{0\} \quad (1 \ll N \in \mathbf{Z}) \\ V_0 = W_1 \oplus W_2 \oplus \cdots \oplus W_N \oplus V_N; \quad \cdots \supset V_{-1} \supset V_0 \supset V_1 \supset \cdots \end{cases}$$

$$\varphi(t-k) \in V_m, \varphi\left(\frac{t}{2} - t\right) \in V_{m+1}, \varphi(2t-k) \in V_{m-1} \qquad (E3-4)$$

这种划分方式保证了空间 V_m 与空间 W_m 的正交性，以及各子空间 W_m 之间的正交性：

$$V_m \perp W_m, \quad W_m \perp W_n \quad (m \neq n)$$

定理 5-4 对于任意的 $m, k \in Z$，如果集合

$$\left\{\varphi_{mk}(t)=\frac{1}{2^{m/2}}\varphi\left(\frac{t}{2^m}-k\right)\right\},\quad \left\{\psi_{mk}(t)=\frac{1}{2^{m/2}}\psi\left(\frac{t}{2^m}-k\right)\right\}$$

分别是 V_m 和 W_m 的归一化正交基,则有

$$P_{m-1}[x(t)]=P_m[x(t)]+D_m[x(t)] \tag{E3-5}$$

式中

$$\begin{cases} P_{m-1}[x(t)]=\sum_k x_k^{(m-1)}\varphi_{(m-1)k}(t), & x_k^{(m-1)}=<x(t),\varphi_{(m-1)k}(t)> \\ P_m[x(t)]=\sum_k x_k^{(m)}\varphi_{mk}(t), & x_k^{(m)}=<x(t),\varphi_{mk}(t)> \\ D_m[x(t)]=\sum_k d_k^{(m)}\psi_{mk}(t), & d_k^{(m)}=WT_x(m,k)=<x(t),\psi_{mk}(t)> \end{cases} \tag{E3-6}$$

其中,$d_k^{(m)}$ 称为在分辨力级别 m 下的小波系数(或小波变换)。

式(E3-5)表明,任何分辨力级别下的粗糙像,都可以表示为更高一级分辨力下的粗略像与"细节"函数之和,这正是快速正交小波变换算法的基本理论框架。

二、用正交滤波器组实现信号分解

正交滤波器组(Quadrature filter banks):利用理想低通滤波器 H_0 和理想高通滤波器 H_1,将原始信号 $x(t)$ 的采样序列 x_k 的频谱 $X(e^{j\Omega})$(正频率部分)分解成频带在 $[0,\pi/2]$ 的低频部分 V_1 和频带在 $[\pi/2,\pi]$ 的高频部分 W_1,如图 5-8 所示。若将原始输入信号 $x(t)$ 记为 $P_0[x(t)]\in V_0$,就有 $V_0=V_1\oplus W_1$。根据分离系统的频率特性可知,这样处理后的两路输出信号必定正交,因而,将滤波器 H_0 和 H_1 称为正交滤波器组。

采用图 5-8 所示的信号正交分解方法,可引申出如下结论:

(1) 各级滤波器组的一致性;

(2) 各带通空间 W_m 品质因数的恒定性。

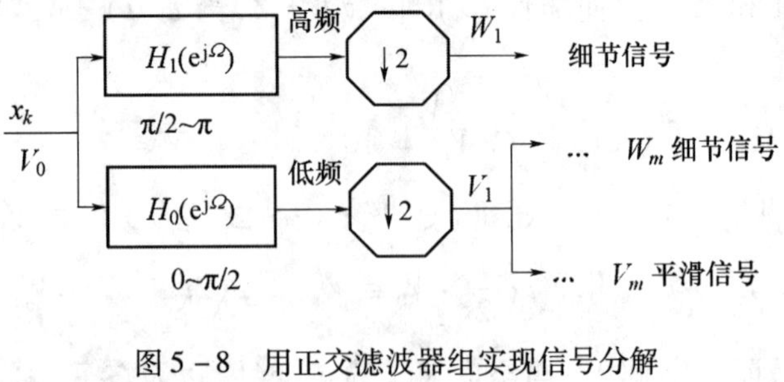

图 5-8 用正交滤波器组实现信号分解

三、正交滤波器组与 $\varphi(t)$ 和 $\psi(t)$ 的关系

定理 5-5 考虑任意两相邻空间的二划分($V_{m-1}\to V_m$ 和 W_m)。令各子空间基函数分别为 $\varphi_{(m-1)k}(t)$,$\varphi_{mk}(t)$ 和 $\psi_{mk}(t)$,则 V_{m-1} 与 V_m,W_m 之间存在如下二尺度

差分关系：

$$\begin{cases}\varphi\left(\dfrac{t}{2^m}\right) = \sqrt{2}\sum\limits_k \breve{h}_{0k}\cdot\varphi\left(\dfrac{t}{2^{m-1}}-k\right)\\ \psi\left(\dfrac{t}{2^m}\right) = \sqrt{2}\sum\limits_k \breve{h}_{1k}\cdot\varphi\left(\dfrac{t}{2^{m-1}}-k\right)\end{cases} \tag{E3 - 7}$$

式中，$\breve{h}_{0k}$和$\breve{h}_{1k}$是归一化正交基的线性组合的权重，即

$$\begin{cases}\breve{h}_{0k} = <\varphi_{10}(t),\varphi_{0k}(t)> = \breve{h}_0[k]\\ \breve{h}_{1k} = <\psi_{10}(t),\varphi_{0k}(t)> = \breve{h}_1[k]\end{cases} \tag{E3 - 8}$$

且有

$$\sum_k \breve{h}_{0k} = \sqrt{2},\quad \sum_k \breve{h}_{1k} = 0 \tag{E3 - 9}$$

定理5－6　设序列 $x_k^{(0)}\in V_0$，则 $x_k^{(0)}$ 的离散平滑逼近序列 $x_k^{(1)}\in V_1$ 可表示为

$$x_k^{(1)} = \sum_n \breve{h}_{0,n-2k}x_n^{(0)} = \sum_n \breve{h}_0[n-2k]x_n^{(0)}\quad (k=0,1,\cdots) \tag{E3 - 10}$$

而 $x_k^{(0)}$ 的离散细节序列 $d_k^{(1)}\in W_1$（即小波变换）则可表示为

$$d_k^{(1)} = \sum_n \breve{h}_{1,n-2k}x_n^{(0)} = \sum_n \breve{h}_1[n-2k]x_n^{(0)}\quad (k=0,1,\cdots) \tag{E3 - 11}$$

其中，$\breve{h}_0[n-2k]$和$\breve{h}_1[n-2k]$由下式确定，即

$$\begin{cases}\breve{h}_0[n-2k] = <\varphi_{10}(t),\varphi_{0,n-2k}(t)>\\ \breve{h}_1[n-2k] = <\psi_{10}(t),\varphi_{0,n-2k}(t)>\end{cases} \tag{E3 - 12}$$

推论1：根据式(E3－10)和式(E3－11)，可导出如图5－9所示的信号分解的结构框图。它表示由 V_0 到 V_1、W_1 的分解过程，其中，下支路表示式(E3－10)，上支路表示式(E3－11)；$h_0[k]=\breve{h}_0[-k]$和$h_1[k]=\breve{h}_1[-k]$分别表示正交滤波器组 H_0 和 H_1 的单位脉冲响应函数。

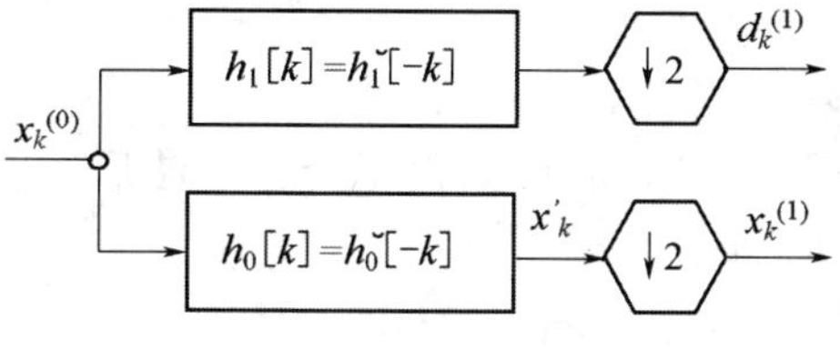

图5－9　信号分解结构图

推论2：对序列 $x_k^{(1)}$ 继续分解（从 V_1 到 V_2 和 W_2 的分解），解可得到 $x_k^{(2)}$ 和 $d_k^{(2)}$，并且正交滤波器组的单位脉冲响应函数仍然保持不变，如图5－10所示。

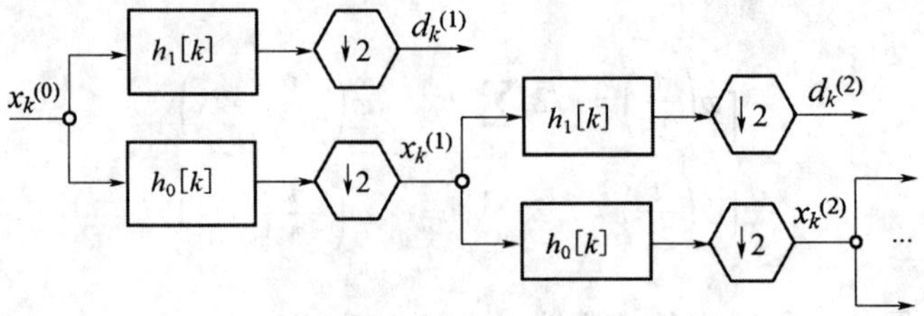

图 5-10　信号分解的二分树结构图

四、双通道信号分解的理想重构条件

定理 5-7　离散序列 $x[k]$ 经 M 插值后得到的新序列 $y[k]$, $k=0,1,\cdots$,其间隔是原序列的 M 倍,即

$$y[k]=\begin{cases}x[k/M], & k/M\in \mathbf{Z}\\ 0, & 其他\end{cases}\quad k=0,1,\cdots \tag{E3-13}$$

其频带是原序列的 $1/M$ 倍:

$$Y(z)=X(z^M);\quad Y(e^{j\Omega})=X(e^{jM\Omega}) \tag{E3-14}$$

式中,$x[k](X(z)$,$y[k](Y(z)$;$z=exp(j\Omega)$。

定理 5-8　在离散时间序列 $x[k]$ 中,每间隔 M 个时刻抽取 1 个数据所得到的新序列为

$$y[k]=x[Mk] \tag{E3-15}$$

其频带比原序列扩展了 M 倍,且满足如下关系:

$$\begin{cases}Y(z)=\dfrac{1}{M}\displaystyle\sum_{m=0}^{M-1}X(W^m z^{1/M})\\[2ex] Y(e^{j\Omega})=\dfrac{1}{M}\displaystyle\sum_{m=0}^{M-1}X(e^{j(\Omega-2m\pi)/M})\end{cases} \tag{E3-16}$$

式中,$x[k]\Leftrightarrow X(z)$,$y[k]\Leftrightarrow Y(z)$;$W=e^{-j2\pi/M}$。

图 5-11 是基于 Mallat 算法的双通道信号分解与重构的典型环节。对于任意的整数 m,只要该典型环节的输入-输出满足如下关系:

$$y[k]=x[k-m]\quad 或\quad Y(z)=z^{-m}X(z) \tag{E3-17}$$

那么,重构信号除波形滞后之外不存在任何失真现象。这种典型环节多级串联后,只是在各通道上引入额外的时间延迟,而不会导致波形失真。为了实现式(E3-17),必须满足如下条件,即

(1) 抗混叠条件(Anti-aliasing condition):

$$H_0(-z)G_0(z)+H_1(-z)G_1(z)=0 \tag{E3-18}$$

(2) 纯延时条件(Pure time-delay condition):

$$H_0(z)G_0(z)+H_1(z)G_1(z)=cz^{-m} \tag{E3-19}$$

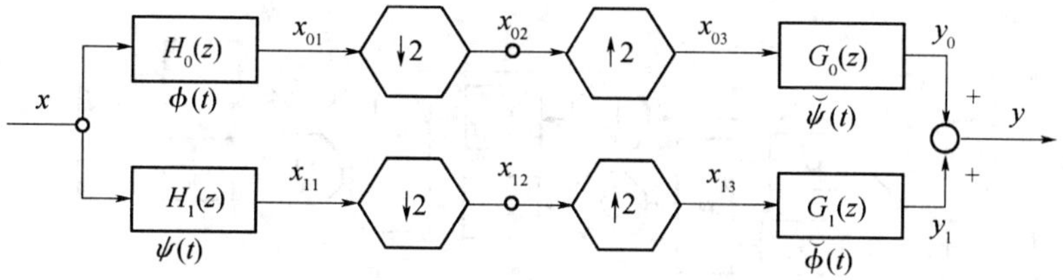

图 5－11　基于双通道滤波器组的信号分解与重构支路

式中，c 为任意常数，不妨令 $c=2$；m 为整数；当各级滤波器的单位脉冲响应序列的长度都等于 M 时，可取 $m=M$。

定理 5－9　若分解滤波器组 $H_i(z)$ 与重构滤波器组 $G_i(z)\,(i=0,1)$ 满足如下交叉关系：

$$\begin{cases} G_0(z) = H_1(-z) \quad 或 \quad g_0[k] = (-1)^k h_1[k] \\ G_1(z) = -H_0(-z) \quad 或 \quad g_1[k] = -(-1)^k h_0[k] \end{cases} \tag{E3－20}$$

则它们必然满足理想的抗混叠条件，且滤波器组 $H_i(z)$ 与 $G_i(z)\,(i=0,1)$ 的单位脉冲响应序列 $h_1[k]$ 和 $g_0[k]$ 之间、$h_0[k]$ 和 $g_1[k]$ 之间存在如下交叉的双正交关系：

$$\begin{cases} < g_0[k], \breve{h}_1[k-2n+1] > = 0 \\ < g_1[k], \breve{h}_0[k-2n+1] > = 0 \end{cases} \tag{E3－21}$$

式中，$\breve{h}_i[k]$ 表示 $h_i[k]\,(i=0,1)$ 的时序反转，即 $\breve{h}[k]=h[M(k]$；M 是序列 $h_i[k]$ 的长度。

定理 5－9 表明，$\breve{h}_1[k]$ 与 $g_0[k]$ 的奇数时间位移正交；$\breve{h}_0[k]$ 与 $g_1[k]$ 的奇数时间位移正交。因此，称式（E3－21）为抗混叠双正交条件（Bi－orthogonal condition）。

定理 5－10　在理想重构条件下，双通道信号分解与重构系统 $T(z)$ 的时延值 m 只能是奇数；且同一支路上的分解滤波器组 $H_i(z)$ 与重构滤波器组 $G_i(z)\,(i=0,1)$ 存在如下归一化双正交关系：

$$\begin{cases} < g_0[k-2n+1], \breve{h}_0[k-2n+1] > = \delta(k-2n+1) \\ < g_1[k-2n+1], \breve{h}_1[k-2n+1] > = \delta(k-2n+1) \end{cases} \quad (\forall n \in Z)$$

（E3－22）

五、信号重构

信号重构是信号分解的逆过程，其步骤如图 5－12 所示。首先对每一支路的样本序列作"二插一"处理（在每两个相邻的样本之间插入一个 0，相当于采样周期减小 1 倍，用上采样符号"↑2"来表示），使样本长度增加 1 倍，从而恢复"二抽一"前的序列长度。然后，通过各级理想高通滤波器 G_0 和低通滤波器 G_1 平滑、相加后输出样本波形。从时域上看，理想滤波器将各个样本乘以插值函数（sinc 函数）后再移位求和，从而恢复原始信号。

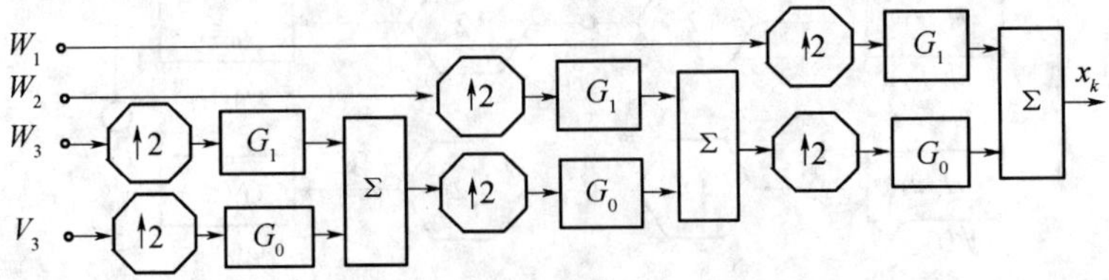

图 5－12　用正交滤波器组重构信号

六、双正交滤波器组与 $\varphi(t)$ 和 $\psi(t)$ 的关系

经严格推导可得到如下一些重要的关系。

(1) 二尺度差分方程：

$$\varphi(t/2)=\sqrt{2}\sum_k \breve{h}_{0k}\varphi(t-k) \quad \breve{\psi}(t/2)=\sqrt{2}\sum_k g_{0k}\breve{\varphi}(t-k)$$

$$\psi(t/2)=\sqrt{2}\sum_k \breve{h}_{1k}\varphi(t-k) \quad \breve{\varphi}(t/2)=\sqrt{2}\sum_k g_{1k}\breve{\varphi}(t-k)$$

式中

$$\breve{h}_{0k}=<\varphi_{10}(t),\varphi_{0k}(t)>,\quad \breve{h}_{1k}=<\psi_{10}(t),\varphi_{0k}(t)>$$

$$g_{0k}=<\breve{\psi}_{10}(t),\breve{\varphi}_{0k}(t)>,\quad g_{1k}=<\breve{\varphi}_{10}(t),\breve{\varphi}_{0k}(t)>$$

(2) 脉冲响应函数的总和：

$$\sum_k \breve{h}_{0k}=\sqrt{2},\quad \sum_k \breve{h}_{1k}=0$$

$$\sum_k g_{0k}=0,\quad \sum_k g_{1k}=\sqrt{2}$$

(3) 频域关系式：令

$$H_0(\Omega)=H_0(\mathrm{e}^{\mathrm{j}\Omega})=\sum_k h_{0k}\mathrm{e}^{-\mathrm{j}k\Omega},\quad H_1(\Omega)=H_1(\mathrm{e}^{\mathrm{j}\Omega})=\sum_k h_{1k}\mathrm{e}^{-\mathrm{j}k\Omega}$$

$$G_0(\Omega)=G_0(\mathrm{e}^{\mathrm{j}\Omega})=\sum_k g_{0k}\mathrm{e}^{-\mathrm{j}k\Omega},\quad G_1(\Omega)=G_1(\mathrm{e}^{\mathrm{j}\Omega})=\sum_k g_{1k}\mathrm{e}^{-\mathrm{j}k\Omega}$$

则二尺度关系的频域形式为

$$\Phi(\omega)=H_0\left(\frac{\Omega}{2}\right)\Phi\left(\frac{\omega}{2}\right),\quad \breve{\Psi}(\omega)=G_0\left(\frac{\Omega}{2}\right)\breve{\Phi}\left(\frac{\omega}{2}\right)$$

$$\Psi(\omega)=H_1\left(\frac{\Omega}{2}\right)\Phi\left(\frac{\omega}{2}\right) \quad \breve{\Phi}(\omega)=G_1\left(\frac{\Omega}{2}\right)\breve{\Phi}\left(\frac{\omega}{2}\right)$$

式中，$\Phi(\omega)$ 和 $\Psi(\omega)$ 分别是尺度函数 $\varphi(t)$ 和小波函数 $\psi(t)$ 的傅里叶变换。

(4) 频域初值与终值：

$$H_0(\Omega)\mid_{\Omega=0}=G_1(\Omega)\mid_{\Omega=0}=\sqrt{2},\quad H_0(\Omega)\mid_{\Omega=\pi}=G_1(\Omega)\mid_{\Omega=\pi}=0$$

$$H_1(\Omega)\mid_{\Omega=0}=G_0(\Omega)\mid_{\Omega=0}=0,\quad H_1(\Omega)\mid_{\Omega=\pi}=G_0(\Omega)\mid_{\Omega=\pi}=\sqrt{2}$$

(5) 递推关系：

$$\begin{cases}\Phi(\omega) = \prod_{m=1}^{\infty} H'_0\left(\frac{\Omega}{2^m}\right), \ \breve{\Psi}(\omega) = G'_0\left(\frac{\Omega}{2}\right)\prod_{m=2}^{\infty} G'_1\left(\frac{\Omega}{2^m}\right) \\ \Psi(\omega) = H'_1\left(\frac{\Omega}{2}\right)\prod_{m=2}^{\infty} H'_0\left(\frac{\Omega}{2^m}\right), \quad \breve{\Phi}(\omega) = \prod_{m=1}^{\infty} G'_1\left(\frac{\Omega}{2^m}\right)\end{cases}$$

式中，$H(\Omega)/\sqrt{2} = H'(\Omega)$；$G(\Omega)/\sqrt{2} = G'(\Omega)$。

5.1.4 双正交滤波器组的设计方法

基于双正交滤波器组的多分辨力信号分解或重构算法的主要优点是：不仅分解滤波器组和重构滤波器组都具有线性相位，而且二者均可用不同长度的横向滤波器来近似。目前，常用的双正交滤波器组的设计方法主要有如下两大类：

一、半带滤波器

半带滤波器 $P(z) = H_0(z)G_0(z)$ 是一种关于 $\pi/2$ 镜像对称的偶对称横向滤波器，它的偶次项系数皆为零，奇数项可根据具体要求进行设计。在此，仅给出一种按拉格朗日插值公式确定的半带滤波器 $P(z)$ 系数：

$$p_{2k-1} = \frac{(-1)^{k+N-1}\prod_{n=1}^{2N}(N+1/2-n)}{(N-k)!(N-1+k)!(2k-1)}, \quad (k = 1,2,\cdots,N) \quad (\text{E4}-1)$$

其中，$P(z)$ 的单位脉冲响应序列的长度为 $M = 4N - 1$。

例如，当 $N = 4$ 时，$M = 15$。按式计算(E4 − 1)可得到如表 5 − 1 所列的半带滤波器 $P(z)$ 的系数（即单位脉冲响应序列）。

表 5 − 1　按拉格朗日插值公式确定的半带滤波器系数

k	0	±1	±2	±3	±4	±5	±6	±7
p_k	1/2	1225/4096	0	−245/4096	0	49/4096	0	−5/4096

二、按正规性条件设计滤波器组

按正规性条件设计的数字滤波器组 $G_0(z)$ 和 $H_0(z)$，必须满足理想重构条件和正规性条件（Regularity condition），并假设

$$H_0(e^{j\Omega}) = \left(\frac{1+e^{j\Omega}}{2}\right)^k P(e^{j\Omega}), \quad G_0(e^{j\Omega}) = \left(\frac{1+e^{j\Omega}}{2}\right)^{k'} P'(e^{j\Omega})$$

式中，P 和 P' 取为 $\cos\Omega$ 的多项式。

(1) 采用 B 样条函数：$\forall K \in Z$，当 N 和 $N' \geqslant K$，且均为偶数时，取

$$\begin{cases} G_0(e^{j\Omega}) = \left(\cos\frac{\Omega}{2}\right)^{N'} \overset{\text{def}}{=} G_0(\Omega) \\ H_0(e^{j\Omega}) = \left(\cos\frac{\Omega}{2}\right)^{N} \cdot \sum_{k=0}^{K-1} C_{K-1-k}^{k}\left(\sin^2\frac{\Omega}{2}\right)^{k} \overset{\text{def}}{=} H_0(\Omega)\end{cases} \quad (\text{E4}-2)$$

当 N 和 N' 均为奇数时，取

$$\begin{cases} G_0(\mathrm{e}^{\mathrm{j}\Omega}) = \mathrm{e}^{-\mathrm{j}\Omega/2}\left(\cos\dfrac{\Omega}{2}\right)^{N'} \overset{\mathrm{def}}{=} G_0(\Omega) \\ H_0(\mathrm{e}^{\mathrm{j}\Omega}) = \mathrm{e}^{-\mathrm{j}\Omega/2}\left(\cos\dfrac{\Omega}{2}\right)^{N} \cdot \sum\limits_{k=0}^{K-1} C_{K-1-k}^{k}\left(\sin^2\dfrac{\Omega}{2}\right)^{k} \overset{\mathrm{def}}{=} H_0(\Omega) \end{cases} \tag{E4-3}$$

其中，N 和 N' 分别是 $G_0(\Omega)$ 和 $H_0(\Omega)$ 的阶次；二项式系数由下式给出：

$$C_{K-1+k}^{k} = \binom{K-1+k}{k} = \frac{(K-1+k)!}{k!(K-1)!}, \quad (0! = 1)$$

表 5-2 是不同 N 和 N' 的组合下所得到的 $G_0(z)$ 和 $H_0(z)$［令 $z=\mathrm{e}^{\mathrm{j}\Omega}$，即可得到滤波器的频率特性 $G_0(\Omega)$ 和 $H_0(\Omega)$］。

表 5-2　样条滤波器［表列值 $\times\sqrt{2}$］

N	$G_0(z)$	N'	$H_0(z)$
1	$(1+z)/2$	1	$(1+z)/2$
		3	$(-z^{-2}+z^{-1}+8+8z+z^2-z^3)/16$
		5	$(3z^{-4}-3z^{-3}-22z^{-2}+22z^{-1}+128+128z++22z^2-22z^3-3z^4+3z^5)/256$
2	$(z^{-1}+2+z)/4$	2	$(-z^{-2}+2z^{-1}+6+2z-z^2)/8$
		4	$(3z^{-4}-6z^{-3}-16z^{-2}+38z^{-1}+90+38z-16z^2-6z^3+3z^4)/128$
		6	$(-5z^{-6}+10z^{-5}+34z^{-4}-78z^{-3}-123z^{-2}+324z^{-1}+700+324z$ $-123z^2(78z^3+34z^4+10z^5-5z^6)/1024$
3	$(z^{-1}+3+3z+z^2)/8$	1	$(-z^{-1}+3+3z-z^2)/4$
		3	$3z^{-3}-9z^{-2}-7z^{-1}+45+45z-7z^2-9z^3+3z^4)/64$
		5	$(-5z^{-5}+15z^{-4}+19z^{-3}-97z^{-2}-26z^{-1}+350+350z-26z^2$ $-97z^3+19z^4+15z^5-5z^6)/512$

（2）滤波器组长度接近相等：表 5-3 给出了 $N=K=4$，$N'=K=5$ 的部分结果，此时滤波器 G_0 和 H_0 的系数不再是简单的分数。

表 5-3　长度接近相等的样条滤波器系数［表列值 $\times\sqrt{2}$］

N, N'	k	$h_0[k]$	$g_0[k]$
4	0	0.557 543 526 229	0.602 949 018 236
	±1	0.295 635 881 557	0.266 864 118 443
	±2	−0.028 771 763 114	−0.078 223 266 529
	±3	−0.045 635 881 557	−0.016 864 118 443
	±4	0	0.026 748 757 411

（续）

N, N'	k	$h_0[k]$	$g_0[k]$
5	0	0.636 046 869 922	0.520 897 409 718
	±1	0.337 150 822 538	0.244 379 838 485
	±2	-0.066 117 805 605	-0.038 511 714 155
	±3	-0.096 666 153 049	0.005 620 161 515
	±4	-0.001 905 629 356	0.028 063 009 296
	±5	0.009 515 330 511	0

（3）接近于正交基的双正交滤波器组：Burt – Adelson 构造了一种双正交滤波器组，表5－4给出了其单位脉冲响应序列。

表5－4　Burt双正交滤波器系数（第三列为正交滤波器系数）［表列值×$\sqrt{2}$］

k	$h_0[k]$	$g_0[k]$	$h_0[k]$（正交）
-3	0	-0.010 714 285 714	0
-2	-0.05	-0.053 571 428 571	-0.051 429 728 471
-1	0.25	0.260 714 285 714	0.238 929 728 471
0	0.6	0.607 142 857 143	0.602 859 456 942
1	0.25	0.260 714 285 714	0.272 140 543 058
2	-0.05	-0.053 571 428 571	-0.051 429 972 847
3	0	-0.010 714 285 714	-0.11 070 271 529

（4）接近于正交基的双正交滤波器组的设计方法：选择能被因式$(\cos\Omega/2)^{2K}$整除的低通数字滤波器。令

$$H_0(\Omega) = \left(\cos\frac{\Omega}{2}\right)^{2K} \cdot \left[\sum_{k=0}^{K-1} C_{K-1-k}^{k}\left(\sin\frac{\Omega}{2}\right)^{2k} + \alpha\left(\sin\frac{\Omega}{2}\right)^{2K}\right] \quad \text{(E4－4)}$$

式中，α是待定的常数。

① 求α使下式积分的绝对值最小，即

$$\min_{\alpha}\left\{\left|\int_{-\pi}^{\pi}[1-|H_0(\Omega)|^2-|H_0(\Omega+\pi)|^2]\,\mathrm{d}\Omega\right|\right\} \quad \text{(E4－5)}$$

当$K=1,2,3$时，相应的α值分别为：0.861，3.328，13.113。

② 若α值是无理数，则应改用分数表示。

例如，当$K=1$时，取$\alpha=4/5$；当$K=2$时，取$\alpha=16/5$；当$K=2$时，取$\alpha=13$。确定了α值之后，即可求出$H_0(\Omega)$。

③ 类似地，要求高通数字滤波器$G_0(\Omega)$也能被因式$(\cos\Omega/2)^{2K}$整除。令

$$G_0(\Omega) = \left(\cos\frac{\Omega}{2}\right)^{2K} Q_K\left(\sin^2\frac{\Omega}{2}\right) \quad \text{(E4－6)}$$

式中，$Q_k(x)$是x的$3K-1$次多项式：

$$Q_K(x) = \sum_{k=0}^{3K-1} C_{3K-1+k}^{k} x^k + O(x^{3K}) \tag{E4 - 7}$$

其中，$O(x^{3K})$ 表示 x^{3K} 为无穷小量。

当 $K=2$ 和 3 时，分别得到

$$Q_2(x) = 1 + 2x + \frac{14}{5}x^2 + 8x^3 - \frac{8024}{455}x^4 + \frac{3776}{455}x^5$$

$$Q_3(x) = 1 + 3x + 6x^2 + 7x^3 + 30x^4 + 42x^5 - \frac{1721516}{6075}x^6 + \frac{1921766}{6075}x^7 - \frac{648908}{6075}x^8$$

表 5 - 5 给出了当 $K=2$ 和 3 时，滤波器 $G_0(z)$ 和 $H_0(z)$ 的单位脉冲响应序列。

表 5 - 5　接近正交的双正交滤波器系数(第三列为正交滤波器系数)

[表列值 $\times\sqrt{2}$]

K	k	$h_0[k]$	$g_0[k]$	k	$h_0[k]$		
2	0	0.575	0.575 291 985 6044			0	0.574 682 393 857
	±1	0.281	0.286 392 513 736	-1	0.273 021 046 535	1	0.294 867 193 696
	±2	-0.05	-0.052 305 116 758	-2	-0.047 639 590 310	2	-0.054 085 607 092
	±3	-0.031	-0.039 723 557 692	-3	-0.029 320 137 980	3	-0.042 026 480 461
	±4	0.0125	0.015 925 480 769	-4	0.011 587 596 739	4	0.016 744 410 163
	±5	0	0.003 837 568 681	-5	0	5	0.003 967 883 613
	±6	0	-0.001 266 311 813	-6	0	6	-0.001 289 203 356
	±7	0	-0.000 506 524 725	-7	0	7	-0.000 509 505 399
3	0	0.563	0.560 116 167 736			0	0.561 285 256 870
	±1	0.293	0.296 144 908 701	-1	0.286 503 335 274	1	0.302 983 571 773
	±2	-0.047	-0.047 005 100 329	-2	-0.043 220 763 560	2	-0.050 770 140 755
	±3	-0.049	-0.055 220 135 661	-3	-0.046 507 764 479	3	-0.058 196 250 762
	±4	0.019	0.021 983 637 555	-4	0.016 583 560 479	4	0.024 434 094 321
	±5	0.006	0.010 536 373 594	-5	0.005 503 126 709	5	0.011 229 240 962
	±6	-0.003	-0.005 725 661 541	-6	-0.002 682 418 671	6	-0.006 369 601 011
	±7	0	-0.001 774 953 991	-7	0	7	-0.001 820 458 916
	±8	0	0.000 736 056 355	-8	0	8	0.000 790 205 101
	±9	0	0.000 339 274 308	-9	0	9	0.000 329 665 175
	±10	0	-0.000 047 015 908	-10	0	10	0.000 050 192 775
	±11	0	-0.000 025 466 950	-11	0	11	-0.000 024 465 734

5.1.5　时间栅格加密与多孔算法

利用双正交滤波器组来实现 Mallat 算法，除了具有前面讨论的优点之外，还可显著地减少离散小波变换的计算量。不过，按图 5 - 10 对信号进行分解的最初输入为 $x_k^{(-0)}$，它是 $x(t)$ 在 V_0 空间上投影 $P_0[x(t)]$ 的离散概貌信号，即

$$x_k^{(0)} = \int x(t) \cdot \varphi(t-k)\mathrm{d}t = \sum_n x[n] \cdot \varphi(n-k), \quad (k = 0,1,2,\cdots)$$

因此,应当根据上式计算 $x_k^{(0)}$,而不是直接把原信号 $x(t)$ 的采样序列 x_k 作为初始输入 $x_k^{(0)}$。在对有限长序列 x_k 进行分解时,为了提高 Mallat 算法的精度,可按前面介绍的数据初始化方法对序列 x_k 的边界进行预处理。

一、时间栅格加密

根据图 5-10 所示的 Mallat 算法进行信号分解时,序列的点数每经一级分解都要作一次二抽取,从而使下一级的输入序列的点数减半。信号分解的级数 m 越大,序列 $x_k^{(m)}$ 和 $d_k^{(m)}$ 的点数越稀,以至于难以看清其波形变化的全貌。为解决这一问题,考虑采样图 5-13 所示的信号分解过程。其基本思路是:把图 5-13(a)基本环节中 $h_1[k]$ 后面的二抽取环节取消,使输出包含了细节信号(即小波变换)的奇偶分量;同时,把 $h_0[k]$ 后面的二抽取过程改为交替切换过程,分成两路输出,送到下一级去,如图 5-13(b)中的基本环节 C。将基本环节 C 逐级组合起来,便得到图 5-13(c)所示处理方法,其中,各级基本环节 C 的输出在离散栅格上的相应位置用相同的符号表示。

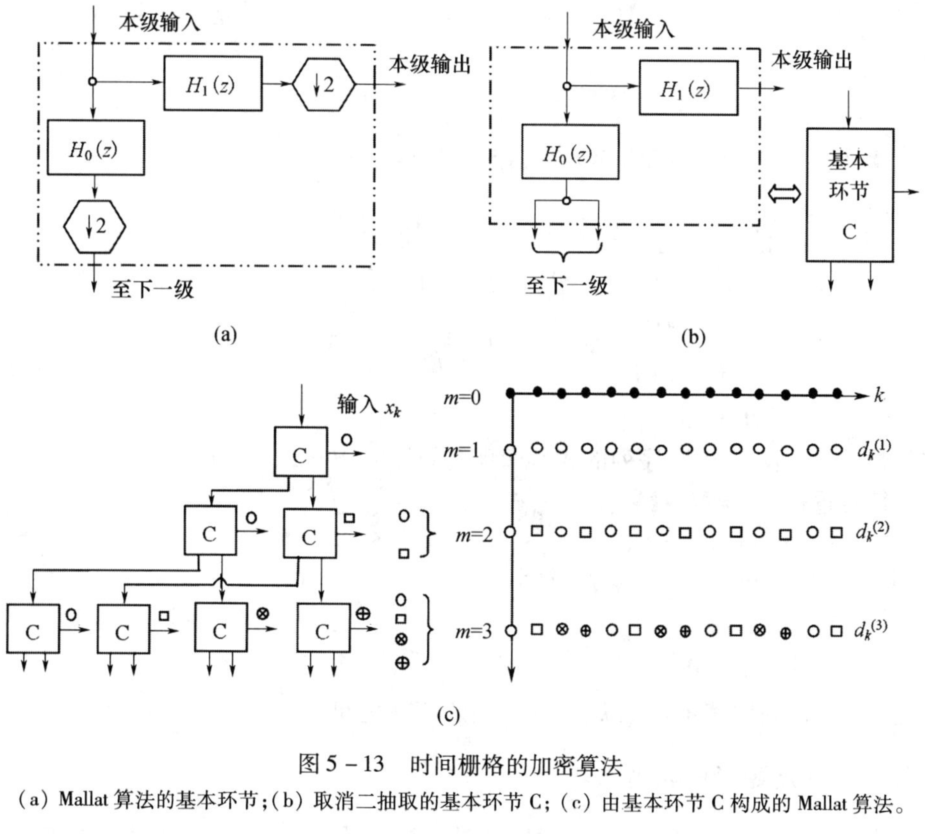

图 5-13　时间栅格的加密算法

(a) Mallat 算法的基本环节;(b) 取消二抽取的基本环节 C;(c) 由基本环节 C 构成的 Mallat 算法。

二、Mallat 多孔算法

在图 5-10 中，如果舍掉二抽取环节，则可得到如图 5-14 所示的各级抽取前的细节函数 $d'_k{}^{(1)}, d'_k{}^{(2)}, \cdots$，其实质相当于将图 5-13(c)中各栅格点的小波变换全部计算出来。由于 $H(z^M)$ 的含义是在单位脉冲响应函数 $h[k]$ 序列的两点之间插入 $M=2^m-1$ 个零值，所以这种算法等同于在 $h_0[k]$ 和 $h_1[k]$ 的栅格点之间插入相应个数的零值后，再与被分解信号作卷积运算，故称之为多孔算法(Porous algorithm)。

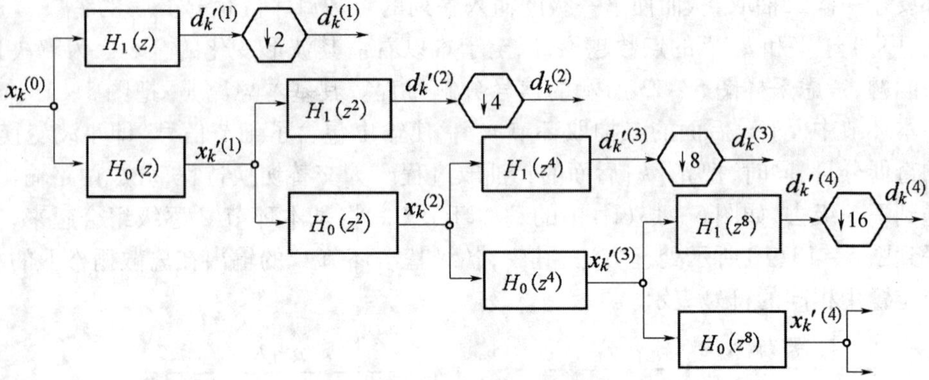

图 5-14　信号分解的多孔算法

现将多孔算法的伪码程序列写如下：

信号分解：$m=0$

While　$m<K$

$d_k{}^{(m+1)} = x_k{}^{(m)} * h_1{}^{(m)}[k]$

$x_k{}^{(m+1)} = x_k{}^{(m)} * h_0{}^{(m)}[k]$

$m=m+1$

end of while

注意，$h^{(m)}[k]$表示 $h[k]$序列的相邻两项之间插入 $M=2^m-1$ 个 0。

信号重构：$m=M$

while $m>0$

$x_k{}^{(m-1)} = {}_k^{x\,(m)} * g_0{}^{(m)}[k] + d_k{}^{(m)} * g_1{}^{(m)}[k]$

$m=m-1$

end of while

在此，$g^{(m)}[k]$同样表示在 $g[k]$序列的相邻两项之间插入了 $M=2^m-1$ 个 0。

5.1.6　小波变换的应用实例

小波变换是一种时-频信号分析方法，特别适合于检测叠加在平稳过程中的微弱信号。近 20 年来，小波分析方法已经广泛应用于信号的奇异性检测、信号消噪处理、含噪信号趋势项识别、信号局部频率提取、信号自相似性检测等技术专题，特别是在雷达、声纳等光电探测军事技术领域中，取得了卓有成效的应用。

一、信号奇异性检测

在数学上，常用李普希兹指数来描述函数的局部奇异性。

李普希兹指数(Lipschitz index)：设 n 是一个非负整数，$n \leqslant \alpha \leqslant n+1$，如果存在着两个常数 A 和($\beta > 0$)以及 n 次多项式 $x_n(\beta)$，使得 $\forall \beta \leqslant \beta_0$，皆有

$$|x(t_0+\beta) - x_n(\beta)| \leqslant A|\beta|^{\alpha}$$

则称函数 $x(t)$ 在点 t_0 的李普希兹指数为 α，简记为 L_α。如果上式对所有的 $t_0 \in (a,b)$ 均成立，且 $t_0+\beta \in (a,b)$，则称 $x(t)$ 在 (a,b) 上具有一致的李普希兹指数。

奇异点(Singularity)：如果函数 $x(t)$ 在 t_0 点的李普希兹指数为 $L_\alpha < 1$，则称 $x(t)$ 在 t_0 点是奇异的。

信号奇异性分两种情况：一种是在某一时刻上信号幅值发生突变，称为第一类间断点；另一种是在某一时刻上信号幅值是连续的，但它的一阶微分产生突变，且一阶微分不连续，称为第二类间断点。

当应用小波变换分析函数 $x(t)$ 的局部奇异性时，小波系数取决于 $x(t)$ 在 t_0 点邻域内的特性和小波变换的尺度，因此定义小波变换的局部奇异性是必要的。

奇异性指数(Index of singularity)：设 $x(t) \in L^2(R)$，小波函数 $\psi(t)$ 的傅里叶变换 $\Psi(\omega)$ 是连续可微的实函数，且具有 n 阶消失矩(n 为整数)，即

$$\Psi_0(\omega) = \frac{\Psi(\omega)}{\omega^{n+1}}, \quad \Psi_0(\omega)|_{\omega=0} \neq 0$$

$\forall \varepsilon > 0, K > 0$，当 $|b-b_0| < \varepsilon$ 时，如果 $x(t)$ 的小波变换满足

$$|WT_x(a,b)| \leqslant Ka^{\alpha} \tag{E6-1}$$

则称 α 为小波变换在 $t=b_0$ 点上的奇异性指数(仍记为 L_α)。

局部极大值点(Local maximum)：$\forall \varepsilon > 0$(ε 为常数)，当 $|b-b_0| < \varepsilon$ 时，如果

$$|WT_x(a,b)| \leqslant WT_x(a,b_0)| \tag{E6-2}$$

则称 b_0 为小波变换在尺度 a 下的局部极大值点。

二、信号消噪

信号消噪过程可分为三个步骤进行：

(1) 小波分解：选择一个小波并确定分解层次 K，对输入波形 $x(t)$ 进行 K 层小波分解。

(2) 阈值的量化：为每一层高频小波系数选择一个阈值，并根据阈值进行量化处理。

(3) 信号重构：根据小波的第 K 层低频小波系数和经过量化处理的第 $1\sim K$ 层高频小波系数，重构输入波形 $x(t)$。

三、信号压缩

与信号消噪过程类似，信号压缩也分为三个步骤进行：

(1) 对信号进行小波分解。

(2) 小波分解的每一层($1\sim K$)高频小波系数都可选择不同的阈值,并根据硬阈值的大小对小波系数进行量化处理。

(3) 利用量化后的小波系数重构信号。

四、信号分量的提取与抑制

在工程应用中,有时需要提取或抑制合成信号中某些频段的信号分量。由于不同尺度因子的小波分析具有不同的时频分辨力,因而小波分解能够区分开不同频率的信号成分。当需要抑制某一频段的信号成分时,可令某些小波系数 $C_{mk}=0$,再利用其余的小波系数进行信号重构。

五、信号自相似性检测

从整体上看,一些曲线或曲面的结构可能很复杂;而从局部上看,它们则可视为简单的直线或平面。与之相反,一些几何对象,不论是从宏观角度还是从微观角度来观察,都不是近似的直线或平面,它们总有更细的细节,这就是所谓的"分形"问题。分形最突出的特征是在不同尺度下,其几何特征呈现出自相似性。譬如,对海岸线进行观测,不论在多大尺度下,它的边缘总是曲曲折折的。自从 20 世纪 80 年代初期提出分形理论后,在短短的二三十年间,它已经广泛应用于几何量测量、图像处理、模式识别等诸多领域中。

如果一个信号的宏观波形和微观波形都是相似的,那么,经过小波变换后不同尺度上小波系数的波形也必然是相似的。因此,当应用小波变换对信号进行相似性分析时,小波系数就是一种自相似指数(Index of self - similarity)。

5.2 习题解答与 MATLAB 仿真程序

5-1 设某信号为

$$x(t) = \mathrm{e}^{-1000|t|}$$

(1) 试求 $x(t)$ 的傅里叶变换 $X(\omega)$,并绘制 $X(\omega)$ 曲线;

(2) 假设分别以采样频率为 $f_s=5000\text{Hz}$ 和 $f_s=1000\text{Hz}$ 对该信号进行采样,得到一组采样序列 x_k,说明采样频率对序列 x_k 频率特性 $X(\mathrm{e}^{\mathrm{j}\Omega})$ 的影响。

解:(1)根据傅里叶变换的定义,可得

$$\begin{aligned}X(\omega) &= \int_{-\infty}^{\infty} x(t)\mathrm{e}^{-\mathrm{j}\omega t}\mathrm{d}t\\&= \int_{-\infty}^{0} \mathrm{e}^{(1000-\mathrm{j}\omega)}\mathrm{d}t + \int_{0}^{\infty} \mathrm{e}^{-(1000+\mathrm{j}\omega)t}\mathrm{d}t\\&= \frac{1}{1000-\mathrm{j}\omega} + \frac{1}{1000+\mathrm{j}\omega} = \frac{0.002}{1+(\omega/1000)^2}\end{aligned}$$

上式在 10^{-5} 精度下,$x(t)$ 为 $f_c=2000\text{Hz}$ 的带限信号,因此,若取

$$\Delta t = 5 \times 10^{-5} \leqslant \frac{1}{2 \times 2000} = 25 \times 10^{-5}$$

就可利用 MATLAB 函数绘制 $x(t)$ 和 $X(\,)$ 曲线，如图 P5 - 1 所示。

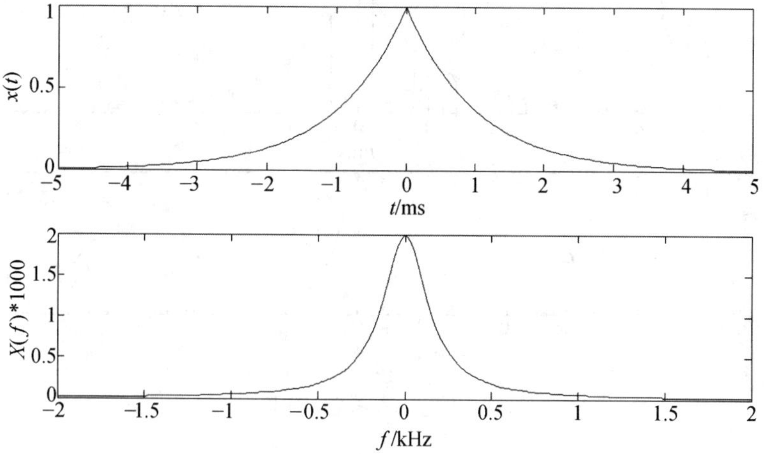

图 P5 - 1　习题 5 - 1

```
% Example 5 -1 -1
% ---------- Analog Signal ----------
  dt =5 *10^( -5); t = -0.005:dt:0.005;
  x =exp( -1000.*abs(t));
% -------- Continuous time Fourier Transform --------
  Wmax =2 *pi *2000;
  M =length(t);N =M -1; n =0:1:N; W =n *Wmax/N;
  X =x *exp( -j *t'*W) *dt; % DFT
  X =real(X);              % Neglecting the image part caused by DFT
  W =[ -fliplr(W),W(2:M)];
  X =[fliplr(X),X(2:M)];
  figure(1)
  subplot(2,1,1); plot(t *1000,x);
  xlabel('t in msec.');
  ylabel('x(t)')
  subplot(2,1,2);
  plot(W/(2 *pi *1000),X *1000);
  xlabel('Frequency in kHz');
  ylabel('X(f) *1000');
% ------------------------------------------
```

（2）因 $x(t)$ 的带宽为 2000Hz，其奈奎斯特速率为 4000Hz，故当采样频率为 $f_s = 5000\text{Hz}$ 时，不会发生混叠现象；而当采样频率为 $f_s = 1000\text{Hz}$ 时，就会发生混叠现象。图 P5－1a 给出了采样周期 $T_s=0.2$ ms 时的采样值 x_k 及其离散时间傅里叶变换(横坐标为归一化频率,实际最高频率为 $1/T_s=5000$Hz)。

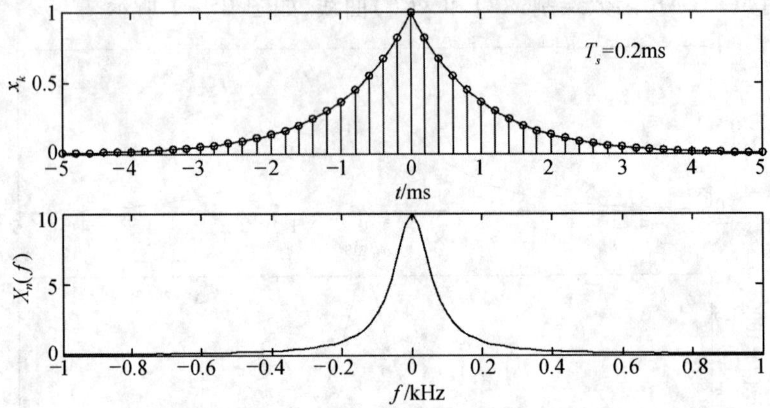

图 P5－1a　习题 5－1

```
% Example 5-1-2
% --------Analog Signal------------
  dt=5*10^(-5);t=-0.005:dt:0.005;
  xa=exp(-1000.*abs(t));
% -----Discrete time signal----------
  Fs=5000; Ts=1/Fs; k=-25:1:25;
  xk=exp(-1000.*abs(k*Ts));
% ---------Discrete time Fourier Transform---------
  M=length(xk); N=M-1; n=0:1:N; w=n*pi/N;
  Xn=xk*exp(-j*k'*w); % DTFT
  Xn=real(Xn);            % Neglecting the image part caused by DTFT
  w=[-fliplr(w),w(2:M)];
  Xn=[fliplr(Xn),Xn(2:M)];
% -------------绘图--------------
  figure(1)
  subplot(2,1,1);
  plot(t*1000,xa);
  xlabel('t in msec.');
  ylabel('xa(t)');
  hold on
  stem(k*Ts*1000,xk);
  hold off
  subplot(2,1,2);
  plot(w/pi,Xn);
  xlabel('Frequency in unit');
```

```
    ylabel('Xn(f)')
% ---------------------------------------------------
```

图 P5－1b 给出了采样周期 $T_s = 1\text{ms}$ 时的采样值 x_k 及其离散时间傅里叶变换（横坐标为归一化频率，实际最高频率为 $1/T_s = 1000\text{Hz}$）。

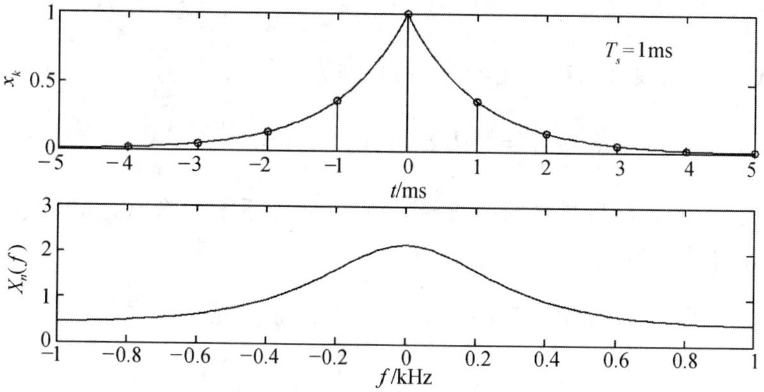

图 P5－1b　习题 5－1

5－2　假设平稳随机过程 $x(t)$ 和 $y(t)$ 满足下列差分方程：

$$x_k - ax_{k-1} = e_k; \quad y_k - ay_{k-1} = x_k + v_k$$

式中，$|a| < 1$；$e_k, v_k \sim N(0, \sigma^2)$ 分布，且二者互不相关。试求随机序列 y_k 的功率谱。

解：分别对序列 x_k 和 y_k 取离散时间傅里叶变换（DTFT），得到

$$X(\Omega) = \frac{e(\Omega)}{(1-a)e^{-j\Omega}}, \quad Y(\Omega) = \frac{X(\Omega) + v(\Omega)}{(1-a)e^{-j\Omega}}$$

式中，$X(\Omega)$ 和 $Y(\Omega)$ 分别是序列 x_k 和 y_k 的离散时间傅里叶变换；$e(\Omega)$ 和 $v(\Omega)$ 分别是序列 e_k 和 v_k 的离散时间傅里叶变换。去掉中间变量 $X(\Omega)$，得到

$$Y(\Omega) = \frac{e(\Omega)}{(1-a^2)e^{-j2\Omega}} + \frac{v(\Omega)}{(1-a)e^{-j\Omega}}$$

不妨令随机序列 y_k 的长度为，则其功率谱可表示为

$$\begin{aligned} S_y(\Omega) &= \frac{e[|y(\Omega)|^2]}{N} = \frac{E[Y(\Omega)Y^*(\Omega)]}{N} \\ &= \frac{1}{N}E\left\{\left[\frac{e(\Omega)}{(1-a)^2e^{-j2\Omega}} + \frac{v(\Omega)}{(1-a)e^{-j\Omega}}\right]\left[\frac{e^*(\Omega)}{(1-a)^2e^{j2\Omega}} + \frac{v^*(\Omega)}{(1-a)e^{j\Omega}}\right]\right\} \\ &= \frac{\sigma^2}{N(1-a)^4} + \frac{\sigma^2}{N(1-a)^2} = \frac{a\sigma^2(a+2)}{N(1-a)^4} \end{aligned}$$

5－3　已知某一线性系统的单位脉冲相应函数为

$$h(t) = \begin{cases} e^{-t}, & t \geq 0 \\ 0, & \text{其他} \end{cases}$$

假定输入 $x(t)$ 是一高斯白噪声，其功率谱为 $S_x(f)=N_0$，试求该线性系统输出响应 $y(t)$ 的功率谱和协方差函数。

解：对 $h(t)$ 取傅里叶变换，得到

$$H(\omega)=\frac{1}{\mathrm{j}\omega+1}$$

根据式(A3－54)，线性系统输出响应 $y(t)$ 的功率谱可表示为

$$S_y(\omega)=|H(\omega)|^2 N_x(\omega)=\frac{N_0}{1+\omega^2}$$

此外，由于输入信号是高斯白噪声，所以该线性系统的输出必定是零均值平稳过程。根据维纳－辛钦公式，可得

$$C_y(\tau)=R_y(\tau)=\frac{1}{2\pi}\int_{-\infty}^{\infty}S_y(\omega)\cdot \mathrm{e}^{\mathrm{j}\omega\tau}\mathrm{d}\omega$$

$$=\frac{1}{2\pi}\int_{-\infty}^{\infty}\frac{1}{1+\omega^2}\cdot \mathrm{e}^{\mathrm{j}\omega\tau}\mathrm{d}\omega=\frac{1}{2}\mathrm{e}^{-|\tau|}$$

5－4　请分别用 Levinson 递推算法和 Burg 算法估计信号

$$x(t)=\cos(2\pi f_1 t)+\cos(2\pi f_2 t)+\cos(2\pi f_3 t)+e(t)$$

的功率谱。式中，$f_1=150\mathrm{Hz}$，$f_2=200\mathrm{Hz}$，$f_3=210\mathrm{Hz}$；$e(t)$ 是方差为 0.1 的白噪声过程。

解：(1) Levinson 递推算法。

```
% Example 5 -4 -1
   clear all
   f1 =150; f2 =200; f3 =210
   Fs =1000;        % Sampling rate
   t =0:1/Fs:1;
   N =length(t);
   x =cos(2 * pi * f1 * t) +cos(2 * pi * f2 * t) +cos(2 * pi * f3 * t) +0.1 * randn
      (1,N);
% ---------------估计x(k)的相关函数-----------
   R =zeros(1,N +1);
   for m =1:N +1
      RXm =0;
      for n =1:N +1 -m
         RX =x(n +m -1) * x(n);
         RXm =RXm +RX;
      end
      R(m) =RXm/N;
   end
```

```
    a = zeros(N + 1,N + 1);          % AR 模型参数
    FPE = zeros(1,N + 1);           % 最终预测误差准则
    sigma2 = zeros(1,N + 1);        % 估计量方差
% -----------计算一阶 AR 模型的未知参数-------------
    sigma2(1) = R(1);
    a(1,1) = - R(2)/R(1);
    sigma2(2) = (1 - (abs(a(1,1)))^2) * sigma2(1);
    FPE = sigma2(2) * (N + 2)/N;    % 一阶 AR 模型的最终预测误差准则
% -------------Levinson 递推算法----------------
    for k = 2:N
        RXk = 0;
        for i = 1:k - 1
            aRX = a(k - 1,i) * R(k - i + 1);
            RXk = RXk + aRX;
        end
        a(k,k) = - (R(k + 1) + RXk)/sigma2(k);
        for i = 1:k - 1
            a(k,i) = a(k - 1,i) + a(k,k) * a(k - 1,k - i);
        end
        sigma2(k + 1) = (1 - (abs(a(k,k))^2)) * sigma2(k);
        FPE(k) = sigma2(k + 1) * (N + k + 1)/(N - k + 1);
    end
% -----------确定 AR 模型阶次----------------
    min = FPE(1);
    for k = 2:N
        if FPE(k) < min
            min = FPE(k);
            p = k;
        end
    end
    disp('AR_Order p');
    disp(p);
    disp('AR_Parameters a');
    for k = 1:p
        disp(a(p,k));
    end
    disp('Variance sigama2');
    disp(sigma2(p + 1));
% ---------------AR 谱估计----------
    H = 0;
```

```
  W = 0:0.01:pi;
    for k = 1:p
        H = H + a(p,k). * exp( - j * k * W);
    end
  Sx = sigma2(p +1)./((abs(1 + H)).^2);
  pmax = max(Sx);
  Sx = Sx/pmax;
  Sx = 10 * log10(Sx);
% ----------------------绘图--------------------------
  f = W * Fs/(2 * pi);
  plot(f,Sx); grid
% ------------------------------------------------------
```

运行结果：AR 模型阶次为 $p = 33$，估计量方差为 $\sigma^2 = 0.0363$；AR 模型的功率谱如图 P5-2a 所示。

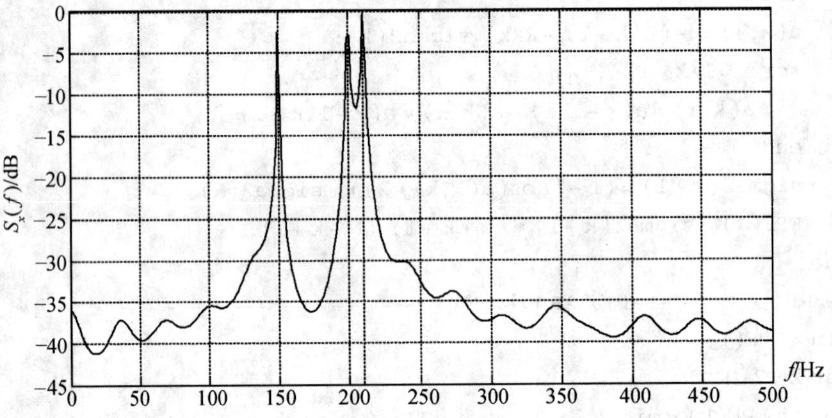

图 P5-2a　习题 5-4

(2) 已知 $x(t)$ 的 AR 模型阶次为 $p = 33$，利用 Burg 算法估计其功率谱。

```
% Example 5 -4 -2
  clc
  f1 = 150; f2 = 200; f3 = 210;
  ft = max(f1,f2);
  Fs = 5 * max(ft,f3); % Sampling rate
  t = 0:1/Fs:1;
  N = length(t);
  xn = cos(2 * pi * f1 * t) + cos(2 * pi * f2 * t) + cos(2 * pi * f3 * t) + 0.1 *
     randn(1,N);
% ------------------------------------------------------------
  N = length(xn);
```

```
p =33;                                % AR模型阶次
sigma2 = zeros(1,p);                  % 预测偏差的功率;
f = zeros(p,N); g = zeros(p,N);       % 前、后向预测偏差 f、g
a = zeros(p,p); K = zeros(1,p);       % AR 模型参数 a;反射系数 K
% ----------------- Burg 算法 --------------------
for k =1:p
    a(k,1) =1;                          % 初始化 AR 模型参数 a
    for n = k +1:N
      f(1,n) = xn(n); g(1,n) = xn(n); % 前、后向预测偏差初始化
    end
end
sigma2(1) = var(xn);      % 初始化预测偏差的功率
for k =2:p
    Nk =0; Dk =0;
    for n = k +1:N
      Nk = Nk -2 * f(k -1,n) * g(k -1,n -1);
      Dk = Dk + f(k -1,n)^2 + g(k -1,n -1)^2;
    end
    K(k) = Nk/Dk; a(k,k) = K(k);                     % 计算反射系数
    sigma2(k) = (1 - K(k)^2) * sigma2(k -1);         % 递推计算预测偏差的功率
    for i =1:k -1
        a(k,i) = a(k -1,i) + K(k) * a(k -1,k - i); % 递推计算 AR 模型参数 a
    end
    for n = k +1:N
        t1 = f(k -1,n) + K(k) * g(k -1,n -1); % 递推计算前向预测偏差
        t2 = g(k -1,n -1) + K(k) * f(k -1,n); % 递推计算后向预测偏差
        f(k,n) = t1; g(k,n) = t2;
    end
end
% ------------------------------------------
H =0;dW =0.01;
W =0:dW:0.9 * pi;
for k =1:p
    H = H + a(p,k).* exp( - j * k * W);
end
Sx = sigma2(p)./((abs(1 + H)).^2);          % AR 谱估计
f = W * Fs/(2 * pi);
plot(f,10 * log10(Sx));grid
% ------------------------------------------
```

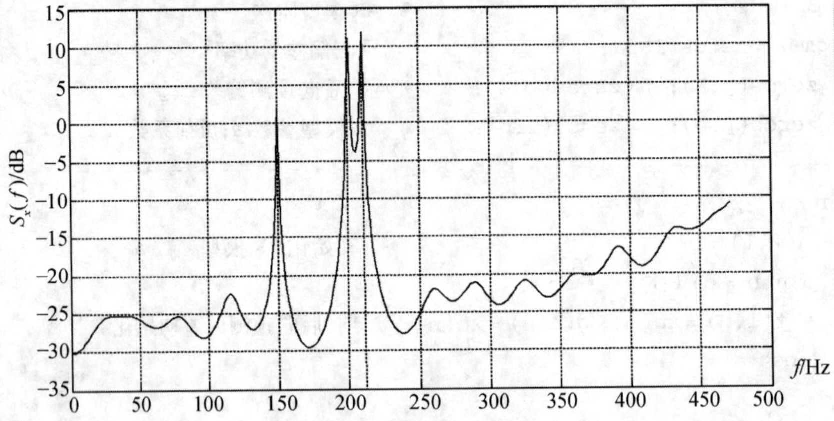

图 P5－2b　习题 5－4(Burg)

5－5　分别考虑表 P5－1 和表 P5－2 所给出的时间序列值。

(1) 已知表 P5－1 所给出序列的数学模型为

$$x_k = 1.5031x_{k-1} - 0.877x_{k-2} + e_k$$

式中，e_k 是均值为零、方差为 0.5 的高斯白噪声。试分别按 DFT 和 AR 谱估计方法，估计该时间序列的功率谱，并比较二者的异同之处。

(2) 已知表 P5－2 所给出序列的数学模型为

$$x_k = e_k + 0.73e_{k-1}$$

式中，e_k 是均值为零、方差为 0.7 的高斯白噪声。试分别按 DFT 和 AR 谱估计方法，估计该时间序列的功率谱，并比较二者的异同之处。

表 P5－1　习题 5－5

序列号 k	序列值 x_k	序列号 k	序列值 x_k	序列号 k	序列值 x_k
0	4.200	7	1.700	14	7.960
1	5.800	8	2.020	15	6.780
2	6.900	9	2.710	16	5.070
3	7.620	10	3.630	17	5.040
4	5.570	11	5.180	18	6.020
5	3.340	12	7.110	19	7.610
6	2.000	13	8.260	20	10.320

表 P5－2　习题 5－5

序列号 k	序列值 x_k	序列号 k	序列值 x_k	序列号 k	序列值 x_k
0	10.5	7	9.8	14	8.8
1	10.1	8	9.7	15	8.4
2	8.8	9	9.5	16	9.6
3	9.9	10	10	17	10.2
4	11.3	11	8.9	18	10.6
5	12.2	12	8.2	19	11.1
6	11.3	13	10.2	20	4.7

解:(1) AR 序列。

① DFT 谱估计算法。从表 P5－1 可以看出,最后一个数据很可能是野点,可将其删除。此外,表中数据的期望值不为0,故应先去均值后再进行傅里叶变换。

```
% Example 5-5-1
  x=[4.2 5.8 6.9 7.62 5.57 3.34 2.0 1.70 2.02 2.71 3.63 5.18 7.11...
     8.26 7.96 6.78 5.07 5.04 6.02 7.61];
  xn=x-mean(x);                % eliminate the mean value of sequence x
  fs=1;                        % Sample rate
  N=length(xn);
  n=[0:1:N-1]; k=[0:1:N-1];
  WN=exp(-j*2*pi/N);           % Wn factor
  nk=n'*k;
  WNnk=WN.^nk;                 % FDT matrix
  Xk=xn*WNnk;                  % row vector for DFT coeffients
  Pk=Xk.*conj(Xk);
  f=fs*(0:N-1)/N; Pf=Pk
  plot(k,Pf), grid             % 图 P5-3a
%----------------------------------------------------
```

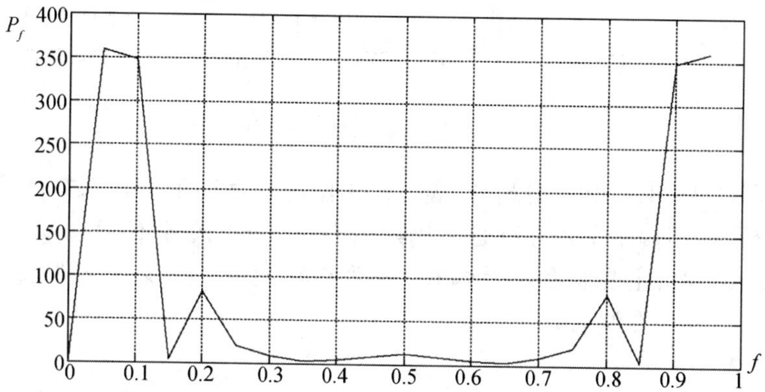

图 P5－3a　习题 5－5

② AR 谱估计。

```
% Example 5-5-2
  fs=1;
  a(2,1)=1.5031; a(2,2)=-0.877; sigma2=0.5;      % AR 模型参数
  H=0;
  w=0:0.01:pi;
  for k=1:2
     H=H+a(2,k).*exp(-j*k*w);
```

```
end
Pf = sigma2./((abs(1 - H)).^2);
f = fs * w/(2 * pi); plot(f,Pf), grid                    % 图 P5 - 3a
% ---------------------------------------------------------
```

比较图 P5-3a 和图 P5-3b 可以看出,原始序列去均值后再进行 DFT 谱估计,其直流分量为零;但 AR 谱估计仍然反映出原始序列的直流分量。此外,DFT 谱估计和 AR 谱估计均能反映出原始序列是一周期约为 0.1Hz 的低频信号。由于 AR 谱估计是在建立原始序列的 AR 模型后再进行谱估计,这相当于对原始序列进行了平滑处理,因此,与 DFT 谱估计方法比较,AR 谱估计方法能够获得更为光滑的功率谱,从而突出被分析序列的主要谐波成分。

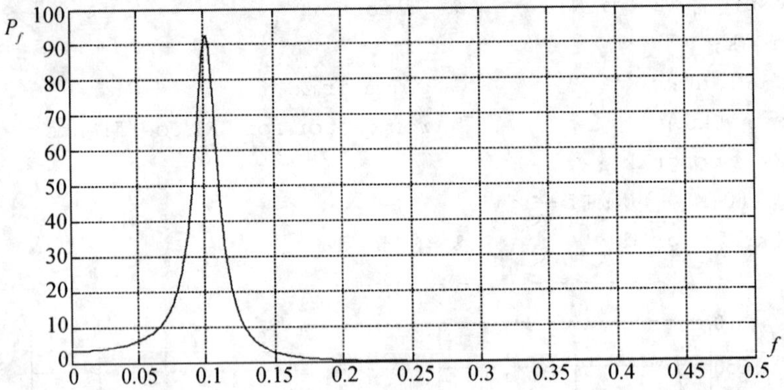

图 P5-3b　习题 5-5

回顾习题 4-8,按相关分析法,表 P5-1 给出的序列不存在季节性模型;而按功率谱分析法,却揭示了该序列含有周期约为 0.1Hz 的低频信号。这二者似乎是矛盾的,其实不然,主要原因是所给出的序列点数太少了。实际上,从图 P4-3 可以看出原始序列存在波动分量。

(2) MA 序列。

① DFT 谱估计算法。从表 P5-2 可以看出,最后一个数据很可能是野点,可将其删除。此外,表中数据的期望值不为 0,故应先去均值后再进行傅里叶变换。

```
% Example 5 - 5 - 3
  xn = [10.5 10.1 8.8 9.9 11.3 12.2 11.3 9.8 9.7 9.5 10 8.9 8.2...
      10.2 8.8 8.4 9.6 10.2 10.6 11.1];
  xn = x - mean(x);
  fs = 1; N = length(xn);
  n = [0:1:N - 1]; k = [0:1:N - 1];
  WN = exp( - j * 2 * pi/N);                      % Wn factor
  nk = n' * k; WNnk = WN.^nk;                     % FDT matrix
  Xk = xn * WNnk;                                 % row vector for DFT coeffients
```

```
    Pk = Xk.*conj(Xk);
    f = fs*(0:N-1)/N; plot(f,Pk), grid                % 图 P5-4a
% ----------------------------------------------------------------
```

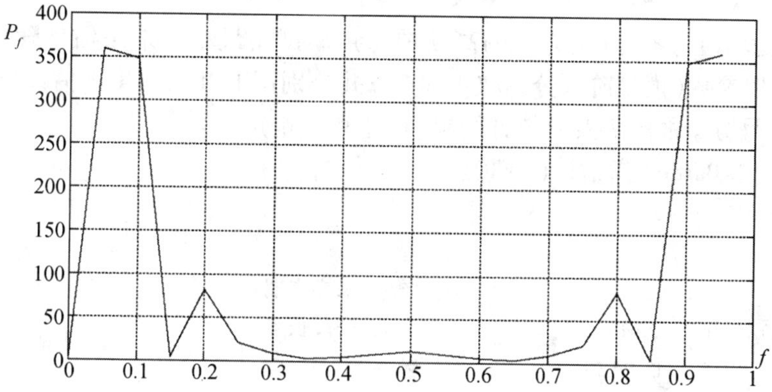

图 P5-4a　习题 5-5

② MA 谱估计算法。

```
% Example 5-5-3
    fs = 1; w = 0:0.01:pi;
    b = 0.73; sigma2 = 0.7;
    H = b.*exp(-j*k*w);
    Pf = sigma2.*((abs(1+H)).^2);
    f = fs*w/(2*pi);
    plot(f,Pf), grid                    % 图 P5-4b
% ----------------------------------------------------------------
```

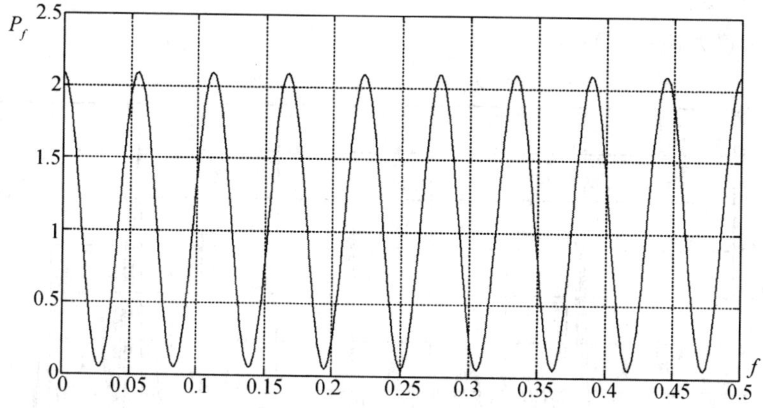

图 P5-4b　习题 5-5

饶有趣味的是,图 P5-4a 与图 P5-3a 几乎完全相同,而被分析序列却是来自 MA(1)和 AR(2)两个不同的过程,这说明利用 DFT 分析短序列是有问题的,在一些情况下,DFT 分析结果可能存在较大误差。但是,图 P5-4b 与图 P5-3b 则完全不同,这表明参数化谱估计适用于分析短序列的频谱结构。

5-6 设观测方程为

$$x_k = 6\sin(0.4\pi k) + \sin(0.43\pi k) + e_k, \quad (k = 0,1,\cdots,127)$$

其中,e_k 是均值为零、方差为 1 的高斯白噪声。试用最小二乘法估计随机序列 x_k 的 AR 模型参数(模型阶次分别取 4 和 6);并分别用 DFT 和 AR 谱估计方法,估计正弦型信号分量的频率及其统计结果(均值和方差)。

解:(1) Bartlett 谱估计(DFT)。

```
% Example 5-6-1
  clc;
  fs=1;Ts=1/fs;              % 采样频率;采样周期
  N=1024; Ns=256;            % 采样点数;分段长度
  f1=0.2; f2=0.215;          % 信号频率
  t=[0:Ts:(N-1)*Ts];
  wn=randn(1,N);             % 噪声
  xn=sin(2*pi*f1*t)+3*cos(2*pi*f2*t)+wn;
  W=hanning(Ns);                       % 汉宁窗
  Sx1=abs(fft(W.*xn(1:Ns)',Ns).^2)./norm(W)^2;
  Sx2=abs(fft(W.*xn(Ns+1:2*Ns)',Ns).^2)/norm(W)^2;
  Sx3=abs(fft(W.*xn(2*Ns+1:3*Ns)',Ns).^2)/norm(W)^2;
  Sx4=abs(fft(W.*xn(3*Ns+1:4*Ns)',Ns).^2)/norm(W)^2;
  Sf=10*log10((Sx1+Sx2+Sx3+Sx4)/4);
  f=(0:length(Sf)-1)/length(Sf);
  plot(f,Sf);grid;           % 图 P5-5a
  xlabel('频率');
  ylabel('功率(dB)');
% ------------------------------------------------------
```

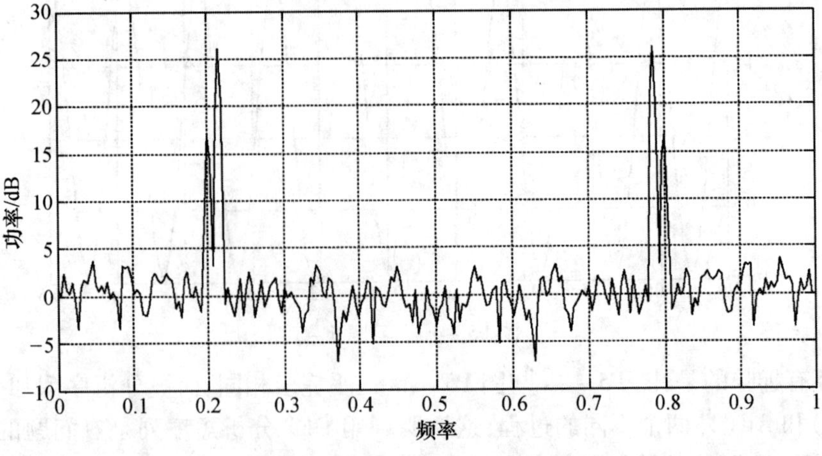

图 P5-5a 习题 5-6

(2) AR 谱估计。

```
% Example 5-6-2
    clc;
    f1 = 0.2; f2 = 0.215;
    fs = 1; Ts = 1/fs; N = 256;
    t = [0:Ts:(N-1)*Ts];
    wn = randn(1,length(t));
    xn = sin(2*pi*f1*t) + 3*cos(2*pi*f2*t) + wn;
    p = 64;                          % AR 模型阶次
    [xpsd,f] = pburg(xn,p,N,fs,'onesided');
    pmax = max(xpsd);
    xpsd = xpsd/pmax;
    Sf = 10*log10(xpsd + eps);
    plot(f,Sf);grid;                 % 图 P5-5b
    xlabel('频率');
    ylabel('功率(dB)');
% ---------------------------------------------------------
```

从图 P5-5 可以看出,只要采样点数足够大,用加窗平均 DFT 法估计功率谱,能够准确分辨出信号中两个频率靠得很近的谐波成分。而用 AR 谱估计(在此,用 MATLAB 函数 pburg)同样必须有足够的采样点数和足够高 AR 模型阶次 p,才能分辨出中两个频率靠得很近的谐波成分。当 $p=4$ 和 $p=6$ 时,皆无法分辨出这两个频率靠得很近的谐波峰值(二者合并为一个峰值);仅当 $N=256$, $p\geq 64$ 时,才能得出与 DFT 法相同的频谱分辨力。

通过多次计算(注意:用函数 randn 每次施加的噪声是不同的,但其统计特性不变),可求出两个谐振峰值所在的频率的均值及其方差。

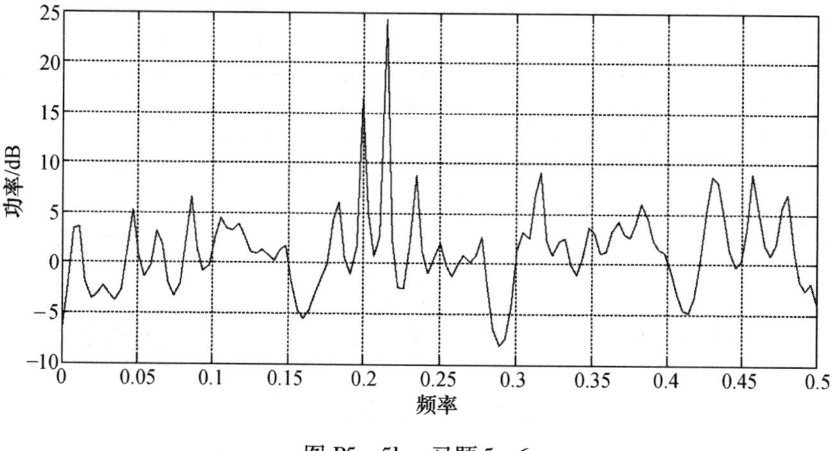

图 P5-5b 习题 5-6

5-7 设输入过程为白噪声加三个频率非常接近的正弦信号分量,其信噪比均为 10dB,且观测数据的容量为 256。试分别用 AR 谱估计算法和基于功率噪声抵消的 AR 谱估计算法,估计正弦信号的频率,并比较二者的估计精度。

解:设输入过程为

$$x_k = \sqrt{20}\sin(0.2\pi k) + \sqrt{20}\sin(0.4\pi k) + \sqrt{20}\sin(0.6\pi k) + e_k$$

式中,e_k 是均值为零、方差为 1 的高斯白噪声($k=0,1,2,\cdots,255$)。

(1) AR 谱估计。

```
% Example 5-7-1
   clc;
   f1 =0.1; f2 =0.2; f3 =0.3;
   fs =1; Ts =1/fs; N =256;
   t =[0:Ts:(N-1) * Ts];
   wn =randn(1,length(t));
   xn = sqrt(20) * sin(2 * pi * f1 * t) + sqrt(20) * sin(2 * pi * f2 * t) +…sqrt
        (20) * sin(2 * pi * f3 * t) +wn;
   p =32;
   [xpsd,f] =pburg(xn,p,N,fs,'onesided');
   pmax =max(xpsd);
   Pf =xpsd/pmax;
   plot(f,Sf); grid;
% ----------------------------------------
```

运行结果如图 P5-6a 所示,在频率 0.1Hz、0.2Hz 和 0.3Hz 处出现谐波峰值。尽管在本例中,三个谐波频率靠得很近,采用功率谱估计的 burg 算法仍然能够清晰地区分这三个谐波频率。

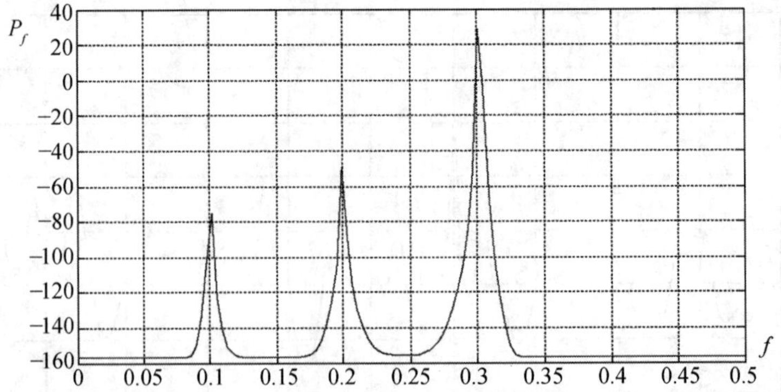

图 P5-6a 习题 5-7

(2) 自适应谱线增强器(因功率噪声抵消算法太繁琐,故用 ALE 算法)。

```
% Example 5-7-2
```

```
clc
f1 =0.1; f2 =0.2; f3 =0.3;
fs =1; Ts =1/fs;          % 采样频率,采样周期
N =256;
t =[0:Ts:(N-1)*Ts];
wn =randn(1,length(t));
signal = sqrt(20)*sin(2*pi*f1*t) + sqrt(20)*sin(2*pi*f2*t)...
          + sqrt(20)*sin(2*pi*f3*t);
x =signal +wn;
d =signal;               % 参考信号
% ----------------LMS 算法-------------------
p =32; mu =0.0001;
W =zeros(1,p);
delta =8;
for k =1:length(x) -p -delta
   y(k) =sum(W.*fliplr(x(k +delta:k +delta +p -1)));
   e(k) =d(k) -y(k);
   W =W +2*mu*e(k)*fliplr(x(k +delta:k +delta +p -1));
end
for m =1:N
   a =0;
   for k =1:p
   a =a +W(k)*exp( -j*k*2*pi*m/N);
   end
   Q(m) =(1/abs(1 -a))^2;
End
%---------------------------------------------
Pf =Q/max(Q);
n =1:N/2;
plot((n -1)/N,Pf(1:N/2));grid;          % 图 P5 -6b
%---------------------------------------------
```

运行结果如图 P5－6b 所示。ALE 算法比 Burg 谱估计算法更加清晰地揭示了被分析信号中所包含的三个谐波峰值,但其所在频率分别略小于 0.1Hz、0.2Hz 和 0.3Hz。这是因为前者是在自适应噪声抵消基础上进行 AR 谱估计的。尽管如此,采用 ALE 算法必须利用试探法正确选择信号的滞后量 delta,在本例中,选取 delta =8 是最佳值。

5－8 考虑教材所示的典型双通道滤波器组及其与之对应的尺度函数和小波函数。请考虑如下两个问题:

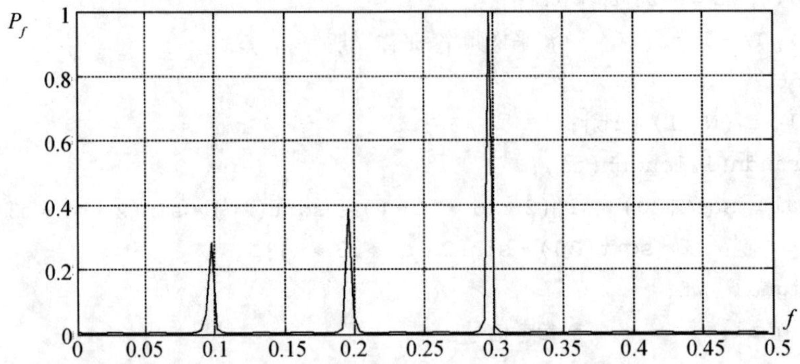

图 P5-6b 习题 5-7

(1) 已知同一支路上的尺度函数与小波函数存在双正交关系,即

$$\begin{cases} <\breve{\varphi}(t-k),\psi(t-k')>=0 \\ <\breve{\psi}(t-k),\varphi(t-k')>=0 \end{cases} \tag{5-8-1}$$

试根据二尺度差分方程,证明两个支路上的滤波器组之间存在如下交叉的双正交关系:

$$\begin{cases} <g_0[n-2k+1],\breve{h}_1[n-2k'+1]>=0 \\ <g_1[n-2k+1],\breve{h}_0[n-2k'+1]>=0 \end{cases}$$

【注:教科书中的式(5.3.42)应改为式(5-8-1);$h_0\sim\varphi, g_0\sim\breve{\varphi}$; $h_1\sim\varphi, g_1\sim\breve{\psi}$;】

(2) 已知两个支路上的尺度函数和小波函数存在归一化交叉双正交关系:

$$\begin{cases} <\breve{\varphi}(t-k),\varphi(t-k')>=\delta(k-k') \\ <\breve{\psi}(t-k),\psi(t-k')>=\delta(k-k') \end{cases} \tag{5-8-2}$$

试根据二尺度差分方程,证明同一支路上的滤波器组之间存在下列归一化双正交关系:

$$\begin{cases} <g_0[n-2k+1],\breve{h}_0[n-2k'+1]>=\delta(k-k') \\ <g_1[n-2k+1],\breve{h}_1[n-2k'+1]>=\delta(k-k') \end{cases}$$

【注:教科书中的式(5.3.43)应改为式(5-8-2)】

证明:(1) 根据二尺度差分方程

$$
\begin{cases}
\psi\left(\dfrac{t}{2^m}\right) = \sqrt{2}\sum\limits_k \breve{h}_{1k} \cdot \varphi\left(\dfrac{t}{2^{m-1}} - k\right) \\
\breve{\varphi}\left(\dfrac{t}{2^m}\right) = \sqrt{2}\sum\limits_k g_{0k} \cdot \breve{\varphi}\left(\dfrac{t}{2^{m-1}} - k\right)
\end{cases}
\tag{5-8-3}
$$

在式(5－8－3)的第一式中,令 $t/2^m = t'$,$k = n$,可得

$$\psi(t') = \sqrt{2}\sum_n \breve{h}_1[n] \cdot \varphi(2t' - n)$$

在上式中,令 $t' = t - k'$,就有

$$\psi(t - k') = \sqrt{2}\sum_n \breve{h}_1[n] \cdot \varphi(2t - 2k' - n) \tag{5-8-4}$$

同理,根据式(5－8－3)中的第二式,可导出

$$\breve{\varphi}(t - k) = \sqrt{2}\sum_n g_0[n] \cdot \breve{\varphi}(2t - 2k - n) \tag{5-8-5}$$

将式(5－8－4)和式(5－8－5)代入式(5－8－1)中的第一式,可得

$$
\begin{aligned}
& < \breve{\varphi}(t - k), \psi(t - k') > \\
& = 2 < \sum_n g_0[n] \cdot \breve{\varphi}(2t - 2k - n), \sum_n \breve{h}_1[n] \cdot \varphi(2t - 2k' - n) > \\
& = 2\sum_{n_1}\sum_{n_2} < g_0[n_1] \cdot \breve{\varphi}(2t - 2k - n_1), \breve{h}_1[n_2] \cdot \varphi(2t - 2k' - n_2) > = 0
\end{aligned}
$$

已知

$$< \breve{\varphi}(t - k), \varphi(t - k') > = \delta(k - k')$$

故有

$$< g_0[n_1] \cdot \breve{\varphi}(2t - 2k - n_1), \breve{h}_1[n_2] \cdot \varphi(2t - 2k' - n_2) > = 0$$

在上式中,令 $n_1 = n - 2k + 1$,$n_2 = n - 2k' + 1$,可得

$$
\begin{aligned}
& < g_0[n_1] \cdot \breve{\varphi}(2t - 2k - n_1), \breve{h}_1[n_2] \cdot \varphi(2t - 2k' - n_2) > \\
& = < g_0[n - 2k + 1] \cdot \breve{\varphi}(2t - 1 - n), \breve{h}_1[n - 2k' + 1] \cdot \varphi(2t - 1 - n) > \\
& = < g_0[n - 2k + 1] \cdot \breve{h}_1[n - 2k' + 1], \breve{\varphi}(2t - 1 - n) \cdot \varphi(2t - 1 - n) > \\
& = 0
\end{aligned}
$$

因为

$$< \breve{\varphi}(2t - 1 - n), \varphi(2t - 1 - n > = 1$$

所以

$$< g_0[n - 2k + 1], \breve{h}_1[n - 2k' + 1] > = 0$$

类似地,根据二尺度差分方程

$$\begin{cases}\psi\left(\dfrac{t}{2^m}\right)=\sqrt{2}\sum\limits_k \breve{h}_{1k}\cdot\varphi\left(\dfrac{t}{2^{m-1}}-k\right)\\ \breve{\psi}\left(\dfrac{t}{2^m}\right)=\sqrt{2}\sum\limits_k g_{1k}\cdot\breve{\varphi}\left(\dfrac{t}{2^{m-1}}-k\right)\end{cases}$$

和

$$<\breve{\psi}(t-k),\psi(t-k')>=\delta(k-k')$$

可证得

$$<g_1[n-2k+1],\breve{h}_0[n-2k'+1]>=0$$

（2）由二尺度差分方程

$$\begin{cases}\varphi\left(\dfrac{t}{2^m}\right)=\sqrt{2}\sum\limits_k \breve{h}_{0k}\cdot\varphi\left(\dfrac{t}{2^{m-1}}-k\right)\\ \breve{\varphi}\left(\dfrac{t}{2^m}\right)=\sqrt{2}\sum\limits_k g_{0k}\cdot\breve{\varphi}\left(\dfrac{t}{2^{m-1}}-k\right)\end{cases}$$

可得

$$\begin{cases}\varphi(t-k')=\sqrt{2}\sum\limits_k \breve{h}_{0k}\cdot\varphi(2t-2k'-n)\\ \breve{\varphi}(t-k)=\sqrt{2}\sum\limits_n g_0[n]\cdot\breve{\varphi}(2t-2k-n)\end{cases}\tag{5-8-6}$$

将式(5-8-6)代入式(5-8-2)中的第一式,可得

$$\begin{aligned}&<\breve{\varphi}(t-k),\varphi(t-k')>\\&=2<\sum_n g_0[n]\cdot\breve{\varphi}(2t-2k-n),\sum_n \breve{h}_0[n]\cdot\varphi(2t-2k'-n)>\\&=2\sum_{n_1}\sum_{n_2}<g_0[n_1]\cdot\breve{\varphi}(2t-2k-n_1),\breve{h}_0[n_2]\cdot\varphi(2t-2k'-n_2)>\\&=\delta(k-k')\end{aligned}$$

令 $n_1=n-2k+1,n_2=n-2k'+1$,则有

$$\begin{aligned}&2\sum_{n_1}\sum_{n_2}<g_0[n-2k+1]\cdot\breve{\varphi}(2t-1-n),\breve{h}_0[n-2k'+1]\cdot\varphi(2t-1-n)>\\&=2\sum_{n_1}\sum_{n_2}<g_0[n-2k+1]\cdot\breve{h}_0[n-2k'+1],\breve{\varphi}(2t-1-n)\cdot\varphi(2t-1-n)>\\&=\delta(k-k')\end{aligned}$$

因为

$$<\breve{\varphi}(t-k),\varphi(t-k')>=\delta(k-k')$$

所以

$$< \breve{\varphi}(2t-1-n), \varphi(2t-1-n) > = \frac{1}{2}$$

于是,就有

$$< g_0[n-2k+1], \breve{h}_0[n-2k'+1] > = \delta(k-k')$$

类似地,根据二尺度差分方程

$$\begin{cases} \psi\left(\dfrac{t}{2^m}\right) = \sqrt{2}\sum\limits_k \breve{h}_{1k} \cdot \varphi\left(\dfrac{t}{2^{m-1}} - k\right) \\ \breve{\psi}\left(\dfrac{t}{2^m}\right) = \sqrt{2}\sum\limits_k g_{1k} \cdot \breve{\varphi}\left(\dfrac{t}{2^{m-1}} - k\right) \end{cases}$$

和

$$< \breve{\psi}(t-k), \psi(t-k') > = \delta(k-k')$$

可证得

$$< g_1[n-2k+1], \breve{h}_1[n-2k'+1] > = \delta(k-k')$$

5-9 请在 MATLAB 平台上运行例 5-6、例 5-12、例 5-13~例 5-19 中的小波程序。要求从表 P5-5、表 P5-6 或表 P5-7 选择滤波器组系数,重新编写小波变换程序,并比较修改前、后小波变换程序的运行结果。

解:(1) 在习题 5-6 中,用表 P5-5 给出滤波器组系数重新编写小波分析程序(对原始数据)进行三重小波分解,其结果如图 P5-7 所示。与教材图 5-17 比较,在此仅第三层小波系数 $cd3$ 能够准确地反映出噪声加入的时刻($t=0.5$)。

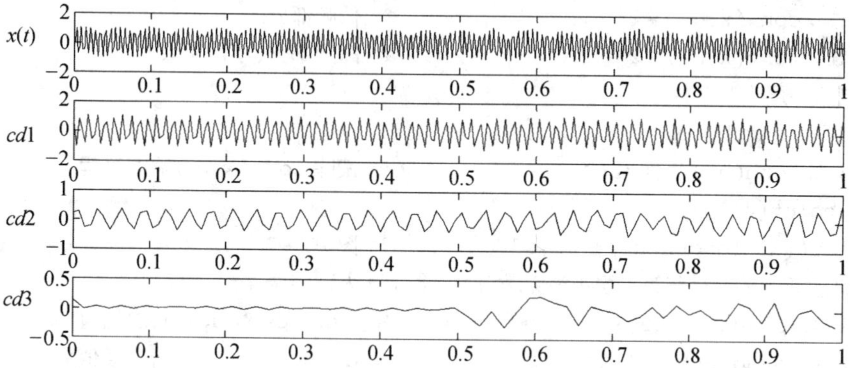

图 P5-7 习题 5-9

```
% Example 5-9-1
  clc
  Omega =1000; Fs =500;T =1.0;          % 采样频率与信号持续时间
  t =0:1/Fs:T -1/Fs;
  signal = sin(Omega * t);              % 原始信号
```

```
    L = length(t);
    noise = zeros(1,L);
    t1 = T/2:1/Fs:T - 1/Fs;                       % 噪声加入时刻 t1 = 0.5T ~ T
    L1 = length(t1);
    w = 0.1 * randn(1,L1);                        % 白噪声
    noise(L - L1 + 1:L) = w;
    x = signal + noise;                           % 原始信号 + 白噪声
    figure(1);
    k = 1:L;
    subplot(411); plot(k/Fs,x);                   % 图 P5 - 7
% - - - - - - - - - - - - - - - -表 5 -5 滤波器组系数- - - - - - - - - - - - - - -
h0 = [0.009515330511 -0.001905629356 -0.096666153049 -0.066117805605 ...
     0.337150822538 0.636046869922 0.337150822538 -0.066117805605...
     -0.096666153049 -0.001905629356... 0.009515330511];
g0 = [0 0.028063009296 0.005620161515 -0.038511714155 0.244379838485...
     0.520897409718 0.244379838485 -0.038511714155 0.005620161515...
     0.028063009296 0];
%  - - - - - - - - - -G0(z) = H1( -z)( h1(k) = ( -1)^k · g0(k) - - - - - - - - -
h1 = [0 -0.028063009296 0.005620161515 0.038511714155 0.244379838485...
     -0.520897409718 0.244379838485 0.038511714155 0.005620161515...
     -0.028063009296 0];
% - - - - - - - - - - - - - - - - - - - - - - - - - - - - - - - - - - - - - - - -
% 用 h0 和 h1 进行第一层小波系数分解
    ca1 = conv(x,h0) * 2^0.5;                     % 低频部分
    cd1 = conv(x,h1) * 2^0.5;                     % 高频部分(小波系数)
% 绘制第一层小波系数
    Ld1 = length(cd1);
    k = length(h1):2:Ld1;                         % 截除 conv(x,h1)瞬态过程
    subplot(412);
    plot((k - length(h1))/Fs,cd1(k));             % 图 P5 - 7
% 用 h2_0 和 h2_1 进行第二层小波系数分解(多孔算法)
    h2_0 = dyadup(h0,2);                          % dyadup: 对 h0 进行二插值
    h2_1 = dyadup(h1,2);                          % dyadup: 对 h1 进行二插值
    ca2 = conv(ca1,h2_0) * 2^0.5;
    cd2 = conv(ca1,h2_1) * 2^0.5;
% 绘制第二层小波系数 cd2
    Ld2 = length(cd2);
    k = length(h2_1):4:Ld2;                       % 截除 conv(ca1,h2_1)瞬态过程
    subplot(413);
    plot((k - length(h2_1))/Fs,cd2(k));           % 图 P5 - 7
```

```
% 用 h4_0 和 h4_1 进行第二层小波系数分解(多孔算法)
    h4_0 = dyadup(h2_0,2);                 % dyadup: 对 h2_0 进行二插值
    h4_1 = dyadup(h2_1,2);                 % dyadup: 对 h2_1 进行二插值
    ca3 = conv(ca2,h4_0) * 2^0.5;
    cd3 = conv(ca2,h4_1) * 2^0.5;
% 绘制第三层小波系数 cd3
    Ld3 = length(cd3);
    k = length(h4_1):8:Ld3;                % 截除 conv(ca1,h4_1)瞬态过程
    subplot(414);
    plot((k - length(h4_1))/Fs,cd3(k)); % 图 P5 -7
% ------------------------------------------
```

（2）在习题 5 - 12 中，用表 P5 - 7 给出的正交滤波器组系数重新编写小波分析程序，递推计算尺度函数 $\varphi(t)$ 和小波函数 $\psi(t)$。

```
% Example 5 -9 -2
clc;
% -------------表 P5 -7 正交滤波器组系数-------------
    h0 = [0 0 0 0 0 -0.002682418671 0.005503126709 0.016583560479 ...
        -0.046507764479 -0.043220763560 0.286503335274 0.561285256870...
        0.302983571773 -0.050770140755 -0.058196250762 0.024434094321...
        0.011229240962 -0.006369601011 -0.001820458916 0.000790205101...
        0.000329665175 0.000050192775 -0.000024465734];
    L0 = length(h0); k0 = [L0 -1: -1:0];          % h0时间序列的下标
    g0 = [ -0.000025466950 -0.000047015908 0.000339274308 0.000736056355...
        -0.001774953991 -0.005725661541 0.010536373594 0.021983637555...
        -0.055220135661 -0.047005100329 0.296144908701 560116167736...
        0.296144908701 -0.047005100329 -0.055220135661 0.021983637555...
        0.010536373594 -0.005725661541 -0.001774953991 0.000736056355...
        0.000339274308 -0.000047015908 -0.000025466950];
% -----------G0(z) = H1( -z),h1(k) = ( -1)^k · g0(k)---------
    h1 = [ -0.000025466950 0.000047015908 0.000339274308 -0.000736056355...
        -0.001774953991 0.005725661541 0.010536373594 -0.021983637555...
        -0.055220135661 0.047005100329 0.296144908701 -0.560116167736...
        0.296144908701 0.047005100329 -0.055220135661 -0.021983637555...
        0.010536373594 0.005725661541 -0.001774953991 -0.000736056355...
        0.000339274308 0.000047015908 -0.000025466950];
    % ----------------------------------------
    L1 = length(h1); k1 = [L1 -1: -1:0];          % h1时间序列的下标
    h0 = 2^.5 * h0; h1 = 2^.5 * h1;               % 分解滤波器系数
    w = 0:0.01:pi;
    Wa = exp( -j * w' * k0); H0 = Wa * h0';       % 分解滤波器频率特性(低通)
```

```
  Wb = exp( - j * w' * k1); H1 = Wb * h1';                  % 分解滤波器频率特性(高通)
% - - - - - - - - - - - - - - -尺度函数和小波函数迭代算法- - - - - - - - - - - - -
  m = 6;                  % 迭代次数
  phi = h0; psi = h1;     % 递推计算赋初值,phi:尺度函数;psi:小波函数
% K 级迭代算法,参见公式(5.3.44)
% phi(J) = h0(z^(2^0)) * h0(z^(2^1)) * ... * h0(z(2^(J-1))) ;尺度函数,"*"卷积
% psi(J) = h0(z^(2^0)) * h0(z^(2^1)) * ... * h0(z(2^(J-2))) * h1(z(2^(J-1)));
% 小波函数。psi(J) = phi(J-1) * h1(z(2^(J-1)))
  L = max(L0,L1);
  if m > = 2
     for i = 2:m
        h0 = dyadup(h0,2);   % dyadup:二插值函数,新数列的偶数项为零,长度为
          (2L-1)
        h1 = dyadup(h1,2);
        psi = conv(phi,h1);
        phi = conv(phi,h0);
     end
  end
  figure(1);                               % 图 P5 -8
  subplot(121); plot(w/pi,abs(H0));        % 滤波器 H0 的频率特性;
  subplot(122); plot(w/pi,abs(H1));        % 滤波器 H1 的频率特性;
% - - - - - - - - - - - - - - - - - -曲线压缩- - - - - - - - - - - - - - - - - - - -
  figure(2)                                % 图 P5 -8
  subplot(121);
  plot([ - (L - 1/length(phi))/2: L/length(phi): (L - 1/length…(phi))/
    2], ...
    1.4142^m * phi);
  subplot(122);
  plot([ -(L-1/length(psi))/2:L/length(psi):(L-1/length(psi))/2], ...
  -1.4142^m * psi);
% - - - - - - - - - - - - - - - - - - - - - - - - - - - - - - - - - - - - - - -
```

比较教材图 5 -38 和图 P5 -8 可以看出,在此,由于采用了性能更佳好的正交滤波器组系数 h_0 和 h_1,因此递推导出的尺度函数 $\varphi(t)\psi(t)$ 和小波函数 $\psi(t)$ 也更加光滑。

(3) 在习题 5 -13 中,用表 P5 -6 给出的 Burt 正交滤波器组系数重新编写小波分析程序,用以检测第二类间断点。

```
% Example 5 -9 -3
  clc;
  Ts = 0.01; Fs = 100;
```

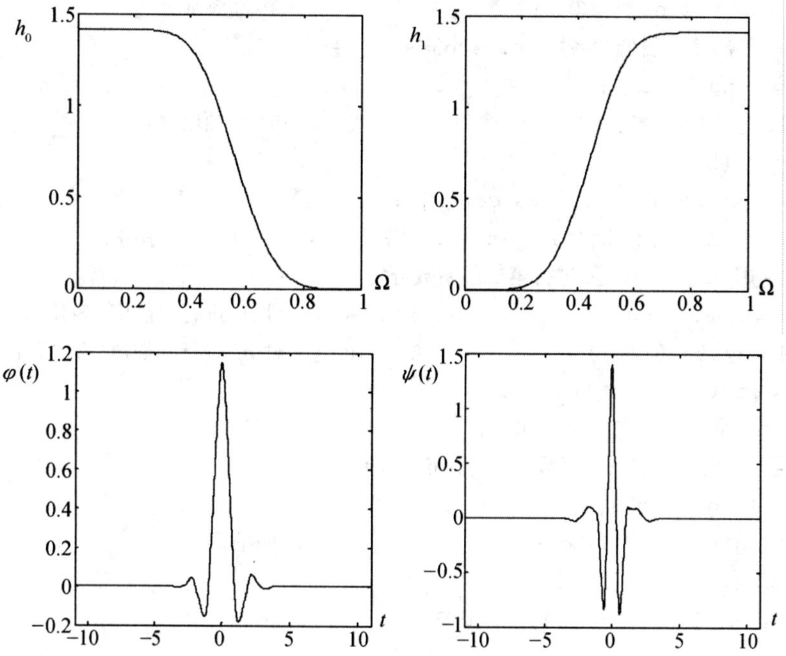

图 P5－8　习题 5－9

```
    t =0:Ts:2 -Ts;
    s1 =exp(t);
    s2 =exp(4 * t);
    s =[s1,s2];                      % 由信号 s1 和 s2 拼接成的信号 s
    t =0:Ts:4 -Ts;
    subplot(5,1,1),plot(t,s);        % 图 P5 -9
    ds =diff(s); ds =[0,ds];         % 具有第二类间断点的信号 ds,间断点 T =2
    subplot(5,1,2),plot(t,ds);       % 图 P5 -9
% -------------表5 -6 Burt 双正交滤波器组系数-------------
    h0 =[0 -0.051429728471 0.238929728471 0.602859456942
        0.272140543058... -0.051429972847 -0.11070271529];
    g0 =[ -0.010714285714 -0.053571428571 0.260714285714
        0.607142857143... 0.260714285714 -0.053571428571
        -0.010714285714];
% -------- G0(z) =H1( -z),h1(k) =( -1)^k · g0(k) ------------
    h1 =[ -0.010714285714 0.053571428571 0.260714285714
        -0.607142857143... 0.260714285714 0.053571428571
        -0.010714285714];
% ----用 h0 和 h1 进行第一层系数分解------
    ca1 =conv(s,h0) *2^0.5;                    % 低频部分
```

```
cd1 = conv(s,h1) * 2^0.5;                        % 高频部分
% ----画出第一层低频系数 ca1 和小波系数----
Ld1 = length(cd1);
k = length(h1):2:Ld1;                            % 二抽取
subplot(513);
plot((k - length(h1))/Fs,ca1(k));
subplot(514); plot((k - length(h1))/Fs,cd1(k)); % 图 P5-9
% ----用 h2_0 和 h2_1 进行第二层系数分解------
h2_0 = dyadup(h0,2);                 % dyadup:对 h0 进行二插值(多孔算法)
h2_1 = dyadup(h1,2);                 % dyadup:对 h1 进行二插值(多孔算法)
ca2 = conv(ca1,h2_0) * 2^0.5;
cd2 = conv(ca1,h2_1) * 2^0.5;
% ----画出第一层低频系数 cd2 和小波系数------
Ld2 = length(cd2);
k = length(h2_1):4:Ld2;                          % 四抽取
subplot(515);
plot((k - length(h2_1))/Fs,cd2(k));           % 图 P5-9
% ----------------------------------------
```

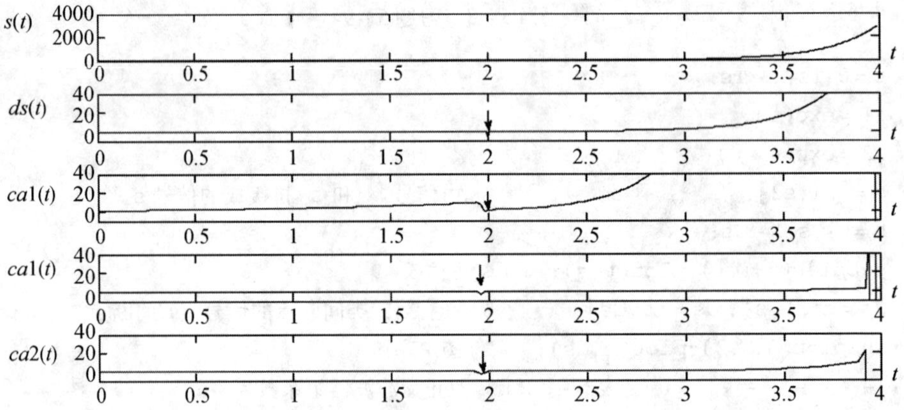

图 P5-9　习题 5-9

比较教材图 5-38 和图 P5-9 可以看出,采用基于正交滤波器组的快速小波变换,同样检出函数的第二类间断点。

(4) 在习题 5-19 中,同样可以用正交滤波器组系数重新编写小波分析程序,以检测信号的相似性。

5-10　灰色关联度理论的实质是:根据样本序列与参考序列之间的相似度来确定二者的相关程度。该理论特别适合于分析小样本序列的关联性。设参考序列为 $r[k]$,采样序列 $y_i[k]$($k=0,1,\cdots,N-1$;$i=1,2,\cdots,M$);$r[k]$与 $y_i[k]$之间的灰色关联系数 $\gamma_i[k]$及灰色关联度 γ_i 分别定义为

$$\gamma_i[k] = \frac{d_{\min}[k] + \beta \cdot d_{\max}[k]}{d_i[k] + \beta \cdot d_{\max}[k]}; \quad \gamma_i = \frac{1}{N}\sum_{k=0}^{N-1} \gamma_i[k]$$

式中,β 为分辨力系数,一般取 $\beta = 0.5$;且有

$$d_i[k] = | y_i[k] - r[k] |$$

$$d_{\min}[k] = \min_i d_i[k], \quad d_{\max}[k] = \max_i d_i[k]$$

现假设某一传感器系统的激励信号为 $r_k = \cos(k\Omega)$,输出信号为 $y_k = (A_k + e_k)\cos(k\Omega) + v_k$,其中,$A_k$ 是因被测物理量的改变而产生的超低频序列,e_k 和 v_k 均为白噪声序列,并假设 y_k 是信噪比小于 0dB 的微弱信号。

(1) 试问能否用数字滤波器抑制附加在输出序列 y_k 上的噪声序列 $e_k\cos(k\Omega)$?请解释之。

(2) 请构造一随机序列 $y_k(k = 0,1,\cdots,N-1)$,将 y_k 分解成 M 个尺度下的小波系数 $y_i[k](i = 1,2,\cdots,M)$,并按上述方法计算 r_k 和 $y_i[k]$ 的灰色关联度 γ_i。然后,设定某个阈值 K,当 $\gamma_i \leqslant K$ 时,删去 i 尺度下的小波系数 $y_i[k]$,利用余下的小波系数 $y_m[k](m \neq i)$ 进行信号重构。

(3) 分别计算重构信号 $\hat{y}_k$ 和随机序列 y_k 与参考序列 r_k 的相关系数,并分析仿真结果。

(4) 根据上述讨论结果,能否得出这样结论:利用上述小波分解和灰色关联度算法可以从非完全加性噪声中检出微弱信号?

5-11 在 MATLAB 平台上,键入 demos,在 Help Navigator 栏上选择 demos 标签,在菜单选择 Blocksets→Signal Processing→Wavelets。试运行该菜单中所列出的两个短时傅里叶变换程序和四个小波变换程序,并分析仿真结果。

5.3 补充习题

5-12 假设均值和自相关函数各态历经过程 $x(t)$ 的观测间隔为 $2T$,其功率谱估计定义为

$$P_x(f) = \int_{-T}^{T} \mathscr{R}_x(\tau)\mathrm{e}^{-\mathrm{j}2\pi f\tau}\mathrm{d}\tau$$

式中

$$\mathscr{R}_x(\tau) = \frac{1}{2T}\int_{-T}^{T} x(t+\tau)x^*(t)\mathrm{d}t$$

(1) 试证明

$$S_x(f) = \lim_{T\to\infty} E[P_x(f)]$$

其中 $S_x(f)$ 是各态历经过程 $x(t)$ 的实际功率谱密度。

(2) 假定以 $f_s \geqslant 2B$ 的速率对 $x(t)$ 进行采样,得到一个有限时宽序列 x_k($0 \leqslant$

$k \leqslant N-1$)，试证明

$$\sum_{m=-N}^{N} \hat{R}_x[m] e^{-j2\pi mF} = \frac{1}{N} \left| \sum_{k=0}^{N-1} x[k] e^{-j2\pi kF} \right|^2$$

其中 $F = n/N$（N 取为 2 的整次幂）；与之对应的实际频率为 $f = (n/N)f_s, n = 0,1, \cdots, N/2$。

5-13 考虑零均值高斯平稳序列 $x_k(0 \leqslant k \leqslant N-1)$。

（1）试证明时间平均自相关序列是总体自相关序列的无偏估计，即

$$E\{\mathscr{R}_x[m]\} = R_x[m]$$

（2）假定时间平均自相关序列作为总体自相关序列 $R_x[m]$ 的估计的方差定义为

$$\text{var}\{\mathscr{R}[m]\} = E\{|\mathscr{R}[m]|^2\} - |E\{\mathscr{R}[m]\}|^2$$

试证明

$$\text{var}\{\mathscr{R}_x[m]\} \approx \frac{N}{(N-|m|)^2} \sum_{n=-\infty}^{\infty} \{|R_x[n]|^2 + R_x^*[n-m]R_x[n+m]\}$$

（3）在序列 $x_k(0 \leqslant k \leqslant N-1)$ 是方差为 σ_x^2 的零均值高斯白噪声的条件下，证明

$$\text{var}[P_x(F)] = \sigma_x^4 \left\{1 + \left[\frac{\sin(2\pi FN)}{N\sin(2\pi F)}\right]^2\right\}$$

【提示：利用零均值联合高斯过程的四阶原点混合矩公式】

5-14 在 Bartlett 谱估计算法中，将 N 点序列分成 M 个没有重叠的数据段，每段数据长度为 L（取 2 的整次幂），即

$$x_m[k] = x[k + mN_s], \quad (m = 0,1,\cdots,M-1; \quad k = 0,1,\cdots,L-1)$$

第 m 段数据的周期谱图定义为

$$P_x^{(m)}\left(\frac{n}{L}\right) = \sum_{n=-L+1}^{L-1} \left(1 - \frac{|n|}{N}\right) \hat{r}_x^{(m)}[n] e^{-j2\pi nF}$$

式中，$\hat{r}_x^{(m)}$ 是根据第 m 段数据得到的自相关序列估计值。试证明

$$P_x^{(m)}(F) = \boldsymbol{E}^H(F) \boldsymbol{R}_x^{(m)} \boldsymbol{E}(F)$$

其中

$$\boldsymbol{E}[F] = [1 \quad e^{j2\pi F} \quad e^{j4\pi F} \quad \cdots \quad e^{j2\pi(L-1)F}]^T$$

且有

$$P_x^B(F) = \frac{1}{M} \sum_{m=1}^{M} \boldsymbol{E}^H(F) \boldsymbol{R}_x^{(m)} \boldsymbol{E}(F)$$

要求给出以 $\hat{r}_x^{(m)}$ 为元素的矩阵 $\boldsymbol{R}_x^{(m)}$ 的表达式。

5-15 利用 Bartlett 方法,估计长度为 $N=2400$ 的序列的功率谱。

(1) 若要求频率分辨力为 $\Delta f=0.01$,试确定每段数据的最小长度;

(2) 若要求频率分辨力为 $\Delta f=0.02$,重复(1)。

5-16 考虑由功率谱

$$S_x(F)=\sigma_e^2\frac{|\mathrm{e}^{\mathrm{j}2\pi F}-0.9|^2}{|\mathrm{e}^{\mathrm{j}2\pi F}-\mathrm{j}0.9|^2|\mathrm{e}^{\mathrm{j}2\pi F}+\mathrm{j}0.9|^2}$$

描述的平稳随机过程 x_k,其中 σ_e^2 为常数。

(1) 假定 $S_x(F)$ 是由白噪声激励的线性系统 $H(z)$(有理脉冲传递函数)输出的功率谱,试确定 $H(z)$;

(2) 若用 x_k 激励一个稳定的线性系统,其输出为白噪声,试确定该系统(即白化滤波器)的脉冲传递函数。

5-17 设随机序列 x_k 的 N 点 DFT 为

$$X_n=\sum_{k=0}^{N-1}x_k\mathrm{e}^{-\mathrm{j}2\pi kn/N}$$

且假定 x_k 为白噪声过程,即

$$E[x_k]=0,\quad E[x_{k+m}x_k]=\sigma_x^2\delta_m$$

(1) 试确定 X_n 的方差;

(2) 试确定 X_n 的自相关序列。

5-18 考虑由差分方程产生的 AMAR(2)过程

$$x_k=1.6x_{k-1}-0.63x_{k-2}+e_k+0.9e_{k-1}$$

式中,e_k 为零均值高斯白噪声。

(1) 试确定白化滤波器的脉冲传递函数;

(2) 试确定 x_k 的自相关函数和功率谱密度。

5-19 考虑差分方程

$$x_k=e_k+0.81e_{k-1}$$

描述的 MA(2)过程,其中 e_k 是方差为 σ_e^2 的白噪声过程。

(1) 试分别用 AR(2)、AR(4)和 AR(8)模型拟合数据 x_k,并在最小均方误差意义下,确定这些模型参数。

(2) 试分别画出 MA(2)过程和 AR(p)($p=2,4,8$)的功率谱;并说明如何选取 p,使得 AR(p)模型能更好地逼近 MA(2)过程。

5-20 平稳过程 AR(p)满足方程

$$R_x[m]+\sum_{i=1}^{p}a_{pi}R_x[m-i]=\begin{cases}\sigma_e^2, & m=0\\ 0, & 1\leqslant m\leqslant p\end{cases}$$

其中,a_{pi} 是 p 阶线性预测器的系数,σ_e^2 是最小均方预测误差;且假定矩阵

$$\begin{bmatrix} R_x[0] & R_x[-1] & \cdots & R_x[-p] \\ R_x[1] & R_x[0] & \cdots & R_x[-p+1] \\ \vdots & \vdots & \ddots & \vdots \\ R_x[p] & R_x[p-1] & \cdots & R_x[0] \end{bmatrix}$$

是正定的。

(1) 试证明:对于 $1 \leqslant m \leqslant p$,反射系数 $|K_m| < 1$;

(2) 多项式

$$A_p(z) = 1 + \sum_{i=1}^{p} a_{pi} z^{-i}$$

是最小相位系统。

5-21 考虑 AR(3)过程

$$x_k = \frac{14}{24} x_{k-1} + \frac{9}{24} x_{k-2} - \frac{1}{24} x_{k-3} + e_k$$

其中 e_k 是方差为 σ_e^2 的白噪声过程。

(1) 试确定 $p=3$ 的最佳线性预测器的系数;

(2) 试计算 x_k 的自相关序列 $R_x[m]$,$0 \leqslant m \leqslant 5$;

(3) 试求对应于 $p=3$ 的最佳线性预测器的反射系数。

5-22 考虑下列差分方程所描述的过程:

(a) $x_k = -0.81 x_{k-2} + e_k - e_{k-1}$ (b) $x_k = e_k - e_{k-2}$ (c) $x_k = -0.81 x_{k-2} + e_k$

式中,e_k 是方差为 σ_e^2 的白噪声过程。

(1) 试分别确定上述过程的功率谱;

(2) 试分别计算(b)和(c)的自相关序列。

5-23 假设 AR 过程 x_k 的自相关序列为

$$R_x[m] = a^{|m|} \cos \frac{m\pi}{2}$$

(1) 试确定 x_k 的差分方程;

(2) 答案是唯一的吗? 若不是,请给出任一其他可能的解。

5-24 设某一 AR 过程 x_k 的功率谱密度为

$$S_x(\Omega) = \frac{\sigma_e^2}{|A(\Omega)|^2} = \frac{25}{|1 - e^{j\Omega} + 0.5e^{j2\Omega}|^2}$$

式中,σ_e^2 为输入序列的方差。

(1) 假设输入序列是白噪声,试确定产生 AR 过程的方差;

(2) 确定白化滤波器的脉冲传递函数。

5-25 考虑单正弦信号和加性白噪声构成的过程 y_k,假定已知

$$R_y[0] = 3, \quad R_y[1] = 1, \quad R_y[2] = 0$$

试确定正弦信号的频率、功率和加性白噪声的方差。

解:(1) 根据已知条件和式(E1-54),可得相关矩阵

$$\boldsymbol{R}_y = \begin{bmatrix} 3 & 1 & 0 \\ 1 & 3 & 1 \\ 0 & 1 & 3 \end{bmatrix}$$

其特征多项式为

$$\det(\lambda \boldsymbol{I} - \boldsymbol{R}_y) = \begin{bmatrix} \lambda - 3 & -1 & 0 \\ -1 & \lambda - 3 & -1 \\ 0 & -1 & \lambda - 3 \end{bmatrix}$$
$$= (\lambda - 3)(\lambda^2 - 6\lambda + 7) = 0$$

解得

$$\lambda_1 = 3, \quad \lambda_2 = 3 + \sqrt{2}, \quad \lambda_3 = 3 - \sqrt{2}$$

显然 $\lambda_{\min} = \lambda_3$,故令加性噪声的方差为

$$\sigma_e^2 = \lambda_{\min} = 3 - \sqrt{2}$$

(2) 将 ${\sigma_e}^2$ 代入式(E1-55)可得

$$(\boldsymbol{R}_x - \sigma_e^2 \boldsymbol{I})\boldsymbol{a} = \begin{bmatrix} \sqrt{2} & 1 & 0 \\ 1 & \sqrt{21} & 0 \\ 0 & 1 & \sqrt{2} \end{bmatrix} \begin{bmatrix} 1 \\ a_1 \\ a_2 \end{bmatrix} = \begin{bmatrix} 0 \\ 0 \\ 0 \end{bmatrix}$$

解方程组,求得 $a_1 = -\sqrt{2}$,$a_2 = 1$,此即 ARMA(2,2)模型参数的估计值。

(3) 将 $a_1 = -\sqrt{2}$ 和 $a_2 = 1$ 代入 ARMA(2,2)模型的特征方程(E1-56),得

$$z^2 - \sqrt{2}z + 1 = 0$$

解得

$$z_{1,2} = \frac{\sqrt{2}}{2} \pm \mathrm{j}\frac{\sqrt{2}}{2}$$

注意到 $|z_1| = |z_2| = 1$。与之正弦信号正数字频率对应的根可表示为

$$z_1 = \exp(\mathrm{j}\Omega_1) = \exp(\mathrm{j}2\pi F_1) = \frac{\sqrt{2}}{2} + \mathrm{j}\frac{\sqrt{2}}{2}$$

解方程得 $F_1 = 1/8$。

(4) 根据式(E-57)可得

$$\sigma_1^2 \cos(2\pi F_1) = R_y[1] = 1$$

解方程得正弦信号的功率为 ${\sigma_1}^2 = \sqrt{2}$,因此,正弦信号的幅值为

$$A = \sqrt{2}\sigma_1 = \sqrt{2\sqrt{2}}$$

可以验证

$$\sigma_e^2 = R_y[0] - \sigma_1^2 = 3 - \sqrt{2}$$

5-26 试说明非参数功率谱估计与时间序列参数化谱估计之间的异同之处。在何种情况下采用参数化谱估计?

5-27 试说明信号谱分析与小波分析之间的异同之处,并简要在何种情况下采用小波分析。

5-28 试利用 MATLAB 函数 contour 画出教科书《随机信号与系统》例 5-6 中的小波变换 $WT_x(m,n)$ 的等高线分布图。并分别从位移参数和尺度因子的坐标方向上,解释所观察到的“等高线”变化的物理意义。

5-29 简要列出小波分析方法在信号处理领域的应用实例。

第六章　最优滤波与状态估计

本章重点复习最优线性滤波器——维纳滤波器、自适应横向滤波器和卡尔曼滤波器的基本理论与算法；简要介绍这些理论方法的工程应用实例。

6.1　基本知识点

本节主要内容包括：波形估计的基本概念、连续时间和离散时间维纳滤波器；LMS 自适应滤波器、RLS 自适应滤波器、DCT/DFT 自适应滤波器、多通道约束自适应滤波器、LMS 自适应滤波器的应用实例；卡尔曼预估器、卡尔曼滤波器、卡尔曼滤波器的应用示例。

6.1.1　波形估计的基本概念

滤波、预估与平滑(Filtering, prediction, interpolation)：设观测方程为

$$x(t)=s(t)+e(t),\quad 0\leqslant t\leqslant T$$

式中，$e(t)$是观测噪声；T为观测波形的截取长度。将观测样本 $x(t)$输入到波形滤波器，其输出 $y(t)$就是与被测信号 $s(t)$有关的波形估计。

根据线性滤波器的不同用途，一般将波形估计分为：

(1) 由观测样本 $x(t)$得到信号 $s(t)$的估计 $\hat{s}(t)$，称为滤波；

(2) 由观测样本 $x(t)$得到信号 $s(t)$的估计 $\hat{s}(t+\tau)$，$\tau>0$，称为预估(外推)；

(3) 由观测样本 $x(t)$得到 $s(t)$的估计 $\hat{s}(t+\tau)$，$-t<\tau<0$，称为平滑(内插)。

一、连续时间维纳滤波器

连续时间维纳滤波器(Continuous - time Wiener filter)：设连续时间滤波器的输入波形为 $x(t)=s(t)+e(t)$，输出波形为 $y(t)=\hat{s}(t)$，其中 $s(t)$是实平稳过程，$e(t)$是零均值随机噪声。当波形估计偏差 $\tilde{s}(t)=s(t)-\hat{s}(t)$的均方值 $E[\tilde{s}^2(t)]$达到最小时，就称 $\hat{s}(t)$为信号 $s(t)$的线性均方估计，并称相应的滤波器为连续时间维纳滤波器，或最优线性滤波器(Optimal linear filter)，记为

$$H_{\text{opt}}(\omega)=\frac{S(\omega)}{S(\omega)+N(\omega)}\qquad(\text{F1}-1)$$

式中，$S(\omega)$是信号 $s(t)$的功率谱密度；$N(\omega)$是噪声 $e(t)$的功率谱。

Wiener - Hopf 方程：连续时间维纳滤波器在频域上满足 Wiener - Hopf 方程

$$H_{\mathrm{opt}}(\omega) = P_{sx}(\omega)/P_x(\omega) \tag{F1-2}$$

式中，$P_{sx}(\omega)=E[X_s(\omega)X^*(\omega)]$，$P_x(\omega)=E[X(\omega)X^*(\omega)]$；$X_s(\omega)$和$X(\omega)$分别是$s(t)$和$x(t)$的傅里叶变换。

谱分解(Spectral factorization)：任何在物理上可实现的系统都具有因果性。设线性系统的单位脉冲响应序列为$h(t)$，若该系统是因果的，则有$h(t)=0(t<0)$。当不满足这一条件时，通常利用功率谱因式分解法(简称谱分解)来近似实现该系统。

设实平稳过程$x(t)$的傅里叶系数为$X(\omega)$，其平均功率$P_x(\omega)=E[|X(\omega)|^2]$是非负的有理分式函数，且有$P_x(\omega)=P_x{}^*(\omega)$，故$P_x(\omega)$的零极点必定是共轭成对出现的，即

$$P_x(\omega) = \left[\sqrt{k_G}\,\frac{(\mathrm{j}\omega+\beta_1)\cdots(\mathrm{j}\omega+\beta_q)}{(\mathrm{j}\omega+\alpha_1)\cdots(\mathrm{j}\omega+\alpha_p)}\right]\left[\sqrt{k_G}\,\frac{(-\mathrm{j}\omega+\beta_1)\cdots(-\mathrm{j}\omega+\beta_q)}{(-\mathrm{j}\omega+\alpha_1)\cdots(-\mathrm{j}\omega+\alpha_p)}\right]$$

式中，k_G是$P_x(\omega)$的前置系数；$\alpha_n(n=1,2,\cdots,p)$和$\beta_m(m=1,2,\cdots,q)$分别是$P_x(\omega)$的零、极点，通常约定$P_x(\omega)$无相同的零、极点，且$q\leqslant p$。

在复变量$s=\sigma+\mathrm{j}\omega$平面上，令$P_x(\omega)$在左半$s$平面上的零极点所组成因式为$P_x{}^+(\omega)$(称为最小相位系统)，在右半$s$平面上的零极点所组成因式为$P_x{}^-(\omega)$，并将$P_x(\omega)$在$\mathrm{j}\omega$轴上的零、极点对半分配给$P_x{}^+(\omega)$和$P_x{}^-(\omega)$。这样一来，$P_x(\omega)$就可分解成

$$P_x(\omega) = P_x^+(\omega)\cdot P_x^-(\omega) \tag{F1-3}$$

现在考虑式(F1-1)。为了在物理上实现无约束维纳滤波器$H_{\mathrm{opt}}(\omega)$，可取

$$[S(\omega)+N(\omega)]^{1/2} = T\cdot P_x^+(\omega) \tag{F1-4}$$

式中，T是观测样本$x(t)$的持续时间；$s(t)$是零均值平稳过程(信号)；$e(t)$是零均值随机噪声；且$s(t)$和$e(t)$不相关。类似地，可选择

$$S^{1/2}(\omega) = T\cdot P_s^+(\omega) \tag{F1-5}$$

将式(F1-4)和式(F1-5)代入式(F1-1)，即可得到因果稳定的维纳滤波器，即

$$H_{\mathrm{opt}}(\omega) = \left[\frac{P_s^+(\omega)}{P_x^+(\omega)}\right]^2 \tag{F1-6}$$

预选滤波器与维纳滤波器(Preliminary filter & Weiner filter)：将似然比检测系统(教材图2-1)重画成如图6-1所示的结构。从式(F1-1)和图6-1可见，图

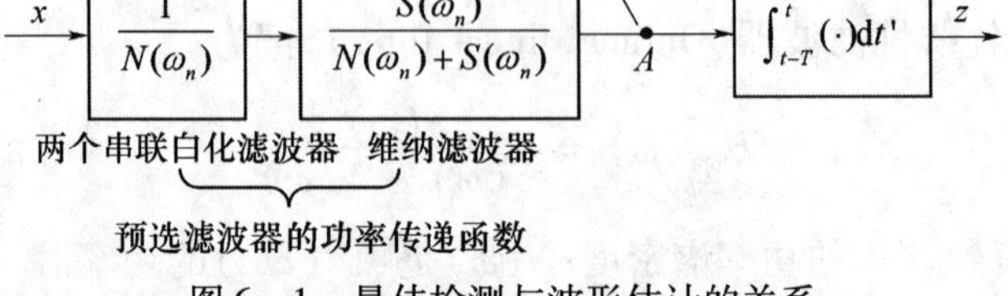

图6-1 最佳检测与波形估计的关系

中 A 点处的波形恰好是输入过程 $x(t)$ 经过两个串联白化滤波器之后的线性均方估计。这一结果的物理意义是:虽然白化滤波器增大了输入噪声的等效谱宽,但它的输出波形仍有可能失真,因此在白化滤波器之后还应当串接一个维纳滤波器,才能获得输入波形的最小均方误差估计。

二、数字滤波器

单边数字滤波器(Causal digital filter):单边横向数字滤波器(Unilateral trans - verse digit filter)的输出序列 y_k 是其输入序列 x_k 及其延迟 x_{k-i} 的加权和,即

$$y_k = \sum_{i=0}^{p-1} h_i x_{k-i} \overset{\text{def}}{=} h_k * x_k \tag{F1 - 7}$$

式中,k 为离散时间变量;$h_i(i=0,1,\cdots,p-1)$ 为单边滤波器的脉冲响应序列。

令 $X(z)$,$Y(z)$ 和 $H(z)$ 分别是 x_k,y_k 和 h_k 的单边 z 变换,且假设 $X(z)$ 和 $Y(z)$ 在 z 域上有一绝对的公共收敛区域,则有

$$Y(z) = H(z) \cdot X(z) \tag{F1 - 8}$$

双边数字滤波器(Noncausal digital filter):如果数字滤波器的单位脉冲响应序列 h_k 是双边(bilateral)的,则其输出序列的 z 变换可以表示为

$$Y(z) = \left(\sum_{i=-\infty}^{\infty} h_i z^{-i}\right) \cdot \left[\sum_{k=-\infty}^{\infty} x_{k-i} z^{-(k-i)}\right] = H(z) \cdot X(z) \tag{F1 - 9}$$

式中,$X(z)$、$Y(z)$ 和 $H(z)$ 分别是输入 x_k、输出 y_k 和单位脉冲响应序列 h_k 的双边 z 变换。

脉冲功率函数(Pulse power function):利用离散时间序列的维纳 - 辛钦公式,可导出非因果(或因果)数字滤波器输入 - 输出脉冲功率函数的关系式:

$$S_y(z) = H(z^{-1}) \cdot H(z) \cdot S_x(z) \tag{F1 - 10}$$

式中,$S_x(z)$ 是滤波器输入序列 x_k 自相关函数 $R_x[m]$ 的 z 变换;$S_y(z)$ 是滤波器输出序列 y_k 自相关函数 $R_y[m]$ 的 z 变换;$H(z)$ 是因果脉冲响应序列 h_k 的 z 变换;$H(z^{-1})$ 是因果脉冲响应序列 h_k 的纵轴(时间原点)镜像 h_{-k} 的 z 变换:

$$\sum_{k=-\infty}^{\infty} h_{-k} z^{-k} \overset{i=-k}{=} \sum_{i=-\infty}^{\infty} h_i z^{i} = H(z^{-1}) \tag{F1 - 11}$$

三、无约束离散时间滤波器

定理 6 - 1 设双边最优线性滤波器的单位脉冲响应序列为 $h_{\text{opt}}[i]$,最优线性滤波器对双边输入序列 x_k 的输出响应为 $y_{\text{MMSE}}[k]$,估计偏差 $\varepsilon_{k\_\text{opt}}$ 为

$$\varepsilon_{k\_\text{opt}} = d_k - y_{\text{MMSE}}[k] = d_k - \sum_{i=-\infty}^{\infty} h_{\text{opt}}[i] x_{k-i} \tag{F1 - 12}$$

其中 d_k 表示最优线性滤波器的期望响应,则滤波器输出的最小均方误差估计量 $y_{\text{MMSE}}[k]$ 与估计偏差 $\varepsilon_{k\_\text{opt}}$ 互为正交:

$$E\{\varepsilon_{k\_\text{opt}} \cdot y_{\text{MMSE}}[k]\} = 0 \tag{F1 - 13}$$

无约束维纳数字滤波器(Unrestricted Weiner filter):设 x_k、y_k 和 d_k 分别为双边横向滤波器 $H(z)$ 的输入、输出和期望响应。如果滤波器输出偏差 $\varepsilon_k = d_k - y_k$ 的均方值 $E[\varepsilon_k{}^2]$ 达到最小值 $J_{\min}$,则称该横向滤波器 $H(z)$ 为无约束维纳数字滤波器,记为 $H_{\text{opt}}(z)$ 或 $h_{\text{opt}}[i]$。

Wiener - Hopf 方程:无约束维纳滤波器 $h_{\text{opt}}[i]$ 在时域上满足无约束 Wiener - Hopf 方程:

$$R_{dx}[m] = \sum_{i=-\infty}^{\infty} h_{\text{opt}}[i] R_x[m-i] = h_{\text{opt}}[m] * R_x[m] \qquad (\text{F1}-14)$$

式中,$R_{dx}[m]$ 为数字滤波器的期望响应 d_k 与其输入过程 x_k 的互相关函数;$R_x[m]$ 为数字滤波器输入过程 x_k 的自相关函数。

对式(F1 - 14)等号两边取 z 变换,可得

$$H_{\text{opt}}(z) = S_{dx}(z)/S_x(z) \qquad (\text{F1}-15)$$

无约束维纳数字滤波器 $H_{\text{opt}}(z)$ 输出 y_k 的最小均方误差可表示为

$$J_{\min} = \min_{h_{\text{opt}}} E[(d_k - y_k)^2] = R_d[0] - \sum_{i=-\infty}^{\infty} h_{\text{opt}}[i] R_{dx}[i] \qquad (\text{F1}-16)$$

式中,$R_d[0] = E[d_k{}^2]$。

四、因果维纳数字滤波器的实现

由式(F1 - 14)可推知,因果约束 Wiener - Hopf 方程可写成

$$\begin{cases} R_{dx}[m] = \sum_{i=0}^{\infty} h_{\text{opt}}[i] R_x[m-i], & m \geqslant 0 \\ h_{\text{opt}}[i] = 0, & i < 0 \end{cases} \qquad (\text{F1}-17)$$

与无约束 Wiener - Hopf 方程(F1 - 14)不同,上式对 $h_{\text{opt}}[i]$ 增加了因果约束条件。

定理 6 - 2　设实输入序列 x_k 的自相关函数 $R_x[m]$,且 $Z\{R_x[m]\} = S_x(z)$,则白化滤波器的脉冲传递函数可表示为

$$H_W(z) = \frac{1}{S_x^+(z)} \qquad (\text{F1}-18)$$

式中,$S_x{}^+(z)$ 是由有理多项式 $S_x(z)$ 中零、极点位于 z 平面单位圆内的所有因式组成的。

因果维纳数字滤波器的 Shonnon - Bode 实现:香农 - 伯德(Shannon - Bode)提出了如图 6 - 2 所示的因果维纳滤波器的实现方法:先对输入序列 x_k 进行"白化"处理,再按 z 域上的无约束 Wiener - Hopf 方程(F1 - 15)设计续滤波器 $H_P(z)$,即

$$H_P(z) = H_{\text{opt}}(z) \cdot \frac{1}{H_W(z)} = \frac{S_{dx}(z)}{S_x(z)} \cdot S_x^+(z) = \frac{S_{dx}(z)}{S_x^-(z)} \qquad (\text{F1}-19)$$

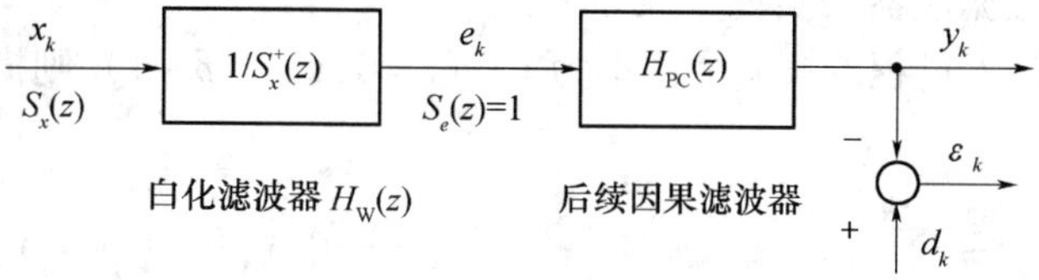

图 6 - 2　因果维纳数字滤波器的 Shannon - Bode 实现方法

最后，去掉 $H_P(z)$ 中的非因果部分 $H_P^-(z)$，余下的就是因果后续因果滤波器 $H_{PC}(z)$。于是，因果维纳数字滤波器的 Shonnon - Bode 实现的最终表达式可写成

$$H_{opt\_C}(z) = \frac{H_P^+(z)}{S_x^+(z)} = \frac{1}{S_x^+(z)} \cdot \left[\frac{S_{dx}(z)}{S_x^+(z)}\right]^+ \qquad (F1-20)$$

式中，上标"+"表示取左半 z 平面上的零极点。因果维纳数字滤波器输出 y_k 的最小均方误差可表示为

$$J_{min} = R_d[0] - \sum_{i=-\infty}^{\infty} h_{opt\_C}[i] R_{dx}[i] \qquad (F1-21)$$

6.1.2　自适应横向数字滤波器

设计维纳数字滤波器的前提条件是，需要事先知道输入样本 x_k 和实际波形 s_k 的二阶矩。然而，在工程实际中，这个先验知识往往不是现成的，再加上输入过程的统计特性一般是时变的，这就希望设计一种具有自适应功能的滤波器——能够根据输入样本的非平稳性，实时地调整滤波器的结构参数，使滤波器的脉冲响应特性渐近收敛于维纳解。

一、LMS 自适应滤波器

LMS 自适应滤波器（LMS adaptive filter）：如果横向数字滤波器能够按最小均方误差估计准则自动地调整结构参数，使其单位脉冲响应序列逐渐收敛于维纳解，则称为 LMS 自适应滤波器。

LMS 自适应滤波器的结构如图 6 - 3 所示。设在 k 时刻，横向滤波器的脉冲响应序列 w_{ki} 仅在 $i \in [0, p-1]$ 范围内具有显著值，其中，p 为正整数，通常取横向滤波器的长度为 $p = [N/4]$，或者 $p = [N^{1/2}]$。

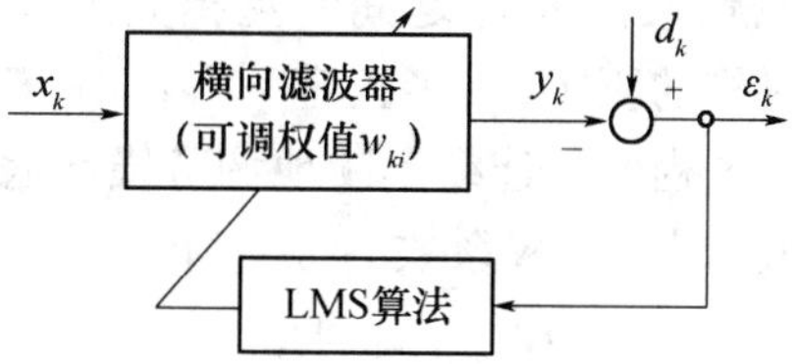

图 6 - 3　LMS 自适应滤波器

LMS 自适应滤波器的实现步骤如下：

（1）如果输入过程的第 k 个样本为 $x_{k-i}(i=0,1,\cdots,p-1)$，则横向滤波器的响应 y_k 可表示为

$$y_k = \sum_{i=0}^{p-1} w_{ki} \cdot x_{k-i} = \boldsymbol{W}_k^{\mathrm{T}} \boldsymbol{x}_k \qquad (k = 0,1,2,\cdots,N-1) \qquad \text{(F2-1)}$$

式中

$$\boldsymbol{x}_k = [x_k, x_{k-1}, \cdots, x_{k-p+1}]^{\mathrm{T}}; \quad \boldsymbol{W}_k^{\mathrm{T}} = [w_{k0}, w_{k1}, \cdots, w_{k(p-1)}]$$

（2）滤波器的第 k 次输出偏差为

$$\boldsymbol{\varepsilon}_k = d_k - y_k = d_k - \boldsymbol{W}_k^{\mathrm{T}} \boldsymbol{x}_k \qquad \text{(F2-2)}$$

（3）权向量的 LMS 自适应迭代算法可表示为

$$\boldsymbol{W}_{k+1} = \boldsymbol{W}_k + 2\mu \varepsilon_k \boldsymbol{x}_k \qquad \text{(F2-3)}$$

在此要求自适应常数 μ 满足下式：

$$0 < \mu < \frac{1}{\lambda_{\max}} \quad 或 \quad 0 < \mu < \frac{1}{\mathrm{tr}\boldsymbol{R}_x}$$

以确保自适应过程的稳定性。在实际应用中，可在输入序列 $x_k(k=0,1,\cdots,N-1)$ 中依次挑选出 M 个最大值，然后将其平方和的倒数作为自适应常数 μ，即

$$\mu \leqslant 1/\left(\sum_{k=0}^{M-1} x_k^2\right)_{\max} \qquad \text{(F2-4)}$$

自适应过程的时间常数可表示为

$$\tau_{q\mathrm{mse}} = \frac{1}{4\mu\lambda_q}, \quad (q = 0,1,\cdots,p-1) \qquad \text{(F2-5)}$$

其中，λ_q 是输入自相关矩阵 $\boldsymbol{R}_x$ 的第 q 个特征值。自适应过程的过调量为

$$O_{sw} = \mu \cdot \sum_{q=0}^{p-1} \lambda_q = \mu \cdot p\lambda_{\mathrm{ave}} \qquad \text{(F2-6)}$$

式中，λ_{ave}是输入序列 x_k 的自相关矩阵 $\boldsymbol{R}_x$ 的 p 个特征值的平均值。在工程上，一般要求 $O_{sw} \leqslant 25\%$。

LMS 自适应滤波器的性能指标可表示为

$$J_k = E[\varepsilon_k^2] = E[d_k^2] - 2\boldsymbol{R}_{dx}^{\mathrm{T}} \cdot \boldsymbol{W}_k + \boldsymbol{W}_k^{\mathrm{T}} \boldsymbol{R}_x \boldsymbol{W}_k$$

式中，$\boldsymbol{R}_{dx}$是期望响应 d_k 与输入向量 $\boldsymbol{x}_k$ 之间的互相关函数；$\boldsymbol{R}_x$ 是输入向量 $\boldsymbol{x}_k$ 的自相关矩阵，且假设 $\boldsymbol{R}_x$ 是对称的正定（或半正定）矩阵。

权向量的自适应迭代过程就是连续不断地调节横向滤波器的权系数 $\boldsymbol{W}_k$，以寻找性能指标“曲面”的“底部”——权系数的维纳解，即

$$\boldsymbol{W}_{\mathrm{opt}} = \boldsymbol{R}_x^{-1} \boldsymbol{R}_{dx} \qquad \text{(F2-7)}$$

二、NLMS 自适应滤波器

NLMS 自适应算法（Normalized adaptive algorithm）：当输入序列 $x_k(k=0,1,\cdots,$

$N-1$)波动很大时,可先对原始序列的功率进行归一化处理,然后按 LMS 自适应算法(F2-3)进行迭代计算。这种算法称为功率归一化 LMS 算法。

NLMS 算法的第 k 次迭代步骤如下:

(1) 求 $x_{k-i}(i=0,1,\cdots,p-1)$的加权平方和:

$$P_k = \gamma\sum_{i=1}^{p-1} x_{k-i}^2 + (1-\gamma)x_k^2, \quad (k = p,p+1,\cdots,N-1) \qquad \text{(F2-8)}$$

式中,$\gamma \in (0,1]$,一般选择接近于 1。

(2) 将 $x_{k-i}(i=0,1,\cdots,p-1)$除以 $P_k^{1/2}$,得到新的时间序列 z_k,即

$$z_{k-i} = x_{k-i}/\sqrt{P_k+\alpha^2}, \quad (0<\alpha\ll 1;\ i=0,1,\cdots,p-1) \qquad \text{(F2-9)}$$

(3) 计算滤波器的输出:

$$y_k = \sum_{i=0}^{p-1} w_{ki}\cdot z_{k-i} = \boldsymbol{W}_k^{\mathrm{T}}\boldsymbol{z}_k \qquad (k-0,1,2,\cdots,N-1)$$

(4) 计算滤波器的输出偏差:

$$\varepsilon_k = d_k - y_k = d_k - \boldsymbol{W}_k^{\mathrm{T}}\boldsymbol{z}_k$$

(5) 利用 *LMS* 自适应算法对回归系数进行一次循环迭代:

$$\boldsymbol{W}_{k+1} = \boldsymbol{W}_k + 2\mu\varepsilon_k\boldsymbol{z}_k \qquad \text{(F2-10)}$$

当输入序列 x_k 的自相关矩阵 $\boldsymbol{R}_x$ 的特征值分散程度增大时,将导致 LMS 迭代过程变得很慢,有时甚至慢到了不可接受的程度。为解决这一问题,应当设法使输入自相关矩阵正交化。这种改进的算法主要分为两类:第一类是递推最小二乘(Recursive least-squares,RLS)算法,它利用既往的输入数据来递推估计自相关矩阵,以降低当前输入数据的相关性;第二类是通过离散傅里叶变换(DFT)或离散余弦变换(DCT)对输入序列进行预处理,使变换后的输入序列是互为正交的序列。

三、RLS 自适应滤波器

RLS 算法与 LMS 算法不同之处在于:LMS 算法的偏差($\varepsilon_k = d_k - \boldsymbol{W}_k{}^{\mathrm{T}}\boldsymbol{x}_k$)是后验计算的,它仅仅与当前的权向量 $\boldsymbol{W}_k$ 有关;而 RLS 算法的偏差($\varepsilon_k = d_k - \boldsymbol{W}_{k-1}^{\mathrm{T}}\boldsymbol{x}_k$)则取决于先前的权向量 $\boldsymbol{W}_{k-1}$。RLS 算法的第 k 次迭代步骤如下:

(1) 初始化:$\boldsymbol{W}_0=0$,$\boldsymbol{P}_0=\mu^{-1}\boldsymbol{I}$,其中 μ 是很小的正常数。

(2) 令 $k=1,2,\cdots,N-1$,迭代计算滤波器是输出序列 y_k 和输出偏差 ε_k:

$$y_k = \sum_{i=0}^{p-1} w_{ki}\cdot x_{k-i} = \boldsymbol{W}_k^{\mathrm{T}}\boldsymbol{x}_k, \quad \varepsilon_k = d_k - \boldsymbol{x}_k^{\mathrm{T}}\boldsymbol{W}_{k-1}$$

(3) 更新权系数 $\boldsymbol{W}_k$:

$$\begin{cases} \boldsymbol{K}_k = \boldsymbol{P}_{k-1}\boldsymbol{x}_k/(\lambda + \boldsymbol{x}_k^{\mathrm{T}}\boldsymbol{P}_{k-1}\boldsymbol{x}_k) \\ \boldsymbol{P}_k = \dfrac{1}{\lambda}(\boldsymbol{I} - \boldsymbol{K}_k\boldsymbol{x}_k^{\mathrm{T}})\boldsymbol{P}_{k-1} \\ \boldsymbol{W}_k = \boldsymbol{W}_{k-1} + \boldsymbol{K}_k\varepsilon_k \end{cases} \qquad \text{(F2-11)}$$

当输入序列波动较大时，初值由下式决定：

$$P_0 = R_0^{-1} = \left[\sum_{i=-(p-1)}^{0} \lambda^{-i} x_i x_i^{\mathrm{T}} \right]^{-1}$$

通常希望输入相关矩阵的初值 R_0 所起的作用很小，故不妨用很小的对角矩阵来近似 R_0，即

$$R_0 = \mu I$$

这就是为什么选取 $P_0 = \mu^{-1} I$ 的缘由。

四、DFT/DCT 自适应滤波器

DFT/LMS（或 DCT/LMS）自适应算法由下列步骤构成：首先，对横向滤波器的抽头延迟信号 $x_{k-i}(i=0,1,\cdots,L-1)$ 进行傅里叶变换或余弦变换；然后，对变换后的数据作归一化处理，得到归一化数据（等功率信号）$v_k[m]\ (m=0,1,\cdots,L-1)$，以减小它们的分散性；最后，应用 LMS 算法（或复 LMS 算法）调整 $v_k[m]$ 的权值。

DFT/LMS（或 DCT/LMS）自适应算法的第 k 次迭代步骤如下：

（1）从 $k=L$ 开始，按下式进行递推计算抽头延迟信号 $x_{k-i}(i=0,1,\cdots,L-1)$ 的傅里叶变换（DFT）：

$$u_k[m] = u_{k-1}[m] + \mathrm{e}^{-\mathrm{j}2\pi mk/L}(x_k - x_{k-L}) \tag{F2-12}$$

并称之为滑动－DFT 算法（Moving－DFT algorithm）；或者，按以下二式进行交替递推计算抽头延迟信号 $x_{k-i}(i=0,1,\cdots,L-1)$ 的余弦变换（DCT）：

$$u_k^{\mathrm{DCT}}[m] = u_{k-1}^{\mathrm{DCT}}[m]\cos\left(\frac{\pi m}{L}\right) - u_k^{\mathrm{DST}}[m]\sin\left(\frac{\pi m}{L}\right) + \sqrt{\frac{2}{L}}\cos\left(\frac{\pi m}{2L}\right)[x_k - (-1)^m x_{k-L}] \tag{F2-13a}$$

$$u_k^{\mathrm{DST}}[m] = u_{k-1}^{\mathrm{DST}}[m]\cos\left(\frac{\pi m}{L}\right) - u_k^{\mathrm{DCT}}[m]\sin\left(\frac{\pi m}{L}\right) + \sqrt{\frac{2}{L}}\sin\left(\frac{\pi m}{2L}\right)[x_k - (-1)^m x_{k-L}] \tag{F2-13b}$$

称为滑动－DCT 算法（Moving－DCT algorithm）。式中，$u_k^{\mathrm{DCT}}[m]$ 是 DCT 的第 m 个输出（第 m 次谐波分量）；$u_k^{\mathrm{DST}}[m]$ 是 DST（离散正弦变换）的第 m 个输出。

（2）功率归一化：

$$v_k[m] = \frac{u_k[m]}{\sqrt{P_k[m] + \varepsilon}}, \quad (m = 0,1,\cdots,L-1) \tag{F2-14}$$

式中，$0 < \varepsilon \ll 1$。功率 $P_k[m]$ 按下式进行递推估计：

$$P_k[m] = \gamma P_{k-1}[m] + (1-\gamma)\,|u_k[m]|^2, \quad (m = 0,1,\cdots,L-1) \tag{F2-15}$$

$\gamma \in [0,1]$，一般选择接近于 1。

（3）计算滤波器输出偏差：

$$\varepsilon_k = d_k - \sum_{m=0}^{L-1} v_k[m] w_{km}$$

（4）权系数迭代算法：

$$\begin{cases} w_{(k+1)m} = w_{km} + \mu\varepsilon_k v_k^*[m] & (\mathrm{DFT}) \\ w_{(k+1)m} = w_{km} + 2\mu\varepsilon_k v_k[m] & (\mathrm{DCT}) \end{cases} \quad (m = 0,1,\cdots,L-1)$$

（F2－16）

其中，标量参数 μ 是自适应常数；$v_k{}^*$ 是 v_k 的复共轭。

应当指出，在实际应用中，DCT/LMS 算法的性能（超调量和收敛速度）远比 DFT/LMS 以及其他类似算法的性能好。另外，DCT/LMS 算法较 DFT/LMS 算法更优越还在于，前者是实数运算而后者是复数运算。

五、多通道约束自适应滤波器

约束 LMS 算法（Restrictive LMS algorithm）：考虑如图 6－4 所示的多通道自适应滤波器，讨论如何对 $M \times L$ 权系数施加某些约束，使得在利用 LMS 算法调整个权系数时，信号不至于被抑制。这种带有权系数约束的 LMS 算法，称为约束 LMS 算法。

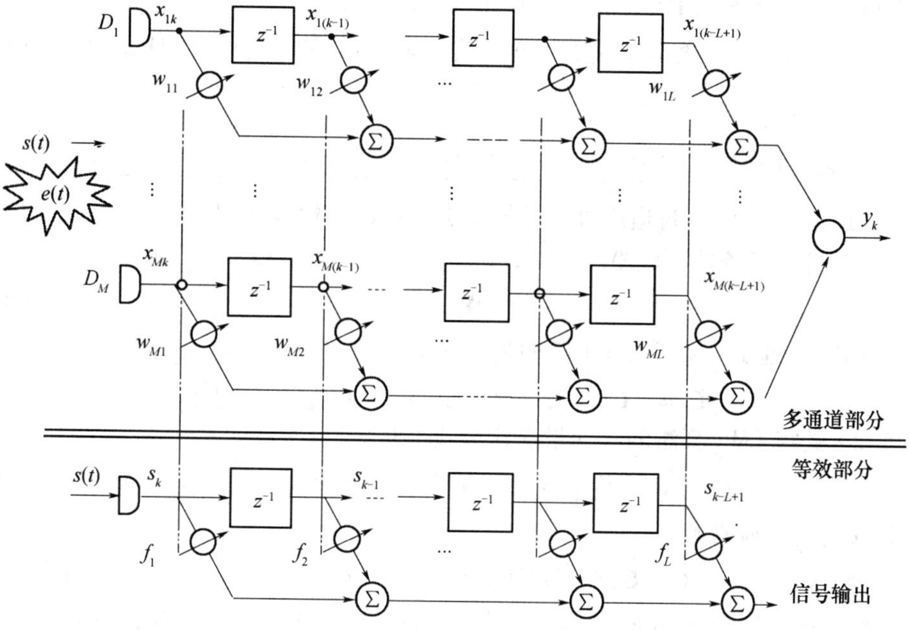

图 6－4　多通道自适应滤波器及其等效的单通道自适应滤波器

设水听器 $D_1, D_2, \cdots, D_M$ 的输出端通过信号匹配网络进行相位补偿（图中未画出采样器和匹配网络），使得从单一方向来的平面波 $s(t)$ 同相地作用在多通道横向滤波器的各个输入端。显然，平面波 $s(t)$ 的采样信号 s_k 的某一相位状态将同时出现在各路横向滤波器的第一个抽头上，并且平行地向后面的各抽头移动。就信号 s_k 而言，整个多通道自适应滤波器等效于一个单通道自适应横向滤波器，其第 i 个抽头上的权重 f_i 等于前面第 i 个垂直列上各个抽头上的权重之和，即

$$f_i = w_{1i} + \cdots + w_{Mi} = \sum_{m=1}^{M} w_{mi}, \quad (i = 1,2,\cdots,L)$$

只要适当选取一组固定的权值 $f_1, f_2, \cdots, f_L$（$f_i = 0$ 或 1），就可以使多通道 LMS 自适应滤波器对信号 s_k 的频率传递函数具有所希望的任意形式。

假定在第 i 列所有权之和等于某一数值 f_i，即

$$\boldsymbol{C}_i^{\mathrm{T}} \boldsymbol{W}_k = f_i, \quad (i = 1,\cdots,L) \tag{F2-17}$$

式中，$\boldsymbol{W}_k$ 为 $LM \times 1$ 维列权向量，且有

$$\boldsymbol{W}_k = [\underbrace{w_{11}\cdots w_{M1}}_{(1)}\ \underbrace{w_{12}\cdots w_{M2}}_{(2)}\cdots\ \underbrace{w_{1i}\cdots w_{Mi}}_{i}\cdots\ \underbrace{w_{1L}\cdots w_{ML}}_{L}]^{\mathrm{T}}$$

$\boldsymbol{C}_i$ 为 $LM \times 1$ 维列向量，即

$$\boldsymbol{C}_i = [\underbrace{0\cdots0}_{(1)}\ \underbrace{0\cdots0}_{(2)}\cdots\ \underbrace{0\cdots0}_{(i-1)}\ \underbrace{1\cdots1}_{(i)}\cdots\ \underbrace{0\cdots0}_{(L)}]^{\mathrm{T}}$$

在增加了信号方向（或观测方向）频率响应的 L 个约束条件后，非观测方向的噪声功率最小就等效于使总的平均输出功率最小，即

$$\min_{\boldsymbol{W}_k} J_k = \min_{\boldsymbol{W}_k} E(y_k^2) = \min_{\boldsymbol{W}_k} \boldsymbol{W}_k^{\mathrm{T}} E[\boldsymbol{x}_k \cdot \boldsymbol{x}_k^{\mathrm{T}}] \boldsymbol{W}_k = \boldsymbol{W}_{\mathrm{opt}}^{\mathrm{T}} \boldsymbol{R}_x \boldsymbol{W}_{\mathrm{opt}} \tag{F2-18}$$

其中

$$\boldsymbol{x}_k = [\underbrace{x_{1k}\cdots x_{Mk}}_{(1)}\ \underbrace{x_{1(k-1)}\cdots x_{M(k-1)}}_{(2)}\cdots\ \underbrace{x_{1(i-1)}\cdots x_{M(i-1)}}_{(i)}\cdots\ \underbrace{x_{1(L-1)}\cdots w_{M(L-1)}}_{(L)}]^{\mathrm{T}}$$

多通道约束 LMS 自适应算法的第 k 次权系数迭代步骤如下：

(1) 将约束条件写成矩阵形式，即

$$\boldsymbol{C}^{\mathrm{T}} \boldsymbol{W}_k = \boldsymbol{F} \tag{F2-19}$$

式中，$LM \times L$ 维矩阵 $\boldsymbol{C}$ 和 $L \times 1$ 维向量 $\boldsymbol{F}$ 分别为

$$\boldsymbol{C} = [\boldsymbol{C}_1, \boldsymbol{C}_2, \cdots, \boldsymbol{C}_L]; \quad \boldsymbol{F} = [f_1, f_2, \cdots f_L]^{\mathrm{T}}$$

(2) 约束 LMS 算法的权向量迭代公式可写成

$$\boldsymbol{W}_{k+1} = \boldsymbol{B} + \boldsymbol{K}(\boldsymbol{W}_k - \mu \boldsymbol{R}_x \boldsymbol{W}_k) \tag{F2-20}$$

式中，μ 为自适应常数；且

$$\boldsymbol{B} = \boldsymbol{C}(\boldsymbol{C}^{\mathrm{T}}\boldsymbol{C})^{-1}\boldsymbol{F}, \quad \boldsymbol{K} = \boldsymbol{I} - \boldsymbol{C}(\boldsymbol{C}^{\mathrm{T}}\boldsymbol{C})^{-1}\boldsymbol{C}^{\mathrm{T}} \tag{F2-21}$$

在一般情况下，输入向量 $\boldsymbol{x}_k$ 的自相关矩阵 $\boldsymbol{R}_x$ 是未知的。因此，在第 k 次迭代时，通常用输入过程的瞬时相关值 $\boldsymbol{x} \cdot \boldsymbol{x}^{\mathrm{T}}$ 来近似代替 $\boldsymbol{R}_x$。于是，式（F2-20）改写为

$$\begin{cases} \boldsymbol{W}_0 = \boldsymbol{B} \\ \boldsymbol{W}_{k+1} = \boldsymbol{W}_0 + \boldsymbol{K}(\boldsymbol{W}_k - \mu \cdot y_k \boldsymbol{x}_k) \end{cases} \tag{F2-22}$$

式中，$y_k = \boldsymbol{W}_k^{\mathrm{T}}\boldsymbol{x}$ 是第 k 次迭代时横向滤波器的输出；μ 为自适应常数。

6.1.3 LMS 自适应滤波器的应用示例

考虑如图 6－4 所示的多通道 LMS 自适应滤波。为了使滤波器获得尽可能大的输出信噪比，可把基本输入向量 $\boldsymbol{x}_k$ 的各个分量相加后作为期望响应 d_k，如图 6－5 所示。在一定的约束条件下，从 M 路的基本输入中取出 m 路（$1 \leqslant m < M$）作为自适应滤波器组的输入，当 m 较小时，自适应过程对噪声的抵消作用将超过对信号的抵消作用。

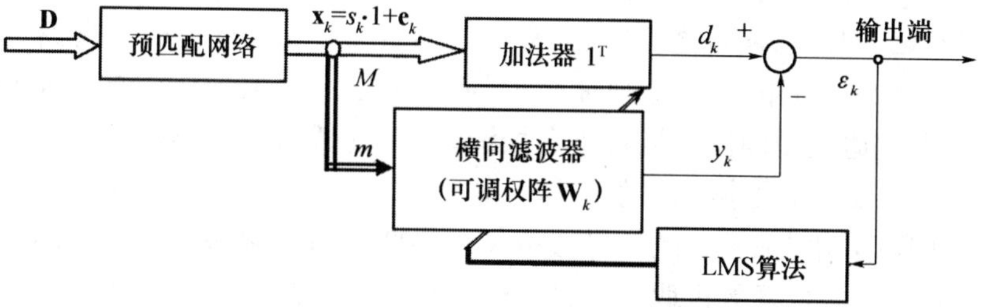

图 6－5　无约束 LMS 自适应噪声抵消器

一、信号禁止约束 LMS 自适应噪声抵消器

在 L 个约束条件下，

$$f_k = w_{1k} + \cdots + w_{mk} = \sum_{i=1}^{m} w_{ik} = 0, \quad (k = 1,2,\cdots,L)$$

亦即，当 $f_k = 0(k = 1,2,\cdots,L)$ 时，图 6－5 所示的自适应横向滤波器对信号成分 s_k 的响应必然为零，故称之为信号禁止（Signals forbidden）约束 LMS 自适应滤波器。

因为已经事先假设 M 个水听器的输出含有完全相同的信号成分 s_k，而噪声成分 e_k 则是互相独立的随机过程，因此，当施加上述 L 个约束时，滤波器的输出 y_k 将只含有噪声成分 e_k。由于加法器的输出 d_k 包含了放大 M 倍的信号成分，因此，两者相减后，放大 M 倍的信号成分 $\varepsilon_k = d_k - y_k$ 将无失真地出现在输出端。

此外，LMS 算法是通过调节剩余的 $m(L-1)$ 个权系数，使比较器输出 ε_k 的功率最小。因为 ε_k 包含了一个不失真信号成分和一个噪声成分，而 y_k 仅含有噪声成分，故 ε_k 的功率最小意味着输出端的噪声功率最小。可见，信号禁止约束 LMS 自适应噪声抵消器就是“信号无失真）最小噪声估计器”。

二、零列约束 LMS 自适应噪声抵消器

信号禁止约束 LMS 算法的权系数叠代规则，通常比无约束算法复杂得多。这就提出一个问题：能否在自适应滤波器中只采用无约束 LMS 算法，仍能实现信号无失真最小噪声估计器的功能？

考虑如图 6－5 所示结构。图中对横向滤波器的权系数施加零列约束，即将 L 条横向滤波器的延时线抽头的第 1 列或第 1、2 列的权值皆取为零，即

$$\begin{bmatrix} 0 & w_{12} & \cdots & w_{1L} \\ 0 & w_{22} & \cdots & w_{2L} \\ \vdots & \vdots & \ddots & \vdots \\ 0 & w_{m2} & \cdots & w_{mL} \end{bmatrix} \text{或} \begin{bmatrix} 0 & 0 & w_{13} & \cdots & w_{1L} \\ 0 & 0 & w_{23} & \cdots & w_{2L} \\ \vdots & \vdots & \ddots & \vdots \\ 0 & 0 & w_{m3} & \cdots & w_{mL} \end{bmatrix}$$

其余的权系数按无约束 LMS 算法进行调节。

零列约束 LMS 算法的工作原理如下：

(1) 在采用单零列约束时，横向滤波器的输出仅含有除第 1 列抽头以外的信号和噪声。假设信号的功率谱足够宽，即不同时刻信号的“相关时间”甚小于相邻抽头之间的延迟时间，换言之，其余抽头上的信号 $s_{k-i}(i-0)$ 与第 1 列抽头上的信号 s_k 是不相关的。但由于第 1 列抽头上的信号成分 s_k 正是期望响应 d_k(参见图 6-4)，所以自适应横向滤波器将不会抵消 s_k，而只抵消与 d_k 不相关的噪声 e_k，从而实现了信号无失真最小噪声的估计。

(2) 如果第 2 列抽头上的信号成分 s_{k-1} 与期望响应 $d_k = s_k$ 具有相关性，则可令第 2 列抽头上的权系数也取 0 值，这就是双零列约束。

零列约束 LMS 算法实际上比无约束 LMS 算法还要简单，这是因为它较后者少用了若干权系数，而权系数的迭代规则是相同的。然而，必须指出，这种结构要求信号的相关时间要小于抽头之间的延迟时间，否则期望响应信号将被部分抵消，从而就退化为次优滤波器了。

为了确保现多通道 LMS 自适应滤波器是因果的，在许多情况下，可以采用延时方式来解决这一问题。譬如，可在如图 6-5 所示自适应噪声抵消器的加法器输出端 d_k 与比较器之间插入一个延时网络，延时量 k 倍于横向滤波器延时单元的延时量 T_s，

三、单通道自适应噪声抵消器

考虑如图 6-6 所示的单通道自适应噪声消除器。放大器 A 的输出含有信号 s 和加性噪声 n_0，作为本横向滤波器的参考输入 d_k；放大器 B 的输出噪声 n_1 作为横向滤波器的参考输入，并假定 n_1 与 n_0 是相关的；噪声抵消器(比较器)的输出为 $\varepsilon_k = d_k - y_k$($y_k$ 为横向滤波器的输出)。

单通道自适应噪声抵消器的工作原理是：

在图 6-6 中，若 s_k、n_{0k} 和 n_{1k} 分别是零均值平稳过程 s、n_0 和 n_1 的采样序列，则 y_k 也是零均值平稳序列。噪声抵消器输出可表示为

$$\varepsilon_k = s_k + n_{0k} - y_k \tag{F3-1}$$

假设 s_k 与 n_{0k}，n_{1k} 和 y_k 皆不相关，但 n_{0k} 与 n_{1k} 相关，则有

$$E[\varepsilon_k^2] = E[s_k^2] + E[(n_{0k} - y_k)^2] \tag{F3-2}$$

在自适应迭代过程中，因为调整权系数序列 w_{ki} 使 $E[\varepsilon_k{}^2]$ 逐渐变小并不会影响到信号的平均功率 $E[s_k{}^2]$，所以噪声抵消器的最小输出功率可表示为

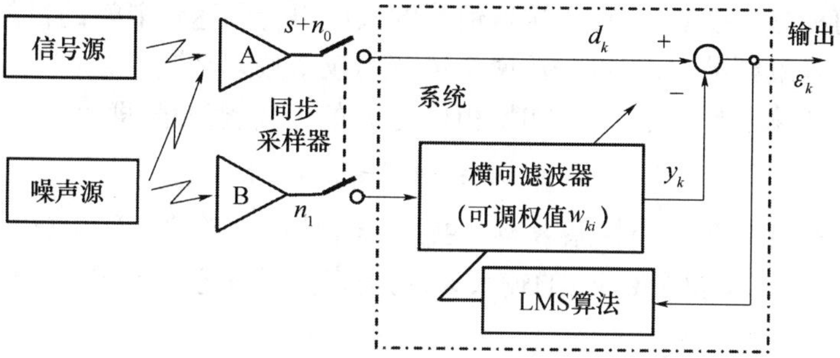

图 6－6　单通道自适应噪声抵消器

$$\min_{W_{opt}} E[\varepsilon_k^2] = E[s_k^2] + \min_{W_{opt}}\{E[(n_{0k} - y_k)^2]\} \tag{F3－3}$$

这表明横向滤波器的输出 y_k 恰好是加性噪声 n_{0k} 的最小均方误差(MMSE)估计量。

此外,由式(F3－1)可知,当 $E[(n_{0k} - y_k)^2]$ 最小时,$E[(\varepsilon_k - s_k)^2]$ 也最小。可见,对于给定的噪声抵消器结构和给定的参考输入来说,调节横向滤波器的权系数使系统的输出功率最小,就相当于使噪声抵消器的输出 ε_k 成为信号 s_k 的 MMSE 估计量。

四、基于自适应陷波器的噪声抵消器

图 6－7 给出了自适应噪声抵消器应用于设计心电图仪(Electrocardiograph, ECG)的实例。已知来自 50Hz 交流电源的磁感应、电源线与接地回路之间的电流噪声都将对心电图仪的输出产生干扰。

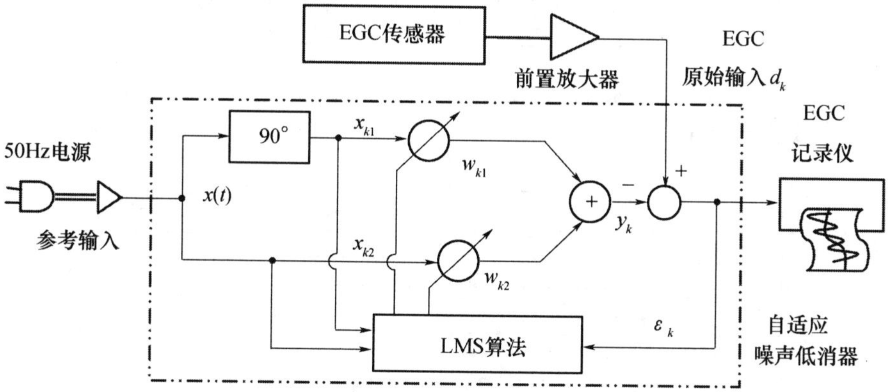

图 6－7　消除心电图中的 50Hz 电源干扰(采样器未画出)

EGC 的原始输入 d_k 来自前置放大器;50Hz 的参考输入 $x(t)$ 取自电源插座。自适应滤波器含有两个可变系数 w_{k1} 和 w_{k2} 以及两个参考输入端 x_{k1} 和 x_{k2}。其中,x_{k2} 是 $x(t)$ 的采样信号(图中未画出采样器),x_{k1} 是 $x(t)$ 经 90°相移后的采样信号。将这两路输入经加权相加后构成滤波器的输出 y_k;原始输入 d_k 减去滤波器输出 y_k 既是心电图仪的输出 ε_k,又是调节滤波器权系数的偏差量。不论参考输入的幅值和相位以何种形式改变，总可以选取恰当的权值组合以达到消噪的目的。在此，因为参考输入是单频谐波，所以采用两个可变的权系数就足够了。

假定参考输入是频率为f_0、初始相位为φ的正弦型信号，即

$$x(t)=A\cos(2\pi f_0 t+\varphi)$$

在图6－7中，第一个权系数w_{k1}的输入x_{k1}是将参考输入移相90°后进行采样而得到的，而第二个权系数w_{k2}的输入x_{k2}则是直接对参考输入进行采样，故二者可分别表示为

$$\begin{cases}x_{k1}=A\sin(k\Omega_0+\varphi)\\x_{k2}=A\cos(k\Omega_0+\varphi)\end{cases}$$

式中，$\Omega_0=2\pi f_0 T_s$，T_s为采样周期。若采用LMS自适应算法对权系数的进行迭代，就有

$$\begin{cases}w_{(k+1)1}=w_{k1}+2\mu\varepsilon_k x_{k1}\\w_{(k+1)2}=w_{k2}+2\mu\varepsilon_k x_{k2}\end{cases}$$

其中，μ为自适应常数。

图6－8给出了该算法的信号流程框图。可以证明，以d_k为输入、以偏差ε_k为输出的脉冲传递函数$\Phi(z)$是一中心频率为Ω_0的陷波器，其脉冲传递函数为

$$\Phi(z)=\frac{z^2-2z\cos\Omega_0+1}{z^2-2(\cos\Omega_0-\mu A^2)z+1-2\mu A^2\cos\Omega_0}$$

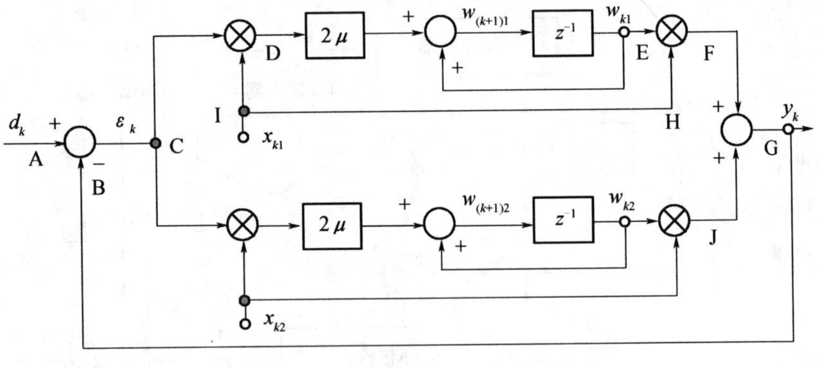

图6－8　图6－7所示系统的信号流程图

五、自适应周期干扰噪声抵消器

图6－9给出了无外部参考输入的周期干扰噪声抵消器的原理框图。其中，延迟d必须取得足够大，以使参考输入中的宽带信号分量和原始输入中的宽带信号分量不相关；但周期干扰经延时后仍然彼此相关。因此，周期干扰噪声抵消器的输出y_k将不含有原始输入中可预估的周期干扰分量，而含有不可预估的分量——与周期干扰不相关的宽带信号分量。

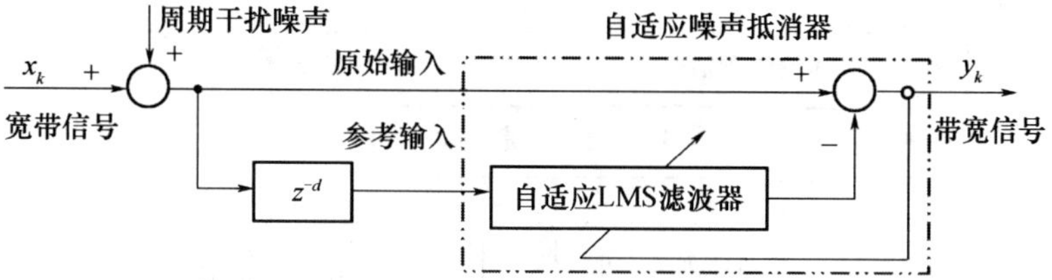

图 6-9　LMS 自适应周期干扰噪声抵消器

六、自适应调谐滤波器

对图 6-9 所示的结构稍加改变，即可构成如图 6-10 所示的 LMS 自适应调谐滤波器——从宽带噪声中提取单一周期信号。其中，d 步线性预估器的原始输入 x_k 是受到宽带噪声 e_k 污染的周期信号；其输出不再是预估偏差 ε_{k-d}，而是 LMS 自适应滤波器的输出 y_k。当 e_k 是白噪声时，LMS 自适应滤波器的输出 y_k 最终将收敛于维纳解；特别地，当延迟 d 不等于采样周期 T_s 的整数倍时，延迟前后的噪声分量 e_k 与 e_{k-d}是互不相关的。

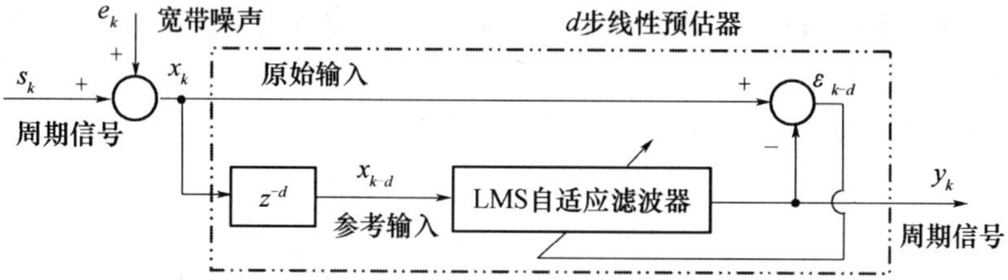

图 6-10　LMS 自适应调谐滤波器

在工程应用中，延迟时间 d 的选择不一定要求是采样周期 T_s 的非整数倍，因为实际采用的 LMS 自适应滤波器是有限长因果滤波器。不妨假设输入 x_k 的相关时间为 q 个采样间隔，这相当于假设噪声序列 e_k 可用 q 阶 MA 模型描述。因此，当延时量 $d>q$ 时，参考输入 x_{k-d}中的噪声分量 e_{k-d}与基本输入 x_k 中的噪声分量 e_k 是互不相关的。

七、自适应谱线增强器

对于原始输入是受到宽带干扰的多个正弦型信号波的情况（图 6-11），LMS 自适应调谐滤波器仍然可在各正弦型信号的频率点上形成尖锐的谐振峰，因而自适应调谐滤波器又称为自动信号搜索器。这意味着，在图 6-11 中，如果输入 x_k 是 M 个正弦型信号分量加有色噪声，输出是自适应滤波器权值序列 $w_{\text{opt}}[i]$的傅里叶变换，或者是输出 y_k 的傅里叶变换，则可用于检测噪声中多个微弱正弦型信号。因此，通常将图 6-11 所示的系统称为自适应谱线增强（Adaptive line enhancement，ALE）。

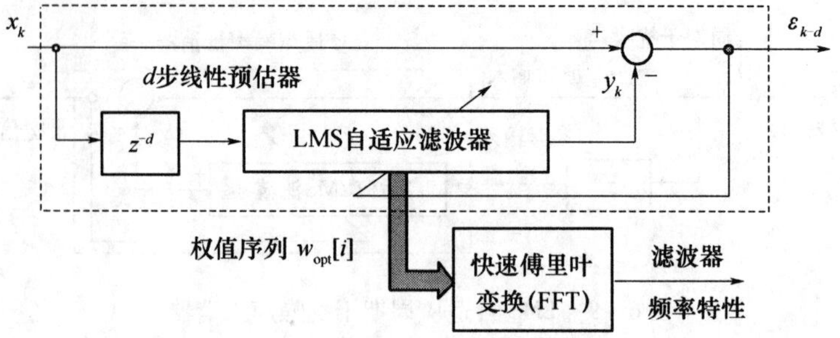

图 6-11　LMS 自适应谱线增强器

八、自适应逆系统模拟器

考虑如图 6-12 所示的系统方框图。其中,输入信号 $x(t)$ 同时施加到 LMS 自适应滤波器和待建模的未知系统上,并将未知系统的输出 $y(t)$ 作为 LMS 自适应滤波器的期望响应 $d(t)$。由于未知系统是连续时间系统,因此,必须利用同步采样器将连续时间信号 $x(t)$ 和 $y(t)$ 转换为离散时间序列 x_k 和 d_k。根据 LMS 自适应算法,利用偏差 ε_k 的平方来调节权系数,当自适应滤波器和未知系统的输出非常接近时,就可认为 LMS 自适应滤波器的单位脉冲响应序列(权系数)正是未知系统的单位脉冲响应序列。

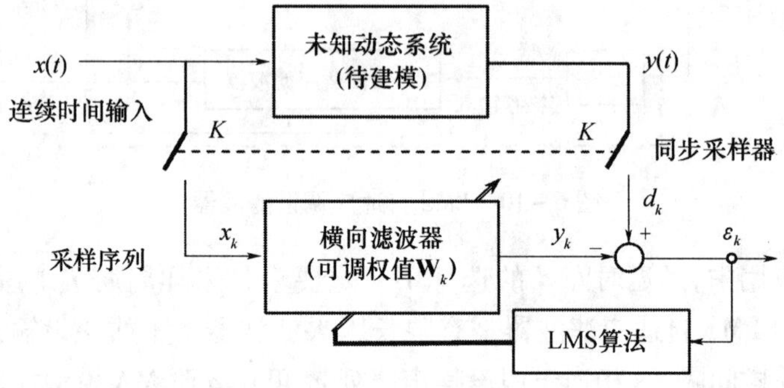

图 6-12　基于 LMS 自适应滤波器的未知系统模拟器

利用 LMS 自适应滤波器不仅可以辨识未知系统 $G(z)$ 的单位脉冲响应序列,而且还可以模拟未知系统 $G(z)$ 的逆模型。在此,所谓的逆模型是指其脉冲传递函数 $H(z)$ 是未知系统 $G(z)$ 的倒数,即 $H(z)=1/G(z)$。在检测技术和控制工程领域中,逆模型(或逆系统)都得到了普遍应用。

6.1.4　状态估计

1960 年前后,卡尔曼(Kalman)等学者提出了最优线性递推滤波器——卡尔曼滤波器,实际上,递推最小二乘法就是卡尔曼滤波器的一个特例。与整段滤波的维纳滤波器不同,卡尔曼滤波器是采用分段递推滤波的方法,在这一点上,它与 LMS

自适应滤波器是一致的。但是,进行卡尔曼滤波的前提条件是,必须建立描述过程的状态空间模型,而维纳滤波器和 LMS 自适应滤波器则不需要任何先验的数学模型。

一、卡尔曼预估器

考虑某一离散时间随机过程,它由描述过程动态特性的状态方程和描述过程输出的观测方程共同表示。

(1) 状态方程:

$$\boldsymbol{x}_{k+1} = \boldsymbol{\Phi}_k \boldsymbol{x}_k + \boldsymbol{e}_k \tag{F4-1a}$$

式中,$\boldsymbol{x}_k$ 是 $n \times 1$ 维不可直接测量的向量,表示在 k 时刻的过程状态;$\boldsymbol{\Phi}_k$ 表示从 k 时刻到 $k+1$ 时刻的 $n \times n$ 维过程状态转移矩阵;$\boldsymbol{e}_k$ 是 k 时刻的 $n \times 1$ 维过程噪声向量。

(2) 观测方程:

$$\boldsymbol{y}_k = \boldsymbol{H}_k \boldsymbol{x}_k + \boldsymbol{v}_k \tag{F4-1b}$$

式中,$\boldsymbol{y}_k$ 表示 k 时刻的 $m \times 1$ 维可直接测量的输出向量;$\boldsymbol{H}_k$ 表示 k 时刻的 $m \times n$ 维观测矩阵;$\boldsymbol{v}_k$ 表示 k 时刻的 $m \times 1$ 维观测噪声向量。

对状态空间模型表达式(F4-1)假设如下:

① 对于线性定常系统,$\boldsymbol{\Phi}_k$ 和 $\boldsymbol{H}_k$ 皆为常数矩阵,分别用 $\boldsymbol{\Phi}$ 和 $\boldsymbol{H}$ 表示。

② $\boldsymbol{e}_k$ 与 $\boldsymbol{v}_k$ 都是高斯白噪声序列:$\boldsymbol{e}_k \sim N(0, \boldsymbol{R}_e)$;$\boldsymbol{v}_k \sim N(0, \boldsymbol{R}_v)$,$\boldsymbol{R}_v$ 正定;且

$$E[\boldsymbol{e}_k \boldsymbol{v}_m^{\mathrm{T}}] = 0, \quad (k \neq m)$$

③ 初始状态 $\boldsymbol{x}_0 \sim N(\boldsymbol{\mu}_0, \boldsymbol{C}_0)$,且 $\boldsymbol{x}_0$ 与 $\boldsymbol{e}_k$,$\boldsymbol{v}_k$ 互相独立,即

$$E[(\boldsymbol{x}_0 - \boldsymbol{\mu}_0)\mathrm{e}_k^{\mathrm{T}}] = 0, \quad (k > 0)$$

$$E[(\boldsymbol{x}_0 - \boldsymbol{\mu}_0)\boldsymbol{v}_k^{\mathrm{T}}] = 0, \quad (k > 0)$$

因 $\boldsymbol{x}_0$、$\boldsymbol{e}_k$ 和 $\boldsymbol{v}_k$ 都是高斯向量,而 $\boldsymbol{x}_k$ 和 $\boldsymbol{y}_k$ 分别是它们的线性组合,故后者也是高斯向量。

④ 容许估计量 $\hat{\boldsymbol{x}}_{p|k}$是指:利用直到 k 时刻的全部输出向量($\boldsymbol{y}_0, \boldsymbol{y}_1, \cdots, \boldsymbol{y}_k$)对 p 时刻的过程状态 $\boldsymbol{x}_p$ 进行递推计算所得到的估计量,表示为

$$\hat{\boldsymbol{x}}_{p|k} = E(\boldsymbol{x}_p \mid \boldsymbol{y}_0, \boldsymbol{y}_1, \cdots, \boldsymbol{y}_k) \overset{\text{def}}{=} E(\boldsymbol{x}_p \mid \boldsymbol{Y}_k) \tag{F4-2}$$

式中,观测向量集 $\boldsymbol{Y}_k$ 是由输出向量($\boldsymbol{y}_0, \boldsymbol{y}_1, \cdots, \boldsymbol{y}_k$)所组成的列向量:

$$\boldsymbol{Y}_k = [\boldsymbol{y}_0^{\mathrm{T}}, \boldsymbol{y}_1^{\mathrm{T}}, \cdots, \boldsymbol{y}_k^{\mathrm{T}}]^{\mathrm{T}}$$

定理 6-3(卡尔曼预估定理) 由状态空间模型表达式(F4-1)描述的离散时间随机过程,状态的一步最优预估量可表示为

$$\hat{\boldsymbol{x}}_{k+1|k} = \boldsymbol{\Phi}\hat{\boldsymbol{x}}_{k|k-1} + \boldsymbol{K}_{k|k-1}(\boldsymbol{y}_k - \boldsymbol{H}\hat{\boldsymbol{x}}_{k|k-1}) \tag{F4-3}$$

式中,$\boldsymbol{K}_{k|k-1}$称为一步预估增益矩阵,且有

$$\boldsymbol{K}_{k|k-1} = \boldsymbol{\Phi}\boldsymbol{P}_{k|k-1}\boldsymbol{H}^{\mathrm{T}}(\boldsymbol{H}\boldsymbol{P}_{k|k-1}\boldsymbol{H}^{\mathrm{T}} + \boldsymbol{R}_v)^{-1} \tag{F4-4}$$

其中

$$P_{k|k-1} = E[\tilde{x}_{k|k-1} \cdot \tilde{x}_{k|k-1}^{T}] = E[(x_k - \hat{x}_{k|k-1})(x_k - \hat{x}_{k|k-1})^{T}] \quad (F4-5)$$

称为一步预估状态的协方差矩阵，且有

$$P_{k+1|k} = (\Phi - K_{k|k-1}H)P_{k|k-1}\Phi^{T} + R_e \quad (F4-6)$$

上述递推计算公式的初始状态、初始协方差矩阵和初始一步预估增益矩阵分别为

$$\hat{x}_{0|-1} \overset{def}{=} \hat{x}_0 = \mu_{x_0} \overset{def}{=} \mu_0; \quad P_{0|-1} \overset{def}{=} P_0 = C_{x_0}; \quad K_{0|-1} \overset{def}{=} K_0 \quad (F4-7)$$

一步预估器(One - step predictor)的具体计算步骤如下：

(1) 利用给定的初值 P_0，按式(F4 - 4)和式(F4 - 5)递推计算任意时刻的 $K_{k|k(1}$ 和 $P_{k+1|k}$。因上述计算与观测数据 y_k 无关，故可预先计算并存入计算机备用，以节省在线计算时间。

(2) 利用给定的初值 μ_0 和任意时刻 k 的观测数据 y_k 以及事先算出的 $K_{k|k-1}$ 和 $P_{k+1|k}$，按式(F4 - 3)计算任意时刻 k 的一步预估量 $\hat{x}_{k+1|k}$。

一步最优预估是一种递推算法，其计算流程如图 6 - 13 所示。

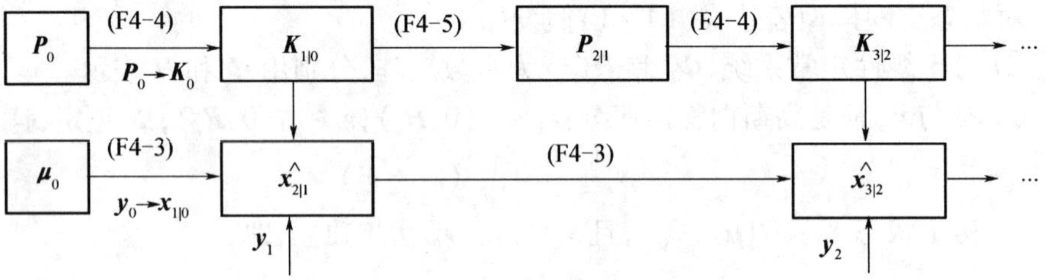

图 6 - 13　一步最优预测计算流程图

二、卡尔曼滤波器

定理 6 - 4(卡尔曼滤波定理)　离散时间状态空间模型表达式(F4 - 1)的最优滤波满足下列递推方程：

$$\hat{x}_{k+1} = \Phi\hat{x}_k + K_{k+1}(y_{k+1} - H\Phi\hat{x}_k) \quad (F4-8)$$

式中，$\hat{x}_k$ 表示 k 时刻的状态估值；K_{k+1} 称为滤波增益矩阵，且有

$$K_{k+1} = P_{k+1|k}H^{T}(HP_{k+1|k}H^{T} + R_v)^{-1} \quad (F4-9)$$

其中 $P_{k+1|k}$ 是一步预估状态 $\hat{x}_{k+1|k}$ 的协方差矩阵，且有

$$P_{k+1|k} = E[(x_{k+1} - \hat{x}_{k+1|k})(x_{k+1} - \hat{x}_{k+1|k})^{T}] = \Phi P_k \Phi^{T} + R_e \quad (F4-10)$$

如果定义 P_k 为 k 时刻状态估值 $\hat{x}_k$ 的协方差矩阵，则 P_{k+1} 可表示为

$$P_{k+1} = E[(x_{k+1} - \hat{x}_{k+1})(x_{k+1} - \hat{x}_{k+1})^{T}] = (I - K_{k+1}H)P_{k+1|k} \quad (F3-11)$$

递推过程的初值为

$$\hat{x}_0 = E(x_0) = \mu_0, \quad P_0 = C_{x_0} \quad (F4-12)$$

最优滤波是一种递推算法,其计算流程如图6-14所示。

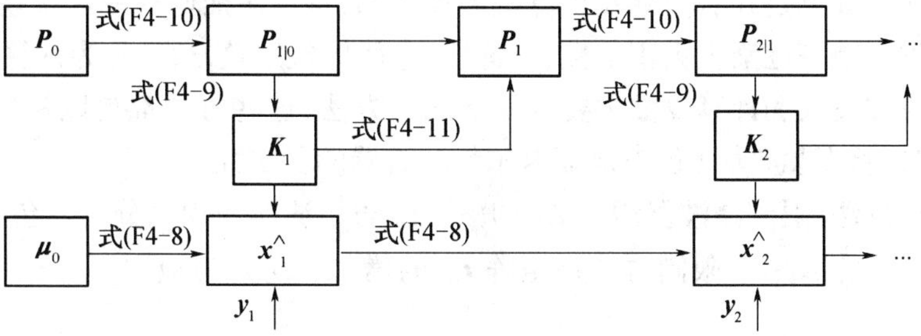

图6-14　卡尔曼滤波器计算流程图

卡尔曼滤波器具体计算步骤如下:

(1) 利用 $\boldsymbol{P}_k(k=0,1,\cdots)$,按式(F4-10)递推计算任意 $k+1$ 时刻的协方差预估矩阵 $\boldsymbol{P}_{k+1|k}$;按式(F4-9)递推计算任意 $k+1$ 时刻的增益向量 $\boldsymbol{K}_{k+1}$;按式(F4-11)递推计算任意 $k+1$ 时刻的协方差预估矩阵 $\boldsymbol{P}_{k+1}$。由于上述计算与观测数据无关,故可预先计算并存入计算机备用。

(2) 利用初值 $\boldsymbol{\mu}_0$ 和测量数据 $\boldsymbol{y}_k$ 以及事先算出的 $\boldsymbol{P}_{k+1|k}$,$\boldsymbol{K}_{k+1}$ 和 $\boldsymbol{P}_{k+1|k}$,按式(F4-8)计算任意时刻 k 的状态估值 $\hat{\boldsymbol{x}}_k(k=1,2,\cdots)$。

附带指出,以一步最优预估和最优滤波算法为基础,可导出状态的 p 步最优预估和 p 步预估偏差的表达式:

$$\hat{\boldsymbol{x}}_{k+p|k} = \boldsymbol{\Phi}\hat{\boldsymbol{x}}_{k+p-1|k} \tag{F4-13}$$

$$\boldsymbol{P}_{k+p|k} = \boldsymbol{\Phi}\boldsymbol{P}_{k+p-1|k}\boldsymbol{\Phi}^{\mathrm{T}} + \boldsymbol{R}_e \tag{F4-14}$$

按以上二式分别递推计算,就有

$$\hat{\boldsymbol{x}}_{k+p|k} = \boldsymbol{\Phi}^{p-1}\hat{\boldsymbol{x}}_{k+1|k} = \boldsymbol{\Phi}^{p}\hat{\boldsymbol{x}}_k \tag{F4-15}$$

$$\boldsymbol{P}_{k+p|k} = \boldsymbol{\Phi}^{p}\boldsymbol{P}_k(\boldsymbol{\Phi}^{\mathrm{T}})^{p} + \sum_{i=0}^{p-1}\boldsymbol{\Phi}^{i}\boldsymbol{R}_e(\boldsymbol{\Phi}^{\mathrm{T}})^{i} \tag{F4-16}$$

三、卡尔曼滤波算法的稳定性

下面,直接给出用于判别卡尔曼滤器稳定性的两个重要结论:

(1) 如果给定的线性状态空间模型是可控(当状态空间方程含有控制变量时)和可观测的,那么卡尔曼滤波器一定是渐近稳定的。

(2) 若卡尔曼滤波器是渐近稳定的,则协方差矩阵 $\boldsymbol{P}_k$ 和滤波增益 $\boldsymbol{K}_{k+1}$ 都将随着 k 的增大而趋于某个稳态值。

在实际应用中,由最优滤波得到的状态估计值与真实状态之间必然存在差异,而这种差异有可能大大超过理论计算所允许的范围,甚至会出现这样的现象——尽管理论计算的方差很小,但实际估值偏差却趋于无穷大。

出现这种发散现象的主要原因是:

(1) 状态空间模型不准确或不符合实际情况,由此引起的发散现象称为滤波发散。

(2) 递推计算是在有限字长计算机上实现的,每步递推均有舍入误差,使滤波估计的协方差矩阵逐渐失去正定性、对称性,进而导致发散,通常称为计算发散。

克服滤波发散和计算发散主要有如下几类方法,这些方法都是以从"最优"滤波退化至"次优"滤波为代价来保证卡尔曼滤波器的稳定性。

第一类方法:限制滤波器增益 $\boldsymbol{K}_k$ 的减小以防止滤波与观测分离。包括:① 直接增加增益矩阵 $\boldsymbol{K}_k$;② 限制协方差矩阵 $\boldsymbol{P}_k$ 的增加;③ 人为地增大过程噪声的方差 $\boldsymbol{R}_e$。

第二类方法:在滤波过程中加大最新观测数据的作用,即只利用离当前时刻最近的 N 个观测数据,而把以前的数据全部去掉,其中 N 是预先设置的记忆长度。这种方法称为"限定记忆滤波法"。

第三类方法:针对协方差阵 $\boldsymbol{P}_k$ 随时间增加可能失去对称性和非负定性,采取一些特殊的措施以避免引起计算发散问题。例如,可采用协方差矩阵 $\boldsymbol{P}_k$ 的 $U-D$ 分解算法,以确保 $\boldsymbol{P}_k$ 的对称性和正定性,进而保证卡尔曼递推滤波过程的稳定性。

6.2 习题解答与 MATLAB 仿真程序

6-1 设样本函数为

$$x(t) = s(t) + e(t)$$

式中,信号 $s(t)$ 和加性噪声 $e(t)$ 是统计独立的,且均值皆为0;其自相关函数分别是

$$R_s(\tau) = \frac{1}{2}\mathrm{e}^{-|\tau|}, \quad R_e(\tau) = \delta(\tau) + \mathrm{e}^{-|\tau|}$$

试求

(1) 双边维纳滤波器和估计量 $\hat{s}(t)$ 的最小均方误差;

(2) 因果维纳滤波器和估计量 $\hat{s}(t)$ 的最小均方误差。

解:(1) 根据式(F1-1),双边维纳滤波器的频率传递函数可表示为

$$H_{\mathrm{opt}}(\omega) = \frac{S_{sx}(\omega)}{S_x(\omega)} = \frac{S(\omega)}{S(\omega) + N(\omega)}$$

式中,$S_{sx}(\omega)$ 是 $s(t)$ 与 $x(t)$ 的互谱密度;$S_x(\omega)$ 是 $x(t)$ 的谱密度。依题意,可得

$$\begin{aligned} S_x(\omega) &= S(\omega) + N(\omega) \\ &= \int_{-\infty}^{\infty} R_s(\tau)\mathrm{e}^{-\mathrm{j}\omega\tau}\mathrm{d}\tau + \int_{-\infty}^{\infty} R_e(\tau)\mathrm{e}^{-\mathrm{j}\omega\tau}\mathrm{d}\tau \\ &= \frac{3}{2}\Big[\int_{-\infty}^{0} \mathrm{e}^{\tau(1-\mathrm{j}\omega)}\mathrm{d}\tau + \int_{0}^{\infty} \mathrm{e}^{-\tau(1+\mathrm{j}\omega)}\mathrm{d}\tau\Big] + \int_{-\infty}^{\infty}\delta(\tau)\mathrm{e}^{-\mathrm{j}\omega\tau}\mathrm{d}\tau \end{aligned}$$

$$= \frac{3}{1+\omega^2} + 1 = \frac{4+\omega^2}{1+\omega^2}$$

和

$$S_{sx}(\omega) = \int_{-\infty}^{\infty} R_{sx}(\tau) e^{-j\omega\tau} d\tau$$

$$= \int_{-\infty}^{\infty} E\{s(t)[s(t) + e(t)]\} e^{-j\omega\tau} d\tau$$

$$= \int_{-\infty}^{\infty} R_s(\tau) e^{-j\omega\tau} d\tau = S(\omega) = \frac{1}{1+\omega^2}$$

故有

$$H_{\mathrm{opt}}(\omega) = \frac{S_{sx}(\omega)}{S_x(\omega)} = \frac{1}{4+\omega^2}$$

由此可得

$$h_{\mathrm{opt}}(t) = \frac{1}{4} e^{-2|\tau|}$$

估计量 $\hat{s}(t)$ 的最小均方误差可表示为

$$J_{\min} = E[\varepsilon^2] = E\{[s(t) - \hat{s}(t)]^2\}$$

式中

$$\hat{s}(t) = \int_{-\infty}^{\infty} h_{\mathrm{opt}}(\tau) x(t-\tau) d\tau$$

于是,就有

$$J_{\min} = E\{[s(t) - \int_{-\infty}^{\infty} h_{\mathrm{opt}}(\tau) x(t-\tau) d\tau]^2\}$$

$$= E[s^2(t)] + \int_{-\infty}^{\infty} h_{\mathrm{opt}}(\lambda) \int_{-\infty}^{\infty} h_{\mathrm{opt}}(\tau) E[x(t-\tau)x(t-\lambda)] d\tau d\lambda -$$

$$2\int_{-\infty}^{\infty} h_{\mathrm{opt}}(\tau) E[s(t)x(t-\tau)] d\tau]$$

$$= R_s(0) + \int_{-\infty}^{\infty} h_{\mathrm{opt}}(\lambda) \int_{-\infty}^{\infty} h_{\mathrm{opt}}(\tau) R_x(\lambda-\tau) d\tau d\lambda - 2\int_{-\infty}^{\infty} h_{\mathrm{opt}}(\tau) R_s(\tau) d\tau$$

另一方面,根据最小均方估计的正交性原理(定理 3-8),可知

$$E[\varepsilon \cdot \hat{s}(t)] = E\left\{\left[s(t) - \int_{-\infty}^{\infty} h_{\mathrm{opt}}(\tau) x(t-\tau) d\tau\right] \cdot \int_{-\infty}^{\infty} h_{\mathrm{opt}}(\tau) x(t-\tau) d\tau\right\}$$

$$= \int_{-\infty}^{\infty} h_{\mathrm{opt}}(\tau) R_{sx}(\tau) d\tau - \int_{-\infty}^{\infty} h_{\mathrm{opt}}(\lambda) \int_{-\infty}^{\infty} h_{\mathrm{opt}}(\tau) R_x(\lambda-\tau) d\tau d\lambda = 0$$

故有

$$J_{\min} = R_s(0) - \int_{-\infty}^{\infty} h_{\mathrm{opt}}(\tau) R_s(\tau) d\tau$$

$$= \frac{1}{2} - \frac{1}{8}\int_{-\infty}^{\infty} e^{-3|\tau|} d\tau = \frac{5}{12}$$

(2) 对 $S_x(\omega)$进行功率谱分解：

$$S_x(\omega) = \frac{4+\omega^2}{1+\omega^2} = \frac{2+j\omega}{1+j\omega} \cdot \frac{2-j\omega}{1-j\omega}$$
$$= S_x^+(\omega) S_x^-(\omega)$$

式中

$$S_x^+(\omega) = \frac{2+j\omega}{1+j\omega}, \quad S_x^-(\omega) = \frac{2-j\omega}{1-j\omega}$$

对 $S(\omega)$进行功率谱分解：

$$S(\omega) = \frac{1}{1+\omega^2} = \frac{1}{1+j\omega} \cdot \frac{1}{1-j\omega}$$
$$= S^+(\omega) S^-(\omega)$$

式中

$$S^+(\omega) = \frac{1}{1+j\omega}, \quad S^-(\omega) = \frac{1}{1-j\omega}$$

根据式(F1 -6)，因果维纳滤波器可表示为

$$H_{\text{opt\_}C}(\omega) = \left[\frac{S^+(\omega)}{S_x^-(\omega)}\right]^2 = \left[\left(\frac{1}{1+j\omega}\right)\Big/\left(\frac{2+j\omega}{1+j\omega}\right)\right]^2$$
$$= \frac{1}{(2+j\omega)^2}$$

故有

$$h_{\text{opt\_}C}(t) = t\mathrm{e}^{-2t}, \quad (t \geqslant 0)$$

类似地，估计量 $\hat{s}(t)$的最小均方误差为

$$J_{\min} = R_s(0) - \int_0^{\infty} h_{\text{opt\_}C}(\tau) R_s(\tau)\mathrm{d}\tau$$
$$= \frac{1}{2} - \frac{1}{2}\int_0^{\infty} \tau \mathrm{e}^{-3\tau}\mathrm{d}\tau = \frac{5}{9}$$

6 -2 设观测数据为

$$x_k = s_k + v_k$$

其中，期望信号 $d_k = s_k$ 的相关函数 $R_d[m] = 0.8^{|m|}$，v_k 是均值为 0、方差 σ_v^2 为 1 的观测白噪声；且 s_k 是一 AR(1)过程：

$$s_k = 0.8 s_{k-1} + e_k$$

式中，e_k 是均值为 0、方差 σ_e^2 为 0.36 的过程白噪声。假设 s_k 与 v_k 不相关，v_k 与 e_k 不相关，要求采用维纳滤波器对实际观测数据 x_k 进行滤波。若以维纳滤波器的输出 y_k 作为期望信号 s_k 的波形估计 $\hat{s}_k$，请给出 $\hat{s}_k$ 的表达式。

解：期望信号 $d_k = s_k$ 的功率传递函数为

$$S_d(z) = \sum_{m=-\infty}^{\infty} R_d(m) z^{-m}$$

$$= \frac{0.36}{(1-0.8z)(1-0.8z^{-1})}$$

观测过程 x_k 的功率传递函数为

$$S_x(z) = S_d(z) + S_v(z) = S_d(z) + N(z)$$

$$= \frac{0.36}{(1-0.8z)(1-0.8z^{-1})} + 1$$

$$= 1.6 \cdot \frac{(1-0.5z^{-1})(1-0.5z)}{(1-0.8z^{-1})(1-0.8z)}$$

$$= S_x^+(z) S_x^-(z)$$

式中

$$S_x^+(z) = \sqrt{1.6} \cdot \frac{1-0.5z^{-1}}{1-0.8z^{-1}}, \quad S_x^-(z) = \sqrt{1.6} \cdot \frac{1-0.5z}{1-0.8z}$$

因为

$$R_{dx}[m] = E[d_k \cdot x_{k-m}]$$

$$= E[d_k \cdot (s_{k-m} + v_{k-m})] = R_d[m]$$

所以

$$S_{dx}(z) = \sum_{m=-\infty}^{\infty} R_d(m) z^{-m} = \frac{0.36}{(1-0.8z)(1-0.8z^{-1})}$$

根据式(F1－20),可得

$$H_{\text{opt\_}C}(z) = \frac{1}{S_x^+(z)} \cdot \left[\frac{S_{dx}(z)}{S_x^-(z)}\right]^+$$

$$= \frac{(1-0.8z^{-1})}{\sqrt{1.6}(1-0.5z^{-1})} \cdot \left[\frac{0.36}{(1-0.8z)(1-0.8z^{-1})} \cdot \frac{1-0.8z}{\sqrt{1.6}(1-0.5z)}\right]_+$$

$$= \frac{(1-0.8z^{-1})}{1.6(1-0.5z^{-1})} \cdot \frac{0.6}{(1-0.8z^{-1})} = \frac{0.375}{1-0.5z^{-1}}$$

于是,因果维纳滤波器的输出可表示为

$$Y(z) = H_{\text{opt\_}C}(z) X(z) = \frac{0.375}{1-0.5z^{-1}} \cdot X(z)$$

与之对应的差分方程为

$$y_k = 0.5y_{k-1} + 0.375x_k$$

6－3 试构造一组被噪声污染的方波或三角波数据,分别应用 LMS 自适应滤波器、DFT/LMS 自适应滤波器和 DCT/LMS 自适应滤波器对该组数据进行滤波,并分析仿真结果。

解:(1) 功率归一化 LMS 自适应滤波器:

```
% Example 6-3-1
  clc;
  f=10; Ts=1/(100*f); N=1024;               % 信号频率、采样周期、采样点数
  t=0:Ts:(N-1)*Ts;
  signal=square(2*pi*f*t,50);               % 方波
  % signal=sawtooth(2*pi*f*t,0.5);          % 三角波
  d=signal;                                 % 期望信号
  noise=1*randn(1,N);                       % 高斯白噪声,噪声功率为1
  x=signal+noise;                           % LMS 自适应滤波器输入信号 x
%---------------功率归一化 LMS 自适应滤波器-----------
  p=sqrt(N); mu=0.01; gamma=0.98;
  W=zeros(1,p);
  P=zeros(N);e=zeros(1,N);z=zeros(1,N);
  for k=1:length(x)-p;
      P(k)=(1-gamma)*sum(x(k:k+p-1).*x(k:k+p-1))+gamma*((x(k
           +p)^2));
      z(k+p)=x(p+k)/(P(k)+eps)^0.5;        % 功率归一化
      y(k)=sum(W.*fliplr(z(k+1:k+p)));
      e(k)=d(k)-y(k);
      W=W+2*mu*e(k).*fliplr(z(k+1:k+p));
  end
  figure(1)                                 % 图 P6-1
  t=0:Ts:(N-p-1)*Ts;
  subplot(211),plot(t,x(1:N-p)),grid
  subplot(212),plot(t,y);grid;
%-----------------------------------------------
```

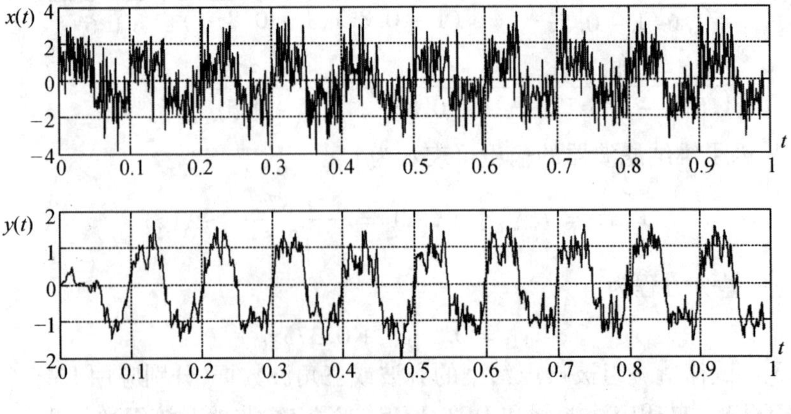

图 P6-1 习题 6-3

（2）DFT/LMS 自适应滤波器：

```
% Example 6 -3 -2
  clc;
  f =10; Ts =1/(100 * f); N =1024;          % 信号频率、采样周期、采样点数
  t =0:Ts:(N -1) * Ts;
  signal = square(2 * pi * f * t,50);        % 方波
  % signal = sawtooth(2 * pi * f * t,0.5);   % 三角波
  d = signal;                                % 期望信号
  noise =1 * randn(1,N);                     % 高斯白噪声,噪声功率为1
  x = signal + noise;                        % LMS 自适应滤波器输入信号 x
% ------------- DFT/LMS 自适应滤波器 ------------
  p = sqrt(N); gamma =0.95; W = zeros(1,p); mu =0.01;
  X = fft(x(1:N));
  P = X.* conj(X);
  for k =1:length(x) - p
      for m =1:p
          X(k) = X(k) + (exp( - j * 2 * pi * (m - 1) * k/p) * (x(k + p - 1) - x
          (k)));
          v(m) = X(m) /( P(m) + eps) ^0.5;
      end
      P = gamma * P + (1 - gamma) * (X.* conj(X));
      y(k) = sum(W.* fliplr(v));
      e(k) = d(k) - y(k);
      W = W + mu * e(k).* fliplr(conj(v));
  end
  figure(2)                                  % 图 P6 -2
  t =0:Ts:(N - p - 1) * Ts;
  subplot(211)
  plot(t,x(1:N - p)),grid
  subplot(212)
  plot(t,y);grid;
% ----------------------------------------
```

运行结果如图 P6 -2 所示。

（3）DCT/LMS 自适应滤波器：

```
% Example 6 -3 -3
  clc;
  f =10; Ts =1/(100 * f); N =1024;          % 信号频率、采样周期、采样点数
  t =0:Ts:(N -1) * Ts;
  signal = square(2 * pi * f * t,50);        % 方波
  % signal = sawtooth(2 * pi * f * t,0.5);   % 三角波
```

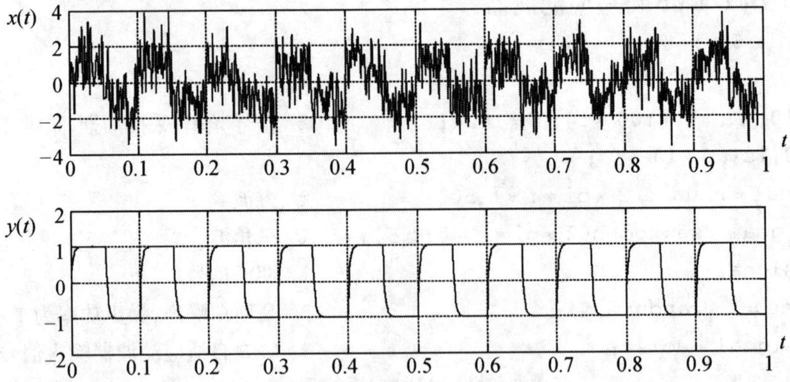

图 P6－2　习题 6－3

```
    d = signal;                          % 期望信号
    noise = 1 * randn(1,N);              % 高斯白噪声,噪声功率为 1
    x = signal + noise;                  % LMS 自适应滤波器输入信号 x
% ------------DCT/LMS 自适应滤波器------------
    p = sqrt(N); gamma = 0.95; W = zeros(1,p); mu = 0.01;
    U1 = ones(1,N);U2 = ones(1,N);
    for k = 1:length(x) - p
        for m = 1:p
        U1(k) = U1(k) * cos(pi * (m - 1) /p) - U2(k) * sin(pi * (m - 1) /p)...
             + (2 /p)^0.5 * cos(pi * (m - 1) /2 * M) * (x(k + p) - ( - 1)^(m - 1) * x
             (k));
        U2(k) = U2(k) * cos(pi * (m - 1) /p) - U1(k) * sin(pi * (m - 1) /p)...
             + (2 /p)^0.5 * sin(pi * (m - 1) /2 * p) * (x(k + p) - ( - 1)^(m - 1) * x
             (k));
        end
          P(k) = U1(k)^2;
    end
    for n = 1:length(x) - p
        for k = 1:p
            v(k) = U1(k) /(P(k) + eps)^0.5;
            P(k) = gamma * P(k) + (1 - gamma) * U1(k)^2;
        end
        y(n) = sum(W. * fliplr(v));
        e(n) = d(n) - y(n);
        W = W + 2 * mu * e(n). * fliplr(v);
    end
    figure(3)                     % 图 P6 - 3
```

```
    t = 0:Ts:(N - p - 1) * Ts;
    subplot(211)
    plot(t,x(1:N - p)),grid
    subplot(212)
    plot(t,y);grid;
% - - - - - - - - - - - - - - - - - - - - - - - - - - - - - - - - - - -
```

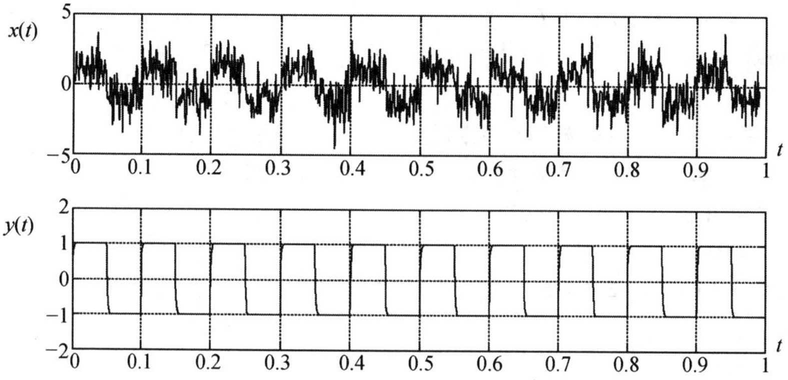

图 P6 - 3　习题 6 - 3

比较图 P6 - 1、图 P6 - 2 和图 P6 - 3 可以看出，DCT/LMS 自适应滤波器的滤波效果最好，DFT/LMS 自适应滤波器次之，LMS 自适应滤波器最差。此外，当输入信号 $x(t)$ 所含有的加性噪声是高斯白噪声时，DCT/LMS 自适应滤波器和 DFT/LMS 自适应滤波器的滤波效果不受输入信号 $x(t)$ 的信噪比影响，即不论高斯白噪声的功率多大，DCT/LMS 和 DFT/LMS 自适应滤波器都能从噪声中检出方波信号。

6 - 4　试按例 6 - 9 的方法，构造一组被噪声污染的数据。要求应用约束 LMS 自适应算法实现"信号无失真最小噪声估计器"。

解：构造 $M(M\geq 2)$ 路三角波作为"信号无失真最小噪声估计器"的输入，仿真结果表明，M 越大，估计器输出的信噪比越高。

```
% Example 6 - 4
    clc;
    f = 10; Ts = 1/(100 * f); N = 1024;          % 信号频率、采样周期、采样点数
    t = 0:Ts:(N - 1) * Ts;
    signal = sawtooth(2 * pi * f * t,0.5);      % 三角波信号
%  - - - - - - - - - - -构造 M 路信号,信噪功率为 0.5 - - - - - - - - - - - - -
    M = 30;                                      % M = 30 路
    sigma2 = 0.3;                                % 噪声功率
    x = zeros(M,N); noise = zeros(M,N);
    for m = 1:M
        noise(m,:) = sigma2 * randn(1,N);
        x(m,:) = signal  + noise(m,:);
```

```
    end
% - - - - - - - - - - -"信号无失真最小噪声估计器"的输入信号 - - - - - - - - -
    p = sqrt(N); pM = p * M; mu = 0.001;
    X = zeros(M * N,1);
    for i = 0:N - 1
        for m = 1:M
            X(M * i + m) = x(m,i + 1);
        end
    end
% - - - - - - - - - - - - - -构造约束方程 - - - - - - - - - - - - - - -
    F = zeros(p,1); c = zeros(pM,1); C = zeros(pM,p);
    F(p/2) = 1;             % 中间抽头 f = 1
    for i = 1:p
        c(M * (i - 1) + 1:M * i) = 1;
        C(:,i) = c;
        c = zeros(pM,1);
    end
% - - - - - - - - - - - -带约束 LMS 自适应滤波器 - - - - - - - - - - - - - - -
    K = speye(pM) - C * inv(C' * C) * C';
    B = C * inv(C' * C) * F;
    W = B;
    for i = 1:N - p
        xM = X(M * (i - 1) + 1:M * (i - 1) + pM);
        y(i) = sum(W. * xM);
        W = B + K * (W - mu * y(i) * xM);
    end
    y0 = zeros(p,1);
    y = [y0;y];                         % 滤波器输出延时 p 个时间单位
    figure(1)                           % 图 P6 - 4
    t = 0:Ts:(N - p - 1) * Ts;
    subplot(211),
    plot(t,x(1,1:N - p)),grid   % 打印第一路信号
    subplot(212),
    plot(t,y(1:N - p)),grid     % 打印滤波器输出信号
% - - - - - - - - - - - - - - - - - - - - - - - - - - - - - - - - - - -
```

运行结果如图 P6 - 4 所示。

6 - 5 考虑教材图 6 - 30 所示的自适应谱线增强器(ALE),假设输入过程 x_k 由两个正弦型信号分量 s_{1k}、s_{2k}和功率为 0.25 的加性白噪声 e_k 所组成,即 $x_k = s_{1k} + s_{2k} + e_k$。其中,一个正弦型信号分量每周期采样 16 点,另一个正弦信号分量每周

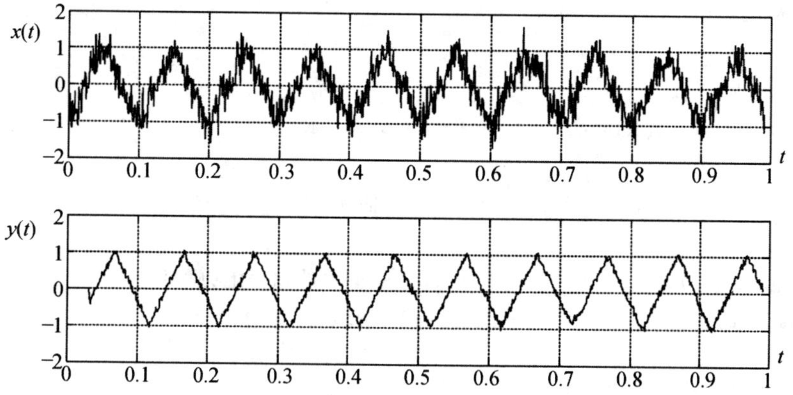

图 P6-4 习题 6-4

期采样 17 点。现要求采用 $p=64$(权系数个数)、$\mu=0.04$ 的自适应谱线增强器来估计输入过程 x_k 的频谱。试分别计算 ALE 权向量谱估计器和 ALE 输出谱估计器的检验统计量,并解释其物理意义。

解:当 $\mu=0.04$ 时,自适应谱线增强器(ALE)不稳定,故取 $\mu=0.01$。

```
% Example 6 -5
   clc
   f1 =16; f2 =17;               % 两个正弦信号的频率分别是 f1 =16Hz,f2 =17Hz
   fs =5 * max(f1,f2); Ts =1 /fs; N =640;   % 采样频率、采样周期、采样点数
   t =[0:Ts:(N -1) * Ts];
   signal = sin(2 * pi * f1 * t) + sin(2 * pi * f2 * t);   % 两个正弦信号
   sigma =0.5;
   wn =sigma * randn(1,N);              % 均值为 0、标准差为 0.5 的高斯白噪声
   x =signal +wn;                       % ALE 输入信号
   d =signal;                           % ALE 参考信号
   p =64; mu =0.01;                     % 权系数个数 p =64,自适应常数 μ =0.01
   W =zeros(1,p);
   delta =1;                            % 延时量 d =1(最佳值)
% ---------------- 自适应噪声功率抵消器 ------------
   for k =1:N -p -delta
      y(k) =sum(W.* fliplr(x(k +delta:k +delta +p -1)));
      e(k) =d(k) -y(k);
      W =W +2 * mu * e(k) * fliplr(x(k +delta:k +delta +p -1));
   end
   y =[zeros(1,p),y];            % ALE 输出信号,延时 p * Ts 秒
   Y =fft(y);
   PF =Y.* conj(Y);
   PF =PF /max(PF);              % ALE 输出信号的归一化功率谱
```

```
for m=1:N
    a=0;
    for k=1:p
        a=a+W(k)*exp(-j*k*2*pi*m/N);
    end
  Q(m)=(1/abs(1-a))^2;        % AR 谱估计
end
PQ=Q/max(Q);                  % ALE 权向量的归一化功率谱
figure(1);                    % 图 P6-5
n=1:N/2;
subplot(211)
plot((n-1)/(N*Ts),PQ(1:N/2));grid;
subplot(212)
plot((n-1)/(N*Ts),PF(1:N/2));grid;
%-----------------------------------------------------------
```

运行结果如图 P6-5 所示。

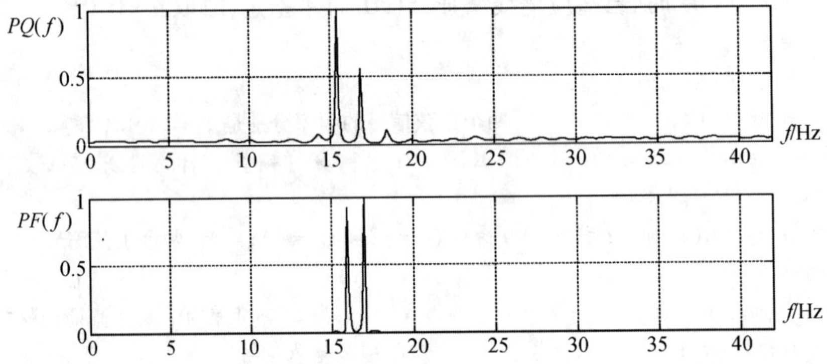

图 P6-5 习题 6-5

在图 P6-5 中，上图是 ALE 权系数 W 的归一化功率谱 $PQ(f)$，下图是 ALE 输出 y 的归一化功率谱 $PF(f)$。二者均能反映出原始信号 s_{1k} 和 s_{2k} 的频谱，但后者更为精确。

6-6 打开 MATLAB 平台，键入 demos，在 Help Navigator 栏上找到 demos 菜单，选择 Blockets，双击 Signal Processing 图标，在随之弹出的 Adaptive Processing 窗口上分别单击 Acoustic Noise cancelle(LMS)、Equalization、Noise canceller(RLS)、Linear prediction 和 Time-delay estimation，它们分别对应于声学 LMS 自适应噪声抵消器、LMS 自适应信道均衡器、自适应 RLS 噪声抵消器、LMS 自适应线性预估器和 LMS 自适应时延估计器的 Simulink 仿真框图。

试分别运行上述仿真程序，并解释 LMS 自适应噪声抵消器和 LMS 自适应时延估计器的工作原理。

6-7 请用 MATLAB 语言编写教科书中例 6-14 中的卡尔曼滤波程序和卡尔曼一步预估程序。

解:建立信号的状态空间模型。根据运动学原理,飞机运动的状态方程可表示为

$$\boldsymbol{x}_{k+1}=\begin{bmatrix}x_{k+1}\\v_{k+1}\\a_{k+1}\end{bmatrix}=\begin{bmatrix}1&T_s&T_s^2/2\\0&1&T_s\\0&0&1\end{bmatrix}\begin{bmatrix}x_k\\v_k\\a_k\end{bmatrix}=\boldsymbol{G}\boldsymbol{x}_k,\quad (T_s=2)$$

注意到 $\boldsymbol{e}_k=0$。因为仅仅直接测量飞机与雷达之间的距离,所以观测方程可写成

$$y_k=[1\quad 0\quad 0]\boldsymbol{x}_k+\gamma_k=\boldsymbol{H}\boldsymbol{x}_k+\gamma_k$$

(1) 离散型卡尔曼滤波器的递推公式为

$$\begin{cases}\boldsymbol{P}_{k|k-1}=\boldsymbol{G}\boldsymbol{P}_{k-1}\boldsymbol{G}^{\mathrm{T}}+\boldsymbol{R}_e\\\boldsymbol{K}_k=\boldsymbol{P}_{k|k-1}\boldsymbol{H}^{\mathrm{T}}(\boldsymbol{H}\boldsymbol{P}_{k|k-1}\boldsymbol{H}^{\mathrm{T}}+\boldsymbol{R}_\gamma)^{-1}\\\hat{\boldsymbol{x}}_k=\boldsymbol{G}\hat{\boldsymbol{x}}_{k-1}+\boldsymbol{K}_k[\boldsymbol{y}_k-\boldsymbol{H}\boldsymbol{G}\hat{\boldsymbol{x}}_{k-1}]\\\boldsymbol{P}_k=(\boldsymbol{I}-\boldsymbol{K}_k\boldsymbol{H})\boldsymbol{P}_{k|k-1}\end{cases}\quad (k=1,2,\cdots,10)$$

初始条件为

$$\hat{\boldsymbol{x}}_0=E[\boldsymbol{x}_0]=\begin{bmatrix}0\\0\\0.2\end{bmatrix},\quad \boldsymbol{P}_0=\boldsymbol{C}_{x_0}=\begin{bmatrix}8&0&0\\0&10&0\\0&0&5\end{bmatrix}$$

和 $\boldsymbol{R}_e=0,\boldsymbol{R}_\gamma=E(\gamma_k^2)=0.15(\mathrm{km})^2$。

```
% Example 6_7_1
   clc;
   y=[0 0.36 1.56 3.64 6.44 10.5 14.8 20.0 25.2 32.2 40.4] ;% 观测值
   x0=[0; 0; 0]; P0=[8 0 0; 0 10 0; 0 0 5];        % 初始条件
   x(:,1)=x0; Pk=P0;
   Re=[0 0 0; 0 0 0; 0 0 0]; Rr=0.15;
   G=[1 2 2; 0 1 2; 0 0 1]; H=[1 0 0];             % 系统矩阵,观测矩阵
   N=length(y); Ts=2;                              % 观测数据长度,采样周期
% ------------卡尔曼滤波器递推计算--------------
   for k=1:N-1
       Pk1=G*Pk*G'+Re;
       K=Pk1*H'*inv(H*Pk1*H'+Rr);
       x(:,k+1)=G*x(:,k)+K*(y(k+1)-H*G*x(:,k));
       Pk=(eye(3)-K*H)*Pk1;
   end
% ---------------------------------------
   figure(1)                           % 图 P6-6
```

```
  t =0:Ts:(N -1) * Ts;
  subplot(311)
  plot(t,x(1,:),'-'), grid                  % 位移 x1
  subplot(312),
  plot(t,x(2,:),'-.'), grid                 % 速度 x2
  subplot(313),
  plot(t,x(3,:),'- -'), grid                % 加速度 x3
% ------------------------------------------------------
```

运行结果如图 P6-6 所示。

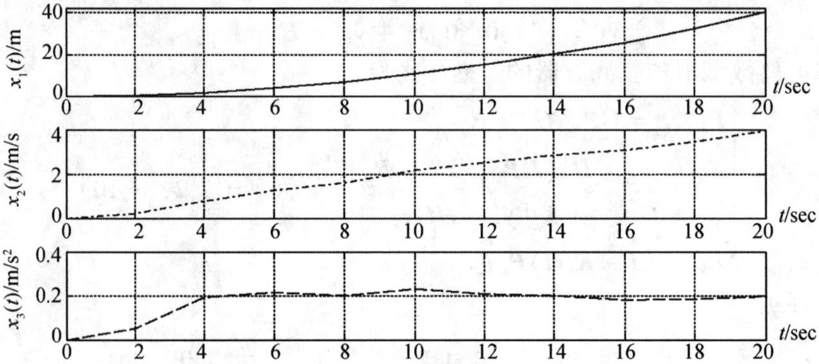

图 P6-6 习题 6-7

(2) 离散型卡尔曼一步预估器的递推公式为

$$\begin{cases} \boldsymbol{K}_{k|k-1} = \boldsymbol{\Phi}\boldsymbol{P}_{k|k-1}\boldsymbol{H}^{\mathrm{T}}(\boldsymbol{H}\boldsymbol{P}_{k|k-1}\boldsymbol{H}^{\mathrm{T}} + \boldsymbol{R}_{\gamma})^{-1} \\ \hat{\boldsymbol{x}}_{k+1|k} = \boldsymbol{\Phi}\hat{\boldsymbol{x}}_{k|k-1} + \boldsymbol{K}_{k|k-1}(\boldsymbol{y}_k - \boldsymbol{H}\hat{\boldsymbol{x}}_{k|k-1}) \qquad (k = 1,2,\cdots,10) \\ \boldsymbol{P}_{k+1|k} = (\boldsymbol{\Phi} - \boldsymbol{K}_{k|k-1}\boldsymbol{H})\boldsymbol{P}_{k|k-1}\boldsymbol{\Phi}^{\mathrm{T}} + \boldsymbol{R}_e \end{cases}$$

初始条件为

$$\hat{\boldsymbol{x}}_{0|-1} = E[\boldsymbol{x}_0] = \begin{bmatrix} 0 \\ 0 \\ 0.2 \end{bmatrix}, \quad \boldsymbol{P}_{0|-1} = \boldsymbol{C}_{x_0} = \begin{bmatrix} 8 & 0 & 0 \\ 0 & 10 & 0 \\ 0 & 0 & 5 \end{bmatrix}$$

和 $\boldsymbol{R}_e = 0, \boldsymbol{R}_{\gamma} = E(\gamma_k^{\ 2}) = 0.15(\mathrm{km})^2$。

```
% Example 6_7_2
   clc;
   y =[0 0.36 1.56 3.64 6.44 10.5 14.8 20.0 25.2 32.2 40.4];
   x0 =[0; 0; 0]; P0 =[8 0 0; 0 10 0; 0 0 5];
   x(:,1) =x0; Pk1 = P0;
   Re =[0 0 0; 0 0 0; 0 0 0]; Rr =0.15;
   G =[1 2 2; 0 1 2; 0 0 1]; H =[1 0 0];
   N =length(y); Ts =2;
```

```
% -------------卡尔曼一步预估器递推计算---------------
    for k=1:N-1
        Kk1=G*Pk1*H'*inv(H*Pk1*H'+Rr);
        x(:,k+1)=G*x(:,k)+Kk1*(y(k+1)-H*x(:,k));
        Pk1=(G-Kk1*H)*Pk1*G'+Re;
    end
% ----------------------------------------------------------------
    figure(1)                         % 图 P6-7
    t=0:Ts:(N-1)*Ts;
    subplot(311)
    plot(t,x(1,:),'-'), grid          % 位移 x1
    subplot(312)
    plot(t,x(2,:),'-.'), grid         % 速度 x2
    subplot(313)
    plot(t,x(3,:),'--'), grid         % 加速度 x3
% ----------------------------------------------------------------
```

运行结果如图 P6-7 所示。

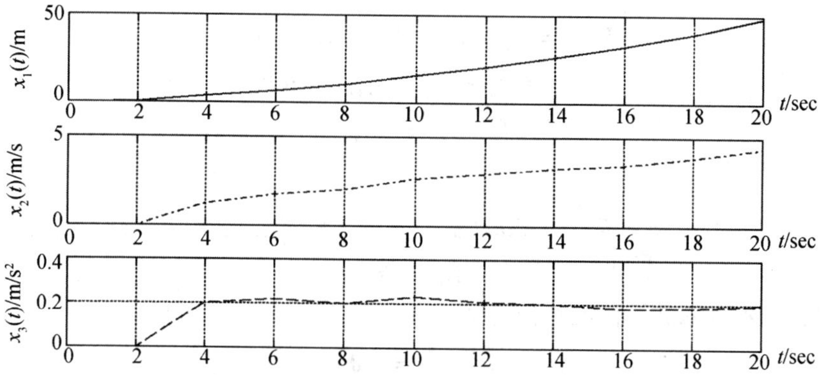

图 P6-7 习题 6-7

6-8 考虑某一时变的 ARMA(p,q)序列：

$$y_k + \sum_{i=1}^{p} a_{ik} y_{k-i} = \sum_{j=1}^{q} a_{(p+j)k} v_{k-j} + v_k$$

式中，$a_{ik}(i=1,2,\cdots,p,p+1,\cdots,p+q)$是 ARMA 模型的时变参数；$y_k$ 为 ARMA 模型的输出序列；v_k 为 ARMA 模型的输入序列。假设 v_k 是均值为 0、方差为 σ_v^2 的高斯白噪声，相互独立模型参数 a_{ik} 可用下列随机扰动模型来表示：

$$a_{i(k+1)} = a_{ik} + e_{ik}, \quad (i = 1,2,\cdots,p,p+1,\cdots,p+q)$$

式中，e_{ik}是方差为 σ_e^2 的高斯白噪声$(i=1,2,\cdots,p+q)$，且 e_{ik} 与 e_{jk} 相互独立$(i \neq j)$，e_{ik} 与 v_k 相互独立。定义$(p+q)\times 1$ 维状态向量

$$x_k = [a_{1k}, \cdots, a_{pk}, a_{(p+1)}, , \cdots, a_{p+q}k]^{\mathrm{T}}$$

和观测向量(行向量)

$$H_k = [-y_{k-1}, \cdots, -y_{k-p}, \hat{v}_{k-1}, \cdots, \hat{v}_{k-q}]$$

其中,$\hat{v}_k$ 为 v_k 的最小二乘估计量。试根据上述条件,求

(1) 建立时变 ARMA 模型的状态空间方程;

(2) 更新状态向量 x_{k+1} 的卡尔曼滤波算法;

(3) 设定卡尔曼滤波算法的初始值。

解:(1)时变 ARMA 模型的状态方程可表示为

$$x_{k+1} = Gx_k + e_k$$

式中

$$G = I,\ e_k = [e_{1k}, \cdots, e_{pk}, e_{(p+1)k}, \cdots, e_{(p+q)k}]^{\mathrm{T}}$$

观测方程为

$$y_k = H_k x_k + v_k$$

(2) 更新状态向量 x_{k+1} 的卡尔曼滤波算法为

$$\begin{cases} P_{k+1|k} = GP_k G^{\mathrm{T}} + R_e \\ K_{k+1} = P_{k+1|k} H^{\mathrm{T}} (HP_{k+1|k} H^{\mathrm{T}} + R_v)^{-1} \\ \hat{x}_{k+1} = G\hat{x}_k + K_{k+1}[y_{k+1} - HG\hat{x}_k] \\ P_{k+1} = (I - K_{k+1} H) P_{k+1|k} \end{cases}$$

式中

$$R_e = [\mathrm{diag}(\sigma_e^2, \cdots, \sigma_e^2)]_{(p+q)\times(p+q)}$$

$$R_v = \sigma_v^2$$

(3) 卡尔曼滤波算法的初值选为

$$\hat{x}_0 = E[x_0] = [\mathbf{0}]_{(p+q)\times 1}$$

$$P_0 = E[(x_0 - \mu_0)(x_0 - \mu_0)^{\mathrm{T}}] = R_e$$

6.3 补充习题

6-9 如果单边滤波器的单位脉冲响应序列 $h[i]$ $(0 \leqslant i \leqslant p-1)$ 是有限长的,则称为因果 FIR(有限脉冲响应,或有限时宽)滤波器。设因果滤波器 $h[i]$ 的输入为 x_{k-i},其实际输出为 y_k,理想输出为 d_k。

(1) 试证明:若以输出偏差的均方值

$$J_k = E[\varepsilon_k^2] = E[(d_k - y_k)^2]$$

作为目标函数,则使目标函数最小的滤波器 $h[i]$(记为 $h_{\mathrm{opt}}[i]$,称为 FIR 维纳滤波器)满足下列 Wiener - Hopf 方程:

$$\sum_{i=0}^{p-1} h_{opt}[i] \cdot R_x[m-i] = R_{dx}[m], \quad (m = 0,1,\cdots,p-1)$$

式中，$R_x[m]$为输入序列 x_k 的自相关函数；$R_{dx}[m]$是 d_k 与 x_k 的互相关函数。

（2）假定输入序列可表示为 $x_k = s_k + e_k$，且 s_k 与 e_k 是不相关的平稳随机序列。令 $d_k = s_k$，试证明 $h_{opt}[i]$满足下列正规方程：

$$\sum_{i=0}^{p-1} h_{opt}[i] \cdot \{R_s[m-i] + R_e[m-i]\} = R_s[m], \quad (m = 0,1,\cdots,p-1)$$

式中，$R_s[m]$为序列 s_k 的自相关函数；$R_e[m]$是序列 e_k 的自相关函数。

（3）考虑预测问题。假定 s_k 与 e_k 是不相关的平稳随机序列，令 $d_k = s_{k+d}(d > 0)$，试证明 $h_{opt}[i]$满足下列正规方程：

$$\sum_{i=0}^{p-1} h_{opt}[i] \cdot \{R_s[m-i] + R_e[m-i]\} = R_s[m+d], \quad (m = 0,1,\cdots,p-1)$$

6－10 考虑信号 $x_k = s_k + e_k$，其中 s_k 是一个 AR(1)过程，即

$$s_k = 0.6 s_{k-1} + v_k$$

式中，v_k 是方差 ${\sigma_v}^2 = 0.64$ 的白噪声序列；e_k 是方差 ${\sigma_e}^2 = 1$ 的白噪声序列。试设计一个长度 $p = 2$ 的 FIR 维纳滤波器以获得 s_k 的线性均方估计，并确定估计量的最小均方误差。

补充知识：如果单边滤波器具有无限长单位脉冲响应序列 $h[i](0 \leqslant i < \infty)$，则称为因果 IIR（无限长脉冲响应，或无限时宽）滤波器，其脉冲传递函数 $H(z)$可表示为

$$H(z) = \sum_{i=0}^{\infty} h[i] z^{-i}$$

假设激励信号是方差为 ${\sigma_e}^2$ 的白噪声序列 e_k，则滤波器输出 x_k 是一平稳随机序列，其功率谱可写成

$$S_x(f) = \sigma_e^2 \mid H(f) \mid^2$$

反之，如果序列 x_k 通过脉冲传递函数为 $1/H(z)$ 的滤波器，也可将功率谱 $S_x(f)$ 转化为白谱 $S_e(f) = {\sigma_e}^2$，并称滤波器 $1/H(z)$ 为噪声白化滤波器，称其输出 e_k 为平稳过程 x_k 的修正过程。

6－11 设因果滤波器 $h[i]$的输入 x_k 和输出 y_k 可表示为

$$y_k = \sum_{i=0}^{\infty} h[i] x_{k-i}$$

（1）试利用正交性原理，证明

$$\sum_{i=0}^{\infty} h_{opt}[i] \cdot R_x[m-i] = R_{dx}[m], \quad m \geqslant 0$$

和

$$\min_{h_{\text{opt}}} E[\varepsilon_k^2] = R_d[0] - \sum_{i=0}^{\infty} h_{\text{opt}}[i] R_{dx}[i]$$

式中，$\varepsilon_k = d_k - y_k$；$d_k$ 为滤波器 $h[i]$ 的理想输出；$h_{\text{opt}}[i]$ 是使线性均方误差 $E[\varepsilon_k{}^2]$ 最小的最优线性滤波器（称为 IIR 维纳滤波器）；$R_x[m]$ 为输入序列 x_k 的自相关函数；$R_{dx}[m]$ 是 d_k 与 x_k 的互相关函数。

(2) 假设 $S_x(z)$ 是平稳过程 x_k 的自相关函数 $R_x[m]$ 的 z 变换，v_k 是平稳过程 x_k 通过噪声白化滤波器 $1/G(z)$ 而得到的修正过程，其方差为 $\sigma_v{}^2$。试证明 $S_x(z)$ 可分解为

$$S_x(z) = \sigma_v^2 G(z) G(z^{-1})$$

式中，$G(z)$ 是最小相位系统；$G(z^{-1})$ 是非最小相位系统。

(3) 如果将 IIR 维纳滤波器视为白化滤波器 $1/G(z)$ 与另一个维纳滤波器 $H_{\text{PC}}(z)$ 的串联，即

$$H_{\text{opt}}(z) = \frac{1}{G(z)} \cdot H_{\text{PC}}(z)$$

试证明

$$H_{\text{PC}}(z) = \frac{1}{\sigma_e^2}\left[\frac{S_{dx(z)}}{G(z^{-1})}\right]^+$$

式中，$S_{dx}(z)$ 表示 d_k 与 x_k 之间的互相关函数 $R_{dx}[m]$ 的 z 变换；上标“+”求出因果部分。

6-12 对习题 6-10 给定的信号，试设计 IIR 维纳滤波器，并确定估计量的最小均方误差。

6-13 考虑信号

$$x_k = s_k + e_k$$

其中，s_k 是一 AR(1) 过程，其差分方程为

$$s_k = 0.8 s_{k-1} + v_k$$

式中，v_k 是方差为 $\sigma_v{}^2 = 0.49$ 的白噪声序列；e_k 是方差为 $\sigma_e{}^2 = 1$ 的白噪声序列；且二者互不相关。

(1) 试确定自相关序列 $R_s[m]$ 和 $R_x[m]$；

(2) 试设计一个用于估计序列 s_k 的长度为 $p=2$ 的 FIR 维纳滤波器，并确定估计量的最小均方误差；

(3) 试设计一个用于估计序列 s_k 的 IIR 维纳滤波器，并确定估计量的最小均方误差。

6-14 设信号的脉冲功率函数为

$$S_x(z) = \frac{0.19}{(1-0.9z^{-1})(1-0.9z)}$$

观测方程为

$$y_k = x_k + v_k$$

v_k 是方差为 $\sigma_v^2 = 1$ 的白噪声序列。假设观测数据的脉冲功率函数为

$$\begin{aligned} S_y(z) &= S_x(z) + S_v(z) \\ &= 1.436 \frac{(1 - 0.627z^{-1})(1 - 0.627z)}{(1 - 0.9z^{-1})(1 - 0.9z^{-1})} \end{aligned}$$

试求用于估计序列 x_k 的因果 IIR 维纳滤波器。

6-15 考虑时变的目标函数

$$J_k = | e_k |^2 + a | \boldsymbol{W}_k |^2$$

式中，$\boldsymbol{W}_k$ 为横向滤波器的权向量；α 为常数；e_k 为估计偏差，即

$$e_k = d_k - \boldsymbol{W}_k^{\mathrm{T}} \boldsymbol{X}_k$$

其中，d_k 为期望信号，$\boldsymbol{X}_k$ 为横向滤波器的输入向量。如果选取权向量 $\boldsymbol{W}_k$ 使目标函数 J_k 最小化，则所得到的自适应滤波算法称为泄漏(Leaky)LMS 算法。

(1) 试证明 Leaky-LMS 算法的权向量更新公式为

$$\boldsymbol{W}_{k+1} = (1 - \mu\alpha)\boldsymbol{W}_k + \mu e_k \boldsymbol{X}_k$$

(2) 应用必要的独立性假设，证明当 Leaky-LMS 算法的收敛时，就有

$$\lim_{k \to \infty} E[\boldsymbol{W}_k] = (\boldsymbol{R}_x + \alpha \boldsymbol{I})^{-1} \boldsymbol{R}_{dx}$$

式中，$\boldsymbol{R}_x$ 是输入向量的自相关矩阵；$\boldsymbol{R}_{dx}$是期望信号与输入向量的自相关向量。

6-16 考虑状态空间模型

$$\begin{cases} x_k = A \\ y_k = Ar^k + v_k, \quad (k = 0,1,\cdots,n) \end{cases}$$

式中，$A \sim N(\mu_A, \sigma_A^2)$，$0 < r < 1$；$v_k$ 是方差为 σ_v^2 的高斯白噪声序列；且假定 A 与 v_k 不相关。试应用标量卡尔曼滤波算法求出 A 的 MMSE 估计量。

6-17 考虑状态空间模型

$$\begin{cases} x_k = ax_{k-1} + e_k \\ y_k = x_k + v_k \end{cases}$$

式中，e_k 和 v_k 均为高斯白噪声序列，且二者互不相关。试证明 p 步最优预估量为

$$\hat{x}_{k+p|k} = a^p \hat{x}_k$$

6-18 设状态方程为一 AR(1)模型

$$x_k = 0.8x_{k-1} + e_k$$

式中，e_k 是均值为 0、方差为 $\sigma_e^2 = 0.36$ 的白噪声序列。观测方程为

$$y_k = x_k + v_k$$

其中 v_k 是均值为 0、方差为 $\sigma_e^2 = 1$ 的的白噪声序列，且 v_k 与 e_k 不相关。试利用标量卡尔曼滤波算法，确定状态变量估值 $\hat{x}_k$ 的表达式。

参考文献

[1] [美]A. 帕伯力斯. 概率、随机变量与随机过程[M]. 谢国瑞,等译. 北京:高等教育出版社,1983.

[2] 应怀焦. 波形和频谱分析与随机数据处理[M]. 北京:中国铁道出版社,1983.

[3] 郑兆宁,向大威. 水声信号被动检测与参数估计理论[M]. 北京:科学出版社,1983.

[4] [美]R. N. McDonough, A. D. Whalen. 噪声中的信号检测[M]. 王德石,等译. 北京:电子工业出版社,2006.

[5] [美]Steven M. Kay. 统计信号处理基础——估计与检测理论[M]. 罗鹏飞,等译. 北京:电子工业出版社,2008.

[6] 潘仲明. 随机信号与系统[M]. 北京:国防工业出版社,2013.

[7] 张贤达. 现代信号处理(第二版)[M]. 北京:清华大学出版社,2002.

[8] 张贤达. 现代信号处理习题与解答[M]. 北京:清华大学出版社,2003.

[9] 景占荣,羊彦. 信号检测与估计[M]. 北京:化学工业出版社,1983.

[10] [美] H. Stark, J. W. Woods. 统计与随机过程在信号处理中的应用[M](英文版). 北京:高等教育出版社,2008.

[11] 肖国有,屠庆平. 水声信号处理及其应用[M]. 西安:西北工业大学出版社,1994.

[12] 王正明,易东云,测量数据建模与参数估计[M]. 长沙:国防科技大学出版社,1996.

[13] [德] R. 伊泽曼. 数字控制系统[M]. 北京:化学工业出版社,1986.

[14] 卢桂章,李铁钧,张朝池. 现代控制理论基础(上册)——数学基础与数学模型识别[M]. 北京:化学工业出版社,1981.

[15] 万建伟,王玲. 信号处理仿真技术[M]. 长沙:国防科技大学出版社,2008.

[16] [美]J. G. Proakis, D. G. Manolakis. 数字信号处理:原理、算法与应用(第三版)[M]. 张晓林,译. 北京:电子工业出版社,2004.

[17] 杨福生. 小波变换的工程分析与应用[M]. 北京:科学出版社,2000.

[18] 程正兴. 小波分析与应用实例[M]. 西安:西安交通大学出版社,2006.

[19] 胡昌华. 基于 MATLAB 的系统分析与设计——小波变换[M]. 西安:西安电子科技大学出版社,1999.

[20] [美]B. 威德罗,[以色列]E. 瓦莱斯. 自适应控制[M]. 刘树棠,韩崇昭,译. 西安:西安交通大学出版社,2000.

[21] 沈付民. 自适应信号处理[M]. 西安:西安电子科技大学出版社,2001.

[22] 韩曾晋. 自适应控制[M]. 北京:清华大学出版社,1995.

[23] 潘仲明. 信号、系统与控制基础[M]. 北京:高等教育出版社,2012.

[24] 郭尚来. 随机控制[M]. 北京:清华大学出版社,1999.